Gehölze und Wege in formalen historischen Gartenanlagen Österreichs

Rupert Doblhammer
Anita Drexel

Gehölze und Wege in formalen historischen Gartenanlagen Österreichs

Eine Dokumentation zur Erschließung noch bestehender gartenkünstlerischer Strukturen in Österreichs formalen Gärten

PETER LANG
Frankfurt am Main · Berlin · Bern · Bruxelles · New York · Oxford · Wien

Bibliografische Information Der Deutschen Bibliothek
Die Deutsche Bibliothek verzeichnet diese Publikation in der Deutschen Nationalbibliografie; detaillierte bibliografische Daten sind im Internet über <http://dnb.ddb.de> abrufbar.

Umschlagabbildung:
Der Kleine Buchengang im Schönbrunner Schloßgarten Wien.
Foto von Rupert Doblhammer.

Layout:
Rosemarie Hingsamer.

ISBN 3-631-51287-2

www.peterlang.de

Rupert Doblhammer
Anita Drexel

Gehölze und Wege in formalen historischen Gartenanlagen Österreichs

Peter Lang Verlag

Titelbild: Dipl.-Ing. Dr. Rupert Doblhammer, Der kleine Buchengang im Schönbrunner Schloßgarten Wien

Layout: Dipl.-Ing. Rosemarie Hingsamer

Vorbemerkung

Eine systematische Dokumentation zur Erschließung noch bestehender gartenkünstlerischer Strukturen in Österreichs formalen Gärten für einen nachhaltigen, sachgemäßen Umgang in der Gartendenkmalpflege

Diese Arbeit wurde vom Jublijäumsfonds der Österreichischen Nationalbank (Jubiläumsfonsprojekt Nr. 9481) gefördert. Projektträger war die Österreichische Gesellschaft für Historische Gärten (Univ. Doz. Dr. Géza Hajós), durchgeführt wurde sie am Institut für Ingenieurbiologie und Landschaftsbau an der Universität für Bodenkultur Wien (Prof. Dr. Florin Florineth). Die Projektabwicklung erfolgte mit freundlicher Unterstützung von den jeweiligen Gartenbesitzern und Gartenbesitzerinnen sowie den zuständigen öffentlichen Institutionen (Gartenamt Salzburg - Dipl.-Ing. Wolfgang Saiko, Gartenamt Linz - Dipl.-Ing. Barbara Veitl, Gartenamt Baden - Dipl.-Ing. Gerhard Weber, Stadtgärtnerei Bad Ischl - Ing. Martin Schiffer, sowie den Bundesgärten Wien und Innsbruck - Dipl.-Ing. Dr. Peter Fischer-Colbrie, Ing. Ludwig und Ing. Rinnerbauer).

Die Bearbeitung erfolgte unter Mitarbeit von Dipl.-Ing. Renate Fuxjäger (Gehölze) und Dipl.-Ing. Gudrun Müller (Wege) sowie mit Wege-Aufnahmen aus den Diplomarbeiten von Katharina Fuchs, Elfriede Hasler, Petra Pfeiffer-Vogl und Ulrika Pitha.

Inhaltsverzeichnis

1 Vorwort

In Österreich existiert die junge wissenschaftliche Disziplin "Gartendenkmalpflege" erst seit 1986, obwohl schon seit den dreißiger Jahren des 20. Jahrhunderts hierzulande eine intensive Beschäftigung mit den historischen Gärten und Parkanlagen begann (Hans Pfann).

Die gesetzliche Lage als Grundlage für eine vertiefte Forschung war und ist nicht sehr zufriedenstellend. Seit dem 1. Jänner 2000 können bloß ausgesuchte 56 Garten- und Parkanlagen überhaupt unter Denkmalschutz gestellt werden (BGBl 170/I vom 19. August 1999), und nur dann wenn komplizierte Prozeduren vollzogen werden und jeweils die Zustimmung von privaten Eigentümern außerhalb der Gebietskörperschaften gegeben wird. Es bedeutet tatsächlich, dass ungefähr nur 25 Anlagen rasch unter Schutz gestellt werden. Eine kürzlich erfolgte Inventarisation der historischen Gärten Österreichs von Eva Berger (in drei Bänden bei Böhlau Verlag, Wien-Köln-Weimar 2002 bis 2004) zeigt jedoch, dass in unserem Land etwa 1800 wertvolle historische Schöpfungen oder Schöpfungsreste aus der Zeit zwischen Renaissance und 1930 existieren. Damit sind wir in Europa weiterhin das einzige Land, wo historische Gärten und Parks sowie begrünte Freiraumanlagen nicht automatisch zur Kompetenz des Denkmalschutzes gehören.

In deutschsprachigem Raum ging die Initiative zur intensiven Erforschung der Gartenkunstgeschichte aus dem Institut für Gartenarchitektur der Universität Hannover unter der Leitung von Professor Dieter Hennebo seit etwa um 1970 aus und es dauerte lange, bis an den entsprechenden Universitäten der Geschichte der Landschaftsgestaltung mehr Aufmerksamkeit als bis dahin geschenkt wurde. Die Landesgesetze für Denkmalschutz wurden in Deutschland systematisch für die Bewahrung des gartenhistorischen Erbes intensiv erst seit den achtziger Jahren des 20. Jahrhunderts novelliert.

Die späte Anerkennung dieser kulturellen und nicht naturschützerischen Aufgabe in Österreich führte dazu, dass auf den Technischen Universitäten in den Instituten für Architektur einzelne Fachleute und Professoren (wie z.B. Ralph Gälzer) zögernd begonnen haben, Gartengeschichte zu unterrichten. Auf der Universität für Bodenkultur in Wien herrschte lange und herrscht bis heute noch die Dominanz der Ökologie mit natur- und wirtschaftswissenschaftlichen Orientierung, und auch wenn dem Landschaftsdesign in letzter Zeit mehr Aufmerksamkeit gewidmet wird als früher, bedeutet dies nicht, dass der Geschichte der Landschaftsgestaltung (in einem eigenen Institut z. B. wie in Hannover oder Dresden) das entsprechende und zeitgemäße Gewicht gesichert wird (Gartengeschichte und Gartendenkmalpflege sind hier in Wien nicht als Pflichtfächer sondern bloß als Wahlfächer etabliert, vertreten durch Hermann

Reining und Brigitte Mang). Eine ausschließliche ökologische Haltung oder eine undifferenzierte Vorliebe für moderne Freiraumkunst können aber für die Gartendenkmalpflege sogar gefährlich sein. Denn in dieser geht es in erster Linie um die Bewahrung der tatsächlich erhaltenen historischen Pflanzenbestände und die Wiederherstellung der historischen Anschaulichkeit der Grünanlagen aus den einzelnen Kulturepochen der Menschheit als eine reichhaltige zeitliche Diversität (neben der "Biodiversität") unserer Umwelt. Sie dürfen mit falschen Zielsetzungen nicht erdrückt oder missbraucht werden. Als eine neueste internationale Aufgabe unter der Patronanz der UNESCO und von ICOMOS wird die Bewahrung der Kulturlandschaften für die politische Aufmerksamkeit immer mehr betont. Hier geht es um eine Symbiose von Kultur und Natur, die jedoch prinzipiell als kulturelles und nicht als Natur-Erbe definiert wird.

Umso erfreulicher ist es, dass zwei hervorragende Fachleute aus der Universität für Bodenkultur in Wien, Frau Dr. Anita Drexel und Herr Dr. Rupert Doblhammer mit Hilfe des Österreichischen Fonds zur wissenschaftlichen Forschung das in dieser Publikation veröffentlichte Projekt "Gehölze und Wege in formalen historischen Gartenanlagen Österreichs" erfolgreich zu Ende gebracht haben. Es ist eine großartige Bestandsaufnahme von historischen Pflanzen- und Wegebeständen in vielen Anlagen unseres Landes, die bis jetzt unbekannt, geschweige denn bewertet und typologisch aufgearbeitet sind. Die Autoren leisten damit eine unschätzbare Grundlage für eine immer mehr an Bedeutung gewinnende österreichische Gartendenkmalpflege.

Univ. Doz. Dr. Géza Hajós

Leiter der Abteilung für historische Gartenanlagen im Bundesdenkmalamt Wien

Wien, 2004-11-06

2 Zur Situation der Wege und Gehölze in historischen Gärten

Gehölzen und Wegen kommt als raumbildende Struktur in historischen Gärten und Parkanlagen eine tragende Rolle im Freiraumprogramm zu. Bilden die Gehölze den Rahmen, das Rückrat des Gartens, erschließt sich der Raum erst durch die Benutzung der Wege. Gehölzkulisse und Wege sind daher untrennbare Mittel der Gartenkunst zur Erreichung gewünschter Effekte und raumbezogener Ideen-Programme. Für Gehölzverwendung und Wegebau gilt dabei gleiches: Die Wahl der Bautypen muss in Hinblick auf Gestaltqualität, Haltbarkeit und Belastbarkeit auf ein breites Spektrum von Nutzungsanforderungen (fach)-gerecht reagieren können.

Für die Gehölze gilt, dass die Kombination von Formierung, räumlicher Aufstellung zueinander sowie räumlicher Aufstellung im Gesamtkontext der Gartenanlage grundlegende Entscheidungen der Planung sind, die erst durch fachgerechte Erziehung und Pflege zur Entfaltung kommen können. Wegführung, Profil, Farbe und Textur der Deckschicht sind ebenso Ausdruck bautechnischen und gestalterischen Willens. Oberfläche, Material, Dimensionierung und Zustand bestimmen die optische Qualität und die langfristige Brauchbarkeit von Gartenwegen.

Veränderungen von Nutzungen (touristische Verwertung) oder der Rahmenbedingungen von Pflege und Unterhaltung führen oft zu einem - in Relation zum Alter der Anlagen - abrupten Wandel von historischen Gärten bzw. Teilen derselben. Gehölzstrukturen und Weganlagen sind bis zur Unkenntlichkeit verändert oder verschwunden, auch begründet durch die inzwischen fehlende Tradition. Kunstvoll erzogene Baumkronen wurden gekappt oder falsch erneuert, Wegdecken aufgrund stetig steigender Belastungen durch Transportfahrzeuge der Gartenverwaltungen und Festivalbetreiber zerstört oder im Zuge von Modernisierungen verbreitert und asphaltiert, Beläge mit anderen Materialen und unfachgerecht ausgebessert, etc. Häufig findet dieser negative Trend im Kontext eines Wandels der ökonomischen Verhältnisse der ehemals gutsherrschaftlichen Gartenbesitzungen im 20. Jahrhundert statt.

Mit den Zerstörungen und dem Ableben der GärtnerInnen stirbt oft das Wissen um das "Wie" und "Warum" über Jahrhunderte tradierter handwerklicher Praxis. Das Wissen um bewährte Baustoffe und Bauweisen konnte ein ökonomisches Wirtschaften gewährleisten. Der Einsatz von neuen Maschinen und das Abgehen von gärtnerischen Arbeitsprinzipien fördern leider oft die Veränderung bzw. sogar Zerstörung bis heute überkommener Gartenstrukturen ohne Not(wendigkeit). Das Beispiel der alten, in Formschnitt gehaltenen Baumkronen zeigt die Dramatik: ein falsch geführter Schnitt zuviel und die

Krone, aber auch das mit ihr verbundene Wissen, ist für immer verloren. Heute sind viele der ehemaligen Gartenanlagen verschwunden oder die verbliebenen Spuren nur für Fachleute noch erkennbar: Verfallene Treppenanlagen, überwachsene Wegprofile, ausgewachsene oder in Zusammenbruch befindliche Gehölzgruppen. Mit den Anlagen verschwinden auch die in ihnen eingeschriebenen Arbeitsanleitungen. Jeder verschwundene Baum, jede Gehölzgruppe, jeder Wegbelag ist ein historisches Archiv ehemaligen Wissens und ehemaliger Arbeit.

Mit diesen Zeugen der historischen Gartenkunst verschwinden nicht nur die Gärten oder Gartenelemente - ein wichtiger Teil österreichischer Kultur - es verschwinden damit auch lebende, sensible Dokumente handwerklicher Technik. Spätestens bei einer Rekonstruktion oder Instandhaltungsmaßnahme im Garten erweist sich dieses Wissen für eine gartendenkmalgerechte Handhabung als Voraussetzung.

Gärtner beim Baumschnitt in Schönbrunn.

'Kleine' Hilfe bei der Untersuchung der Wege im Mirabellgarten.

3 Ziele, Ergebnisse und Methodik

Ziele und Ergebnisse

Das Forschungsprojekt hat die Sicherung und Erhaltung von Wegen und Gehölzen in historischen Park- und Gartenanlagen zum Ziel. Das Hauptaugenmerk liegt in einer fachgerechten Dokumentation und Analyse ausgewählter, noch vorhandener Beispiele historischer Gartenkunst Österreichs. Ein weiterer Schwerpunkt zielt auf die Ableitung der Herstellung und Erhaltung von Gehölzen und Wegen unter Berücksichtigung ihrer ehemaligen Funktion für den Garten, der Topographie und ihrer gartenkünstlerischen Bedeutung. Die praxisorientierte Intention des Forschungsprojektes ist der Wissenszuwachs für den fachgerechten Umgang mit dem kulturellen Erbe der Gärten (Analyse, Problemsicht) und damit eine nachhaltige Gartendenkmalpflege.

Ziele dieses Forschungsprojektes sind die

- Erhaltung und Qualitätssicherung der Weg- und Gehölzformen als wichtige Elemente der Gartenstruktur,
- Sicherung des in den Wegen und Gehölzen eingeschriebenen Wissens und der Erfahrungen = Sicherung der "gärtnerischen Archive",
- Aufbereitung noch vorhandener Bauweisen von Gehölz- und Wegstrukturen für die Gartendenkmalpflege (Wissenszuwachs),
- Ableitung methodischer Leitfäden für einen praxisorientierten, fachgerechten und nachhaltigen Umgang mit historischen Gehölzbeständen und Wegebauten,
- anschauliche und kompakte Dokumentation noch vorhandener Bauweisen von Gehölzstrukturen und Wegebauten.

Entgegengewirkt werden soll

- fehlender oder unsachgemäßer Fachkenntnis bei Entscheidungen zur Erhaltung und Unterhaltung, die die Gartenstrukturen gravierend verändern, zerstören oder zu einem Funktionsverlust führen,
- übereiltem Vorgehen im anlaßbezogenen Umgang mit alten Gehölzen und Wegen in den Gärten,
- dem Verlust an kulturellem Erbe, bereits entstandenem gartenhandwerklichem Wissen und Sachkenntnis.

Ergebnisse

- Detaillierte Erfassung und Dokumentation der historischen Gehölz- und Wegstrukturen,

- Ableitung der Entwicklung des Gärtner- und Ingenieur-Handwerks sowie der Praxis in den Gartenanlagen verschiedener Epochen anhand der erhobenen österreichischen Beispiele und der Literatur der Zeit.

- Erstellung erster Systematiken (Typologien) der Weg- und Gehölzstrukturen in österreichischen Gärten mit dem Ziel einer genaueren Erfassung und Diskussion von historischen Gehölzformen und Wegstrukturen.

  Systematiken zu Gehölzformen:
  Differenzierte Darstellung von einzelnen, in der formalen Gartentheorie beschriebenen formalen Gehölzelementen und ihren Bauprinzipien aufgrund eines Abgleichs von Theorie und realisierten Beispielen. Ableitung von proportionalen Kronenformen zur besseren Ansprache und Dokumentation im Gelände.

  Systematiken zu Wegformen und zu Wegebauwerken:
  Darstellung und Vergleich der Herstellungsweisen und des Zustandes von Wegebauwerken und Wegformen in zeitlicher und inhaltlicher Abstimmung mit der Gartentheorie und der historischen Bautechnik. Ableitung von Bauwerks- und Zustandstypen als Ausdruck vergangenen gärtnerisch-handwerklichen Handelns und als Hilfsmittel für zukünftige Ansprachen.

- Methodische Empfehlungen zum Umgang mit historischen Gehölzbeständen und Wegebauten für die Gartendenkmalpflege in Österreich und im Ausland mit einem praxisbezogene Leitfaden.

Methodik

Rahmenbedingungen, Auswahl der Flächen

Die Auswahl der in dieser Arbeit dokumentierten Gehölz- und Wegbeispiele erfolgte nach folgenden Gesichtspunkten: Vorhandensein formaler Gehölze und Wegstrukturen und Möglichkeit des Zutritts im Rahmen der Bearbeitung. Die Recherche erwies sich insofern als aufwendig und schwierig, als selbst Experten auf Anfrage sich nicht erinnern konnten, inwiefern formale Gehölze oder alte Wegbeläge in den jeweiligen Anlagen vorhanden seien. Zudem waren manche der noch vorhanden geglaubten Gehölze und Wegstrukturen inzwischen verschwunden bzw. so reliktär oder stark überformt, daß eine Dokumentation zur Sicherung gärtnerischen Wissens nicht sinnvoll erschien - eine Ausnahme ist das Gartentheater Max Reinhards, das wir trotz seines heutigen überformten

Zustands dennoch dokumentierten. Eine bedeutende Anlage - die Heckenwände am großen Parterre in Schönbrunner Schloßgarten - ist inzwischen erneuert und der hier dokumentierte Gehölzbestand Geschichte geworden. Die Bernardisstraße in den Bauernberganalgen wurde aufgrund ihres nahezu originalen Straßenaufbaues dokumentiert, eine erforderliche Erneuerung der Decke ist derzeit in Planung.

Gartenhistorische Erhebung der Gehölze und Auswertung

Bei der Erhebung der Gehölze wurden der Grundriß und der Aufriß dokumentiert. Der Grundriß wurde in einem exemplarischen, charakteristischen Ausschnitt erfaßt (nur in wenigen Ausnahmen wurde eine Gesamtaufnahme für sinnvoll erachtet). Im Aufriß wurden die Gehölzprofile als Schwarzzeichnungen erfaßt - die gewählten Kronen geben die typische(n) Kronenform(en) wider. Die Einmessung des Grundrisses erfolgte digital, die Abnahme der Gehölzmaße mit Stammumfang, Kronenansatz und Kronenbreite analog mit dem Maßband. Die Kronenhöhen wurden mit Hilfe der Proportionalitätsmethode abgenommen. Nach dem Grundriß wurden die einzelnen Kronenformen diskutiert und die charakteristischen Bäume für das jeweilige Beispiel gezeichnet. Die Zeichnungen dokumentieren die Schnittform und Schnittführungen an den Bäumen, den Kronenaufbau und den Kronenschnitt. Auf Skizzen wurden gärtnerische Prinzipien zur Erziehung und Pflege der Gehölze vermerkt und diesbezügliche Hypothesen für die weitere Bearbeitung festgehalten. Abschließend wurde das Erscheinungsbild der aufgenommenen Gehölzstruktur fotografisch festgehalten.

Auf Basis von Gesprächen mit den zuständigen GartenbesitzerInnen, Bildmaterialien aus privaten Beständen, den verfügbaren Archivalien und den vorhandenen Gartenmonographien (vor allem der im Bundesdenkmalamt, Abteilung für historische Gartenanlagen vorhandenen Parkpflegewerke[*]) wurden die Genese der Gehölze so gut wie möglich nachvollzogen. Aus dem Vergleich der aufgenommenen Gehölzbeispiele wurde eine systematische Übersicht der formalen Gehölze abgeleitet, die die Verwendung von formalen Gehölzen in historischen Gärten dokumentiert. Diese wurde in einem weiteren Schritt mit den Aussagen der formalen Gartenliteratur verglichen und abgeglichen. Für ausgewählte Beispiele und Fragestellungen wurde deren Herstellung und Pflege diskutiert unter Zuhilfenahme historischer Quellen.

Gartenhistorische und bautechnische Erhebung der Wege und Auswertung

Entsprechend den zwei Hauptfunktionen von Wegstrukturen in Gärten erfolgten zwei Untersuchungen: Einerseits wurden die Wege auf ihre Bedeutung als gartenkünstlerische Element und als Freiraum erfaßt und ausgewertet: Lage und Funktion im Garten, Orientierung und Nutzbarkeit, Ausprägung des Wegraumes (Wegbreiten, Begrenzungen, Verhältnis Wegbreite zu Heckenhöhe etc.), Oberflächenqualität der Wegdecke, Ebenmäßigkeit, Griffigkeit, Berollbarkeit, Blendwirkung, Staubentwicklung, Farbe und Textur. Andererseits wurde der Weg als Bauwerk unter die Lupe genommen, und die ihn diesbezüglich definierenden Merkmale wie Bauart, Baualter, Zustand und bautechnische Qualität erhoben: Die Weganlagen wurden grafisch und vermessungstechnisch hinsichtlich ihrer Gefälls- und Entwässerungsverhältnisse aufgenommen. Erhoben wurden Längs- und Querneigungen, Einfassungen und Einbauten. Der Wegaufbau wurde mit seinen Schichtabfolgen grafisch und fotografisch dokumentiert, die Deckschichtstärke, Fein- und Grobkörnigkeit, Abbindefestigkeit, Homogenität sowie Schäden und Vegetationsaufkommen beschrieben. An ausgewählten, in Lageplänen vermaßten Profilen erfolgte eine Beprobung der einzelnen Schichten mit nachfolgender gesteinstechnischer Untersuchung im Labor (Korngrößenanalyse). Eine Überprüfung der Tragfähigkeit und des Verdichtungsgrades erfolgte mittels eines dynamischen Lastplattenversuchs**). Grundriß und Schnitt des Weges und seiner baulichen Ausstattungen wie Rinnen etc., getreue grafische Wiedergabe des Aufbaus der Wege, der Schichtabfolgen, Körnungen und des Gefüges sind neben einer Kurzcharakteristik das Kernstück der Dokumentation. Alle erfaßten und ausgewerteten Daten sind in Grafiken, Planwerken und Fotodokumentationen sowie in Kurzcharakteristiken dargestellt.

Auf Basis der entwicklungsgeschichtlichen Auswertung der Aufnahmen, der anlagenspezifischen Quellen (Archivalien, Pläne, bildliche Darstellungen, Parkpflegewerke des Bundesdenkmalamtes) und der Fachgespräche erfolgte eine erste zeitliche Einordnung der Befunde. Mit einer systematischen Analyse (systematischer Vergleich) in Tabellenform wurde der vorhandene Bestand der Wege nach ihrer handwerklichen Herstellungsweise, ihren Funktionen und gartendenkmalpflegerischen Bedeutung sowie hinsichtlich ihrer Pflege und historischen Entwicklung verglichen. Aus dem Vergleich aller Aufnahmen wurde eine Typologie (Systematik) der Wegebauwerke abgeleitet. Für ausgewählte Beispiele wurden ihre Qualität und Unterhaltung in Hinblick auf ihre Bedeutung für die gartendenkmalpflegerische Praxis erörtert.

* Unser Dank gilt Dr. Géza Hajós für die Möglichkeit der Einsichtnahme in die im Bundesdenkmalamt erstellten Parkpflegewerke.

** Dazu wurde ein leicht transportables Meßgerät kleiner Größe und geringen Gewichts (10 kg Fallgewicht) verwendet. Es ist besonders für unzugängliche, nicht befahrbare bzw. nicht schwer belastbare Orte und Wege gut geeignet, da kein schweres Widerlager, wie bei den gängigen Verfahren des statischen Lastplattenversuchs, erforderlich ist. Untersuchung und Auswertung vgl. FVS, 1997 und TP BF-StB, Teil B 8.3, 1992; Elastizitätsmodule nach RVS 8S.05.11.

4 Kurzmonografien der Aufnahmeorte

Die im Projekt behandelten Aufnahme-Standorte werden mit ihren Gartenanlagen angeführt. Kurzmonografien der Gärten geben eine (kunst-)historische Einordnung der Gartenanlagen und Hinweise auf Veränderungen im Garten.

Die Auswahl der Fallbeispiele war vom Forschungsgegenstand geleitet. Die (siehe Einleitung) Fokussierung auf formale Gehölzbestände brachte einen Schwerpunkt im Bereich der Gärten des Renaissance- und Barockgartens (16. bis 18. Jh.) und der gründerzeitlichen Gartenkultur (1850 bis 1918) .

Für eine Vorausorientierung wird für alle im Projekt aufgenommenen Gärten (Aufnahmestandorte) eine Kurzmonografie angeführt. Neben einer (kunst-) historischen Stilansprache, einer allgemeinen Einschätzung des jetzigen Zustands werden die Zeitpunkte wesentlicher Änderungen / Einschnitte angeführt, soweit sie aus der Sekundärliteratur zugänglich waren. Hinweise zur gegenwärtigen Besitz- und Pflegeverhältnissen sollen die Hintergründe der vorgefundenen Fallbeispiele erhellen. Die Auflistung der Gartenanlagen ist nach Bundesländern geordnet (Burgenland, Niederösterreich, Oberösterreich, Salzburg und Wien) und folgt dem Alphabet. Anschließend an die Kurzmonografie werden die Aufnahmestandorte im Garten angeführt, dabei stehen die Buchstaben "G" für Gehölzaufnahme und "W" für Wegaufnahme. Die verwendete Sekundärliteratur wird am Kapitelende angeführt.

Augarten, 2. Bezirk, Wien

Der älteste Barockgarten Wiens wurde um 1612 angelegt und nach Überschwemmung 1654 und Zerstörung 1683 neu gestaltet (unter Trehet). Öffnung als Volksgarten nach Adaptierung um 1775 unter Josef I. Verkleinerung des Gartens mit dem Bau des Nordwestbahnhofes um 1870. Viele soziale Einbauten und Umgestaltungen erfolgen in der Zwischenkriegszeit. In den letzten Jahren wird der Augarten als Kulturpark (Kino, Feste) bespielt. Am Ende des 20. Jh. unter Koch Beginn eines Rückbaus in barocke Formen. Die Linden- und Kastanienalleen werden mit Schablone und Spaliergerüst

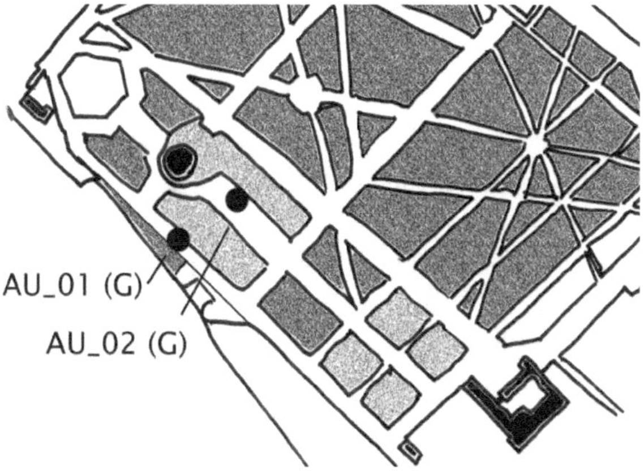

Grundriss des Augartens in Wien mit Lage der Aufnahmeorte

geschnitten werden. Der Garten ist öffentlich zugänglich und im Besitz der Regierung Österreich. Die Pflege und Verwaltung wird von den Bundesgärten Österreich übernommen.

Aufnahmen: Obere Lindenallee, AU_01 (G); Hauptallee, AU_02 (G)

Hellbrunn, Stadt Salzburg, Sbg.

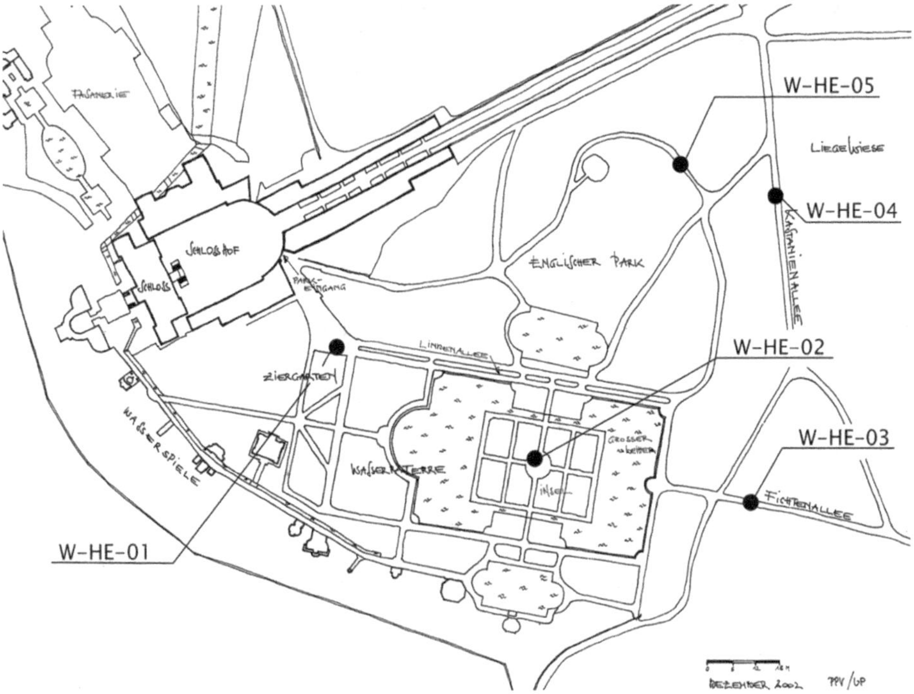

Grundriss Schlossgarten Hellbrunn mit Lage der Aufnahmeorte

Der manieristischer Garten zu Hellbrunn wurde zwischen 1612 und 1619 errichtet. Zwischen 1720 und 35 fand um das große Weiherbecken eine tiefgreifende Umgestaltung im Geschmack des Hochbarock statt. Um 1790 wurde der englische Garten angelegt. Seit 1922 ist der Garten im Besitz der Stadt Salzburg und öffentlich zugänglich. Für die Pflege ist das Stadtgartenamt Salzburg zuständig.

Aufnahmen: Zugang zum großen Wasserparterre, (W_HE_01); Insel im Wasserparterre, (W_HE_02); Fichtenallee, (W_HE_03); Kastanienallee, (W_HE_04); Weg im englischen Garten, (W_HE_05)

Mirabellgarten, Stadt Salzburg, Sbg.

Der formale Garten manieristischer Grundrissorganisation liegt innerhalb und teils auf Basteien. 1620 bis 1646 wurde der erzbischöfliche Garten des 1606 errichteten Schlosses von den Befestigungsanlagen umgeben. Zuvor als Nutzgarten in Verwendung, fand 1687 die Umgestaltung zum Ziergarten mit zwei auf die Festung Hohen-Salzburg gerichteten Achsen statt. Um 1720 wurden einzelne Gartenräume umgestaltet, nach 1818 Parterres verändert und ein landschaftlicher Gartenteil am Schanzl und im Zwerglgarten angelegt. Weitere punktuelle Veränderungen erfuhr der Garten im späten 19. und 20. Jahrhundert. Zu Beginn des 19. Jahrhunderts wurde ein Teil des Gartens für die Allgemeinheit geöffnet, seit 1866 ist der Mirabellgarten im Eigentum der Stadt Salzburg (vgl. Saiko Wolfgang, in Hajos Geza (Hg.) 1993, S 150-156). Mit der Pflege ist das Stadtgartenamt Salzburg betraut.

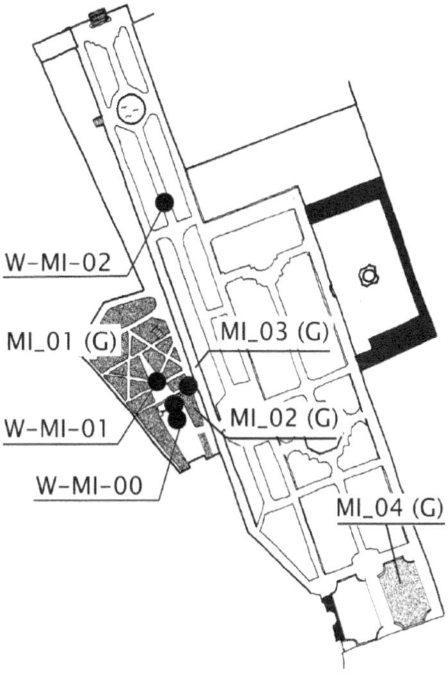

Grundriss des Mirabellgartens mit Lage der Aufnahmeorte

Aufnahmen: Gesamtaufnahme des Heckentheaters, MI_01 (G); Heckenabschnitt im Zuschauerraum des Heckentheaters, MI_02 (G); Heckenabschnitt im 1. Quergang des Bühnenbereiches, MI_03 (G); Lindenboskett "beim Casino", MI_04 (G); Heckentheater, W_MI_01 (W); Weg im kleinen Parterre, W_MI_02 (W)

Schönbrunn, 13. Bezirk, Wien

Die Neuanlage nach der Zerstörung erfolgte mit dem Schlossneubau ab 1695 (Jean Trehet) im barocken Stil. Ab 1743 wurde das Schloss zur Residenz von Maria Theresia ausgebaut. Um 1750-55 wurde der Garten erweitert und einer neuen Konzeption unterzogen (Brequin, Jadot, Gervais, van Steckhoven). Verfeinerung und Bereicherung von Gartenteilen im Rokokostil zw. 1770 und 1780. Im 19. Jahrhundert folgte ein bereichsweiser Umbau im landschaftlichem Stil. Wesentlich für die heutige Gestalt war die Erneuerung des formalen Gartens unter Adolf Vetter zwischen 1869 und 1886 und die Umgestaltung des westlichen Bereichs um 1880 mit neuem Palmenhaus (Jugendstil) und des botanischer Garten (ehemals Holländischer Garten) unter Umlauft. Der Garten ist öffentlich zugänglich und im Besitz der Regierung Österreich. Die Pflege und Verwaltung wird von den Bundesgärten Österreich übernommen.

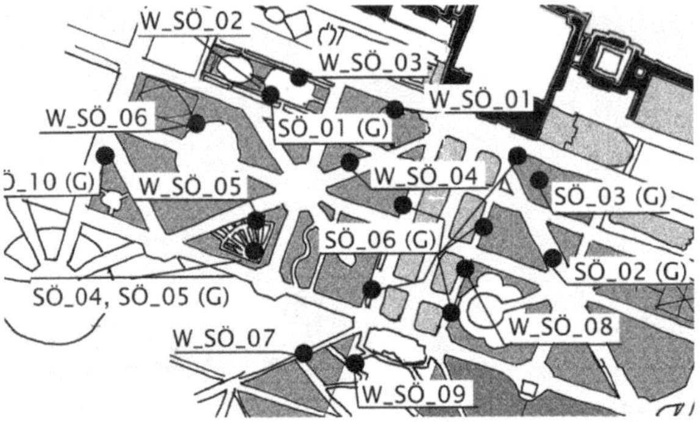

Grundriss des Schlossgarten Schönbrunn mit Lage der Aufnahmeorte

Aufnahmen: Kleiner Buchengang, SÖ_01 (G); Obeliskenallee, SÖ_02 (G); Hecken im Boskett "bei der Kaiserfigur", SÖ_03 (G); Gesamtaufnahme der Rokoko-Gartenfigur Fächer (SÖ_04 (G); Heckenbereich im Fächer, SÖ_05 (G); Heckenwände am Großen Parterre, SÖ_06 (G); Weg im, Boskette beim Fischbassin' (W_SÖ_01); Weg des Kleines Buchenganges (W_SÖ_02); Weg im Boskette ‚Hietzinger Vertiefung' (W_SÖ_03); Tiergartenallee (W_SÖ_04); Rokoko-Gartenfigur Fächer (W_SÖ_05); Äußere Platz-fläche des Rosariums (W_SÖ_06); Tirolerweg (W_SÖ_07); Großes Parterre (W_SÖ_08); westlicher Zick-Zack-Weg auf den Schönbrunner Berg, (W_SÖ_09); Kastanienallee mit Fahrstraße, (W_SÖ_10)

Palais Schwarzenberg, 3. Bezirk, Wien

Der terrassierte, formale Garten wurde ab 1697 angelegt und 1720 verändert. Umgestaltungen im landschaftlichen Stil Ende des 18. Jahrhunderts und neue Nutzungen, etwa als Tennisplatz, im 20. Jahrhundert veränderten den Garten. Die Terrassierung und teils die Wegeführung der barocken Anlage blieben erhalten. Der Baumbestand stammt aus dem 19. Jahrhundert. Der Garten und das Schloss, als Nobelhotel genutzt, sind in Privatbesitz.

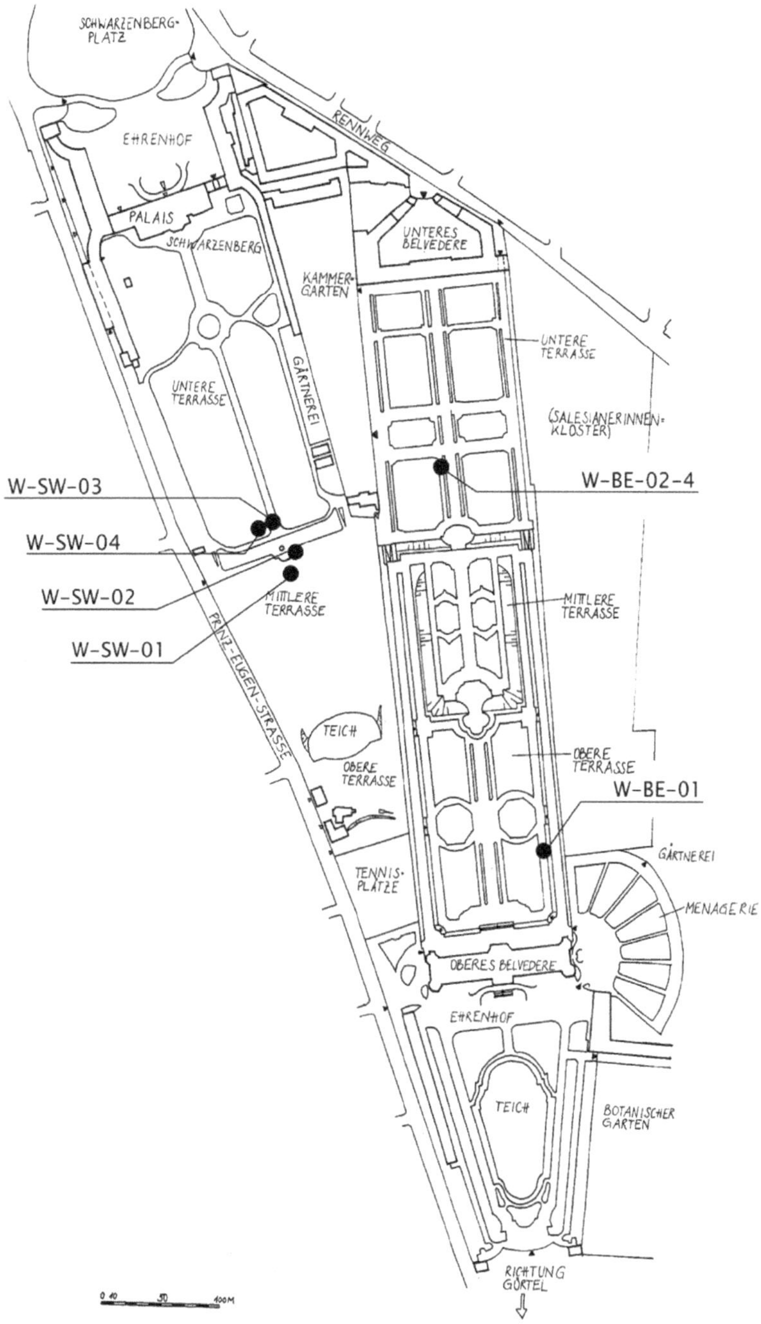

Grundriss des Schlossgartens Belvedere und des Schwarzenbergparks in Wien mit Lage der Aufnahmeorte

Aufnahmen: Mittlere Allee auf der unteren Gartenterrasse, (W-SW-03, 04); Trampelpfad entlang der oberen Terrassenkante, (W-SW-02); Ehemaliger mittiger Gartenweg auf der oberen Terrasse, (W-SW-01)

Belvedere, 3. Bezirk, Wien

Zwischen Oberem und Unterem Belvedere ist ein terrassierter, hängiger formaler Garten angelegt, der zwischen 1700 und 1723 durch Hildebrandt, Girard und Zinner für Prinz Eugen gestaltet wurde. Nach einer Periode der Vereinfachung des Gartens wurde die barocke Anlage um 1850 im Zeitgeschmack des Historismus rekonstruiert. Bei Umgestaltungen des frühen 20. Jahrhunderts fanden auch im Hauptgarten punktuelle Eingriffe statt. Seit den 90er Jahren des 20. Jahrhunderts wird der Garten nach dem Parkpflegewerk (Schmidt Stefan 1992) restauriert. Seit 1779 ist der Garten der Öffentlichkeit zugänglich, gepflegt wird der Garten von der österreichischen Bundesgartenverwaltung.

Aufnahmen: östlicher Weg im oberen Parterre, W-BE-01 (W); Weg neben der Mittelachse am Rand des süd-westlichen Viertels, W-BE-02 (W)

Salesianerinnen-Klostergarten, 3. Bezirk, Wien

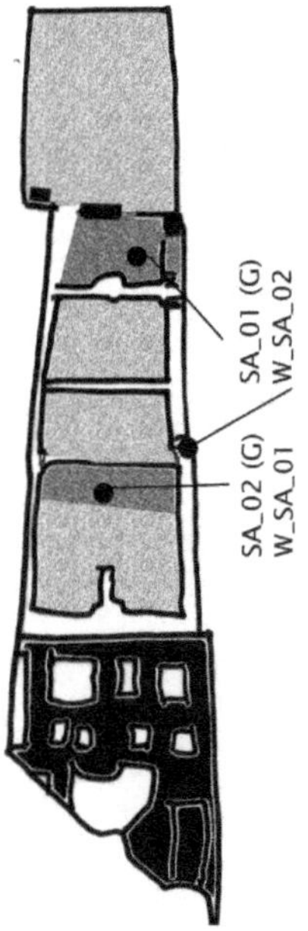

Grundriss des Salesianerinnengartens mit Lage der Aufnahmeorte

Das Kloster wird ab 1717 als Alterssitz der Witwe Kaiser Joseph I., Malia Wilhelmina angelegt und bis 1730 fertiggestellt. Der barocke Garten ist mit seinen Terrassen und den Umfassungsmauern noch vorhanden, zum Teil durch die Nutzung stark überformt. Zerstörungen im 2. Weltkrieg wurden nach dem Krieg wiederhergestellt. Der Garten ist in Privatbesitz der SalesianerInnenschwestern, der Klosterbetrieb ist heute noch aufrecht.

Aufnahmen: Terrasse mit Kreuzweg und Kapelle, SA_01 (G); Alleereste um mittlere Treppenanlage auf der 1. Terrasse, SA_02 (G) ; Mittige, W_SA_01, und südwestliche Treppenanlagen, W_SA_02.

Kalvarienberganlage, Stift Heiligenkreuz, Bezirk Baden, N.Ö.

Die nach Plänen von Franz Anton Pilgram seit 1727 begonnene Neuanlage des in den Türkenkriegen 1683 zerstörten Kalvarienbergs fand ihren Abschluss um 1749. Der Kalvarienberg wurde in der 2. Hälfte des 19. Jahrhunderts und im 20. Jahrhundert mehrmals restauriert. Bei den letzten Arbeiten in den 1990er Jahren wurde die Gehölzstruktur durch Rodung stark verändert. Der im Besitz des Stiftes befindliche Kalvarienberg wird für Prozessionen genutzt und ist ganzjährig öffentlich zugänglich. Die Pflege erfolgt durch den Forstbetrieb des Stiftes.

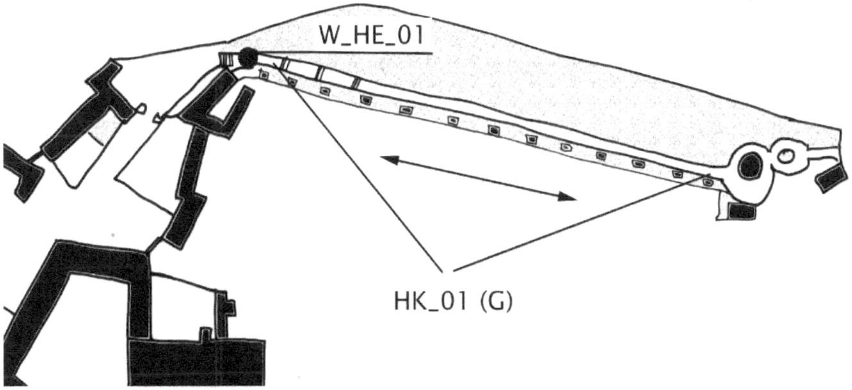

Grundriss des Kalvarienberges mit Lage der Aufnahmeorte

Aufnahmen: Dreireihige Allee, HK_01 (G); Treppenanlage des Kalvarienbergs, W_HE_01; Zweiarmige Treppenanlage -Aufgang zur Kapelle, W_HE_02

Stiftsgarten Melk, Stadt Melk, N.Ö.

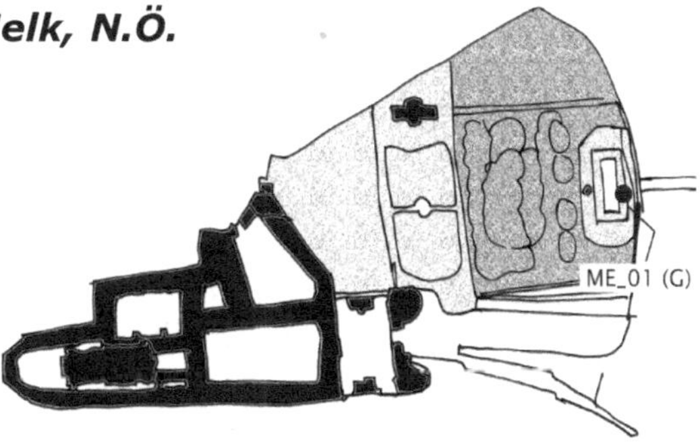

Grundriss des Stiftsgarten von Melk mit Lage des Aufnahmeortes

Der im Barock nach dem Konzept des Bauingenieurs Franz Sebastian Rosenstingl in Terrassen angelegte Garten wurde unter Abt Marian Zwinger in einen landschaftlichen Garten umgestaltet. Auf der obersten Terasse blieb ein Baumsaal mit dem 1731 fertiggestellten Wasserbecken. Teile des Gartens wurden anlässlich der NÖ Landesausstellung in Anlehnung an ehemalige Zustände umgestaltet. Der Garten ist gegen Eintritt zugänglich und befindet sich im Privatbesitz des Stiftes.

Aufnahme: Allee des Baumsaals, ME_01 (G)

Neuwartenburg, Bezirk Vöcklabruck, O.Ö.

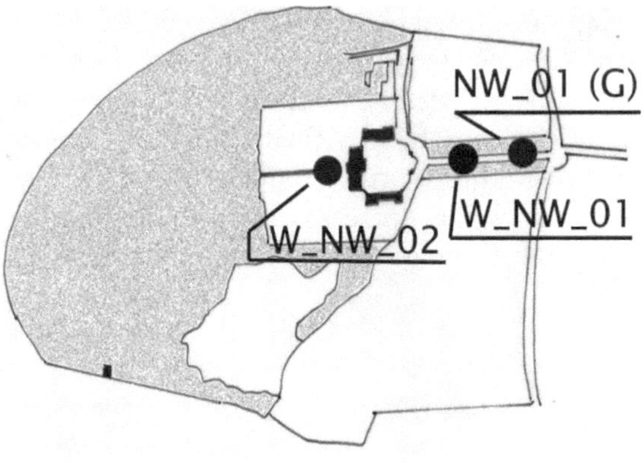

Grundriss des Schlosses Neuwartenburg mit Lage der Aufnahmeorte

Der landschaftlich umgewandelte Barockgarten entstand mit dem Schloss Neuwartenburg ab 1730. Ein barocke Fasanenvolière erinnert an den Besuch Kaiser Karl VI. Eine 4-reihige Allee dient als Schlosszufahrt und legt den Verlauf der Hauptachse des ehemaligen Barockgartens fest. Das ehemalige barocke Gartenparterre wurde im 19. Jahrhundert stark extensiviert, ehemals geschnittene ausgewachsene Sträucher erinnern an ehemalige Boskettteile in angrenzenden Gartenbereichen. Das Schloss und der Garten befinden sich in Privatbesitz.

Aufnahmen: Vierreihige Allee aus Linden und Kastanien NW_01 (G); Zufahrt Neuwartenburg (W_NW_01); Gartenweg Neuwartenburg (W_NW_02).

Domallee, Stift St. Pölten, Stadt St. Pölten, N.Ö.

Die Freiräume des Augustinerchorherrenstiftes gehen auf Umbauten unter Probst Funfleutner (1636-51), Jakob Prandtauer und unter Joseph und Franz Munggenast (1715-39) zurück. Die vom 1739 erbauten Bischofstor durch den Bischofshof führende Domallee ist auf dem Franciscäischem Kataster von 1821 vorhanden. Das Stift ist Privatbesitz des Bistums St. Pölten. Die Allee wird in größeren Zeitabständen von einem Baumpflegebetrieb gepflegt.

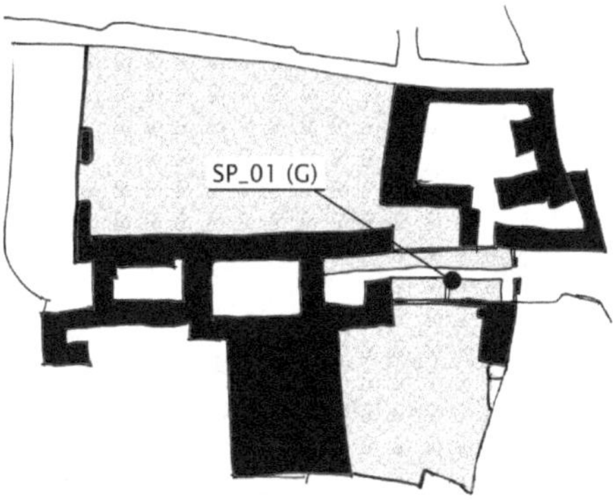

Grundriss des Domgartens von St. Pölten mit Lage des Aufnahmeortes

Aufnahme: "Domallee", SP_01 (G)

Schlossgarten Draßburg, Bezirk Mattersburg, Burgenland

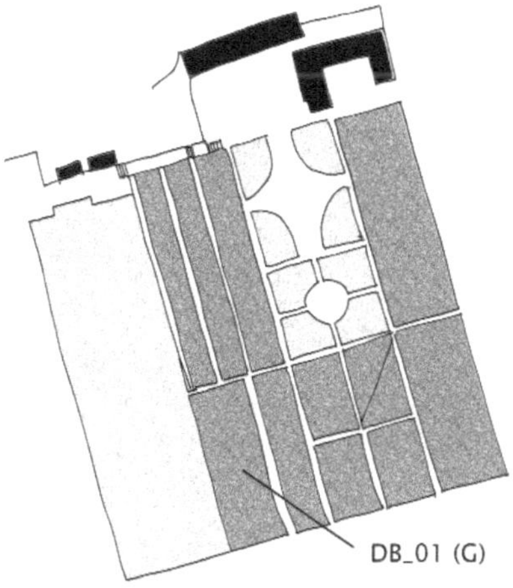

Grundriss der formalen Bereiche des Schlossgartens von Draßburg mit Lage der Aufnahmeorte. Kurpark, Stadt Baden, N.Ö.

Die formalen Gartenbereiche wurden nach 1754 unter Maria Meskó angelegt. In der 1. Hälfte des19. Jh. wurde der Garten im landschaftlichen Stil erweitert. In Teilbereichen erfolgten weitere Umgestaltungen im späten 19. Jh. und zwischen 1960 u. 1990, als das Schloss und die Wirtschaftsgebäude als Nobelhotel genutzt wurden. Der Garten ist privat und wird vom Schlossverwalter Johann Paulesich, einer gärtnerischen Hilfskraft und mit Saisonarbeitern gepflegt.

Aufnahme: Allee des Baumsaals, DB_01 (G)

Schlossgarten Pielach, Bezirk Melk; N.Ö.

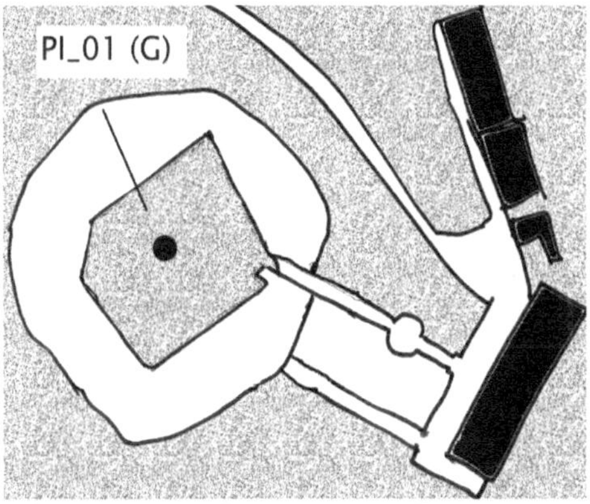

Grundriss des Schlosses und Burgstall mit Lage des Aufnahmeortes

Das Schloss Pielach entstand ab 1692 neben einer abgetragenen Burg. Zwischen 1763 und 1785 wurden das Schloss und der Garten zur Belustigung der Geistlichen unter Melker Abt Urban II. Hauer angelegt und vollendet. Schloss und Garten befinden sich in Privatbesitz, der Burgstall ist öffentlich zugänglich. Die Bäume werden in größeren Abständen geschnitten.

Aufnahme: Ehemalige Laubhütte in Form eines Baumkreises, PI_01 (G)

Neuwaldegger Garten und Park, 17. Bezirk, Wien

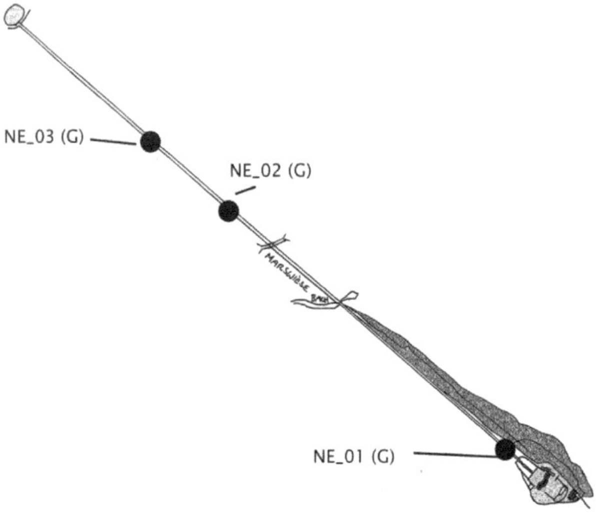

Grundriss des Schwarzenbergparks mit Lage der Aufnahmeorte

Die terrassierte Anlage entstand aus der Erweiterung und Umgestaltung eines ehemaligen barocken Gartens aus dem späten 17. Jahrhundert. Ab 1765 begann Graf Lacy mit der Anlage eines landschaftlichen Parkes mit Figuren und Staffagebauten ("1. englischer Garten in Österreich"). Als Rest der barocken Gartenanlage führt heute noch die lange Allee in die umgestaltete Landschaft des Wienerwaldes hinaus. Seit 1955 gehört die Parkanlage der Stadt Wien, die Pflegezuständigkeit hat die MA 49 - Forstabteilung.

Aufnahmen: Zweireihige Allee aus Kastanien und Linden, NE_01 (G); Abschnitt NE_02 (G); Abschnitt NE_03 (G)

Kurpark, Stadt Baden, N.Ö.

1792 ließen Bürger unter Einbeziehung des 1758 errichteten Theresiengartens den Stadtpark anlegen. Als Kurpark wurde er zu Beginn des 19. Jahrhunderts (Lang'sche Anlagen), um 1850 (Neu- und Kinderpark), um 1900 (Kalvarienberg) und um 1930 (Gartenteil um den Beethoventempel) erweitert und laufend umgestaltet. Der öffentliche Garten wird vom Stadtgartenamt Baden betreut.

Aufnahmen: Neuer Platz, W-BA-01; Udineweg, W-BA-02; Unterer Bismarkeichenweg, W-BA-03; Oberer Bismarkeichenweg, W-BA-04; Lang'sche Anlage - Unterer Zickzackweg, W-BA-05; Weg beim Beethoventempel, W-BA-06; Lang'sche Anlage - Oberer Zickzackweg, W-BA-07; Weg neben der Jubiläumsaussicht, W-BA-08

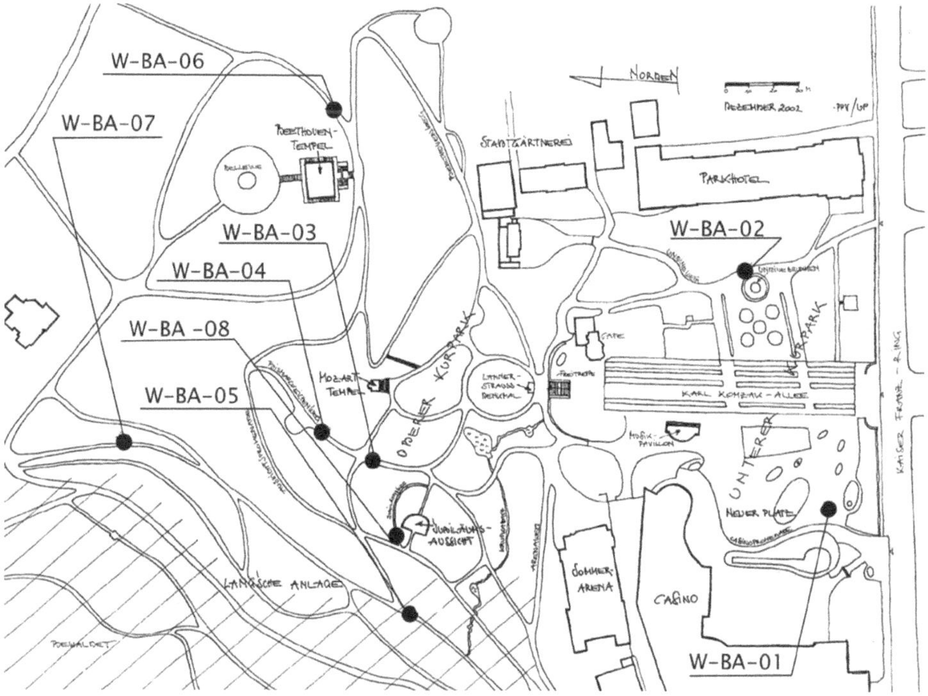

Grundriss des Kurparks von Baden mit Lage der Aufnahmeorte

Schlossgarten Leopoldskron, Stadt Salzburg, Sbg.

Das barocke Schloss wurde 1736-1740 unter Fürsterzbischof Leopold Anton Freiherr von Firmian erbaut. Mehrere Besitzerwechsel führten zu einer Verwilderung des Gartens. Nach dem Kauf 1918 durch Max Reinhardt wurde begonnen, den Garten im neobarocke Stil zu gestalten. 1938 musste Reinhardt ins jüdische Exil und Leopoldskron wurde für die reichsdeutschen Kommandostellen als "jüdischer Besitz" arisiert und Sommerresidenz und Gästehaus. Seit 1959 ist der Garten im Besitz des Salzburg Seminars, das auch für die Gartenpflege aufkommt.

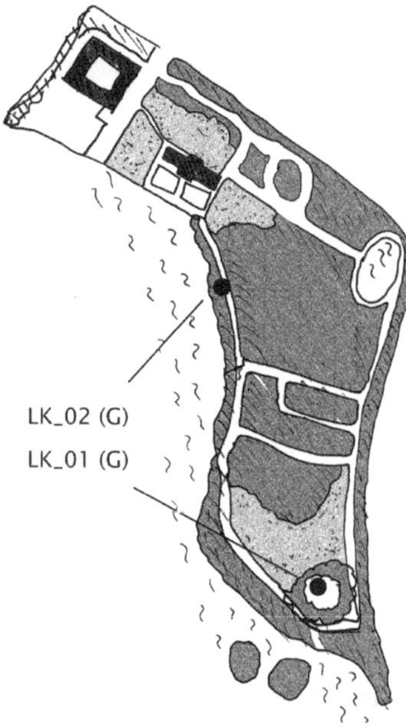

Grundriss des Leopoldskroner Schlossgartens mit Lage der Aufnahmeorte

Aufnahmen: Gartentheater von Max Reinhardt, LK_01 (G); Zweireihige Lindenallee, LK_02 (G)

Volksgarten, 1. Bezirk, Wien

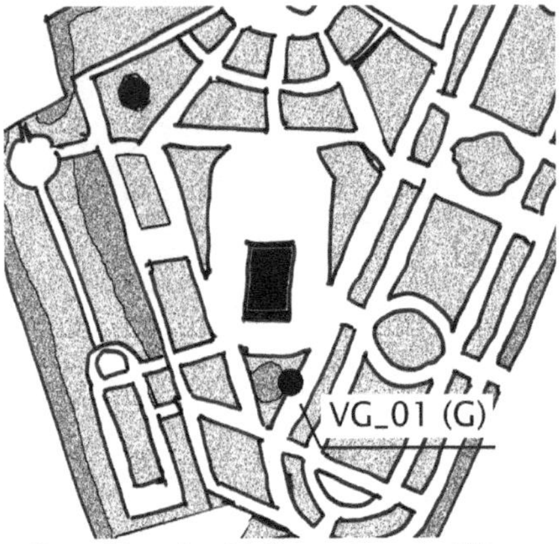

Grundriss des Volksgartens in Wien mit Lage der Aufnahmeorte

Der 1. öffentliche Garten Wiens wurde 1823 eröffnet. Ursprünglich bestand die Gartenanlage aus dem zentralen halbsternförmigen Platz ("Mond") und den Bereichen um Theseus-Tempel und der heutigen Diskothek. Weitere Bereiche kamen durch die gründerzeitliche Erweiterung zw. 1863 und 1884 mit dem von Kastanien umgebenen Rasenplatz und dem heutigen Elisabeth-Denkmal hinzu. Der Garten ist öffentlich zugänglich und im Besitz der Regierung Österreich. Die Pflege und Verwaltung wird von den Bundesgärten Österreich übernommen.

Aufnahme: Zweireihige Allee aus Kastanien, VG_01 (G)

Stift Wilhering, Gemeinde Wilhering, O.Ö.

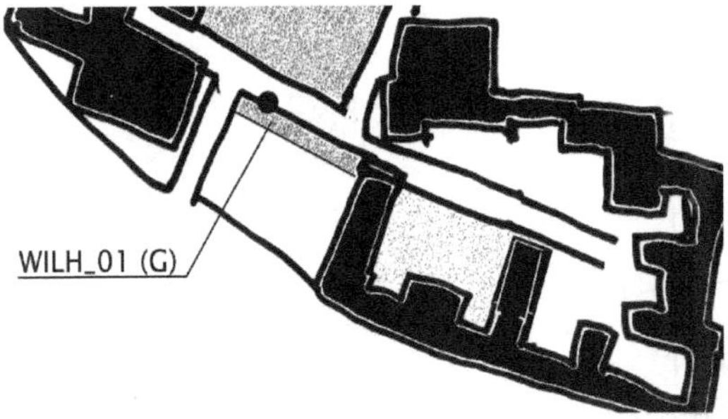

Grundriss des Stiftes Wilhering mit Lage der Aufnahmeorte

Die Allee des 1146 gegründeten Zisterzienserstiftes Wilhering verbindet die Stiftsgebäude mit den Wirtschaftsgebäuden. Die Allee mit Point de vue weist barocke Anlagemerkmale auf. Der angrenzende Stiftspark wurde 1840 Garten mit Teich, Pavillon und ausgefallenen Gehölzarten gestaltet.

Aufnahme: Allee, WI_01 (G)

Sophienesplanade und Wirergarten, Stadt Bad Ischl, O.Ö.

Die Sophienesplanade wurde 1843 als Promenade an der Traun angelegt. Der Wirergarten ist ebenfalls eine Gartenalage aus der 1. Hälfte des 19. Jahrhunderts.

Aufnahme: BI_01 (G) - vier- bis fünfreihige Eschenallee der Sophienesplanade; W_WI_01 - platzartige Fläche um ein Denkmal im Wirergarten

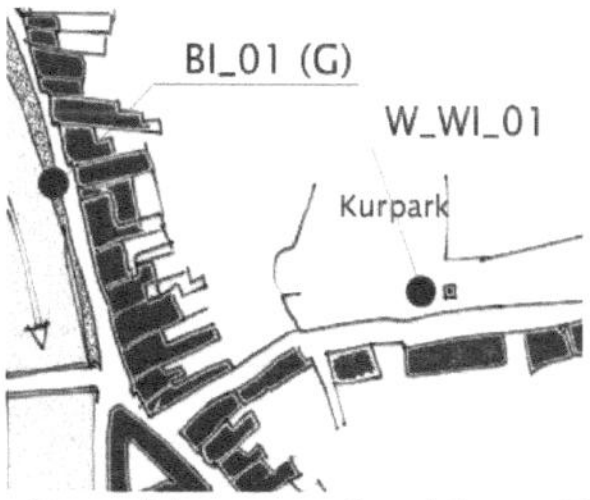

Grundriss von Sophiens Esplanade mit Lage der Aufnahmeorte

Stift Schlägl, Gemeinde Aigen-Schlägl, O.Ö.

Das Prömonstratenserkloster wurde seit der Wiedergründung um 1218 (Steinbauten wahrscheinlich ab 1250) durch den Passauer Bischof durch den Bauernaufstand 1626 und 7 Brände im 18. und 19. Jahrhundert mehrmals zerstört. Der westliche Hof mit einer zentralen Brunnenanlage entstand 1853/54 an der Stelle ehemaliger Wirtschaftsgebäude.

Aufnahme: Baumreihe im westlichen Hof, AS_01 (G)

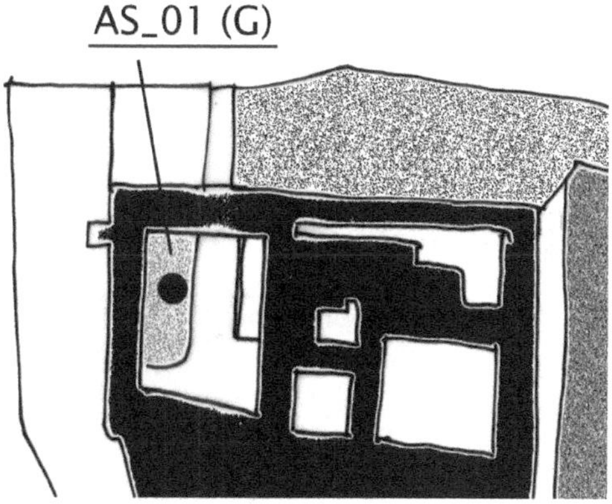

Grundriss des Stiftes Schlägl mit Lage der Aufnahmeorte

Franz-Josef-Platz, Esplanade, Stadt Gmunden, O.Ö.

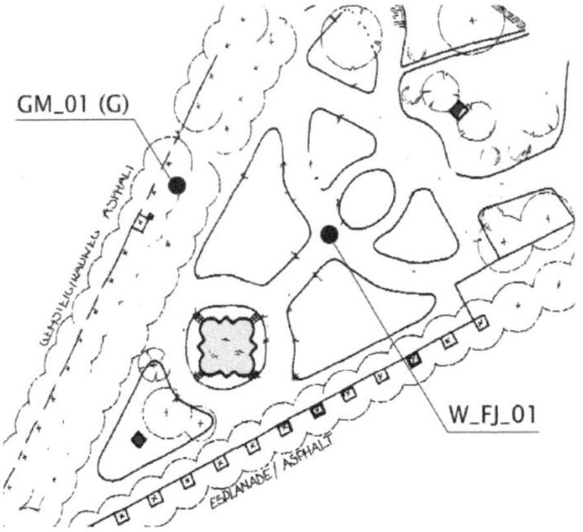

Grundriss des Franz-Josef-Platzes und Teil der Esplanade von Gmunden mit Lage der Aufnahmeorte im Garten

1862 erhielt die Stadt Gmunden mit Erlass der k.k. Statthalterei das Kurstatut verliehen. Als Kurpromenade mit Bäume und Sitzbänken wurde die Esplanade mit dem Franz-Josef-Platz am Ende ab 1860 durch das "Cur- und Verschönerungs-Comité" am Traunsee errichtet.

Aufnahme: Kastanienallee, FJP_01 (G); Weg am Franz-Josef-Platz, (W_FJ_01)

Villa Lanna, Stadt Gmunden, O.Ö.

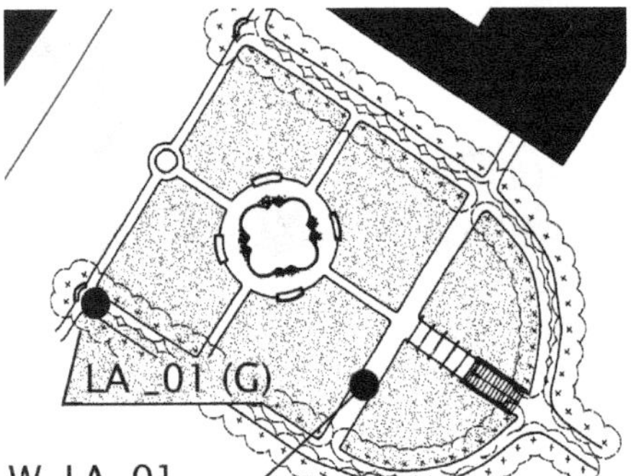

Grundriss des formalen Gartenteils der Villa Lanna mit Lage der Aufnahmeorte

Der terrassierte Garten wurde für Adalbert Ritter von Lanna, Sohn eines Baugroßunternehmers, im damals zeitgemäßen "gemischten Stil" angelegt und war 1875 vollendet. Garten und Villa sind in Privatbesitz und werden von den Inhabern gepflegt.

Aufnahmen: Die das Parterre einfassende Kastanienallee, LA_01 (G); Südöstlicher Querweg am formalen Parterre, W-LA-01

Schloss Helfenberg, Gemeinde Helfenberg, O.Ö.

1894 kaufte die Gräfin Olympia Revertera y Salandra, geborene Aldobrandini-Borghese, das Schloss aus dem 17. Jahrhundert samt Garten. Sie ließ den Garten nach ihren Vorstellungen ändern, wobei sie die italienische Gartenkunst des 19. Jahrhunderts (manieristischer Neobarock) nachahmte. Wichtiges Element war die bis heute erhaltene Eibenhecke im Topiary-Stil bei der Zufahrt des Schlosses.

Aufnahme: Allee, HB_01 (G)

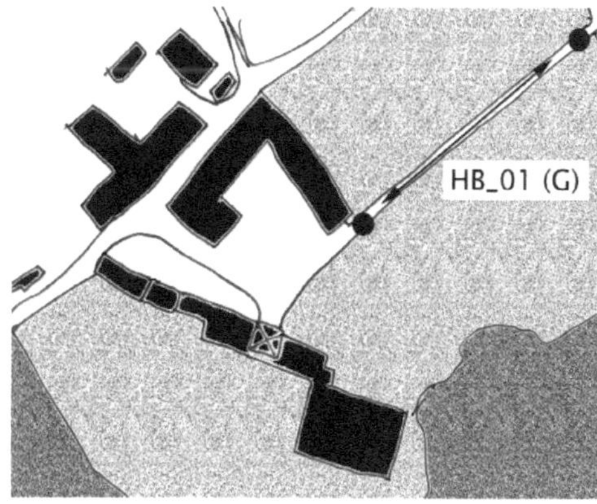

Grundriss des Schlosses Helfenberg mit Lage der Aufnahmeorte

Ehemalige Villa Hatschek, Stadt Linz, O.Ö.

Der Garten der ehemaligen Villa Hatschek ist heute im Besitz der O.Ö. Landwirtschaftskammer. Der 3,3 ha große Garten wurde durch Josef Schweiger im formalen Stile in Terrassen angelegt. Die Villa wurde 1971 abgerissen, ein Büroneubau errichtet und der zentrale Gartenbereich umgestaltet (Einbau eines Pools in den ehemaligen Senkgarten, Einbringung einer zeitgemäßen Bepflanzung). Die Modellierung wurde weitgehend beibehalten. Die Pflege erfolgt durch einen Gärtner der O.Ö. Landwirtschaftskammer.

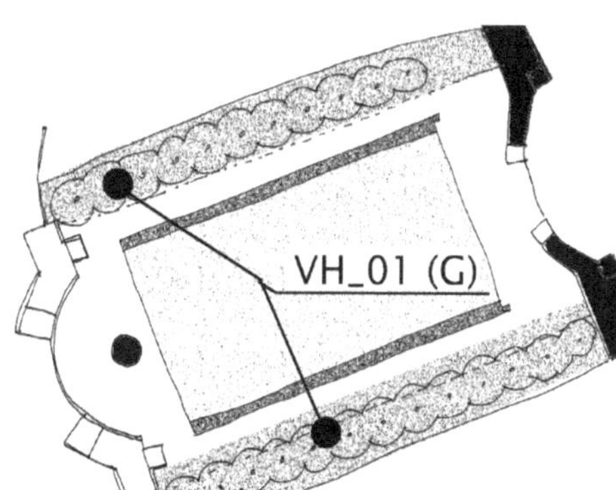

Grundriss der Villa Hatschek in Linz mit Lage des Aufnahmeortes

Aufnahme: Magnolienreihen am Rande des ehemaligen Senkgartens, VH_01 (G)

Bauernberganlagen, Stadt Linz, O.Ö.

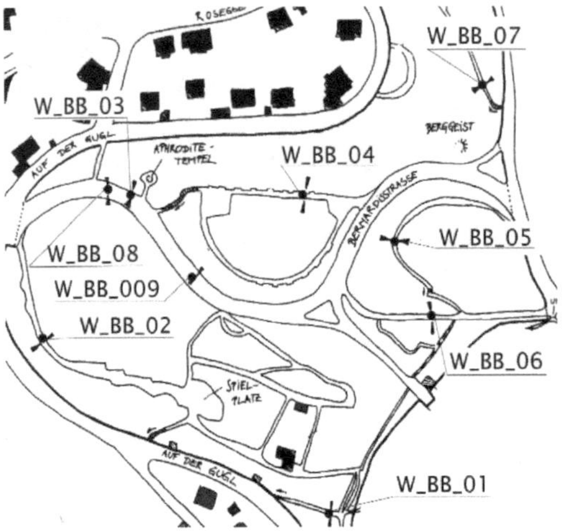

Grundriss der Bauernberganlagen mit Lage der Aufnahmeorte

Die landschaftliche Anlage wurde zwischen 1905 und 1911 auf der Basis eines Wettbewerbes als öffentlicher Park gestaltet. Das Areal der ehemaligen Sandgrube hatte die Stadt vom Großindustriellen L. Hatschek geschenkt bekommen. Veränderungen fanden vor allem in den Nachkriegsjahren statt. Betreut wird die Parkanlage vom Stadtgartenamt Linz.

Aufnahme: Fußweg oberhalb der Landwirtschaftskammer, (W_BB_01); Weg zum Spiel-platz, (W_BB_02); Bernardis-straße (W_BB_03, 08, 09); Weg in der Staudenanlage, (W_BB_04); Rundweg bei der unteren Vertiefung, (W_BB_05); Steiler Weg in der unteren Kurve der Bernardisstraße, (W_BB_06); Weg mit Treppen östlich des Aussichtsplatzes, (W_BB_07);

5 Systematik der Formgehölze

Die Herstellung von Gehölzen in formalen Gärten

Die Herstellung von Gehölzelementen in formalen Gärten wird wesentlich von funktionalen, ästhetischen wie symbolischen Überlegungen bestimmt. Funktionale Aspekte innerhalb der Gartenanlage, wie gedachte Nutzung(en) des Raumes, Wegverbindung(en), Schatten, räumliche Strukturierung, Sichtschutz oder Verkleidung, bestimmen, ob es sich um einen Gartenraum oder eine Allee handelt. Ästhetischen Prinzipien folgend, entwarfen die Gartenkünstler ihre Gehölzelemente in wohlüberlegten Proportionen, die einem Gesamtstreben nach Harmonie durch ein einheitliches Zahlensystem folgten. Die Idealansichten der damaligen Zeit zeigen gleichartig formierte Gehölze, die als Baukörper gezeichnet – und wohl auch gedacht waren. Große Vorbilder waren die Anlagen des Hochadels, deren Gartenansichten in vielen Stichen und Musterbüchern über Europa verbreitet waren.

Unsere Art der Darstellung von formalen Gehölzelementen berücksichtigt die unterschiedlichen Aspekten der Gehölzverwendung insofern, als die aus den dokumentierten Gehölzelementen abgeleitete Kategorisierung zwei unterschiedliche Betrachtungsweisen unterscheidet. In einem ersten Schritt wird das Gehölzelement aufgrund der gesamten Erscheinung als Platz, Allee, Boskett oder Heckengang charakterisiert. Für eine weitere Differenzierung und Zuordnung wird die Art des formierenden Schnittes, ob "bogenförmig oder gedeckt" oder "wandförmig oder ungedeckt" bestimmt. Die Art des Schnittes wird wiederum durch die Ausstattung und die Pflanzweise der Gehölze differenziert.

Wesentlich für eine weitere Beschreibung im Feld und für eine denkmalpflegerische Dokumentation von Gehölzelementen ist die Stellung der Gehölze zueinander, die auf der Einmessung des Grundrisses und der Bestimmung der Merkmale „Abstand in der Reihe“ und „Abstand zwischen den Reihen“ beruht. Die Bestimmung der verwendeten Gehölzart(en) leitet zur genaueren Analyse der für die Herstellung des Gehölzelementes benötigten Gehölzformen über.

Um die im Einzelfall sehr unterschiedlichen Gehölzindividuen innerhalb eines Gehölzelementes in Begriffen zu fassen, wird in dieser Arbeit das Erscheinungsbild nach der Proportion von Krone und Stamm sowie nach dem Kronentyp namentlich unterschieden und charakterisiert. Dies ist umso mehr tragend, als die PlanerInnen von formalen Gärten früher die Einhaltung von zueinander proportional abgestimmten Längen und Flächenbeziehungen als Grundbedingung von Harmonie und Schönheit voraussetzten. Die Messung des

Stammumfanges und eine verbale Beschreibung der einzelnen Gehölze runden das Bild der Gehölzaufnahme ab.

Die den Aufbau und damit die Erscheinungsform der Gehölze bestimmenden Merkmale sind damit Ausdruck von artspezifischen Wuchsgesetzen der Gehölze und vor allem von der investierten gärtnerischer Arbeit, der Kronenerziehung und der regelmäßigen Wartung der Einzelgehölze.

Wichtige Begriffe zum besseren Verständnis:

Allee: benannte ursprünglich einen Weg und Spaziergang, im Laufe der Zeit wurden baumbestandene Wege damit bezeichnet. Zweireihige Alleen werden nach Dezallier allées simples, vierreihige Alleen als allées doubles bezeichnet. Diese werden nach klassischen Regeln entweder versetzt (in quincunx) oder schachbrettartig (rechtwinkelig) zueinander fluchtend hergestellt. Bechstedt (1172) bezeichnet diese vierreihigen Alleen als Mailbahn, wenn außen noch Hecken hinzu kamen (Verhältnis 0,5 : 1 : 2 : 1 : 0,5, vgl. Wimmer 2001, S. 36).

Durchschläge und Gangl´n werden im Wiener Augarten die in die waldartigen Partien gehauenen Wege des ehemaligen Jagdgartens genannt (z.B. Saugrubendurchschlag, Kleiner Jägergang, Maulbeergang etc.).

Gedeckter Schnitt oder Allée couverte (gedeckte Alleen, nach Dezallier): Die Kronen der Gehölze werden bogenförmig gestaltet und bilden gleich Gewölben ein grünes Dach. Bei den Hecken entspricht der Laubengang (Berceaux) dieser Schnittweise.

Gehölzschnitt: Die Nutzung und Pflege von Bäumen und Sträuchern erfolgt traditionell durch Schneiden, Sägen und Hauen. Als Werkzeuge dien(t)en die Gertel, die Säge, Baumeisen, Säbel, Astschere, Heckenschere und seit der zweiten Hälfte des 20. Jahrhunderts vorzugsweise motorbetriebene Sägen und Scheren.

Heckengehölze: Sie sind ausschlagfähig und regenerieren sich durch den Schnitt. Typische Vertreter sind Hainbuche, Feldahorn und Linde.

Kandelaber: Als Kandelaberkronen werden Baumformen bezeichnet, die polyarche, mehrarmige Kronen haben. Dem Namen steht die Gestalt des siebenarmigen Leuchters zugrunde. Kandelaber mit mindestens vier und mehr Stämmen (Wuchseinheiten, Reiterate) werden in der Forstwirtschaft auch Garbenbaum genannt.

Kappen: Im Gegensatz zu bereits in der Jugendphase durchgeführtem Köpfen ist Kappen ein spätes Entfernen des obersten Teils des Leittriebes bzw. bei Starkästen von polyarchen Kronen. Wenn nicht vermeidbar, sollte ein Schnitt an einem Knoten, nie aber zwischen den Knoten (im Bereich der Internodien) durchgeführt werden. Der Schnitt an einem Knoten sollte schräg verlaufen, oberhalb der Astrindenleiste und parallel zu ihr.

Kesselkrone: Spezielle Form des Kandelabers, auch Becherkrone genannt, bei der mehrere Äste um den Stamm eine kesselförmige Krone bilden. Der am Kronenansatz geköpfte Leittrieb bildet die Basis des Kessels.

Knorre, Kopf, Kropf: Faustartige Verdickung, die durch den wiederholten Rückschnitt auf die gleiche Verzweigungsstelle bei Gehölzen entsteht. Die Regelmäßigkeit des Rückschnitts wird als Umtriebszeit bezeichnet.

Kopfbaum: Baumkrone, bei der immer wieder auf dieselben Stellen zurückgeschnitten wird (geköpft). Die Äste sollen eingekürzt werden, solange die Äste noch dünn sind und die senkrechten Schnitte rasch überwallen können. Die jungen Schösslinge werden dann alljährlich entfernt. Das Ergebnis ist ein Baum mit mehreren beulenförmig verdickten Köpfen. Der Kopfholzbetrieb (Kopfweiden) ist eine spezielle (einköpfige) Betriebsform des Kopfbaumbetriebes.

Köpfen: Frühzeitiges Entfernen der Spitze des Leittriebs zur Anregung des Austriebs von mehreren Trieben bzw. Verzweigungen der Krone. Kandelaberartiger Kronenaufbau und Verzweigungsebenen (Etagen) werden künstlich durch Köpfen hergestellt. Die Erhaltung von künstlichen Kronenformen basiert auf einem regelmäßigen Zurückschneiden (Köpfen) des Leittriebs bzw. der Leittriebe bei polyarchen Kronenformen.

Kronenansatz bei Bäumen: Vom Boden aus gemessener Abstand der ersten Verzweigung des Stammes. Eine (Auf-) Ästung bei der Erziehung der gewünschten Kronenform bringt einen höheren Kronenansatz.

Kronenaufbau: Die verschiedenen Baumarten weisen einen unterschiedlichen, natürlich bedingten Kronenaufbau auf. Sie lassen sich artspezifischen Wachstumsprinzipien zuordnen, die von den Botanikern mit unterschiedlichen Architekturmodellen beschrieben worden sind.

Offener Schnitt, Allée decouverte (offene Allee, nach Dezallier d´Argenville): Schnitt zur Erlangung mauerartiger Baumwände, lotrechter Schnitt.

Quincunx: Gegenteil von "rechter Winkel". Die Pflanzreihen sind versetzt zueinander angeordnet (wie die Fünf auf einem Würfel). Diese Pflanzweise wird auch "versetzt", "auf Lücke" oder im "Dreiecksverband" genannt. Dezallier bezeichnete in "La théorie et la pratique du jardinage" (1709) alle regelmäßigen Baumpflanzungen als Quincunx (Uerscheln et al. 2001).

Rechter Winkel: parallel gepflanzte Reihen, auch regelmäßig genannt. Wie die Vier auf dem Würfel. Das Gegenteil von "in quincunx".

Reiteration: Die Wiederholung der Kronenbildung, durch z.B. die Bildung von Wasserreisern oder Aufsitzern in der Baumkrone. Werden Reiterate nicht entfernt, entwickeln sie sich zu selbständigen Teilkronen, die den Aufbau der arttypischen Baumkrone wiederholen. Für die Frage, ob ein Ast auf den Vorgang der Reiteration umstellt, hängt vor allem von seinem Winkel zum Baum ab. Je steiler ein Ast steht, desto größer ist die Wahrscheinlichkeit, dass er eine Teilkrone reiteriert (vgl. Pfisterer 1999, Roloff 2001).

Spalier: Nach Hohberg (1716) wurden Obstbäume, die an Mauern gelegt werden "Espalier" genannt. "Contre-Espaliers" nannte man Obstbäume, die in freier Luft gezogen werden, indem sie an Pfähle und Stöcke gebunden werden. Contre-Espaliers werden in den Alleen auch die niederen Hecken (banquettes, Brüstungshecken) genannt, wenn sie zwischen den Gängen in die Baumreihen gepflanzt werden. Banquettes oder Brüstungshecken zwischen den Wegen wurden von Dezallier als obsolet verurteilt (1731, S. 67), als seitliche Begrenzung der Alleen jedoch weiterhin gewürdigt.

Sympodiale Verzweigung: Es übernimmt nicht zwangsläufig die Endknospe die Führung im kommenden Jahr. Die sympodiale Verzweigung geht vor allem auf zwei Strategien zurück: Die Zweigspitzen neigen sich nach unten und die Verlängerung der Achse basiert auf Nebenzweigen, die im Scheitelpunkt der Krümmung stehen. Im anderen Fall verlängert sich die Achse aus der Nebenknospe der Blütenanlage, weil die Endknospe eine Blüte ausbildet.

Wurzel-Stockbetrieb: Niederwaldbetrieb, bei dem parallel über dem Wurzelstock der Stamm oder die Stämme auf ca. 30 – 40 cm Höhe abgeschnittten werden. Wird traditionell zur Gewinnung von Stöcken (z.B. Haseln) angewendet und führt auch zur Verjüngung und Verdichtung ausgewachsener Hecken.

Zwiesel (Zwille): Die oft natürliche Baumform der Teilung des Stammes in zwei gleich geförderte Hauptäste (-stämme). Ein im Wuchs zurückbleibender Zwiesel-Arm wird in der Forstwirtschaft auch als Kindel bezeichnet. Die Baumphysiologie unterscheidet je nach Art des Wuchses Druck- und Zugzwiesel: spitz zulaufende V-förmige Zwiesel (wegen der größeren Gefahr des Aufreißens auch "offene Zwiesel" genannt), und mehr abgestumpft verlaufende U-förmige Zwiesel ("geschlossene Zwiesel") (vgl. Erlbeck et al. 2002).

Die Entwicklung des Gartenbaus brachte in Österreich eine Kunst hervor, die sich sowohl auf die Gruppierung von Gehölzen zur Raumbildung als auch auf die einzelne Kronenform auswirkte. Diese handwerklichen und raumbildenden Fähigkeiten fanden in der Mitte des 18. Jahrhunderts einen gartenhistorischen Höhepunkt[1], der in den formalen Gärten der Hoch- und Spätgründerzeit, aber auch der Postmoderne unter geänderten gesellschaftlichen Bedingungen wiederholt wurde (Gemischter Gartenstil, Jugendstil, historisierendes Zitat). Abweichend von den überregional als Vorbild und Musterbücher wirkenden gartentheoretischen Schriften und Gärten (Gartenreisen als Bildung für die Künstler) finden sich regionalspezifische Entwicklungen, die sich in betriebseigenen Praktiken und Benennungen zeigen[2].

Aufgrund der Aufnahmen haben wir eine raumbezogene Systematik für Gehölzverwendung in formalen Gärten in Verbindung mit einer Systematik der Kronenformen in österreichischen Gärten abgeleitet. Entsprechend der historischen Bedeutung, der planerischen Verwendung und der Rezeption in der zeitgenössischen Gartenliteratur unterscheidet diese Systematik Gartenräume (Plätze) und Gartenwege (Spaziergänge). Denn spätestens seit dem Barock gilt: Die Gehölze haben entweder die Funktion der Raumbildung durch grüne Wände zur oder grüner, durchlässiger Grenzen zur Gliederung, Überdachung und Differenzierung des Gartens.

5.1 Gartenräume aus Formgehölzen

Die in der formalen Baumgärtnerei für Alleen und Spaliere entwickelte Praxis der Formierung von Baumkronen mit Bögen und Wänden wurde auch für die Herstellung von Gartenräumen verwendet. Es entstanden entweder "gedeckte" oder "offene" Zimmer und Säle. Bäume wurden entweder um eine zentrale Nutzung (Becken, Rasen-Vertiefung oder "Bowling-green", freier Platz) oder gleich einer Kirche in einem System von Baumgewölben über die gesamte Fläche gesetzt - dies schuf einen geschlossenen, begehbaren Raum. Die architektonische Formensprache fand sowohl in der mauer-, decken- und gewölbeartigen Formierung der Gehölze wie in analogen Bezeichnungen zum Innenraum ihren Ausdruck. Die Organisation der Wege und Plätze des Gartens entspricht dabei in der barocken Freiraumtheorie den Straßen und Plätzen von Städten (vgl. Dezallier 1731, Laugier 1768).

Alle im Projekt in den Gärten aufgenommenen Arten waren im Verständnis des 18. Jahrhunderts Zierbäume und werden in der Einteilung der österreichischen Bäume und Sträucher für "Gartenkünstler und Forstmänner" von Märter 1796 den "Arbores urbanae" (Verzierungsbäumen) zugeordnet[3].

5.1.1 Baumplätze

"Werden viele Baumreihen alleemäßig nebeneinander angebracht, so entstehen Baumplätze oder regelmäßige Haine" (Jäger 1901, S. 172).

Aus den vorhandenen Gartenräumen österreichischer Gärten lässt sich ein Kanon gartenkünstlerischer Platzformen ableiten, die sowohl im Grundriss wie im Aufriss nach proportionalen wie geometrischen Regeln entworfen und ausgeführt sind. Je nach Art der Gehölzverwendung und Beziehung zum Schlossgebäude lassen sich die formalen Baumplätze in Baumsäle und Parterre-Plätze und in als Wegkreuzungen gebaute Sternen und Rondeaus unterteilen.

Baumsaal

Baumsäle ("Baumsaäle" nach Danreiters Übersetzung von Dezallier 1731) sind durch Hecken oder durch Mauern oder Terrassen abgegrenzte Gartenräume, die von Gehölzen vollständig umfriedet werden. Gegenüber den anderen mit Gehölzen gebauten Räumen (Danreiter nennt sie "Gemächer" und "Verschlüsse") unterscheiden sie sich dadurch, dass auch innerhalb der von den Gehölzen umrahmten Fläche Bäume gepflanzt wurden. Nach dem Schnitt der Baumkronen gibt es gedeckte und offene Baumsäle, die sich jeweils nach ihrem Grundriss unterscheiden lassen. Diese sind in Größe (Kastaniensaal Schönbrunn: 88,2 mal 36,6 m; ovaler Kastaniensaal Schönbrunn: 32,4 mal 23,2 m; runder Kastaniensaal: 21,9 m im Durchmesser) und Form (rund, oval, rechteckig) unterschiedlich. Die Namensgebung erfolgte häufig nach der gewählten Baumart (Kastaniensaal, Lindensaal).

Der gedeckte Baumsaal

Diese Gartenräume werden aus Bäumen gebildet, deren Kronen gleich Gewölben bogenförmig nach den Seiten gezogen werden und den Gartenraum bedekken. Die Bäume wurden auf entsprechender Höhe geköpft und die austreibenden Hauptäste in einer Etage wie ein Spalier waagrecht oder in einem flachem Winkel zum Stamm gezogen. Unter den Aufnahmen (vgl. Kapitel 6.1) befinden

Der gedeckte Lindensaal von Draßburg

Der runde, gedeckte Baumsaal von Pielach

sich barocke Beispiele für einen gedeckten (rechteckigen) Baumsaal (Lindensaal, Draßburg) und für einen runden gedeckten Baumsaal (Pielach).

Der runde Kastaniensaal in Schönbrunn

Der offene Baumsaal

Offene Baumsäle mit wandartigem Baumschnitt gibt es in zwei Ausführungen. Die eine besteht aus kastenförmigen Baumreihen im Zentrum eines Platzes (Vorpark Augarten). Bei der anderen Ausführung wird eine zentrale Nutzung von Baumreihen vollständig umrahmt. Namensgebend sind die Kastaniensäle des Schlossgartens Schönbrunn (runder, rechteckiger und ovaler Kastaniensaal). Als Variationen dieses Gartenthemas gibt es offene Baumsäle um Wasserbecken (Stift Melk) und um Vertiefungen (Belvedere, Schüsselwiesen im Augarten).

Der "Vorpark" im Augarten Wien (Aufnahme: 1991)

Parterreplatz

Als prachtvolle Variante eines Platzes hat sich das direkt vor dem Schlossgebäude liegende Parterre herausgebildet. Das Parterre wurde vor allem aus der erhöhten Position des Schlosses oder einer Treppenanlage (Schönbrunn) genossen. Im Unterschied zu den Baumsälen umfrieden Gehölze nicht alle vier Seiten eines Platzes, sondern dienen der Rahmung des bemerkenswerten Prospekts - zumindest eine Seite bleibt dem Schlossgebäude vorbehalten. Beispiele für barocke, von Gehölzen eingefriedete Parterreplätze sind in Schönbrunn, Belvedere und im Augarten Wien zu finden[4]. Gründerzeitliche Variationen finden sich im Volksgarten Wien (Rasenparterre zw. Burgtheater und naturhistorischem

Ein Parterreplatz mit kandelaberförmigen Kopfbäumen, Villa Lanna, Gmunden

Ein Parterreplatz mit lotrechten Heckenwänden in Schönbrunn

Museum), dem Wiener Stadtpark, der ehemaligen Villa Hatschek in Linz, der Villa Lanna in Gmunden oder im Südpark in St. Pölten.

Die Parterreplätze unterscheiden sich nach den einfriedenden Gehölzen in Parterres mit Bäumen als Hochhecken (auch Kandelaber) und solchen mit lotrechten Heckenwänden.

Rondeau und Stern

Analog den Straßen der Städte werden Wegekreuzungen im formalen Garten als kreisrunde oder sternförmige Plätze gestaltet. Gleich den Häusern in den Straßen rahmen Heckenwände und Hochhecken die Sterne und Rondeaus. Die Sterne haben sich aus der Idee eines Treffpunktes für Jagdgesellschaften entwickelt, boten aber auch ideale Schussstandorte für die Treibjagd in den alten Jagdgärten. Aufgrund der oftmaligen Wiederholung des Sternthemas wurde der Versailler Schlossgarten sogar als "Sternbild" bezeichnet (Neubauer 1980, S. 14). Namensgebend für die Systematik sind der "Kleine" und der "Große Stern" (vgl. Kleiner 1738) und die beiden Rondeaus im Augarten. Weitere Beispiele sind die beiden Rondeaus um die Najadenbassins in Schönbrunn. Auch der erste als öffentlicher Gartenplatz geplante Ort, der Mond im biedermeierlichen Volksgarten in Wien, griff das Sternthema auf. Wie im barocken Garten strahlen von diesem Halbrund Alleen aus - ein gebautes Panoptikum für die damals gewünschte Übersicht für die Obrigkeit (vgl. Spiller, G. 1991, S. 92).

Das Rondeau um den Najadenbrunnen, Schönbrunn

Das Schmidt-Kreuz-Rondeau im Wiener Augarten

Ansicht von Salomon Kleiner (1737) des Sterns im Augarten (Umzeichnung, RD)

Systematik der Baumplätze in formalen Gärten											
Bezeichnung	Baumsäle						Parterreplätze		Sterne & Rondeaus		
	Gehölze auf Platz						Gehölze rahmend				
Schnittweise	gedeckt		offen				mit lotrechten Wänden	mit Bäumen als Hochhecken	mit lotrechten Wänden	mit Bäumen als Hochhecken	mit Bäumen
Form	rechteckig	rund	rechteckig		rund	oval	Bezeichnung des Parterres nach Ausgestaltung*		sternförmig	rund	halbkreisförmig
Österr. Beispiele	Lindensaal	Pielach	Vorpark Augarten	Kastaniensaal	runder Kastaniensaal	ovaler Kastaniensaal	Parterre Schönbrunn	Parterre Augarten	Sterne im Augarten	Rondeaus im Augarten	Mond im Volksgarten

* Parterreformen nach Dezallier d´Argenville 1731 : à la angloise, de broderie, die broderie melée, de compartiment, d´eau, gazon coupé und de piéces coupées des fleurs

Systematik der Baumplätze in formalen Gärten (R. Doblhammer)

Die Sterne und Rondeaus unterscheiden sich nach den verwendeten Gehölzformen in solche mit lotrechten Heckenwänden, solche mit Bäumen und Hecken und solche mit Bäumen.

5.1.2 Alleen und Gangl´n

Gleich Straßen und Wegen verbinden Alleen, Gangl´n und Durchschläge die unterschiedlichen Gartenteile im Garten und führen von den Gärten hinaus in die (bejagbare) Landschaft bzw. zu den weiteren Gärten. Diese waren bis ins 19. Jahrhundert noch von Mauern umgeben klar abgegrenzt gegenüber der (Agrar-)Landschaft. Baum-Alleen innerhalb der Gartenmauern waren kein Standardelement des formalen Gartens: bedeutende Anlagen wie das Neugebäude in Wien, Draßburg, die Schönborn´schen Gärten in Wien und in Göllersdorf (Niederösterreich) kamen ohne sie aus. Der Begriff Allee - von frz. aller (gehen) - meinte ursprünglich den Weg zum Gehen und wurde erst später mit dem Bild des von Bäumen gesäumten Weges gleichgesetzt, noch Hohberg schreibt 1716 von "ganz langen gedoppelten Reyen / Lustgängen"[5].

Allée double - Vierreihige Allee

Obwohl die beiden großen kaiserlichen Anlagen Schönbrunn und Augarten heute mit ihren mächtigen, formgeschnittenen vierreihigen Alleen diesen Typus als typischen barocken, hallenartigen Hauptweg im Garten vermitteln, zeigen alte Ansichten österreichischer Barockgärten, dass Allée double innerhalb von Gartenmauern den Gärten des Kaisers vorbehalten waren[6].

Die Aufnahmen zeigen, dass die Baupläne von vierreihigen Alleen, seit Dezallier auch als Allée double bezeichnet, prinzipiell dem von Dezallier geforderten Idealbild eines mittleren Haupt- und zweier Nebengehwege (Breite im Verhältnis 1:2:1) entsprechen, im Detail sich jedoch unterscheiden.

Die vierreihigen Alleen im Augarten (Wasser-, Hauptallee - ab 1775) werden aus Kastanien mit Bogenschnitt in den Innen- und Außenreihen hergestellt[7]. Die aus Linden gepflanzten Schönbrunner Alleen (Irrgartenallee, Tiergartenallee, Obeliskenallee - nach 1760) werden mit Bogenschnitt in den Außenreihen und Wandschnitt in den ungefähr doppelt so breiten Innenreihen gebaut.

Name	Abst. in d. Reihe	Abst. Innenreihen	Abst. Außenreihen
Wasserallee	5,1-5,25[7]	11,4	5,4-5,7
Hauptallee	5,2-6,1	11,1-11,4	5,4-6,1
Irrgartenallee	5,25-57	10,65	5,4
Tiergartenallee	5,4	12,75-13,25	5,85-6,6
Obeliskenallee	4,6-5,9	13,06-13,25	6,5-6,8

Allée double im Garten - die Baumaße im Grundriss (R. Doblhammer)

Das Verhältnis zwischen den Neben- und Hauptwegen liegt im Augarten bei ungefähr 1 zu 2. Dies entspricht auch den Verhältnissen in Schönbrunn. Die Irrgartenallee ist um ca. 1,2 m schmäler als die beiden anderen Referenzalleen.

Die Hauptallee im Augarten

Eine der Schönbrunner Gartenalleen

Außerhalb des Gartens wurden vierreihige Alleen als Schlosszufahrten in der ersten Hälfte des 18. Jahrhunderts gebaut. Sie konnten, wie im Falle der Allee an der Oberen Augartenstraße im rechten Winkel gesetzt, oder, wie das Beispiel Neuwartenburg (ab 1732) zeigt, in versetzten Reihen (in quincunx).

Name	**Abst. in der Reihe**	**Abst. Innenreihen**	**Abst. Außenreihen**
Neuwartenburg	7,2-7,95	9,25-9,8	3,8-4,1
Praterallee Wien	7,2	14,7-15,0	6,9-7,5

Allée double als Zufahrten - die Baumaße im Grundriss (R. Doblhammer)

Die in Neuwartenburg heute als Wiese ausgeführt Außenreihen der in quincunx gepflanzten Allee sind weniger als halb so breit wie die Innenreihen. Dagegen entspricht das Beispiel der wesentlich breiteren Praterallee dem barocken Proportionsideal von 1:2:1. Die versetzt gepflanzten Allen waren repräsentative Zufahrten zu Schlössern oder Jagdstöckeln am Land. Während innerhalb des Gartens mehrreihige Alleen im Raster (rechter Winkel) gepflanzt wurden, fanden mehrreihige Alleen in quincunx oft als Zufahrtsalleen und Jagdalleen in Österreich Verwendung (Neuwartenburg, Prater Hauptallee (vor 1775), Allee zum Schloss Eckartsau (zw. 1720 u. 1750))[8].

Die Zufahrtsallee zum Schloss Neuwartenburg in Oberösterreich

Dreireihige Allee

Die beiden im Projekt aufgenommenen Beispiele für dreireihige Alleen sind der Kalvarienberg von Heiligenkreuz und die Sophiens Esplanade in Bad Ischl. Beide sind aus zwei Baumarten aufgebaut (Eschen und Kastanien in getrennten Reihen in Bad Ischl, Linden und Kastanien gemischt in Heiligenkreuz). Beide

Sophiens Esplanade (Kastanien und Eschen)

waren Orte städtischen Publikums. Der Kalvarienberg wurde mitfinanziert von den Wiener Bürgern, die Sophiens Esplanade war gebauter Treffpunkt einer wohlhabenden Gesellschaft, die sich um den temporären Kaisersitz gebildet hatte. Eine Sonderform ist die dreireihige Lindenallee im Mirabellgarten, die durch die parallele Führung zweier ehemaliger getrennter Gartenachsen entstanden ist.

Die dreireihige Lindenallee im Mirabellgarten

Name	Abst. in der Reihe	Abst. zwischen den Reihen
Heiligenkreuz, Kalvarienberg (1750)	270-704	510-604
Sophiens Esplanade (1843)	355-535 (360)	474-516 (Eschen)
(=1 Reihe Kastanien, 2 Reihen Eschen)	460-590	691-849 (Kastanien - Eschen)

Abb.: Dreireihige Allee - die Baumaße im Grundriss (R. Doblhammer)

Allée simple - 2-reihige Alleen

Zweireihige Alleen bilden in vielen formalen Gärten das Gerüst des Gartens, über das die Gartenbereiche erschlossen werden (Augarten Wien, Volksgarten in Wien, Melker Stiftsgarten, Neuwaldegger Landschaftsgarten, Leopoldskron) oder betonen die Zufahrt zum Hauptgebäude (Wilhering, Domgarten St. Pölten, Helfenberg). Die Bäume haben entweder einen durchgehenden Leittrieb (Heldenplatz, Augarten, Volksgarten), Kesselkronen (Melk; Domallee,

Wilhering), Kandelaberkronen (Esplanade Gmunden, Villa Lanna), eine Kastenform (Mirabellgarten) oder werden als gedeckte Allee (Augarten) formiert. Jüngere Beispiele (Linné-Platz, Leopoldskron) lassen oft keinen Formschnitt erkennen.

Lindenalleen	**Abst. in der Reihe**	**Abst. zw. Reihen**
Melk, Stiftsgarten (nach 1730)	5,9-8,5	4,25-5,0
Mirabell, Hauptallee (ca. 1730)	4,7-5,7	5,7-6,3
Domallee, St. Pölten (ca. 1730)	4,65-5,85	6,9-7,3
Wilhering (18. Jh. ?)	5,75-7,5	8,05-8,1
Augarten, Obere Lindenallee (1705)	5,3-6,0	9,4-9,7
Neuwaldegg (1. Abschnitt m. Kast., 18. Jh)	6,35-6,8	9,0-9,2
Linné-Platz, Wien (1905)	4,85-4,95	7,95-8,15
Leopoldskron (1925)	3,8-4,5	3,6-3,9
Kastanienalleen	**Abst. in der Reihe**	**Abst. zw. Reihen**
Augarten, Finsterer Gang (1705)	5,5-6,1	5,9
Augarten, Am Damm (1705)	5,50-6,2	6,9-7,2
Augarten, Langer Gang (1705)	5,0-5,5	9,0-9,1
Neuwaldegg (2. Abschnitt, 18. Jh.)	4,7-5,0	9,4
Villa Lanna, Gmunden (1875)	2,95-3,6	4,55-4,8
Esplanade Gmunden (1860)	4,65-4,95	5,15-5,4
Volksgarten (1870)	5,3-7,2	5,9-6,0
Heldenplatz, beim Heldentor (1870)	4,25-4,35	7,95-8,0
Heldenplatz, Wiese (1870)	5,75	8,2
Spitzahorn-Alleen		
Volksgarten (1870)	4,2-4,7	6,0

Allée simple - die Baumaße im Grundriss (R. Doblhammer)

Baumreihe

Der Sonderfall einer einreihigen geformten Baumreihe fanden wir im "Äußeren Klosterhof" des Stifts Schlägl. Die Abstände der geformten Rotdorn-Reihe orientierten sich an den Arkadensäulen des benachbarten Arkardenganges.

Rotdorn (nach 1920?) 5,05	5,3 (Abstand in der Reihe)

Die Baumreihe im Äußeren Klosterhof von Stift Schlägl

Systematik der Alleen und Gänge in formalen Gärten

Österr. Beispiele	Gehölzausstattung	Pflanzweise	Schnittweise	Bezeichnung
Neuwartenburg	mit Bäumen	versetzte Reihen	gedeckt (allées couvertes)	4-reihige Alleen (Allée double)
Hauptallee Augarten		rechter Winkel = parallele Reihen		
Finstere Allee Schönbrunn	mit Bäumen und Hecken in allen Reihen			
Lindenallee Schönbrunn	mit Bäumen und Hecken außen			
Obeliskenallee Schönbrunn	mit Bäumen und Hecken außen		gemischter Schnitt	
Mirabellgarten	mit Bäumen	rechter Winkel	offen (a. découvertes)	3-reihige Alleen
Heiligenkreuz	mit Bäumen und Hecken außen (ehemals)		gedeckt (a. couvertes)	
Sophiens Esplanade Bad Ischl		versetzte Reihen		
Domallee St. Pölten	mit Bäumen	rechter Winkel	gedeckt (a. couvertes)	2-reihige Alleen
Lindenallee Augarten	mit Bäumen und angrenzenden Hecken			
Lindenallee Hellbrunn	mit Bäumen		offen (allées découvertes)	
Langer Gang im Augarten	mit Bäumen und angrenzenden Hecken			
Lichte Allee Schönbrunn	mit Heckenwand	- - - - -		

Systematik der Alleen und Gänge in formalen Gärten (R. Doblhammer)

Auffällig sind die unterschiedlichen Abstände zwischen den barocken und den gründerzeitlichen Alleen. Die alten barocken Alleen weisen im Durchschnitt weitere Abstände auf als die der gründerzeitlichen, "neobarocken" Phase. Kastanien werden in der Regel enger gesetzt als Linden (mit Ausnahme der sehr eng gepflanzten Allee der 1920er Jahre in Leopoldskron). Auch die Eschen der Sophiens Esplanade sind im Vergleich eng gesetzt - ein Hinweis auf die ursprüngliche Intention einer hallenartigen Baumdecke. Die Pflanzweite hängt nicht ursächlich mit der Ausdehnung der Kronenform zusammen, wie etwa die Beispiele mit den breiten Kandelaberkronen aufzeigen (Melk, Heiligenkreuz, Domallee). Aufgrund des einstigen wesentlich kürzeren Umtriebs (ein- bis zweijährig, Verwendung als Futterlaub) waren die Wege viel lichter als sie heute mit den oft mit langen Aufsitzern ausgewachsenen oder mit längerer Umtriebszeit gepflegten Kronen sind. Ein anderes Beispiel, die wahrscheinlich stark überformte Neuwaldegger Allee, weist verschiedene Pflanzweiten auf, diese weisen möglicherweise auf unterschiedliche Bauabschnitte hin (vgl. Doblhammer 2002 in Zbiral 2003). Auch die sehr variierenden Abstände am Wiener Heldenplatz könnten Hinweise auf eine unterschiedliche Erstausstattung sein.

5.1.3 Heckengänge

Der Bauplan von Gartenräumen, die mit Hecken hergestellt wurden, folgt analogen Prinzipien wie die mit Formbäumen hergestellten "grünen Gartenzimmer" (vgl. Kap. 5.1.1). Heckenwände als Wegrahmung wurden vor allem in den Bosketten und zur Begrenzung von Alleen (hier werden sie nach Dezallier banquettes genannt) verwendet. Wie sich die gärtnerischen Analogien - beide Formen sind wirtschaftsgeschichtlich dem Niederwald zuzuordnen (vgl. Doblhammer 1999/2003) - in der sprachlichen Differenzierung in Hecken und Hochhecken (als wie Hecken geschorene Alleebäume) ausdrücken, so unscharf scheint in der Praxis die Trennung der Begriffe Allee und Heckengang. Die sprachlichen Übergänge sind aus gärtnerischer Sicht fließend, wie das Beispiel der Lichten Allee in Schönbrunn zeigt, die in ihrer Gehölzverwendung eigentlich den von hohen Heckenwänden gerahmten Durchschlägen entspricht - hier trennt die Wegbreite die ca. 23 m breite und 6,5 m hohe Allee vom ca. 3,5 m breiten und 10 m hohen Heckengang. Der im Augarten Wien als Finstere Gang bezeichnete Weg ist eine sehr eng gesetzte Allée couverte aus Kastanien.

Es können zwei Typen von mit Hecken gesäumten Wegen unterschieden werden: gedeckte Gänge (Laubengänge) und offene Gänge (Gangl´n und Durchschläge).

Laubengänge

Als Laubengänge werden gedeckte Gänge aus Hecken bezeichnet. Im Unterschied zu gedeckten Alleen sind Laubengänge gleich einem Tunnel vollständig belaubt. Eine spezielle, sehr artifizielle Spielart waren die Laubengänge, die gleich einem Kreuzrippengewölbe einer gotischen Kirche dünne Bogen bildeten, die bis zum Boden belaubt waren (vgl. Dezalliers Abbildungen von "Grünenten Säulen", "Boogen" und "Galerien" zu Marly, 1731, S. 112ff). Nach ihrer Herstellung teilt Dezallier sie ein in "natürliche" Laubengänge (Berceaux de verdure) ohne Lattengerüst und "künstliche" aus Lattenwerk (Berceaux de treillage). Beispiele für künstliche Laubengänge finden sich in Schönbrunn mit Wisteria bzw. Parthenocissus (früher Rosen und Obst) und im Mirabellgarten mit Philadelphus coronarius und Jasminum nudiflorum. Beispiele für natürliche Laubengänge finden sich in Schönbrunn (Kleiner und Großer Buchengang mit Hainbuchen). Die früher aus Holz bestehenden Treillagen wurden in vielen Gärten aufgrund begrenzter Haltbarkeit schon bald durch Konstruktionen aus Eisen ersetzt.

Der Große Buchengang in Schönbrunn (Berceaux de verdure)

Der Bogengang im Mirabellgarten (Berceaux de treillage)

Gangl´n und Durchschläge

Gangl´n und Durchschläge sind nach oben offene Wege mit Hecken an den Seiten. Die Beispiele im Wiener Augarten weisen auf die im Niederwaldbetrieb gehaltenen "gehauenen Waldungen" hin, wie sie in den Jagdgärten üblich waren und als Boskettformen beschrieben wurden, die sich "nur aufs Land, oder in einem grossen Thier-Garten, der sich auf 2. bis 3. Meilen erstrecket, schicken" (Dezallier 1731, S. 81). In den auf "Stern-arth" durchhauenen Bosketten (Dezallier) entsprechen die Wege geometrischen Linien, die sich in Jagdsternen treffen. Das Bild der geschlossenen, hohen Heckenwände dürfte dem holländischen Garten entlehnt sein und weist auf die Aufgabe der Jagd in diesen Gartenteilen. Noch Kleiner bildete den "Stern" im Augarten mit hüfthohen Hecken ab - so konnte das Wild während der Treibjagd auf die Wege getrieben und von den Sternen aus geschossen werden. Die Erhaltung der Stern-Bosketts folgte den Prinzipien des Niederwaldbetriebs (vgl. Doblhammer 2003, S. 224f).

Ein Durchschlag im Augarten in Wien

5.1.4 Boskett

Als Boskette werden formierte Waldstücke bezeichnet, "kleine sorgfältig gestaltete Wäldchen innerhalb einer Gartenanlage" (Urscheln u.a. 2001). Dezallier unterscheidet nach ihrer Pflege und Aufwendigkeit insgesamt sechs Arten: "Wälder von hohen Bäumen, abgestutzte, kleine von hohen Spalieren, entdeckte, auf Schach-Spiels-Art gepflanzte und stets grünende". Ein Beispiel für die hohen Waldungen scheint der Waldbereich des Augartens in Wien zu sein, wenn auch die Einteilung in unterschiedliche Kompartimente (vgl. Dezallier 1731, S. 82) und die gärtnerische Ansprache als "Meiß" für einen ehemaligen Niederwald, d.h. für die niedere Art der regelmäßig gehauenen Waldungen spricht (vgl. Doblhammer 2003, 224f). Während im Augarten die in den Wald gehauenen Wege von Heckenwänden mit ungefähr 10 m Höhe begleitet werden (Schnitt mit hohem Spaliergerüst), sind die durchschnittlichen Bosketthecken in Schönbrunn 3,2 m oder 10 Fuß hoch (Schnitt mit kleinem Spaliergerüst). Die bevorzugten Pflanzen sind Hainbuche (Carpinus betulus) und Feldahorn (Acer campestre), zwischen diesen finden sich in alten Hecken Weißdorn (Crataegus sp.), Pfaffenkapperl (Euonymus europea), Hartriegel (Cornus mas und Cornus sanguinea), Traubenkirsche (Prunus padus), Kastanie (Aesculus hippo-castanum) und Linde (Tilia sp.).

Typische, ca. 3,2 m hohe Hecken im Rosenwäldchen, Schönbrunn

Die kunstvoll gestalteten, mit Hecken in Räume geteilten Boskettträume wurden in der Übersetzung von Dezallier durch Danreiter 1731 auch "Gemächer und Saäle deren Gebüsche" und Einschlüsse (Closter) genannt. Dezallier teilte diesen Gebüschen auch ein Labyrinth zu. Fächer, Heckentheater und Irrgarten werden deswegen in der Gehölz-Systematik den Bosketten aus Gebüschen zugeordnet.

Der Fächer in Schönbrunn

Der Fächer ist ein Beispiel für eine besondere Boskettgestaltung im Schlossgarten Schönbrunn[9]. Bei der großen Erweiterung nach 1755 angelegt, ist er ein Spiel mit Flucht und Perspektive, eine Sinnestäuschung - die Symmetrie ist nicht wirklich. Die hüfthohen seitlich begrenzenden Hainbuchenhecken waren früher wie die Heckenwände der einzelnen Gänge etwa 3,2 m hoch. In den einzelnen Kreissegmenten des Fächers war früher je ein Baum gepflanzt - ein stilisiertes Bild des Mittelwaldes mit Samenbäumen als Überhälter, wie er von Dezallier im Abschnitt über Gehölze und Lust-Gebüsche beschrieben wurde.

Der Fächer in Schönbrunn

Heckentheater im Mirabellgarten

Gleich dem Fächer ist das Heckentheater ein von übermannshohen Hecken geteilter Raum. Eine Teilung von Zuschauer- und Bühnenraum durch einen Höhenunterschied von ungefähr 1 m und ein symmetrisches Wegenetz mit Heckenwänden gleich Kulissen schaffen das Theater. Die Heckenwände bestehen aus Buchen (Fagus sylvatica) und Hainbuchen (Carpinus betulus).

"Naturtheater" Mirabellgarten

Gartentheater Leopoldskron

Das Gartentheater von Max Reinhardt ist Beispiel einer späten Rezeption barocker Gartenkunst in den 1920er Jahren. Die räumliche Gliederung erfolgte vor allem mit Treillagen und Hainbuchenhecken. Die hölzernen Treillagen waren mit Hainbuchen bepflanzt.

Das ehemalige Gartentheater in Leopoldskron im Jahre 2002

Systematik der Heckengänge und Boskette						
	Heckengang		Boskett			
Bezeichnung	Laubengang (Berceaux de verdure)	Gangl'n und Durchschläge	Bosketthecken	Fächer	Theater	Irrgärten
Schnittweise	gedeckt	offen				
Österr. Beispiele	Buchengang (Schönbrunn)	Boskettwege (Augarten)	Schönbrunn	Schönbrunn	Hellbrunn	Schönbrunn

Systematik der Heckengänge und Boskette (R. Doblhammer)

5.2 Die Kronenformen des formalen Gartens

Die hier vorgestellte Darstellung basiert auf einem systematischen Vergleich von in österreichischen Gärten vorgefundenen Kronenformen unter Einbeziehung ihrer gartenräumlichen Funktion. Eine im Arbeitspapier "Alleen" der "Vereinigung der Landesdenkmalpfleger in der Bundesrepublik Deutschland" vorgeschlagenen Einteilung mag für eine schnelle Ansprache von Alleen genügen, wird aber einer genaueren Beschreibung von Kronenformen nicht gerecht. Bei aller Komplexität dreidimensionaler, durch Pflege und Alter teilweise veränderter Kronenformen ist eine praxisorientierte, leicht fassbare Benennung und Zuteilungsmöglichkeit für die Bearbeitung im "Feld" gefordert. Somit war im Rahmen dieser Studie eine klare, gärtnerischen Zuordnung und Abgrenzung der Gehölzformen aufgrund von Benennungen und damit eine neue Systematik für historische Kronenformen zu entwickeln. Sie orientiert sich an der modernen Baumtheorie, die natürliche artspezifische Wuchsformen von Gehölzen als Baummodelle fassbar macht und einteilt. Die Prinzipien der formalen Baumgärtnerei stehen jedoch insofern diesen Baum-Architekturmodellen entgegen, als diese seit den 1980er Jahren für eine naturgemäße Förderung des Kronenaufbaus - und nicht für die Pflege künstlicher Kronenformen - entwikkelt wurden. Ein weiteres Vorbild für die Kronenbetrachtungen waren die Arbeiten über Straßenbäume von Granda Alonso (1993) und Thomas Mellauner (1995).

Die Benennung der Kronen folgt in der neuen Systematik zum einen gärtnerischen Begriffen aus der Gartentheorie und dem Obstbauhandwerk, das in vielen Fällen die historischen Vorbilder lieferte. Zum anderen wurden bäuerliche und gutswirtschaftliche Vorbilder[10] aus den alten Baumwirtschaftsformen des Laubens[11] bei der Systematik zu Rate gezogen (vgl. Doblhammer 2001, Machatschek 2002).

Die Dokumentation der historischen Kronenformen erwies sich darüber hinaus als komplex aufgrund der unterschiedlichen, in der Gartentheorie nicht abgegrenzten Fälle (z.B.: was ist ein Baumsaal?, wie werden Kandelaberkronen unterschieden?) und der in vielen Fällen sehr uneinheitlichen Gehölzbestände.

Als häufigste Phänomene konnten wir feststellen:

- Viele Bäume wurden schon lange nicht mehr gärtnerisch fachgerecht betreut - 10 bis 20 m hohe senkrechte Triebe ("Ständer" oder "Aufsitzer") haben sich seit dem letzten Schnitt gebildet.
- Die kunstvolle Erziehung von Baumkronen wurde im Laufe des 20. Jahrhunderts aufgegeben. Die für die Gartendenkmalpflege interessanten Kronenformen ("lebendige Archive") weisen die älteren Bäume auf.

Systematik der Kronenformen in formalen Gärten

Krone mit Leittrieb

- Krone ohne Formschnitt, aufgeastet (Lichtraumprofil, tlw. gekappt
- Krone mit Formschnitt, mit Bögen oder Wänden

Krone ohne Leittrieb

- Zwiesel oder Zwillen Zweiarmiger Kronenaufbau

Kronen mit Kandelaberform

- Enger Kandelaber (Kesselkronen)
  - Hoher Kronenansatz (3-4:1)
  - Mittiger Kronenansatz (1-1,5:1)
  - Niederer Kronenansatz (1:2)
- Breiter Kandelaber (Kesselkronen)
  - Hoher Kronenansatz (2-3:1)
  - Mittiger Kronenansatz (1:1)
  - Niederer Kronenansatz (1:2-3)

- Der für die Erhaltung notwendige regelmäßige Schnitt wurde durch unregelmäßigen, aber dafür umso stärkeren Rückschnitt ersetzt. Die Bäume reagierten mit starkem Austrieb und bekamen besenartige Kronen.
- Die (aus Haftungsgründen) zu Problemen ausgewachsenen Bäume wurden radikal zurückgeschnitten. Die einstige Form ist nicht mehr feststellbar.

Bei der Systematisierung der Kronenformen haben wir uns auf gärtnerische Fragen (was wird geschnitten?) und auf die Gestalt der Bäume gestützt. Damit verbunden ist der Umstand, dass einer Aufnahme (Allee, Baumplatz) in manchen Fällen unterschiedliche Kronenformen zugeordnet werden müssen (z.B. Zwiesel und Kandelaber). In der Dokumentation der aufgenommenen Beispiele werden die unterschiedlichen Kronenformen exemplarisch dargestellt.

Bei der Benennung der Kronenformen orientierten wir uns an der historischen wie zeitgemäßen Literatur. Um die unterschiedlichen Kronenformen zu verdeutlichen, sollen hier die wichtigsten Merkmale einzelner Kronenformen zusammengefasst werden:

Krone mit Leittrieb ("L"): Diese Bäume haben einen durchgehenden Leittrieb. Fintelmann bezeichnet sie als "Wipfelbäume" (Fintelmann 1841, S. 167). Manche von ihnen werden im formalen Garten in mehr oder weniger waagrechten Etagen gezogen (wie eine Fichte)[12].

Kandelaberförmige Krone ("K"): Sie werden auch "Kronenbäume" genannt (Fintelmann 1841, S. 167). Krone mit polyarchem Aufbau. Mehrere Hauptäste (im Niederwaldbetrieb "Mutteräste" genannt) wachsen armleuchterförmig nach oben ("armleuchterförmige Mehrgipfeligkeit", nach Erlbeck u.a. 2002). Alle Hauptäste sind nahezu gleichberechtigt und bilden eine "Kolonie mehrerer relativ gleichrangiger Achsen" (Pfisterer 1999, S. 136).

Kesselkrone: Spezielle Form des Kandelabers. Mehrere Äste bilden um den Stamm eine kesselförmige Krone. Am Kronenansatz wurde der Leittrieb geköpft. Diese Kronenform wurde nach Beißner vor allem für Bäume an öffentlichen Plätzen und Promenaden verwendet, "da, wo man viel Schatten wünscht und wo es keinen Nachteil bietet, Bäume zu haben, die nur 3m Höhe bieten (gemeint ist der Kronenansatz, RD)" (Beißner 1887, S. 96).

5.2.1 Krone mit Leittrieb

Bei der Erziehung des Baumes wurde der Leittrieb erhalten. Falls dieser verloren gegangen ist, wird eine neuer, alternativer Leittrieb aufgebaut. Für diese Kronenarchitektur, die auch den modernen Prinzipien der Baumpflege entspricht (vgl. Pfisterer 1999), finden sich im wesentlichen zwei Ausformungen in den alten Gärten Österreichs:

5.2.1.1 Kronen ohne Formschnitt, für die benötigten Nutzungen aufgeastet, teilweise in den letzten Jahrzehnten gekappt.

Diese Bäume stehen in Alleen, deren Erscheinungsbild Ergebnis vieler unterschiedlicher (Pflege-) Entscheidungen in den letzten Jahrzehnten waren (wie etwa Haftungsfragen, Unterkapazitäten im Personal, Schnitt ohne das historische Vorbild zu berücksichtigen). Es ist nicht von ungefähr, das sie den typischen Straßenbäumen ähneln, die nach Haftungsfragen und anlassbezogen geschnitten werden (Beispiele: Neuwaldegg, Neuwartenburg, viele Nachpflanzungen).

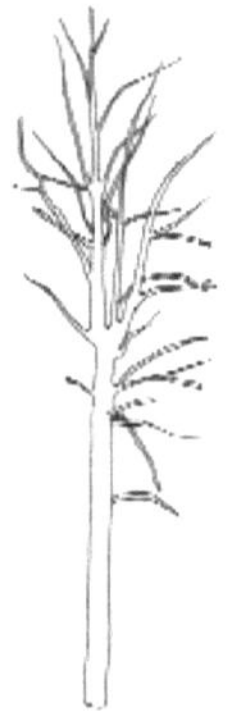

Krone ohne Formschnitt, Neuwartenburg

Krone ohne Formschnitt, gekappt, Neuwaldegg

5.2.2.2 Kronen mit Bögen oder Wänden

Diese Kronenform mit Leittrieb gibt es in zwei unterschiedlichen Typen mit Bogen oder Wand, die aufgrund unterschiedlicher Schnittformen entstehen. Die Alleebäume werden mit Spaliergerüsten wie Hecken entlang von Schnittformen geschnitten[13].

Krone mit Bogen und Wand zur Schüsselwiese, Augarten

Krone einer Allée double mit Bogen und Wand zum Innengang, Schönbrunn

5.2.2 Krone ohne Leittrieb - polyarche Kronen

5.2.2.1 Krone mit Zwillen (Zwieselwuchs):

Die Krone mit Zwieselwuchs kennzeichnet den Übergang zwischen Kronen mit Leittrieb und Kronen mit geköpften Leittrieb. Sie kann aufgrund natürlichen Wachstums oder durch gärtnerische Erziehung, aber auch durch Entnahme ehemaliger Hauptäste im Rahmen von Kronenlichtungen hergestellt worden sein - es handelt sich dann um eine ehemalige Kandelaberkrone. Am Beispiel der alten Kastanienallee in Wilhering fällt auf, dass die Zwieseln in unterschiedlicher Höhe ansetzen, die zweite Schnittetage aber auf ungefähr gleicher Höhe durchgeführt wurde - möglicherweise wurden die Kronen erst nach der Verpflanzung formiert und nicht in einer Baumschule. Für die Baumpflege ist hier der Unterschied von Druck- und Zugzwieselbildungen entscheidend. Erstere wachsen sich oft zu problematischen baumstatischen Situationen aus und sollten dann mit Seilen gesichert werden.

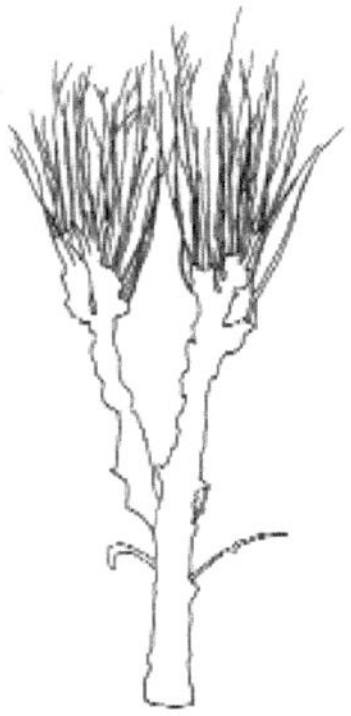

Krone mit Zwiesel, Wilhering

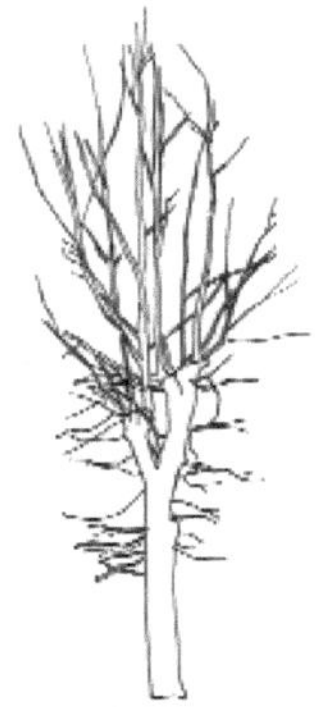

Krone mit Zwiesel und Aufsitzern, Domallee, St. Pölten

5.2.2.2 Krone mit Kandelaberform

Als allgemeiner Begriff für die Formenvielfalt im Bereich der Kronenerziehung in Verzweigungsetagen bietet sich der Kandelaber an. Nach eingehender Diskussion wurde davon abgegangen, eine Unterteilung aufgrund der Kronenmaße zu erstellen. Eine Einteilung nach den Proportionsverhältnissen der Kronenteile zueinander (hoher, mittiger, niederer Kronenansatz) erwies sich als zielführender, weil sie auch ohne Zollstock und Maßstab praktikabel bleibt und gartenformalen Prinzipien-Denken entspricht. Bei der Betrachtung werden nur die Teile der formierten Krone einbezogen. Reiterationen werden in die Systematik nur einbezogen, wenn sie inzwischen durch die Pflege in die Kronenform einbezogen wurden (z.B. Aufbau einer neuen Etage auf aufgewachsenen, waagrechten Ständern). Werden die Bäume regelmäßig auf die gleiche Stelle zurückgeschnitten, entstehen allmählich faustartige Verdickungen, die Knorren oder Köpfe genannt werden, die dazu gehörigen Bäume Kopfbäume.

Köpfe oder Knorren, auf die immer wieder zurückgeschnitten wird.

Ein typischer Kandelaber in Gmunden, Esplanade

Die Kesselkrone ist eine spezielle Form des Kandelabers, die durch gezielten Entnahme des Leittriebes in der Jugendphase des Baumes entsteht. Sie hat eine hohle, halbrunde Krone, deren Verzweigung am Kronenansatz entspringt. Kesselkronen unterscheiden sich nach der Anzahl der Haupt- oder Mutteräste (Vergabelung nach Köpfen) und nach den Verzweigungsetagen. Die im Projekt aufgenommenen Kronen haben eine (z.B. der Lindensaal in Draßburg) bis zu vier Schnitt-Etagen.

Kesselkrone mit 4 Etagen, Domallee, St. Pölten

Kesselkrone mit zwei Etagen, Lindensaal, Draßburg.

Enger Kandelaber

Diese Bäume weisen eine schmale Baumkrone auf. Die enge Verzweigung beruht auf einem steilen Winkel der Hauptäste zum Stamm. Dieser ist zurückzuführen auf natürlichen Wuchs nach einer Kappung des Leittriebs, Erziehung oder auf die geringen Lichtverhältnisse durch engen Stand - etwa bei Nachpflanzungen in voll entwickelten Alleen.

Enger Kandelaber, hoher Kronenansatz

Das Verhältnis von Stamm zur Krone beträgt 3:1 bis 4:1. Die Kronen weisen oft nur eine oder zwei Etagen (horizontale Schnittebenen auf). Bei dem Beispiel aus Melk ist auffällig, dass diese Kronenform in der äußeren, bassinabgewandten Reihe stehen. Möglicherweise handelt es sich auch um "davon gewachsene" Bäume, die zu spät formiert wurden.

Enger Kandelaber mit hohem Kronenansatz, Melk

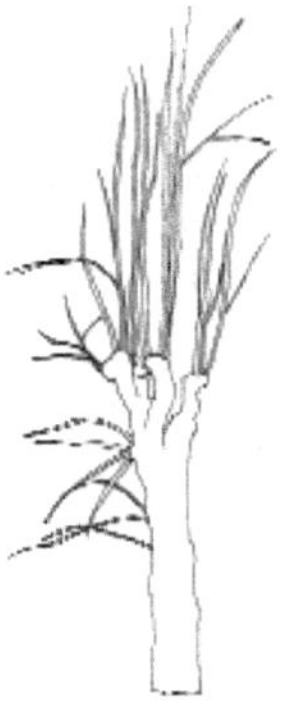

Enger Kandelaber mit hohem Kronenansatz, Neuwartenburg

Enger Kandelaber, mittiger Kronenansatz

Das Verhältnis von Stamm zur Krone beträgt 1:1 bis 1,5:1. Die Baumkronen haben drei bis fünf Etagen. Die Beispiele Schlägl und Sophiens Esplanade zeigen, wie aufgrund des Aufbaus neuer Etagen die Kronen allmählich in die Höhe gezogen werden (in dieser Systematik kann dies die Überführung in eine anderen Typ bedeuten).

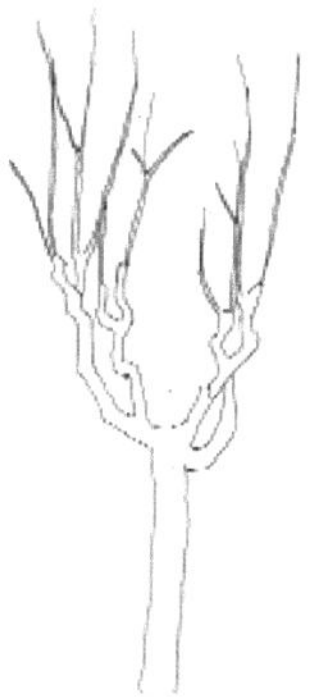

Enger Kandelaber mit mittigem Kronenansatz, Esplanade, Bad Ischl

Enger Kandelaber mit mittigem Kronenansatz, Stiftshof, Schlägl

Enger Kandelaber, niederer Kronenansatz

Das Verhältnis von Stamm zur Krone beträgt 1 zu 2. Die Krone wurde in vier bis fünf Etagen hoch-gezogen.

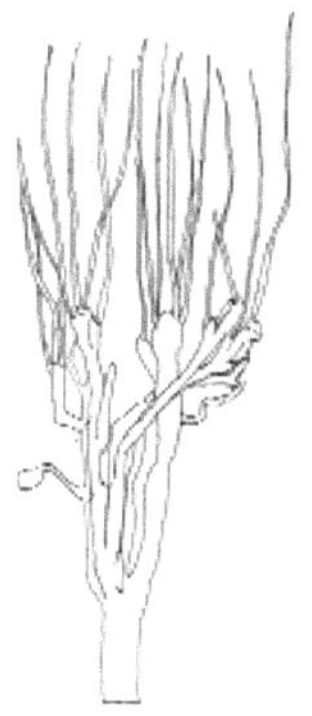

Enger Kandelaber mit niederem Kronenansatz, Esplanade, Bad Ischl

Breiter Kandelaber

Die Kronen sind im Gegensatz zu den engen Kandelabern breit gewachsen, mit fast waagrechten Hauptästen in den unteren Etagen. Diese Verzweigung beruht auf der bewussten Erziehung durch Schnitt oder durch Spreizung mit Stäben. An der Krone einer Kastanie konnte auch ein natürliches Phänomen festgestellt werden: eine Reiteration wuchs waagrecht bis zum Kronenrand - hier dürfte der alljährliche Schnitt der Hauptäste auf Knorren ermöglichen, dass trotz der starken Verzweigung das Licht im unteren Kronenbereich ausreichend ist, untere Äste zu fördern und nicht wegen Lichtmangel abzustoßen.

Breiter Kandelaber, hoher Kronenansatz

Das Verhältnis von Stamm zur Krone beträgt 2:1 bis 3:1. Bemerkenswerterweise befinden sich unter den drei aufgenommen Beispielen mit breiten Kandelaber und hohen Kronenansatz auch die in der Gründerzeit angelegten Bäume der Villa Lanna und des Bosketts "beim Casino" im Mirabellgarten. In beiden Fällen werden die Bäume nach traditioneller Art in kurzen Umtriebszeiten geschnitten und als Kopfbäume mit Knorren stabilisiert.

Breiter Kandelaber mit hohem Kronenansatz, Villa Lanna, Gmunden

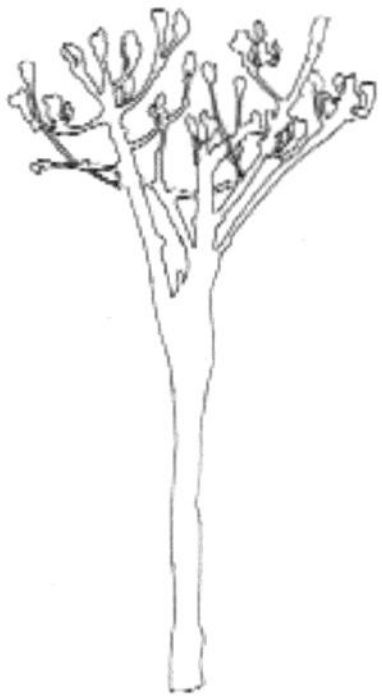

Breiter Kandelaber mit hohem Kronenansatz, Mirabellgarten. Salzburg

Breiter Kandelaber, mittiger Kronenansatz

Das Verhältnis von Stamm zur Krone beträgt bei den breiten Kandelabern mit mittigen Kronenansatz 1:1. Die Krone weist 2 bis 5 Schnittetagen aus.

Breiter Kandelaber mit mittigem Kronenansatz, Domallee, St. Pölten

Breiter Kandelaber mit mittigem Kronenansatz, Kalvarien-berg, Heiligenkreuz

Breiter Kandelaber, niederer Kronenansatz

Das Verhältnis von Stamm zur Krone beträgt 1:2 bis 1:3. Diese Kronenform fand sich im Melker Baumsaal. Die Kronen weisen 3 Etagen auf, die unteren Hauptäste sind zum Teil waagrecht in die Breite gezogen.

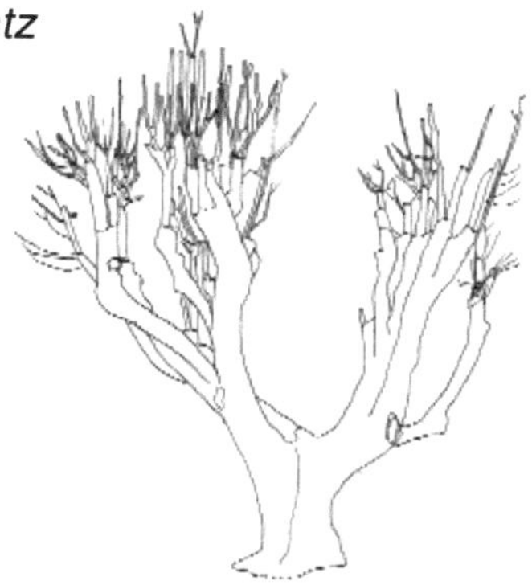

Breiter Kandelaber mit niederem Kronenansatz, Stift Melk

Abschließend sei angemerkt, dass eine Einteilung in Kronenformen immer einen bestimmten Abstraktionsgrad mit sich bringt. Die Zeichnungen der aufgenommenen Beispiele sollen sowohl die Grundprinzipien der Kronenformen als auch die Formenvielfalt verdeutlichen (Synthese aus Art, Standort, Klima, Pflege und Pflanzung). Vor allem das Vorkommen unterschiedlicher Kronenformen macht in den meisten historischen Gehölzbeständen eine eingehendere Analyse notwendig, die neben der Entwicklung von Zeitreihen auch Thesen zur ursprünglichen gärtnerischen Entwicklung und Vorhaben beinhalten muss (vgl. Kapitel Entwicklungskonzept für formale historische Gehölze).

[1] Der Gartenbau der Renaissance und des Barock greift dabei auf römische Vorbilder zurück. Erika Neubauer schreibt von Versatzstücken (1966).

[2] So stützte sich der Hofgartendirektor Heinrich Schott in einer 1857 geführten Debatte mit dem Hofgärtner Rauch über die Regenerierung der Spaliere in Schönbrunn auf die Aussagen Dezalliers (mündl. Auskunft von Dr. Beatrix Hajós, Februar 2003; Hajós, B. 2003, S. 8).

[3] Rosskastanie (Aesculus hippocastanum), Linde (Tilia cordata, T. platyphyllos, T. europea), Eibe (Taxus baccata), Hainbuche (Carpinus betulus) und Feldahorn (Acer campestre) Eine Ausnahme stellt die unter den "Gemeinen, großen Waldbäumen (Arbores sylvaticae)" geführte Rotbuche dar (Märter 1796, S. 17f).

[4] Die heutige Bepflanzung dieser Parterres geht auf die Spätgründerzeit zurück.

[5] Vgl. dazu Wimmer 2001, S. 34.

[6] Die barocken Ansichten von Gärten in Wien zeigen keine vierreihigen Alleen im Garten. Auch die frühen Planstiche des Augartens zeigen keine vierreihigen Alleen (vgl. Kleiner 1737; Stich der "Favorita in der Wolfsau", um 1670 (Anonym)). Möglicherweise sind die vierreihigen Alleen bei der Adaptierung des Gartens zum Volksgarten geschaffen worden (Öffnung des Gartens 1775). Für Schönbrunn ist die Anlage von vierreihigen Alleen frühestens mit der Neuplanung im Jahr 1700 anzunehmen, das überlieferte Planmaterial zeigt jedoch vierreihige Alleen erst ab den 1750er Jahren.

[7] Alle Maße in m. Nur in wenigen Fällen ist es wahrscheinlich, dass die Bäume auf die Originalpflanzung zurückgehen. Geht man jedoch davon aus, dass die Ersatzpflanzungen an gleicher Stelle gepflanzt wurden, bleibt der Fehler systematisch und die heutige Situation repräsentativ.

[8] Bemerkenswerterweise entspricht die Pflanzung von mehrreihigen Alleen in quincunx in französischen Gärten nach Gamer einer Tradition in Norddeutschland, den Niederlanden und Belgien, während in Deutschland und Frankreich die Pflanzung im rechten Winkel üblich war (wie im Wiener Augarten und Schönbrunn). (Gamer 1986, S. 2; nach Wimmer 2001).

[9] Andere Beispiele in Schönbrunn sind das Rosenwäldchen, der Schlangenweg oder das Boskett "Lange Wiese".

[10] Zum Lauben vergleiche die Ausführungen in Doblhammer (1999/2003) und das der bäuerlichen Laubwirtschaft gewidmete Buch von Michael Machatschek (2002).

[11] Lauben umfasst "jede Tätigkeit, die mit dem Laub zusammenhängt" (Brockmann-Jerosch 1918, 140). Betriebsarten des Laubens sind Schneiteln, Rupfen und Streifeln. Die geschnittenen und geschorenen Gehölze des Gartens sind ästhetisierte Formen des Wirtschaftens (vgl. Doblhammer 2003, S. 205f).

[12] Wir folgen hier bewusst nicht der Baumarchitektur-Modelllehre, die dem "Modell Rauh 1" eine Kandelaberform zuspricht (vgl. Pfisterer 1999).

[13] Die genaue Schnitttechnik und der damit zusammenhängende Arbeitsablauf über das gärtnerische Jahr wurde erstmals am Beispiel des Wiener Augartens von Thomas Palfinger dargestellt (vgl. Palfinger 1992).

6 Gehölze in historischen Gärten - eine Dokumentation

Zwischen Februar und Dezember 2003 wurden in Niederösterreich, Burgenland, Salzburg, Oberösterreich und Wien ausgewählte Gehölzbestände mit Formschnitt bzw. ehemals formgeschnittene Gehölzbestände in historischen Gärten aufgenommmen. Die Aufbereitung folgt der systematischen Zuordnung (vgl. Kap. 5.1), die sowohl nach gartenplanerischen Kriterien wie nach Kronenformen geordnet wurde.

Jede Gehölz-Dokumentation besteht aus einem Text, einem Grundriss mit Angaben zu Art, Stammumfang und Kronenansatz (2. Zahl), Schwarzzeichnungen typischer Kronenformen und einer fotografischen Abbildung. Zu Beginn wird eine charakterisierende Bezeichnung (wie etwa "gedeckter Laubengang"), der Ort (Bezeichnung des Gartens), die Lage im Garten, das Datum und die Namen der BearbeiterInnen (RD = Rupert Doblhammer, RF = Renate Fuxjäger) angegeben. Für eine Zuordnung der Gartenanlage wurde diese im Kapitel vier überblicksmässig beschrieben.

Aufnahmefläche

Unter dieser Überschrift wird der ausgewählte Gehölzbestand definiert. Dabei kann es sich um die Aufnahme eines gesamten Gehölzelementes (z.B. Baumkreis) oder um einen exemplarischen Ausschnitten handeln. In Sonderfällen wurden Grundriss-Aufnahmen mit Detailaufnahmen kombiniert.

Gehölzcharakteristik

Das Gehölzelement wird in seiner Bauweise erklärt. Verwendete Arten, Pflanzabstände und Aussagen zur Kronenform werden angegeben. Besondere Auffälligkeiten komplettieren das Abbild.

Pflege und Genese

Unter diesem Punkt erfolgen Angaben zur Pflege, zur Erziehung und von Bemerkenswertem, wie etwa Hinweise zur historischen Pflege, Ästungen, Kappungen oder vorgefundene Schnittprinzipien. Das Hauptaugenmerk liegt auf der Herstellung der Gestalt, baumbiologische Kriterien werden angeführt, wenn sie besonders bemerkenswert waren.

Geschichte und Intention

Die Angabe von historischen Daten zu den aufgenommenen Gehölzbeständen erfolgte in der Genauigkeit, wie sie aufgrund der aktuellen Informationslage möglich ist. Als Quellen wurden in erster Linie die im Bundesdenkmalamt, Abteilung für historische Gartenanlagen (Leiter: Dr. Géza Hajós) gesammelten Parkpflegewerke herangezogen. Weitere Auskünfte basieren auf Bildvergleichen und denkmalpflegerischer Literatur. Im Regelfall wurden ungefähre Zeitangaben gegeben, eine genaue Datierung von Herstellung oder Umgestaltung von bestimmten Gehölzelementen im Garten war nur im Ausnahmefall möglich.

Gedeckter (rechteckiger) Baumsaal mit Kesselkronen

Ort	Drassburger Schlossgarten, Drassburg, Burgenland
Lage	"Lindensaal" (eigene Terrasse), DB 01 (G)
Datum, Bearbeitung	15. 11. 02, RD, RF

Aufnahmefläche

Der 20 x 50 m große Lindensaal liegt auf einer nach zwei Seiten mit Stützmauern erhöhten Terrasse. Die Aufnahmefläche ist stark beschattet von den ausgewachsenen Baumkronen des Lindensaals. Im Bereich der Aufnahmefläche (ca. 50 % des Saals) befanden sich 35 Linden und 15 Baumstümpfe.

Gehölzcharakteristik

Die Linden (Tilia cordata, T. platyphyllos) sind in einem Raster mit einem durchschnittlichen Pflanzabstand von 2,9 bis 3,6 m (9-12 Fuß) gesetzt worden. Breite Kesselkronen mit Kronenansatz auf ca. 2,9 bis 3,4 m (9 bis 11 Fuß) hatten hier mit ihren Schösslingen der polyarchen Kronen zu langen, ca. 30 Jahre alte Aufsitzern durchgetrieben und die ursprünglich auf ca. 5 bis 5,5 m Höhe stabilisierten Kronen sind heute ca. 17 m hoch. Die beulenförmigen Wülste der Hauptäste dokumentieren das allmähliche Höherziehen der Köpfe in der Zeit ohne die Kronenform wesentlich zu verändern - vermutlich immer zum Zeitpunkt vor dem Erlöschen der Austriebskraft des Kopfes.

Pflege und Genese

Die Bäume wurden auf ca. 10 Fuß Höhe geköpft und 6 bis 9 Äste auf Stangen in die Breite gezogen - heute existieren in vielen Fällen nur mehr 2 bis 3 Äste. Die Pflanzung wurde in parallelen, fluchtenden Reihen durchgeführt. Der Rückschnitt erfolgte jährlich auf die alten Schnittstellen. Seit ca. 30 Jahren fand kein regelmäßiger Rückschnitt mehr statt (vgl. Luftbild aus dem Jahre 1957 mit noch geschnittenen und kompletten Lindensaal, ÖNB AF 5.234-B). Die Mahd des Rasens und das Aufsammeln des Holzes dürften noch regelmäßig stattfinden. Die vergreisenden Bäume brechen bereits auseinander, zu gefährliche Bäume werden entfernt. Derzeit wird die Arbeit von Saisonkräften in den Wintermonaten anlassbezogen durchgeführt.

Geschichte und Intention

Der Lindensaal war Teil der in der zweiten Hälfte des 18. Jahrhunderts durchgeführten barocken Erneuerung der Anlage (nach 1754). Mit seinem Figurenprogramm war der Lindensaal ein bemerkenswerter, repräsentativer Gartenraum mit natürlichem Dach.

Ein Blick in den Lindensaal

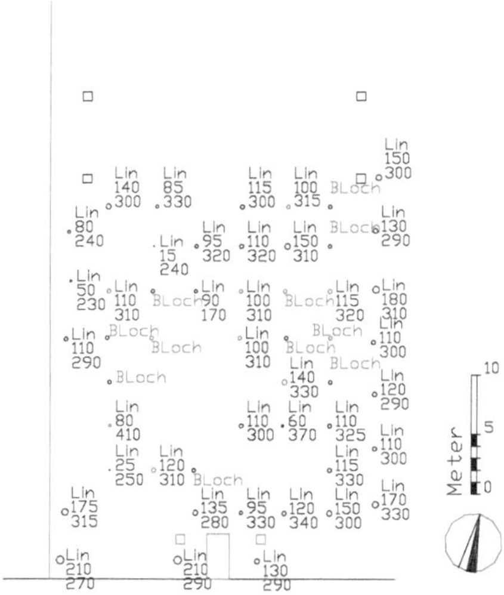

Grundriss Drassburg

Charakteristische Kesselkronen des Lindensaals mit hohen Aufsitzern

Gedeckter (runder) Baumsaal aus Linden mit breiten Kandelaberkronen

Ort	Schloss Pielach, Gemeinde Melk, NÖ
Lage	auf künstlicher Insel mit ehemaligem Wassergraben vor dem Schloss, PI01 (G)
Datum, Bearbeitung	10. 03. 02, RD, RF, mit Sebastian und Alfred Benesch

Aufnahmefläche

Der zur Gänze aufgenommene Baumkreis befindet sich mittig auf dem vieleckigen Burgstall - einer ehemals von Wassergräben umgebenen Insel, die vom östlich liegenden Schloss über eine Steinbrücke zu erreichen ist. Unter den gut belichteten Linden befindet sich ein extensiv, ca. 2x pro Jahr gemähter Rasen ohne Streuauflage. Die Fläche wird von einer mehrschichtigen Hecke aus Hartriegel, Hasel und anderen Laubgehölzen begrenzt, die direkt am Rand der steilen Böschung zu den umgrenzenden Wassergräben liegt.

Gehölzcharakteristik

Die 8 Linden haben eine "asymmetrische" Kesselkrone mit vielen nach außen und oben gezogenen Hauptästen und keinem eindeutigen Leittrieb. Beim stockwertartigen Kronenaufbau sind bis zu 4 Schnittebenen erkennbar. Aus den Knorren der Bäume sind ca. 8 m hohe, senkrechte Äste ausgewachsen ("wie ein Wald auf den Bäumen", Sebastian Benesch, mündl.). Einer der Bäume ist morsch. Der Durchmesser des Baumkreises beträgt 12 m (40 Fuß).

Der Baumkreis bildet in seiner Mitte ein Äste- und Laubdach. Die Bäume zeigen im Querschnitt eine asymmetrische Krone. Nach innen wurden meistens 1 Ast, maximal 3 Äste gezogen, die weiter aufgeastet und steiler nach oben gezogen wurden als die äußeren. Nach außen wachsende Äste wurden mehr in die Waagrechte gezogen, es sind dies meist 4 bis 6 Äste, bei einem Baum sogar 10 Äste. Bei der ersten Verzweigungsebene (Kronenansatz auf 3,5 bis 6 m) verzweigt sich die Krone bei 5 Bäumen in 3 Hauptäste, einmal in 4 und zweimal in 5 Hauptäste. Die Äste wurden beim jetzigen Kronenansatz stets auf 3 bis 5 Äste reduziert, davon wurde ein Ast nach außen gebogen. Die Seitenäste erhielten weitere Aufastung und Formschnitt.

Pflege und Genese

Erziehung: Die Bäume wurden geköpft und die Schösslinge in die gewünschten Richtungen gezogen. Wahrscheinlich entstand die Form sowohl durch gezielte Lenkung des Wachstums (Selektion

Vier Beispiele von asymmetrischen Kesselkronen des Baumsaales

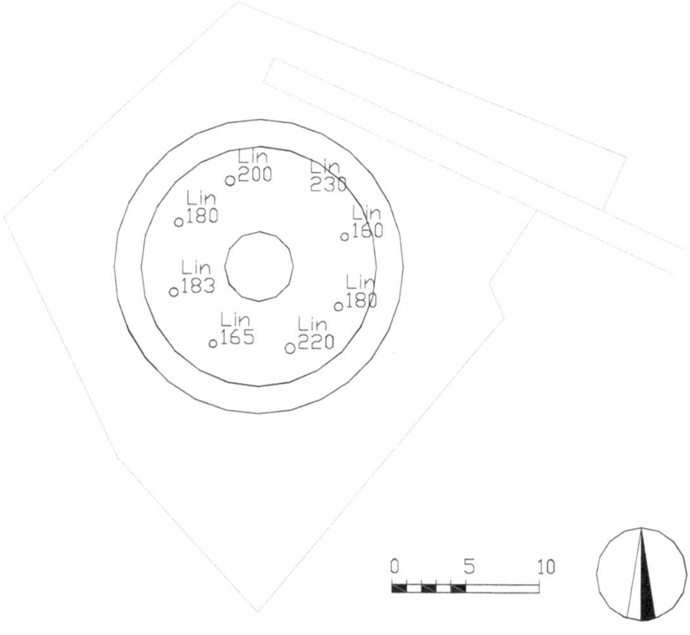

Grundriss des Baumsaals

Panorama der Baumkronen vom Mittelpunkt aus gesehen

der Knospen) als auch durch Formschnitt und Ziehen der Äste in die Waagrechte wie beim Obstbau: Dadurch entstand eine "Etage" aus Ästen. Der Leittrieb wurde nach Außen gezogen und damit die anderen Triebe zur Polyarchie angeregt. Erhaltung: Die Schösslinge wurden regelmäßig auf Knorren zurückgeschnitten. Im Zuge von Extensivierungsbestrebungen (längere Umtriebszeiten) wurden pro Knorren nach wenigen Jahren auf 1 -bis 2 Triebe zurückgeschnitten, die inzwischen auf bis zu 8 m hohe Ständer ausgewachsen sind. Die Verwandtschaft zum Obstbaum-erziehungsschnitt wird durch einen benachbarten Obstbaum dokumentiert, der ähnlich gezogen wurde. Die Hecke an den Rändern des Burgstalls wird von Zeit zu Zeit (zur Verjüngung) auf Stock gesetzt.

Geschichte und Intention

Der Baumkreis liegt auf der ehemaligen Insel des Burgstalls, dem Standort der mittelalterlichen Burg. Der Baumsaal könnte als Art barocker "Festsaal" für Tanzveranstaltungen etc. errichtet worden sein. Ein Fresko im Stift Melk (ehemaliger Besitzer) zeigt einen ummauerten Baumkreis, möglicherweise war die obere Etage mit Brettern belegt. Die Raumbildung wurde durch die besondere Astform erzielt (Baum- oder Laubhütte). Bis in die 1980er waren die Wassergräben gefüllt, der Mühlbach wurde aber schließlich trocken gelegt und zugeschüttet.

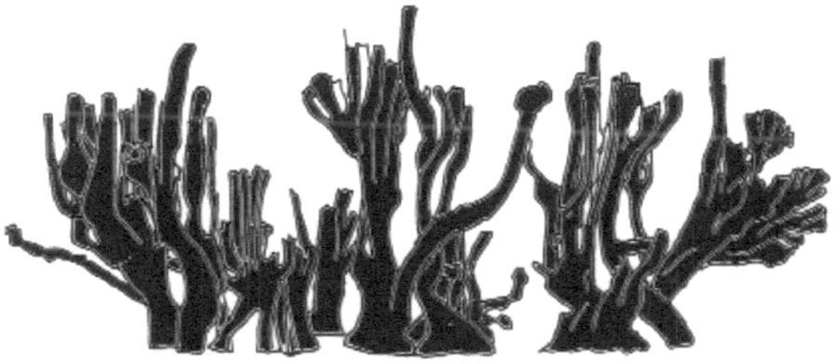

Der Baumkreis Pielach

Baumsaal Pielach 1767 (Quelle: Wandfresko im Stift Melk)

Bei der Aufnahme (DI Renate Fuxjäger, Dr. Alfred Benesch, Sebastian Benesch)

Offener Baumsaal um Bassin aus Linden mit breiten Kandelabern

Ort	Stift Melk, NÖ
Lage	beim Wasserbecken auf oberster Terrasse des Stiftsgartens, ME01 (G)
Datum, Bearbeitung	10. 03. 02; RD, RF, Sebastian und Alfred Benesch

Aufnahmefläche

Auf der höchsten Terrasse des Stiftgartens führen um ein großes, rechteckiges Wasserbecken zweireihige Lindenalleen, die einen "Baumsaal" bilden. Auch die Zugänge von N und S sind als Alleen gestaltet. In der 1,3 bis 2 m hohen Ziegelmauer, die den Baumsaal im O begrenzt, befindet sich ein breites Gartentor, auf der gegenüberliegenden Seite des Wasserbeckens ein Pavillon. Ein Ausschnitt im südöstlichen Teil der Alleen wurde aufgenommen: 8 Linden an einem gekiesten, 3m breiten Weg vom Gartentor bis zu einer Wegkreuzung im S; im W liegt die zum Wasserbecken abfallende Rasenböschung. Die Belichtung der Linden ist sehr gut.

Gehölzcharakteristik

Die 8 Linden sind große, alte Bäume mit meist breiter, kandelaberförmiger Krone ohne durchgehenden Leittrieb. Diese Kesselkronen haben sehr breite, fast waagrecht ausladende Hauptäste. Wenige Kronen sind schmal und kelchförmig. Der Abstand zwischen den Baumreihen ist geringer als der in der Reihe: zwischen den Bäumen in einer Reihe beträgt er 5,9 bis 8,5 m (durchschnittlich 6,0 m), zwischen gegenüberliegenden Bäumen 4,2 bis 5,0 m (durchschnittlich 4,4 m). Der Kronenansatz liegt bei 2,2 - 3,0 m (durchschnittlich ca. 8 Fuß), die Baumhöhe bei 8,5 m, der Umfang zwischen 1,3 und 2,2 m.

Pflege und Genese

Kronenaufbau erfolgte durch Absenkung und gezielten Schnitt der Seitenäste und Entfernung des Leittriebs. Vor wenigen Jahren wurden ehemals ausgewachsene Aufsitzer der Kronen auf 0,3 bis 0,5 m oberhalb der ehemaligen Köpfe, auf ca. 6,5 m Höhe, zurück geschnitten - wahrscheinlich um neue Köpfe aufzubauen. Die heutige Pflege folgt gartendenkmalpflegerischen Richtlinien (Parkpflegekonzept) und wird von Stiftsangehörigen und einer externen Firma durchgeführt. Im Winter 2002/03 wurden einige der zurückgekappten Bäume (beim Pavillon) gerodet. Im Bereich der aufgenommenen Exemplare wurden teilweise Starkäste entnommen und die Bäume aus Haftungsgründen eingezäunt.

Geschichte und Intention

Der Baumsaal auf der höchsten Terrasse des Stiftgartens geht wahrscheinlich auf die Zeit des Wasserbeckenbaus von 1731 zurück. Durch die Absenkung der Seitenäste wurde ein schattiger Raum für spazierende Mönche erzeugt. Das Raumgefühl ("Saal") wurde durch die rechteckige Anlage rund um das Wasserbecken gefördert.

Ein Blick auf den Baumsaal mit dem aufgenommenen Alleenstück

Kronenformen des Baumsaals

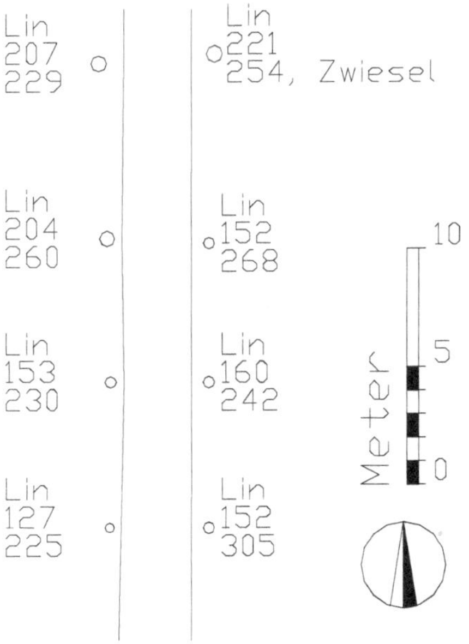

Grundriss der Allee

Blick auf Baumsaal

Offener Baumsaal aus Feldahorn, Gelber Hartriegel u.a. Laubbäumen mit durchgehendem Leittrieb ohne Formschnitt

Ort	Salesianerinnenkloster, 3. Bezirk, Wien
Lage	4. Terrasse des Klostergartens, Kreuzweg bei Kapelle, SA01 (G)
Datum, Bearbeitung	13. 05. 02, RD, RF

Aufnahmefläche

Auf der 4. Terrasse des Klostergartens befindet sich ein ehemaliger Baumsaal, durch den ein Kreuzgang verläuft. Die Aufnahme umfasst den westlichen Teil des Baumsaals: Hier ist der Kreuzgang am besten erhalten: er führt parallel zur Gartenmauer, die ans Belvedere angrenzt, zu einer Kapelle. Ursprünglich umfasste der Kreuzgang 14 Stationen, die als Holzkreuze in großen Kalksteinen dargestellt wurden. Die Ausnehmungen in den Steinen sind noch teilweise sichtbar. Unterhalb dieser Terrasse liegt die 3. Terrasse mit Obstwiese und Bienenstöcken, oberhalb die 5. Terrasse mit großen Wiesen, Äckern und Wirtschaftsgebäuden. Ausgewachsene Feldahorn-Hecken am seitlichen Stiegenaufgang zum Kreuzgang weisen auf ehemals geschnittene Heckenwände entlang der Mauer hin.

Gehölzcharakteristik

Die 29 Bäume - überwiegend Feldahorn und Gelber Hartriegel, weiters Spitz- und Bergahorn, Linde und Robinie - bilden einen hainartigen Baumbestand. Der Pflanzraster (inkl. Stümpfe) lässt eine systematische Pflanzung erkennen. Die Hartriegel sind relativ klein mit Umfängen von 0,4 bis 0,9 m. Die Umfänge der Feldahorne liegen bei 0,9 bis 1,7 (2,1) m. Die Bäume mit durchgehendem Leittrieb zeigen keinen Formschnitt, der Kronenansatz liegt zwischen 2,0 und 5,0 m. Um die Baumstämme befinden sich Reisig- und Laubhaufen.

Pflege und Genese

Die Pflegeintensität des Klostergartens ist in den letzten Jahren stark zurück gegangen (zum Kloster gehörte früher noch ein landwirtschaftlicher Betrieb mit Viehhaltung). Für die Waldbereiche des Klosters wurde eine externe Firma engagiert, während der restliche Garten von den Schwestern gepflegt wird (Schwester Theresa, 2002 mündl.).

Anlage und Intention

Der Garten des Salesianerinnenkloster wurde im Zuge der Klostergründung (als Stiftung) ab 1717 angelegt. Die Witwe Kaiser Joseph I. Wilhemina Amalia nutzte das Kloster als Witwenresidenz (vgl. Berger, E. 2004, S.111). Der in mehreren Ebenen angelegte Klostergarten diente zur Selbstversorgung der Schwestern mit Gemüse, Obst, tierischen Produkten und Holz. Gleichzeitig war der Garten Ort der Beschaulichkeit und des Gebets. Eine ehemalige Kapelle beim mittleren Aufgang auf die 4. Gartenterrasse wurde im 2. Weltkrieg zerstört.

Blick auf die Aufnahmefläche

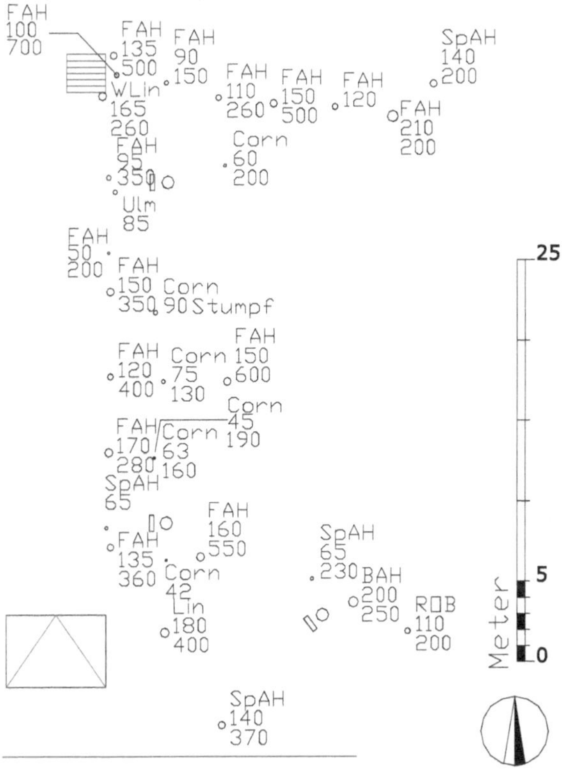

Grundriss der 4. Terrasse

Der Baumsaal in Abbildungen

Parterreplatz mit lotrechter Heckenwänden

Ort	Schlossgarten Schönbrunn, 13. Bezirk, Wien
Lage	Großes Parterre, SÖ 05 (G)
Datum, Bearbeitung	01. 11. 99 / 05. 02. 03; RD, Thomas Mitterstöger

Aufnahmefläche

Die Heckenwände säumen das Große Parterre, das zwischen dem Schlossgebäude und dem Neptunbrunnen am Fuße des Berghanges zur Gloriette liegt. Aufgrund des barocken Prinzips, die einzelnen von Wegen umschriebenen Gartenbereiche mit Hecken einzufrieden, reichen die Heckenwände weit in die Lichte Allee hinein.

Gehölzcharakteristik

Die lotrecht formierte Heckenwand mit dominanter Hainbuche und Feldahorn weist 10 bis 12 m Höhe auf. Die Artenmischung aus Feldahornen und Hainbuchen findet sich sowohl bei älteren als auch jüngeren Pflanzungen. Im Bereich der beiden schlossnahen Boskettbereiche ist die Höhe ca. 6 bis 6,5 m. Im Bereich des Irrgartens werden die Hecken an den Außenseiten auf ca. 8 m stabilisiert. Die Stämme sind teilweise zum Parterre hin gebeugt. Die beiden ca. 134 m auseinander stehenden Heckenwände sind aus einer Baum- und Strauchschicht aufgebaut, im Querschnitt ergibt das je nach Abschnitt einen zwei bis fünfreihigen Bauplan. Eine eindeutige Pflanzlinie ist im Bestand nicht auszumachen, eine Grabung mit Mag. Sauer (Bundesdenkmalamt) bestätigte die Annahme der hinteren Reihen als mögliche, ursprünglich einreihige Pflanzung.

Pflege und Genese

Ursprünglich dürften die Hecken einreihig gesetzt worden sein und auf ca. 3 m Höhe stabilisiert worden sein (vgl. Bellotto, 1759/60). Mit der Aufstellung der ca. 5,5 m hohen Statuen Ende der 1770er Jahre vor dem Parterre wurden wahrscheinlich auch die Heckenwände als Kulisse höher gezogen. Die Heckenwände werden unter Zuhilfenahme eines großen Spaliergerüstes mit 5 Etagen alljährlich einmal mit Heckenscheren geschnitten. Vorläufer der heute noch verwendeten Spaliergerüste sind bereits zur Zeit der napoleonischen Kriege nachgewiesen. Schon am Anfang des 19. Jahrhunderts wurde der Zustand der Heckenwände bemängelt. Bei der Erneuerung des Schlossgartens unter Adolf Vetter wurden die Heckenwände ausgebessert und ergänzt. Lücken wurden vor allem durch Vorpflanzen gefüllt.

Geschichte und Intention

Das große Parterre entstand in zwei Etappen. Parallel zur Vergrößerung des Parterres nach 1750 wurden auch die begleitenden Heckenwände angelegt. Bald waren die Statuen zum Teil eingewachsen, seit der 2. Hälfte des 19. Jahrhunderts verschwinden sie in den Heckenwänden. Die wahrscheinlich ursprüngliche Intention der Präsentierung der Statuen gleich Denkmälern vor einem wandartigen Hintergrund dürfte im 19. Jahrhundert nicht mehr erwünscht gewesen sein.

Blick auf die Parterreheckenwand von Schönbrunn (1994) vor der Neupflanzung der Heckenwände 2003.

Varianten der ca. 6,5m hohen Parterrehecken vor dem Schloßgebäude von Schönbrunn (Lichte Allee).

Varianten der ca. 10 m hohen Parterrehecken im Profil. Durch Ausbesserungen wurden unterschiedliche Situationen geschaffen (vor der Neupflanzung 2003).

Die unterschiedlichen Kronenformen des Parterres dokumentieren die unterschiedlichen Abschnitte in den Heckenwänden am Großen Parterre. In den Profilen lässt sich das allmähliche nach vorne wachsen der Gehölze nachvollziehen. Die unterschiedlichen Aufbauten sind Ausdruck unterschiedlicher gärtnerischer Entscheidungen bei der Ausbesserung der Heckenwände seit dem frühen 19. Jahrhundert.

Versuch die große Heckenwand durch starken Rückschnitt (allmähliche Verjüngung) und Dazwischen-pflanzen in die Reihe zu sanieren (Aufnahme Sommer 2002).

Baumreihe aus Magnolien ohne Leittrieb mit niedriger Krone

Ort	Auf der Gugl, Linz, OÖ
Lage	Garten der Landwirtschaftskammer OÖ (ehemalige Villa Hatschek), VH01 (G)
Datum, Bearbeitung	17. 06. 02, RD, RF

Aufnahmefläche

Zwei ca. 40m lange Nord-Süd ausgerichtete Magnolienreihen stehen auf Böschungen und flankieren ein großes, tiefer gelegenes, rechteckiges Wasserbecken. Zwischen Becken und Böschungen befindet sich Pflanzbeet, ein Plattenweg und ein Rasenstreifen, der auf die rund 1 m hohe Böschung ansteigt: Aufgrund ihrer relativ geringen Höhe werden sie von außen wachsenden Bäumen leicht beschattet.

Gehölzcharakteristik

Die 26 Tulpenmagnolien (Magnolia soulangiana) wurden in 2 Reihen zu je 13 Bäumchen gepflanzt, zusätzlich befinden sich 2 junge Magnolien am Rand. Die ca. 10 m hohen Bäume haben eine weit ausladende Krone und einen Umfang von 0,75 bis 1,5 m. 2 bis 3 Hauptäste setzen bei 0,5 bis 1m (Ausnahme bei 1,5m) an, die Kronen haben keinen eindeutigen Leittrieb. Der Abstand in der Reihe beträgt 3,7 bis 4,4 m (oft 4,1m) und zwischen den Reihen ca. 36,6m.

Pflege und Genese

Die Bäume wurden sowohl am Stamm als auch an den nach außen wachsenden Ästen geschnitten: an den Ästen Richtung Weg wurden nach unten wachsende Äste entfernt, sodass sich zum Weg hin eine Art Bogen bildete. Auch die Äste zu den Außenseiten wurden beschnitten, die Hauptstämme aufgeastet, sodass hier ein höheres Lichtraumprofil entstand. Eine neugepflanzte Magnolie wurde in strauchförmiger Form (Teilung in mehrere Hauptäste am Stammgrund), eine andere, etwas ältere baumförmig, das heißt ohne Teilung gezogen. Die Magnolie wurde bewusst als klein bleibender, schön blühender Baum gewählt: bei der Pflege dieser teuren Baumart wurde besonders auf sorgfältige Jungpflege geachtet. Dies ist an jüngeren Exemplaren erkenntlich, deren Wuchsform von der der älteren abweicht. Alte Exemplare erhielten vermutlich regelmäßige Pflege, der Zustand ist abgesehen von einigen Stammschäden relativ gut. Einige der Bäume trugen Nummern, was auf Zustandserfassung eines Baumkatasters schließen lässt.

Geschichte und Intention

Ludwig Hatschek ließ ab 1908 den Garten vom Gartenarchitekten Josef Schweiger (späterer Stadtgartendirektor von Linz) in formalen Stil gestalten. Anstatt des heutigen Teichs befand sich eine parterreartige, vertiefte Rasenfläche. Ab 1914 war die Villa nicht mehr ständig bewohnt. Nach der Enteignung der Familie Hatschek 1941 durch die NSDAP wurde die Villa Sitz des Gauleiters und Reichsstatthalters August

Kronenformen der breit ausladenden Magnolien

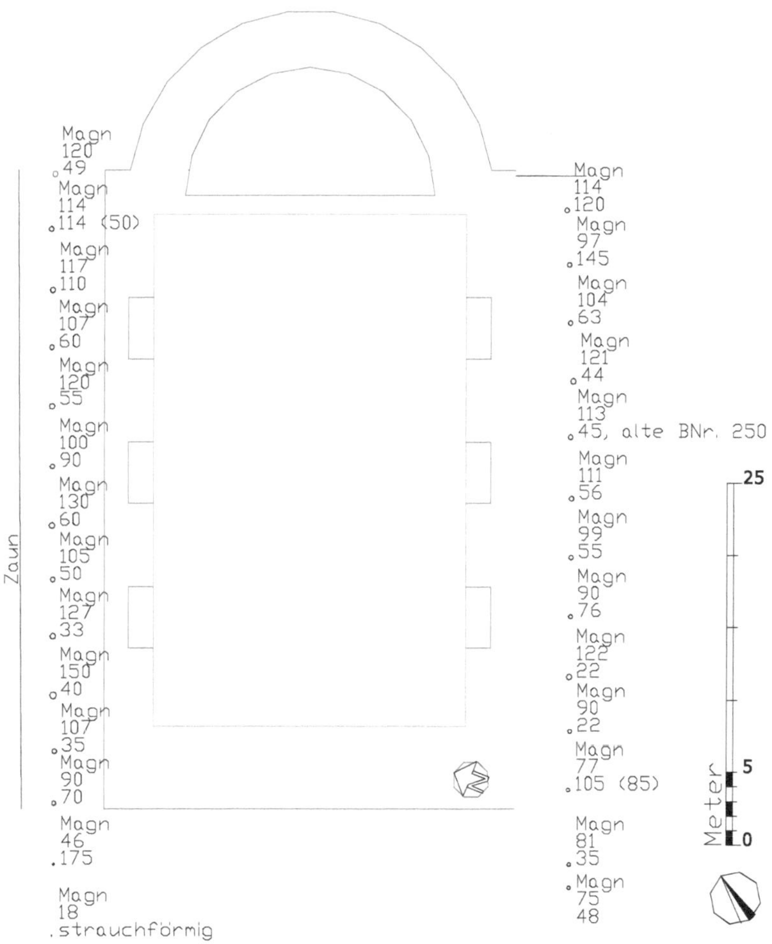

Grundriss des Parterres mit den beiden Magnolienreihen

Eigruber. Nach dem Krieg waren amerikanische Besatzungstruppen die NutzerInnen, später die Barmherzigen Schwestern (heilpädagogisches Heim). 1971 wurde die Villa samt Nebengebäude (außer dem denkmalgeschützten Pförtnerhaus) abgerissen und an ihrer Stelle die Landwirtschaftskammer mit Schul- und Verwaltungstrakt aufgebaut. Das Wasserbecken wurde im Zuge der Umgestaltung des Gartens 1974 eingebaut. Damals glaubte man, die Magnolien wären aufgrund starker Schäden nicht mehr zu erhalten (vgl. Lehner, E. 2001).

Die Magnolien bilden eine blühende Einrahmung des Gartens. Ihre Kulissenwirkung wird durch die Böschung noch verstärkt. Nicht Größe und Raumbildung unter den Bäumen, sondern zwischen den Bäumen war die Intention. Der Gartenarchitekt, der auch mit der laufenden Pflege betraut war und deshalb schrittweise Gestaltungs- und Pflegemaßnahmen einsetzen konnte, setzte ursprünglich vor die Magnolien jeweils 13 Blaufichten (Picea pungens glauca), die mit ihrer Schnellwüchsigkeit rasch die gewünschte geometrische Raumwirkung erzielen konnten. Dahinter wuchsen die langsam wachsenden Magnolien heran. Als diese groß genug waren, wurden die Blaufichten entfernt (vgl. Lehner, E. 2001).

Panoramabild über das Becken und die beiden Magnolienreihen

Panoramabild über die Magnolien

Vierreihige Allee mit Bogenschnitt (Allée double couverte) und Wänden zu den Außenseiten

Ort	Augarten Wien, 2. Bezirk, Wien
Lage	Hauptallee, AU 02 (G)
Datum, Bearbeitung	23. 10. 02, RD

Aufnahmefläche

Der ausgewählte Abschnitt liegt zwischen Flakturm und Kastanienquerallee und trennt die südliche von der nördlichen Schüsselwiese. Die Hauptallee verläuft in der Hauptachse des Augartens von NO nach SW. Der Weg hat eine Kiesdecke.

Gehölzcharakteristik

Die 16 Rosskastanien (Aesculus hippocastanum) haben einen Kronenaufbau mit durchgehendem Leittrieb. Sie werden als Hochhecken nach innen und nach außen mit Bogen geschoren (insgesamt an 8 Seiten). Zu den Schüsselwiesen (dem Parterre) werden Wände geschnitten. Die Baumumfänge sind zwischen 0,8 und 1,9 m. Der Pflanzabstand beträgt in der Reihe zwischen 5,2 und 6,1 m, der Abstand zwischen den Reihen in den Außenwegen (Contre-allees) zwischen 5,4 und 6,2 m und in der Mitte zwischen 11,1 und 11,4 m. Die Außenwege sind damit ungefähr halb so breit wie der Hauptweg. Der Kronenansatz liegt zwischen 2,1 und 3,1 m (im Durchschnitt bei 2,3 bis 2,6 m).

Pflege und Genese

Die Allee wird als Hochhecke mit einer Viertelkreisschablone und Spaliergerüst einmal im Jahr zwischen Juli und Februar geschnitten. Alle fünf bis sieben Jahre werden die Hauptäste zurückgeschnitten (Baumsteigen). Ausgefallene Altbäume werden durch Jungbäume ersetzt und in der Allee formiert. Die älteren Bäume wurden sehr spät noch einmal gekappt.

Geschichte und Intention

Die Hauptallee ist als vierreihige Allee im Stich von Salomon Kleiner (1638) noch nicht vorhanden. Auf einem zur Eröffnung des Augartens (1775) und Praters (1766) gezeichneten Plan und auf der Josephinischen Landesaufnahme ist sie vierreihig dargestellt - jedoch nur zwischen der Kastanienquerallee und dem sechseckigem Platz. Die Unterbrechung der Allee basiert auf den Einbau der Flaktürme 1943 bis 1944, die Verlängerung als 2-reihige Kastanienallee geht auf die 1950er Jahre zurück. Die Hauptallee betont die Hauptachse und die Ausrichtung des Augartens auf das ehemalige Schloss.

Blick auf die Hauptallee

Kronenformen der Hauptallee

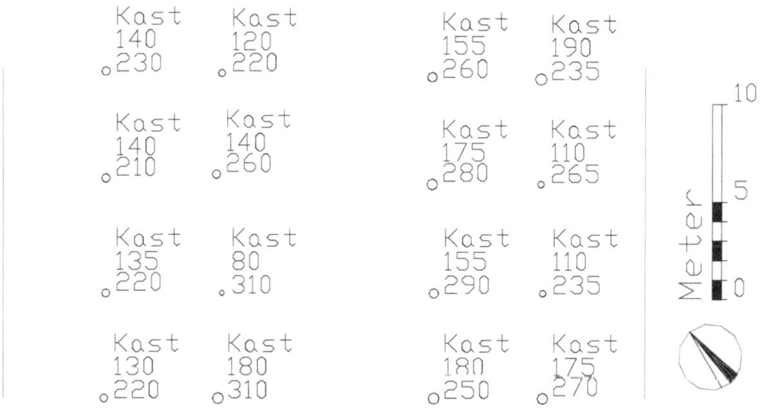

Grundriss der Hauptallee im Augarten

Vierreihige Allee aus Linden und Kastanien mit gemischten Kronenaufbau

Ort	Schloss Neuwartenburg, Timelkam, OÖ
Lage	Schlosszufahrt, NW01 (G)
Datum, Bearbeitung	16. 06. 02, RD, RF

Aufnahmefläche

Die Aufnahme umfasst einen ca. 60 m langen Abschnitt im O der 120 m langen 4-reihigen Allee (Allee double). Die O-W ausgerichtete Allee bildet die Zufahrt zum Schloss Neuwartenburg: Sie führt im W zu einem großen Tor, hinter dem der gekieste Ehrenhof liegt. Nördlich der Allee befindet sich ein Acker, südlich eine große Wiese. Am östlichen Ende der Allee bildet eine von 3 Bäumen gesäumte Skulptur den Point de vue. Der mittlere, 4 m breite Fahrstreifen ist gekiest und stark verdichtet. Zwischen den äußeren Baumreihen verlaufen 2, seit mindestens 2 Jahren nicht gemähte Wiesenstreifen (Gehölzaufkommen von Hasel, Kastanie).

Gehölzcharakteristik

Die 20 Kastanien und 2 Linden (+ 7 Stümpfe) wurden in 4 Reihen gepflanzt, und zwar jeweils versetzt zu den Bäumen der angrenzenden Reihen (in quincunx). Der Abstand zwischen den Bäumen beträgt 7,2 bis 9,7 m (durchschnittlich 7,4 m), der Abstand zwischen den Baumreihen 3,9 - 4,1 m, in der Mitte 9,2 bis 9,8 m. Die Bäume mit Umfang von 0,95 (0,25) - 3,5 m und einem Kronenansatz von 1,8 bis 6,0 (8,0) m haben einen unterschiedlichen Kronenaufbau, großteils mit Kesselkrone und ohne durchgehenden Leittrieb. Alte Kastanien haben den Kronenansatz oft bei 3 m und eine weite Kronenverzweigung bei 5 bis 7 m. Nach oben sind die Bäume ausgewachsen. Bei den Neupflanzungen wurde kein Formschnitt durchgeführt, sie haben einen durchgehenden Leittrieb.

Pflege und Genese

Früher wurde regelmäßiger Rückschnitt zum Kronenaufbau angewandt. Nicht fachgerechte Pflege in den 1930er Jahren führte zu vorzeitigen Ausfällen von geschwächten und alten Exemplaren (vgl. Sellinger, Werner 1995, S. 35). Heute sind die Bäume großteils ausgewachsen und teilweise bruchgefährdet. Zur Zeit findet kaum eine Pflege statt.

Geschichte und Intention

Das spätbarocke Schloss wurde zwischen 1730 und 1732 unterhalb der mittelalterlichen "Feste Wartenbuch" vom Wiener Architekten Anton Erhard Martinelli errichtet. Im Franziszäischen Kataster von 1824 ist die Allee noch 2-reihig eingezeichnet. Die Allee diente zur Repräsentation und als Schattenspender für Zufahrt und Fußwege. Die Repräsentationsfunktion wurde durch die beidseitigen halbkreisförmigen Erweiterungen der Baumreihen vor dem Tor verstärkt.

Blick in die Zufahrts-Allee

4 unterschiedliche Kronenformen der Allee in Neuwartenburg

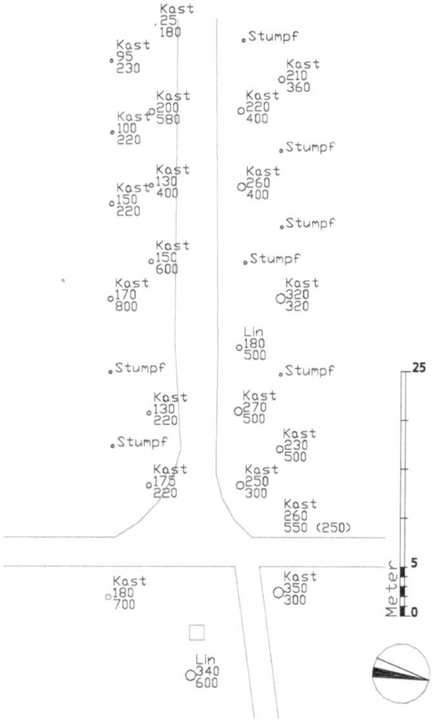

Grundriss der Neuwartenburger Allee double mit versetzten Baumreihen

Blick auf das Schloss Neuwartenburg mit der Zufahrtsallee

Vierreihige Allee (Allée double) mit offenem Hauptweg und gedeckten Nebenwegen

Ort	Schönbrunner Schlossgarten, 13. Bezirk, Wien
Lage	Obeliskenallee, SÖ02 (G)
Datum, Bearbeitung	14. 02. 02, RD, RF

Aufnahmefläche

Die Aufnahme von 16 Sommerlinden erfolgte im östlich an das Najadenbassin angrenzenden Abschnitt. Die Allee verläuft NW-So. Die Kiesdecken sind etwas pombiert.

Gehölzcharakteristik

Die vierreihige Allee besteht aus einen mittleren Hauptweg und zwei seitlichen Nebenwegen. Ihre Gesamtbreite beträgt 26,5 m, die Breite der Außengänge schwankt zwischen 6,5 und 7 m, die des Hauptweges 13 m. Die inneren Baumreihen werden nach innen zu einer Wand formiert, an den anderen 6 Baumseiten wird ein ca. 4,5 bis 5 m hoher Bogen formiert. Die Bäume haben einen durchgehenden Leittrieb, der auf ca. 9 m Höhe gekappt wurde. Während die äußeren Bäume eine fast symmetrische Krone haben (der Bogen ist nach innen ausgeprägter), weisen die mittleren Bäume einen asymmetrischen Querschnitt auf mit ca. 10 m Höhe an der Innenseite. Durch den asymmetrischen Kronenaufbau senken sich diese Bäume leicht in Richtung Heckenwand. Die untere Schnittkante liegt bei 2,2 m, die Kronenansätze bei 2,1 bis 3,6 m. Der Abstand in der Reihe liegt zwischen 4,6 bis 7,65 m, durchschnittlich um 5,7 m (18 und 1/3 Fuß). Die durchschnittlichen Umfänge liegen bei 1,4 m, die der älteren Exemplare bei 2 bis 2,5 m. Die 1 m hohen Brüstungshecken aus Hainbuche und Feldahorn sind 30 cm und 40 cm breit.

Pflege und Genese

Die Hochhecken werden 1 Mal pro Jahr mit dem Spaliergerüst geschnitten - mit Viertelkreisschablonen für die Bögen. Das Feingerüst des Baumes wird alljährlich wie eine Hecke geschnitten (stärkere Äste werden mit Astschere herausgezwickt). Ungefähr alle 5 Jahren werden die Starkäste zurückgenommen. Die Bäume werden nach der Pflanzung am Ort formiert. Die begleitenden Hecken in den Außenreihen wurden in den 1950er Jahren von ca. 3,5 m auf 1 m zurückgenommen. Aufgrund des Parkpflegewerkes sollen sie wieder auf Überscheitelhöhe gezogen werden.

Geschichte und Intention

Die Obeliskenalleen ist eine der Diagonalalleen, die mit der Erweiterung des Gartens nach 1750 angelegt wurden. Die Allee ermöglicht eine Blickbeziehung zwischen dem Obelisken und dem Schlossgebäude und schafft die kürzeste Verbindung in das östliche Boskettquartier.

Blick in die Allee (Aufnahmefläche)

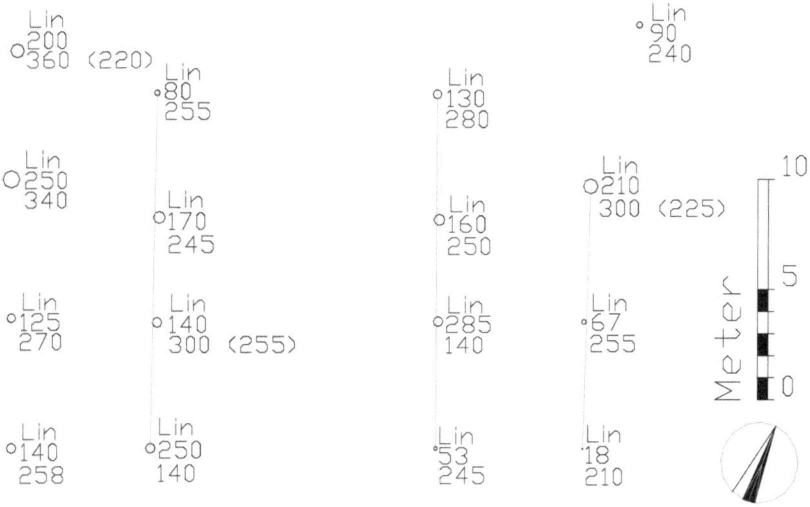

Grundrissausschnitt der Obeliskenallee

Kronenformen der Allee von durchgehendem Leittrieb mit Wand und Bogen

Dreireihige Allee aus Linden und Kastanien mit überwiegend breiten, mittigen Kandelabern

Ort	Stift Heiligenkreuz, Heiligenkreuz, NÖ
Lage	Kreuzweg, obere Ebene bis zur Kapelle, HK01 (G)
Datum, Bearbeitung	17. 04. 02, 02. 05. 02; RD, RF

Aufnahmefläche

Der 2,50 m breite Kreuzweg verläuft von einem Tor (beim Wienertor) über eine Treppenanlage hinauf auf eine obere, ebene Fläche bis zur (Haupt-)Kapelle im Osten. Von dort führt eine aufwendige hufeisenförmige Treppenanlage mit Brunnen in der Futtermauer zum östlichen Eingang, der zum Friedhof führt. Zwischen dem Tor im Westen und der Kapelle verläuft eine dreireihige, W-O ausgerichtete Allee, die sich bei der Kapelle zu einem Vorplatz halbkreisförmig öffnet. Die drei Baumreihen säumen den Weg und die an der südlichen Seite des Weges platzierten Kapellenstationen. Zwischen den Bäumen der den Fußweg säumenden Allee sind aneinander gegenüberstehende Heiligenstatuen aufgestellt. Aufgenommen wurden die Bäume und Baumlöcher auf der oberen Ebene von der obersten Stiegenkante bis zum Beginn des Vorplatzes bei der Kapelle. Das Gelände ist eben und im Westen zur Stiegenanlage leicht abfallend. Die Allee ist gut belichtet.

Gehölzcharakteristik

Der aufgenommene Abschnitt umfasst 36 Linden und Kastanien und 32 Baumlöcher. Viele Bäume wurden ausgetauscht oder fehlen im ehemaligen Pflanzraster, sodass sich am Weg nie 2 alte Exemplare gegenüber stehen. Der Abstand beträgt in der Reihe 2,7 bis 7,0 m und zwischen den Baumreihen 5,1 bis 6,0 m. Die alten Bäume haben einen Umfang von 1,6 bis 2,7 m, drei Linden liegen darüber, die stärkste mit 4,4 m Umfang! Der Kronenansatz liegt bei 2,4 bis 3,2 m. Die Kastanien haben eine kandelaberartige Kronenform mit meist 4 (-6) Hauptästen, die Linden meist einen durchgehenden Leittrieb. Die verschiedenen Kronenformen deuten auf mehrere Erziehungsprinzipien hin: Die ältesten Kastanien und Linden (bei den Linden sind nur mehr sehr wenige vorhanden) haben bis zu 7 Hauptäste, die in Etagen gezogen und geschnitten wurden ("breiter Kandelaber") mit einem Kronenansatz bei 2,7 m. Die Kastanien im mittleren Alter haben bis zu 3 Äste, die leicht kandelaberförmig gezogen und geschnitten wurden ("enger, tulpenförmiger Kelch") mit einem Kronenansatz bei 2,8 m. Bei den Linden im mittleren Alter wurde der Leittrieb geköpft; die Äste gehen "besenartig" auseinander, an bestehenden Ästen sind aber keine speziellen Schnitt- und Pflegemaßnahmen ersichtlich. Die jüngeren Bäume mit einen Umfang von 0,6 bis 1,3 m und einen Kronenansatz zwischen 2,2 und 6,0 m sind aufgeastet und weisen keine speziellen Schnitt- und Pflegemaßnahmen an den bestehenden Ästen auf. Bei den jungen Kastanien wurde teilweise der Leittrieb entfernt, während bei den jungen Linden ein durchgehender, senkrechter Leittrieb belassen wurde.

Blick in den Kreuzweg mit den Bäumen und den Stationen

Bereichsweise wurden Bäume durch die Stiftsverwaltung entnommen um die durch das Durchwachsen entstandene Beschattung zu reduzieren

Alte Kandelaberkronen am Kreuzweg

Die ursprüngliche Becherkronenform ist an den alten Kastanienform noch abzuleiten

Pflege und Genese

Die Bäume sind durchgewachsen, aktuell findet wenig Pflege statt. Die Bäume wurden geköpft, aufgeastet, ihre Seitenäste beschnitten und auseinander gezogen. So wurden die Kronen der alten Kastanien und Linden durch gezielten Schnitt kelch- oder kandelaberförmig gezogen. Alte Ansichten zeigen noch einen gleichartigen, vor allem aus Kandelaberkronen aufgebauten Kreuzweg mit einer begleitenden Hainbuchen- (19. Jhdt.) bzw. Fichtenhecke (20. Jhdt). Die jüngeren Bäume ohne weisen keine Formierung im Sinne der alten auf - Pflege und Erziehung wurden im 20. Jahrhundert stark extensiviert. Aus Haftungsgründen aber auch der Beschattung wegen wurden während der letzten Renovierung einige Bäume gerodet - der fehlende jährliche Rückschnitt der Baumkronen hat die Kronen bereits Anfang des 20. Jhdt.s auswachsen lassen und zu starker Beschattung geführt.

Geschichte und Intention

Der Kalvarienberg wurde zwischen 1731 und 1748 als Erinnerung an den originalen Kalvarienberg in Jerusalem erbaut. Auf einem Plan von Salomon Kleiner (1748) sind die Bäumen als Allee und Rahmung der Kreuzweg-Stationsgebäude bereits eingezeichnet. Ihre kandelaber- und gewölbeartigen Kronen schaffen ein schützendes Dach für die Gläubigen und dienen der Beschattung des vielfach begangenen Kreuzweges. Dieser wird für Prozessionen und von PilgerInnen nach wie vor stark frequentiert (Wiener Mariazeller Weg). Wie Jesus Christus gilt der Baum als Mittler zwischen Himmel und Erde. Als Bild für die Weltachse steht er dem Kreuz gleich. Die breiten, kunstvoll erzogenen Kesselkronenformen der Kastanien unterstützen die Kreuzmetapher. Der alljährliche Austrieb der geschneitelten Kronen war Metapher für die Welt in ständiger Erneuerung und Regeneration, die stirbt um zu leben; und damit auch Symbol der Auferstehung und Reproduktion - dem Lebensprinzip.

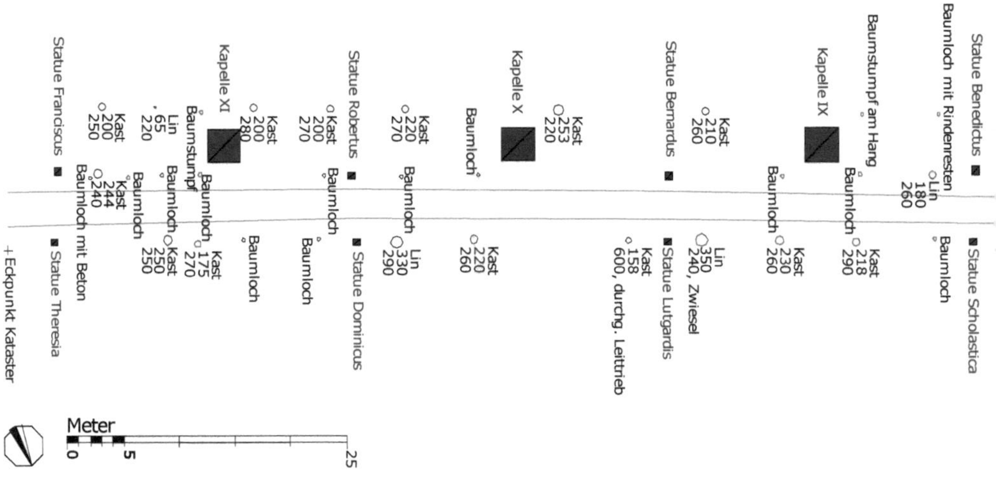

Ein Gemälde von Bernatzik zeigt den Zustand vor 1890 mit einer seitlichen Hainbuchenhecke als Begrenzung (Quelle: Stift Heiligenkreuz)

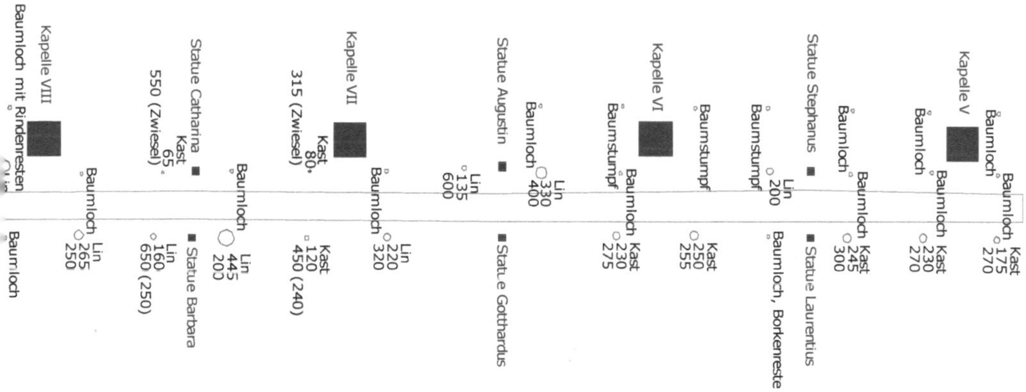

Grundriss des Kreuzweges

Dreireihige Allee aus Eschen und Kastanien mit deformierten, mittleren Kandelaberkronen

Ort	Sophiens Esplanade, Bad Ischl, OÖ
Lage	westlich der Traunbrücke / BI 01 (G)
Datum, Bearbeitung	30. 05. 02; RD, RF

Aufnahmefläche

Die Aufnahme umfasst einen Ausschnitt aus der 3-reihigen Sophiens Esplanade (Baumkatasternummern der Stadtgemeinde 228-231, 286-289, 326-328). Unter der ONO-WSW orientierten Allee verlaufen zwei parallele, asphaltierte, 2 m breite Wege. Die Bäume stehen in ebenen Kiesstreifen, auf denen zwischen den Bäumen mehrere Laternen aufgestellt wurden. Westlich des Aufnahmefläche befindet sich der Gastgarten des Cafe Zauner.

Gehölz-Charakteristik und Typologie

Die älteren der 11 Bäume - 7 Eschen und 4 Kastanien - weisen mittlere Kandelaberkronen mit enger, kelchartiger Form auf. Ihre Vitalität war zur Zeit der Aufnahme stark eingeschränkt; starke Astrücknahmen und Astausbrüche deformierten die Kronen. Ihr Umfang beträgt 1,3 bis 1,9 m, ihr Kronenansatz 1,8 bis 3,8 m. Bei den Kronen lassen sich mehrere Grundformen ablesen: Alle Eschen und einige Kastanien wurden auf 3 Etagen aufgebaut und in der Jugend der Leittrieb entfernt - es wurde eine Kesselkrone erzogen. Die obere Krone ist ausgewachsen. Bei einigen Kastanien wurde 1 Ast als sekundärer Leittrieb gezogen - mit vielen Seitenästen bildet sich eine pyramidalähnliche Krone. Die 3 Jungbäume (2 Eschen und 1 Kastanie) haben einen Umfang von 0,3 bis 0,75 m und einen Kronenansatz von 2,1 bis 3,6 m. Sie haben einen Leittrieb und wurden nicht in Form geschnitten. Die dem Fluß benachbarte Baumreihe besteht aus Kastanien, die stadtzugewandten Reihen aus Eschen. Der Abstand in der Reihe beträgt 3,5 bis 5,9 m und zwischen den Reihen 4,7 bis 8,5 m.

Pflege und Genese

An den meisten Eschen und Kastanien fand eine Erziehung mit Entnahme des Leittriebs statt. Regelmäßig wurden die Seitenäste rückgenommen. Eine Zeit lang wurde im Rhythmus von 6 Jahren geschnitten. Dies führt zu Faulstellen und fand starke Kritik (Schiffer 2002, mündl.). Vor sieben bis acht Jahren fand der bislang letzte Schnitt der Bäume statt - dabei wurde durch die Köpfe geschnitten die polyarchen Kronen wurden gekappt. Im Jahr 2001 wurden die Kronen ausgelichtet und Ständer entfernt. Früher wurde die Allee einmal pro Jahr geschnitten. Gegenwärtig lässt man die Eschen auswachsen (Schiffer, 2002 mündl.). Das personale Wissen um eine fachgerechte Pflege ist großteils verloren gegangen bzw. wird die Pflege als zu aufwendig erachtet.

Blick in Sophiens Esplanade

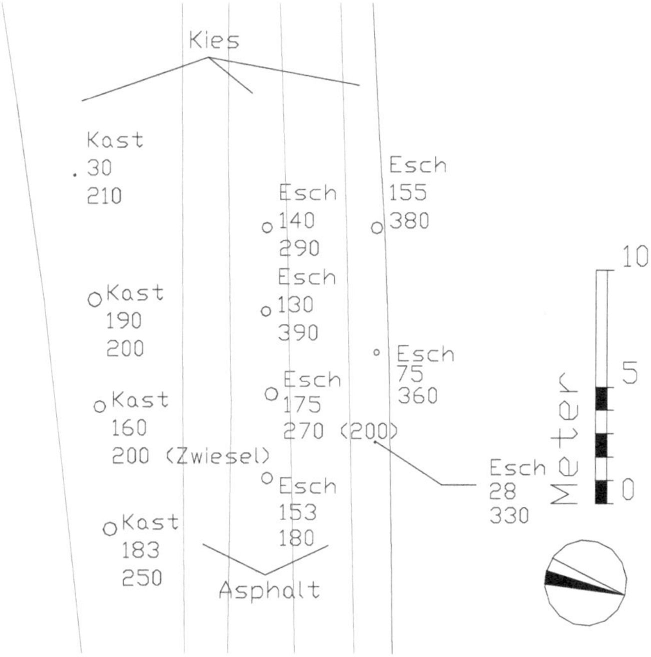

Grundriss der Sophiens Esplanade

Geschichte und Intention

Die Esplanade wurde 1830 angelegt (vgl. Franziszäischer Kataster 1837) und 1859 erweitert. Die Bennennung in Sophiens Esplanade erfolgte nach einem der Erzherzogin Sophie gewidmeten Denkmal. Die schattigen Wege luden TouristInnen zum Prominieren und Verweilen ein (die Esplanade ist mit Gastgarten und Bänken ausgestattet). Die Breite der Wege und die doppelte Wegführung lassen auf die große Bedeutung der Esplanade schließen. Die Eschen wurden früher als Futterlaubbaum verwendet, da Weideflächen in der Umgebung rar waren (Schiffer 2002, mündl.).

Unterschiedliche Kronenformen der Sophiens -Esplanade

Das Kronendach mit gekappten Köpfen

Zweireihige gedeckte Allee (Allée couverte)

Ort	Augarten Wien, 2. Bezirk, Wien
Lage	Obere Lindenallee (Teichmann-Allee), AU 01 (G)
Datum, Bearbeitung	23. 10. 02, RD

Aufnahmefläche

Der aufgenommene Abschnitt liegt westlich vom Gastgarten des Buffets Awawa. Die Obere Lindenallee verläuft entlang der Hauptachse des Augartens von NO nach SW. Der ursprüngliche Belag ist eine Kiesdecke, der Bereich zwischen den Baumreihen ist seit den 1960er Jahren asphaltiert.

Gehölzcharakteristik

Die 8 Linden (Tilia x europea) haben einen Kronenaufbau mit durchgehendem Leittrieb. Sie werden an drei Seiten (nach innen und nach außen)mit Bogen und zur Schüsselwiese als Wand geschnitten. Die Umfänge der Bäume liegen zwischen 0,2 und 2,6 m. Die Leittriebe der älteren Bäume sind gekappt. Der Pflanzabstand in der Reihe beträgt zwischen 5,3 und 6 m, der Abstand zwischen den Reihen 9,4 bis 9,7 m. Der Kronenansatz liegt zwischen 2,2 und 4,2 m (im Durchschnitt bei 2,7 m).

Pflege und Genese

Die Allee wird als Hochhecke mit einer Viertelkreisschablone und Spaliergerüst einmal im Jahr geschoren. Alle fünf bis sieben Jahre werden die Hauptäste ins mehrjährige Holz zurückgeschnitten (Baumsteigen im Winter), damit der Bogen sich nicht bis zur Gänze schließt. Die Methode Alleen wie Hecken zu behandeln und mit Schablonen zu schneiden entspricht der Praxis von Schönbrunn. Die Obere Lindenallee weist sehr unterschiedliche Baumalter und Stammdurchmesser auf. Durch die Versäumnisse des Krieges und der Nachkriegsjahre wuchsen manche Linden aus und wurden später gekappt - dies führte zu großen Schnittwunden. Die Bäume werden als Baumschulware mit zwei Baumstangen in die Allee gesetzt und danach am Standort formiert.

Geschichte und Intention

Die Obere Lindenallee geht möglicherweise auf die nach der Zerstörung durch die Türken notwendige Neuanlage des Gartens unter Jean Trehet zurück (vermutlich ab 1712, auf dem Stich von Salomon Kleiner von 1717 ist die Allee bereits vorhanden). Die Obere Lindenallee rahmt gemeinsam mit der Unteren Lindenallee die Gartenplätze zwischen dem ehemaligen Schlossgebäude und dem Geschützturm der FLAK aus dem 2. Weltkrieg ein. Die zu den Schüsselwiesen und zum Parterre gerichteten Wände sollen diese wandartig abschließen.

Blick auf die Obere Lindenallee

Kronenformen der Lindenallee (3)

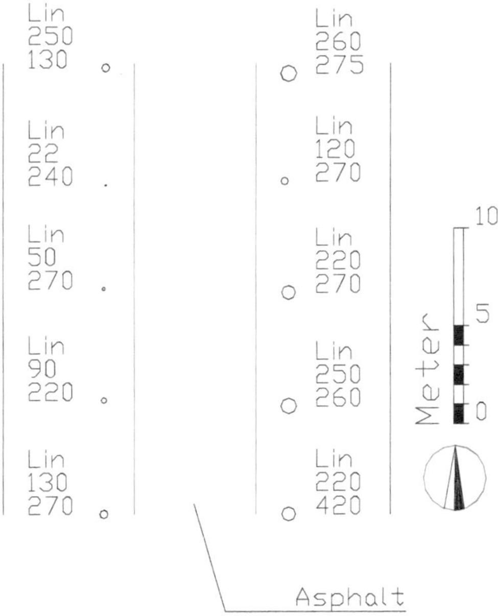

Grundriss der Oberen Lindenallee

Blick unter die Kronen der Lindenallee

Zweireihige Allee, aufgeastet mit durchgehendem Leittrieb

Ort	Schwarzenbergpark, 17. Bezirk, Wien
Lage	Schwarzenberg-Allee, NE 01 (G), NE 02 (G), NE 03 (G)
Datum, Bearbeitung	05. 12. 02, RD, DI Josef Berger

Aufnahmefläche

Die Allee verläuft zwischen dem Barockschloss Neuwaldegg und dem Paraplui-Teich. Die Aufnahmefläche befindet sich am Beginn des öffentlichen Abschnitts der Allee und umschließt 6 Bäume. Als Referenzausschnitte für die unterschiedliche Ausführung wurden zwei weitere Teilaufnahmen mit jeweils einer Baumreihe à 4 Kastanien im Abschnitt zwischen der Exelbergstraße und dem Paraplui-Teich erstellt.

Gehölzcharakteristik

Die Allee besteht aus Rosskastanien und Linden, einzeln sind Ahorne, Eschen, Eichen eingesprengt. Die Baumhöhen liegen bei 20 bis 24 m. Bei den Bäumen der Aufnahme NE 01 ist ein hoher Anteil an Zwillen oder zwieselwüchsigen Kronen auffällig. Die Stammumfänge sind 1,3 bis 2,3 m. Die Baumreihen sind leicht versetzt - die Bäume stehen nicht genau gegenüber und fluchten nicht genau in den Reihen. Der Abstand in der Reihe liegt zwischen 6,3 m und 6,7 m. Der Abstand zwischen den Baumreihen liegt zwischen 9 und 9,25 m. Auch die Baumkronen sind sehr unterschiedlich und erinnern am ehesten an Straßenbäume: sie sind aufgeastet mit durchgehendem Leittrieb. An ein paar Stellen in der Allee verweisen noch ältere Kastanien auf einen ehemaligen kandelaberartigen Aufbau in häufig zwei Schnittebenen mit meist drei Hauptästen (enger Kandelaber) - viele dieser Bäume wurden in den letzten Jahren aus Haftungsgründen entfernt. Die Kronenansätze sind sehr uneinheitlich zwischen 2,2 und 7 m. Die beiden Teilaufnahmen zeigen andere Pflanzabstände und unterschiedliche Pflege: Aufnahme NE 02 (Kastanien, Umfang 1,9 bis 2,1 m) hat hochgewachsene Kronen und einen Abstand in der Reihe von 4,7 bis 4,9 m. Aufnahme NE 03 (Kastanien, Umfang 2,1 bis 2,6 m) weisen einen Abstand in der von 4,7 - 5 m auf und wurden auf einer Höhe von 6 bis 6,5 m gekappt. Dies führte zu besenartigem Austrieb.

Pflege und Genese

Bei den in wenigen Exemplaren vereinzelt noch vorhandenen kandelaberartigen Kronen wurden der Leittrieb und zwei Konkurrenztriebe, die auf einer Ebene dem Haupttrieb entsprangen gleichartig gefördert, sodass ein gabelartiger, enger Kandelaber mit zwei Schnittebenen entstand. Die Bäume der Aufnahme wurden gepflanzt und aufgeastet, eine spezielle Formierung der Kronen war nicht sichtbar. Bei den Kappungen handelt es sich um Haftungsschnitte oder den Versuch, die Belichtungssituation für Nachpflanzungen in der Allee zu verbessern. Die Kappungen dürften ca. 40 Jahre zurückliegen. Die Bäume haben ausgewachsene Ständer entwickelt, die Gesamthöhe der ausgewachsenen Allee liegt bei 20 bis 24 m.

Blick in die Neuwaldegger Allee

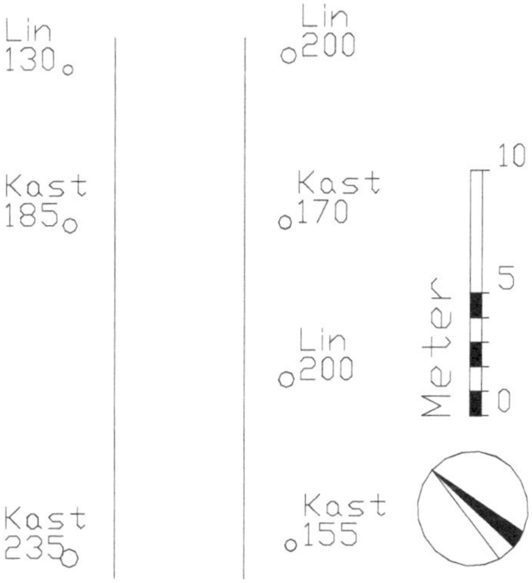

Grundriss der Neuwaldegger Allee (Aufnahme NE 01)

Die unterschiedlichen Kronenformen der Neuwaldegger Allee (4 Abb.)

Die Teilaufnahme NE 02 mit gekappten Kronen

Geschichte und Intention

Die Neuwaldegger Allee wurde wahrscheinlich mit dem Schloss und den davor liegenden Parterrebereichen am Beginn des 18. Jahrhunderts angelegt. Heute ist sie der letzte Rest der ehemaligen barocken Gartengestaltung. Ein Bild von Merian zeigt den weiter entfernteren Teil der Allee (ab dem Alsbach) mit jüngeren Bäumen und den ersten Abschnitt bis zum Alsbach mit älteren Bäumen. Möglicherweise gehen die heute gefundenen unterschiedlichen Baumabstände auf unterschiedliche Phasen der Herstellung zurück. Falls die Allee jemals einem Formschnitt unterzogen war, ist dies bereits lange her: Sie wird bereits vor Lacy (1765 bis 1801) als Allee "in englischer Manier" beschrieben. Im 19. Jahrhundert erfolgten Extensivierungen im Park, die Allee dürfte auch in der Gründerzeit nicht formiert gewesen sein - wie auch Bilder aus dieser Zeit zeigen. Die Intention der Allee dürfte sich gewandelt haben. Zuerst führte sie (möglicherweise als Jagdallee) auf einem Damm bis zu den beiden Obelisken. Später führte sie bis zum Paraplui-Teich und weiter bis zu einer Ruine - der letzte Teil war als Durchschlag durch den Wald ausgeführt. Mit der Ausgestaltung großer Teil als Barockgarten und der späteren Umgestaltung zum "1. Landschaftsgarten Österreichs" wird die Allee zur Gartenachse, an der gleich einer Promenade die unterschiedlichen Räume aufgefädelt wurden.

Die Teilaufnahme NE 03

Späte Aufastungen für die Funktion als Fahrstraße

Zweireihige Allee mit breiten Kandelaberkronen

Ort	Stift St. Pölten, St. Pölten, NÖ.
Lage	Bischofshof, SP 01 (G)
Datum, Bearbeitung	29. 10. 02, RD

Aufnahmefläche

Die Allee führt von O nach W durch den von Mauern und Gebäuden umgrenzten Bischofshof, der durch leicht erhabene Rasenflächen in Teilbereiche gegliedert wird. Die Bäume stehen in den Rasenflächen.

Gehölzcharakteristik

Die älteren der 9 Sommerlinden weisen eine breite Kandelaberform mit mittlerem Kronenansatz auf. Die Kesselkronen sind sehr regelmäßig in Etagen aufgebaut. Die Stammumfänge der älteren Bäume betragen zwischen 2,3 und 3,2 m Die Kronenansätze sind bei 2,7 bis 2,9 m (3,3 m). Die Verzweigung der Altbäume ist regelmäßig in den Etagen, etwa 6; 18 (2. Etage) und 34 Äste (3. Etage, früher 36 Äste). Die jüngeren Bäume haben unterschiedliche Kronenformen, zum Teil mit Zwiesel, mit und ohne durchgehenden Leittrieb. Die Abstände in der Reihe liegen zwischen 4,65 und 5,85 m, die Abstände zwischen den Reihen bei 6,9 bis 7,3 m - die Bäume stehen nicht genau gegenüber.

Pflege und Genese

Die Leittriebe wurden geköpft und aus den daraufhin wachsenden Trieben mehrarmige Kronen mit 3 Verzweigungsebenen aufgebaut. Auf die abschließende, vierte Ebene wird aktuell wieder zurückgeschnitten. Die Pflege der ausgewachsenen Kopfbäume dürfte möglicherweise zu einem zweiphasigen Umtrieb extensiviert worden sein: Vor ungefähr 14 Jahren wurden alle Ständer zurückgenommen und nach sieben Jahren auf zwei pro Ast reduziert. Die Ständer waren bei der Aufnahme bereits sehr lang und standen nach Aussage eines Stiftsangestellten kurz vor der Rücknahme. Dies wird von einem Baumpflegebetrieb durchgeführt. Die Erziehung von breiten Kandelabern hat bei den jüngeren Bäumen (seit ca. 100 Jahren) nicht mehr stattgefunden.

Geschichte und Intention

Die Domallee ist auf dem Franziszäischen Kataster von 1821 vorhanden. Das Bischofstor zum Bischofshof wurde 1739 erbaut (Berger 2002, S. 77f). Die Situation ist etwas eigenartig, denn die Allee führt nicht bis zum Beginn des Bischofstors, sondern weiter durch den Bischofshof, der selbst als Vorhof einen Begrüßungsraum darstellt. Die heutige Gestaltung als Grünfläche mit Rasen entspricht den Umwandlungen der Höfe in der Gründerzeit und der Zwischenkriegszeit zu parkartigen Räumen, da die Nutzung als Verkehrsflächen an Bedeutung verlor.

Blick auf die Domallee

2 Beispiele für jüngere Kronenformen: ein schmaler Kandelaber und ein Zwiesel

2 Beispiele für die älteren breiten Kandelaberkronen

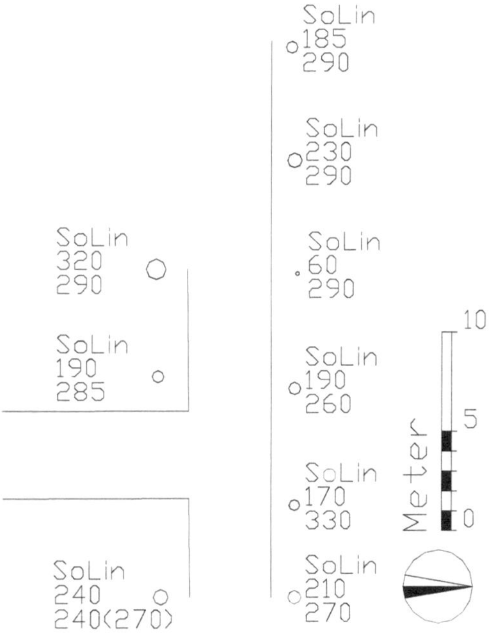

Die Domallee im Grundriss

Zweireihige Allee aus Kastanien mit engen und weiten Kandelabern bzw. Zwiesel ohne durchgehenden Leittrieb

Ort	Stift Wilhering, OÖ
Lage	Stiftszufahrt, nördlich Parkplatz des Stiftsgymnasiums, WI01 (G)
Datum, Bearbeitung	31. 10. 02, RD, RF

Aufnahmefläche

Die 2-reihige Allee verläuft zwischen dem Eingang in den Stiftshof im O und den Wirtschaftsbetrieben im W, wo eine Mauer mit einem als Point de vue gestalteten Mauerrelief den Abschluss bildet. Die Allee ist WNW-OSO orientiert und gut belichtet. Der aufgenommene Ausschnitt liegt auf der Höhe des im S angrenzenden Parkplatzes des Stiftsgymnasiums. Im N grenzt ein landschaftlicher Garten mit Teich und großen Solitärbäumen an. Unter der Allee befindet sich eine 5 m breite, asphaltierte Straße, anschließend wächst Rasen bis zu den 1,5 m hohen und 0,5 m breiten Eibenhecken.

Gehölzcharakteristik

Die 10 alten Exemplare der 13 Kastanien haben eine kandelaberartige Form ohne durchgehenden Leittrieb: entweder eine enge, hohe Kandelaberform ("tulpenförmig") oder eine weite mit mehreren Schnittebenen. Oft sind sie zwieselig. Ihr Umfang beträgt 1,5 bis 2,7 m, der Kronenansatz 2,0 (0,8) bis 4,4 m. Die 3 Neupflanzungen haben einen durchgehenden Leittrieb. Ihr Umfang beträgt 0,65 m, der Kronenansatz 2,4 m. Sie haben einen durchgehenden Leittrieb und wurden aufgeastet; weiterer Formschnitt ist nicht erkennbar. Der Abstand zwischen den Bäumen beträgt 5,7 bis 7,5 m, der Abstand zwischen den Baumreihen 8,1 m.

Pflege und Genese

Früher wurde ein starker Erziehungs- und Formschnitt angewandt. Heute wird nicht mehr regelmäßig geschnitten, die Äste sind nach oben hin ausgewachsen. Jungbäume werden aufgeastet und relativ wenig beschnitten. Die investierte Pflege wurde mit der Zeit immer weniger und ist nun reduziert auf Bestandserhaltung ausgelegt.

Geschichte und Intention

Die Allee bildet die Verbindung des Stiftshofs, in dem mehrere formgeschnittene hohe Eiben sehr auffällig platziert sind, mit den Wirtschaftsgebäuden des 1146 gegründeten Zisterzienserstift. Sie betont die Bedeutung der Landwirtschaft und des Gartenbaus innerhalb der Stiftsaktivitäten. Die Bäume dienen als Schattenspender und zur Repräsentation. Nördlich der Allee befindet sich der Stiftspark, der in der jetzigen Form 1840 als landschaftlicher Garten mit Teich, Pavillon und ausgefallenen Gehölzarten angelegt wurde. Es ist anzunehmen, dass im Zuge dessen Umgestaltung die Bäume der barocken Allee erneuert wurden.

Blick in die Allee

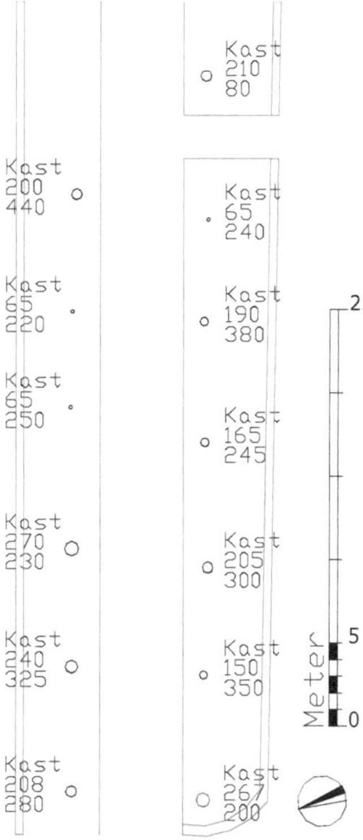

Grundriss der Zufahrtsallee

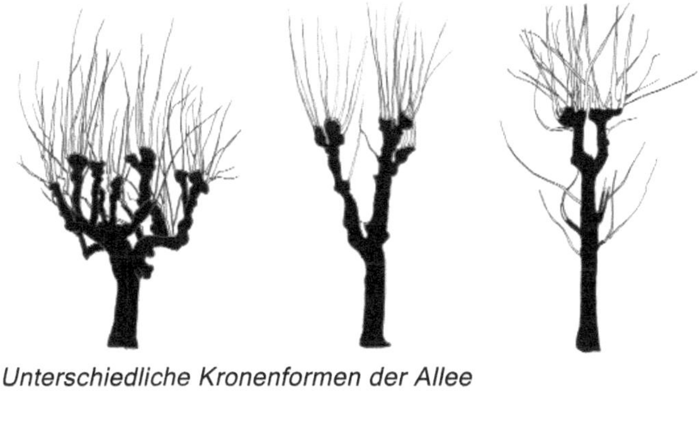

Unterschiedliche Kronenformen der Allee

Zweireihige Allee aus Kastanien mit Kandelaber

Ort	Gmunden, OÖ
Lage	Esplanade, Franz-Josef-Platz, GM01 (G)
Datum, Bearbeitung	31. 05. 02. RD, RF

Aufnahmefläche

Ausschnitt der 2-reihigen, NON-SWS-orientierten Allee von der Traunsee-Esplanade Richtung Zentrum. Unter der Allee befindet sich ein asphaltierter Gehweg, zwischen den Bäumen wurden mehrere Holzbänke mit Mistkübeln aufgestellt. Im NW des Abschnitts befindet sich eine Telefonzelle. Die Belichtung ist gut, die Fläche eben. Im Osten liegt der Franz-Josef-Platz mit Kurpark, im Westen grenzt die Straße ins Zentrum mit Gehsteig und Längsparkplätzen an.

Gehölzcharakteristik

Die 6 Kastanien ohne durchgehenden Leittrieb haben ein ausladendes, stark verzweigtes Astwerk in kandelaberartiger Form. Die Umfänge betragen 1,8 bis 2,1 m, bei den zwei Jungpflanzungen rund 0,7 m. Die Kronenansätze liegen zwischen 2,1 bis 2,6 m, bei einer Jungpflanzung nur bei 1,6 m. Die Bäume sind von der Form her ähnlich, nur die Verzweigung der Seitenäste ist unterschiedlich ausgeprägt. Die älteren Kastanien sind breite Kandelaber, die jüngeren sind Kandelaber mit Ästen, die in steilem Winkel nach oben weisen. Der Abstand zwischen den Bäumen beträgt 4,65 bis 4,95 m, der Abstand zwischen den Baumreihen 5,25 m.

Pflege und Genese

Regelmäßiger Formschnitt führte zur charakteristischen Kronenform. Der Leittrieb wurde geschnitten, Seitentriebe aufgeastet und oben durch Schnitt zur Verzweigung angeregt. Frühere Schnittmaßnahmen lagen auf ca. 2,5 m Höhe. Eine weitere Schnittebene, bei der wiederum Mittel- und Seitentriebe gefördert wurden, liegt 0,5 m unter der aktuellen Krone. Ein gezielter Formschnitt wird seit der Pflanzung angewandt und bis heute beibehalten. Die Bäume werden durch Rückschnitt in relativ gleicher Größe behalten. Handwerk wird auch bei Neupflanzungen angewandt. (s. Vergleichsaufnahme einer jungen, ca. 10-jährigen Esche an der Esplanade: Reduzierung des Mitteltriebes und Förderung von äußersten Seitentrieben).

Geschichte und Intention

Die Esplanade wurde ab 1860 als Promenier- und Erholungsanlage errichtet; die Kastanien wurden als Schattenspender und optische Raumbildner gepflanzt. Unter den Bäumen bildete sich ein angenehmer Aufenthaltsort.

Blick auf das Alleenstück am Franz-Josef-Platz

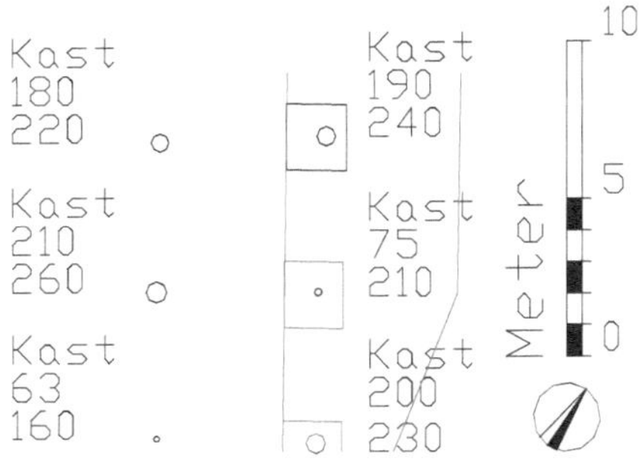

Grundriss der Allee

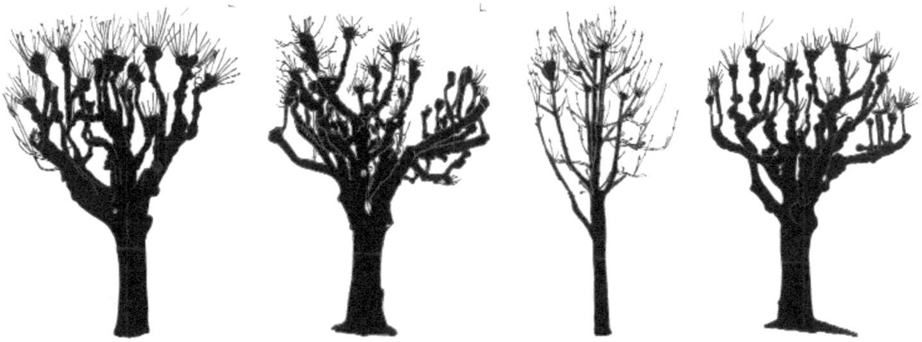

Kronenformen der Allee

Die charakteristische Form des Laubes bei Kopfbäumen. Sie erinnert an die Baumkronen, wie sie Salomon Kleiner in seinen Ansichten von Wiener Barockgärten aus den 1730er Jahren häufig darstellte.

Zweireihige gedeckte Allée couverte mit breiten kandelaberförmigen Kastanien und Wandfläche (auf offenem Baumsaal)

Ort	Volksgarten Wien, 1. Bezirk, Wien
Lage	Rasenparterre, VG 01 (G)
Datum, Bearbeitung	23. 10. 02, RD

Aufnahmefläche

Der aufgenommene ca. 30 m lange Alleeteil verläuft NNO-SSW und liegt zwischen Theseustempel und Rasenparterre mit dem Rosarium. Die 12 Kastanien grenzen an das Kompartiment mit dem WC-Häuschen an.

Gehölzcharakteristik

Die Kastanien werden nach innen mit Bogen und in Etagen durch Schnitt erzogen. Zum Platz hin werden die Kronen zu lotrechten Wänden formiert, die den Hintergrund für das Rosarium bilden und den Platz fassen. Die Bäume stehen im Rasen, der zwischen den Bäumen verlaufende asphaltierte Weg ist 4,5 m breit. Durch den Schnitt bilden sich Knorren und eine starke Verästelung. Ein Teil der Bäume sind Zwillen (Zwiesel) mit etagenförmigen Aufbau. Die Leittriebe wurden gekappt. Der Kronenansatz liegt bei 2 bis 2,6 m. Die Stammumfänge betragen zwischen 0,2 und 2,5 m. Der Abstand in der Reihe beträgt zwischen 5,3 und 7,5 m (Schwerpunkt bei 6 bis 6,2 m), der Abstand zwischen den Reihen liegt zwischen 5,9 und 6 m.

Pflege und Genese

Die Kastanien werden alle vier Jahre mit der Handsäge von der Leiter aus auf Etagen geschnitten - die Linden und Ahorne des Volksgartens dagegen alle 2 Jahre (Ing. Macek, 24.11.1997, mündl.). Die Kastanien werden ohne Schablone mit der Handsäge formiert. Als Schnittanleitung dienen die alten Schnittstellen. Die als Hochhecken formierten Kastanienkronen dienen der Einfassung des "begrünten Platzes".

Geschichte und Intention

Das Rasenparterre mit der Kastanienallee entstand mit der Erweiterung des Volksgartens zwischen 1857 und 1884. Die Verwendung der Kastanie geht auf eine Modeströmung zurück: In dieser Phase wurden die biedermeierlichen Pappeln durch Kastanien, Linden und Ahorn ersetzt. Die Allee rahmt das Rasenparterre und das Rosarium ein.

Blick auf den offenen Baumsaal mit Rasenparterre, Rosarium und die umgrenzenden Alleen

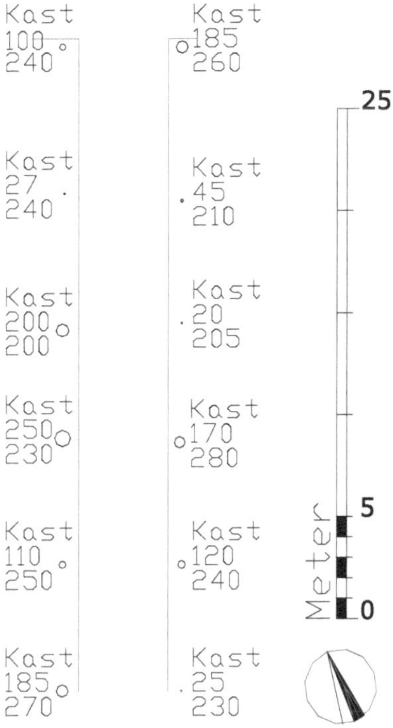

Grundriss der Allee

Die unterschiedlichen Kronenformen des Volksgartens

Die Kronen werden zum Parterreplatz als Wand geschnitten

Zweireihige Kastanienallee mit Kopfschnitt (Parterre-Allee)

Ort	Garten Villa Lanna, Gmunden, OÖ
Lage	Parterre-Terrasse, VI 01 (G)
Datum, Bearbeitung	27. 05. 02, RD.

Aufnahmefläche

Die 15 aufgenommenen Bäume (14 Kastanien, 1 Sommerlinde) entsprechen dem nördlichen Abschnitt der südlichwestlich an das Parterre angrenzenden Allee. Die Allee liegt zwischen einer Wiese und dem mit Buchshecken eingefriedeten Rasenparterre.

Gehölzcharakteristik

Die Weg der Allee ist 2,3 m breit, die Baumreihen stehen ca. 4,5 bis 4,8 m auseinander. Der Abstand in der Reihe beträgt zwischen 3 und 3,5 m. Die Kastanien sind ohne durchgehenden Leittrieb erzogen mit 1 bis 3 Etagen, langen Internodien und Knorren. Die Kronenansätze schwanken zwischen 2,1 und 3,1 m. Die breiten Kandelaber mit hohen Kronenansätzen sind ca. 5,5 m hoch und weisen Stammumfänge zwischen 1,2 und 0,3 m auf.

Pflege und Genese

Die Bäume werden mit Kandelaberkronen mit 1 bis 3 Etagen ohne Leittrieb erzogen - die älteren Kastanien (Umfang ca. 1 bis 1,2 m) weisen tendenziell mehr Etagen und eher sichtbar in Etagen erzogene Kronen auf. Der alljährliche Schnitt auf Knorren erfolgt im Frühjahr, da das Klima für den Herbstschnitt zu unsicher ist (frühe Fröste). Der Bestand weist drei Altersschichten auf: eine möglicherweise originäre Baumausstattung mit Kastanien, ein ca. 15 bis 30 Jahre alter Teil aus Kastanien und ein jüngerer Teil aus Linden. Der Abstand in der Reihe verändert sich - die Bäume werden neben die alten Stubben nachgepflanzt. Wegen der Kastanienminiermotte wurden Linden nachgepflanzt (Tilia platyphyllos und T. cordata).

Geschichte und Intention

Die Allee entstand bei der Anlage des Gartens um 1875 nach Plänen, die wahrscheinlich auf den Schönbrunner Hofgärtner Adolf Vetter zurückgehen (vgl. Mirwald 2001, S. 30). Ein möglicherweise ideeler Plan des Parterres der Villa Lanna (ohne Datum, vgl. ebenda, S, 36) zeigt eine etwas aufwendigere Gestaltung mit zum Teil leicht versetzten, d.h. nicht gegenüberliegenden Baumstandorten. Die Kastanienallee schafft eine Abgrenzung des Parterres zum Parterreplatz (vgl. Volksgarten Wien), das in seiner Grundorganisation historisierend die Formen eines Renaissanceparterre aufnimmt, eine Anlehnung an den Neorenaissancestil der Villa.

Blick vom Parterremittelpunkt auf das aufgenommene Teilstück der Allee

Blick von der Villa auf die Kastanienallee

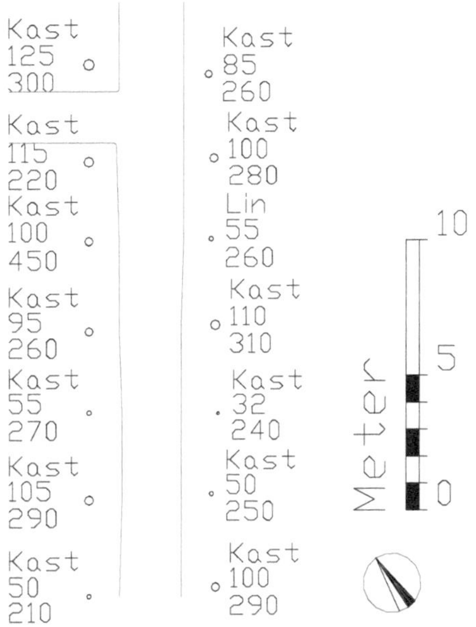

Grundriss des aufgenommenen Teilstücks der 2-reihigen Allee

3 typische Kandelaberkronen ohne durchgehenden Leittrieb und Knorren.

Zweireihige offene Allee aus formgeschnittenen Eiben

Ort	Schloss Helfenberg, OÖ
Lage	Zufahrt zum Schloss Helfenberg/Revertera´sche Gutverwaltung / HB01 (G)
Datum, Bearbeitung	30.10.02; RD, RF

Aufnahmefläche

Die Figuren aus formgeschnittenen Eiben begrenzen den gekiesten Zufahrtsweg, der vom Gartentor bis zum Wirtschaftshof und Schloss führt. Die Allee ist NO-SW ausgerichtet, die Fläche fällt leicht zum Tor hin ab. Der Verlauf ist beinahe geradlinig, in der Mitte bei einem kleinen Nussbaum ist ein leichter Knick. Die Allee ist gut besonnt mit Ausnahme der äußersten Figuren bei der Gartenpforte, die durch große Rotbuchen beschattet werden. Im Südosten grenzt eine große Rasenfläche mit Solitärbäumen und Baumgruppen an; im Nordwesten der Gemüsegarten.

Charakteristik und Typologie

Die Formen der 36 Eiben sind sehr speziell und für das Mühlviertel einzigartig. Sie sind aus geometrischen Grundformen aufgebaut (Würfel, Quader, Kegel, Kegelstumpf, Scheibe, Halbkugel, Zylinder, Pyramide, Schnecke), die in unterschiedlichen Kombinationen übereinander gestapelt werden. Die Eiben sind zwischen 2,4 und 4,1 m hoch und - je nach Form - unterschiedlich breit. Die Äste reichen meist bis zum Boden, sodass der Stamm im unteren Bereich nur in wenigen Fällen zu sehen ist. An astfreien Stellen bei Übergängen zwischen den Grundformen zeigt sich, dass die Eiben häufig zweistämmig sind. Die Bäume bilden 2 Reihen, haben aber so viel Pflanzabstand (4 bis 5 m) zueinander, dass jeder für sich zur Geltung kommt. Mehrere Grundmuster sind erkennbar: einige Figuren bestehen aus 1 Grundform: Kegel (3 Exemplare), Schnecke (2x), flache Halbkugel (1x), dreieckige Pyramide (1x); die meisten Figuren sind aus geometrischen Grundformen (s.o.) zusammengesetzt: aus 2 (11 mal), aus 3 und mehr Grundformen (16 mal): maximal wurden 6 Formen übereinander gesetzt (2 mal)!

Pflege und Genese

Laut Auskünften des Besitzers Dominik Revertera (2002, mündl.) werden die Eiben 1 mal pro Jahr zwischen Ende Juli und Ende September auf die vorjährige Schnittlinie zurück geschnitten. Früher war der Schnittzeitpunkt genauer festgelegt, nämlich in der 3. und 4. Augustwoche. Zum Schneiden dient ein Frontlader mit Bühne, als Werkzeug eine Heckenschere. Die Formen werden originalgetreu geschnitten. Nur zwei der Formen mussten einmal um 0,3 m eingekürzt werden, weil sie zu hoch geworden sind. Schlecht für die Bäume erweisen sich Autoabgase, trokkene Sommer und Wildverbiss. Die Beschattung durch immer größer werdende Buchen an der Gartenpforte beeinträchtigt die darunter befindlichen Eibenfiguren,

Die unterschiedlichen Eiben-Skulpturen entland der Zufahrt zum Schloss Helfenberg

sie reagieren mit Nadelabfall und schütterem Wuchs. Eine bisher einmal erfolgte Düngung der Bäume hat sich bewährt.

Geschichte und Intention des Gehölzbestandes

1894 kaufte die Gräfin Olympia Revertera y Salandra, gebürtige Prinzessin Aldobrandini-Borghese, verheiratet mit Graf Revertera, das Schloss Helfenberg samt Garten. Sie ließ den Garten nach ihren Vorstellungen ändern, wobei sie die italienische Gartenkunst des 19. Jahrhunderts (manieristischer Neobarock) nachahmte. Wichtiges Element war die bis heute erhaltene Eibenhecke im Topiary-Stil bei der Zufahrt des Schlosses. Schon vor dieser Gestaltung dürfte die Zufahrt zum Schloss eine Allee gewesen sein (vgl. Franziszäischer Kataster von 1828). Die Eibenallee diente zur Repräsentation bei der Einfahrt zum Schloss.

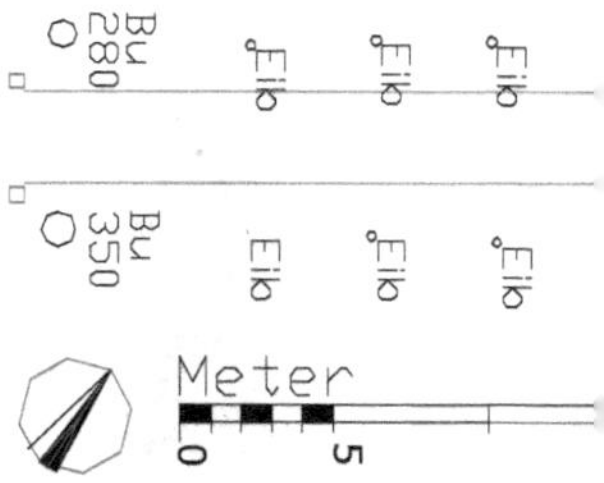

Blick auf die Eibenallee

Blick in die Eibenallee

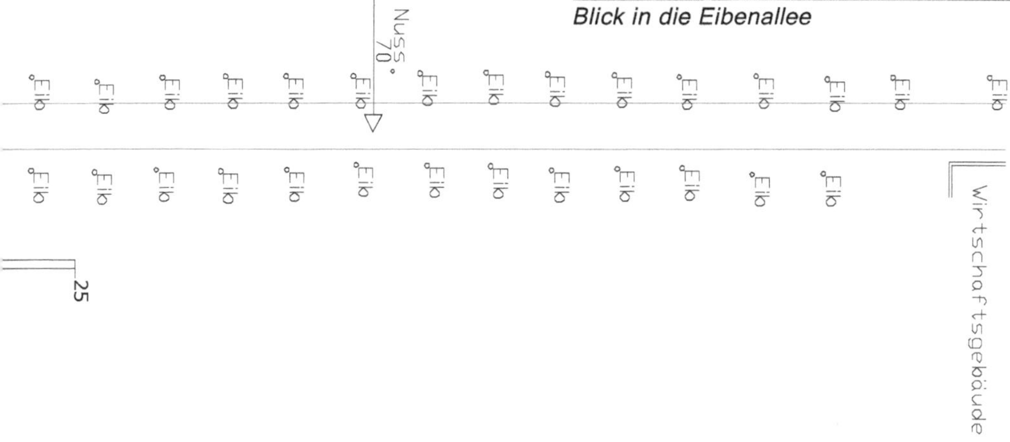

Grundriss der Eiben-Allee in Helfenberg

Baumreihe aus Rotdorn mit engem Kandelaber (Kesselkronen)

Ort	Stift Schlägl, Aigen-Schlägl, OÖ
Lage	westlicher Hof des Stifts, AS 01 (G)
Datum, Bearbeitung	31. 10. 02, RD, RF

Aufnahmefläche

Im westlichen Hof (Zugang zur Stiftskirche) befindet sich eine ebene Rasenfläche, auf der eine Rotdornreihe N-S verläuft. Ein Rotdorn bei der Einfahrt liegt etwas zum mittleren Weg versetzt. Am östlichen Rand wurden 4 Hainbuchen (Carpinus betulus) gepflanzt (Höhe 7 m, Kronenansatz bei 2,3 m, mit durchgehendem Leittrieb, nicht geschnitten). Die Belichtung ist aufgrund mangelnder Nachmittagssonne mäßig. Der an die Rasenfläche angrenzende Hofbereich ist befestigt. Auf der westlichen und nördlichen Seite wird die Rasenfläche durch einen Arkadengang begrenzt.

Gehölzcharakteristik

Die 8 Rotdorne sind 3,5 bis 5,5m hoch und haben einen Umfang von 0,55 bis 0,7 m. Sie haben Kesselkronen ohne durchgehenden Leittrieb. Der Kronenansatz liegt zwischen 1,5 und 1,9 m und weist eine ältere Kappungsstelle bei 2,3 bis 2,5 m auf. Auf Stämmen und Ästen befindet sich starker Flechten- und Moosbewuchs. Der Abstand in der Reihe beträgt 5,0 bis 5,3 m.

Pflege und Genese

Die obersten Ständer wurden 0,5 m unter der jetzigen Baumhöhe geschnitten. Dadurch wurde eine 2. Schnittebene mit starker Verästelung (Etage) aufgebaut, oberhalb derer die Krone ausgewachsen ist. Aktuell ist keine regelmäßige Pflege erkenntlich. Zum Kronenaufbau wurde eine Art Obstbaumschnitt angewandt: nach einer Köpfung auf 2,3 bis 2,5 m wurde mit seitlichen Austrieben eine kelchartige Krone aufgebaut. Ein Leittrieb wurde manchmal beibehalten - es wurde versucht, die Krone des schwach wüchsigen Baumes klein zu halten.

Geschichte und Intention

Der westliche Hof mit einer zentralen Brunnenanlage entstand 1853/54 an der Stelle ehemaliger Wirtschaftsgebäude. Die ursprünglich befestigte Verkehrsfläche im Hof wurde aufgrund der geänderten Bedeutung verkleinert. Auf der neu entstandenen Rasenfläche wurden im 20. Jahrhundert die rosablühenden Rotdorne zur Repräsentation gepflanzt. Die Bäume bilden einen räumlichen Übergang vom Innenhof zum Stiftsgebäude: die Pflanzstellen liegen direkt vor den Arkadensäulen, wodurch im Hof bereits die Form des Arkadengangs angedeutet wird. Dieser Effekt wird dadurch verstärkt, dass die Höhe des Kronenansatzes auf 2,30 m der Höhe der Arkaden-Kapitelle aus Granit entspricht.

Blick auf die Baumreihe

Panorama des westlichen Hofes

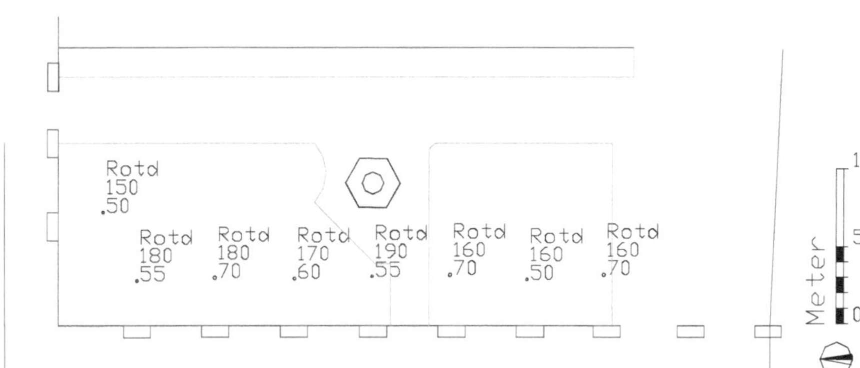

Grundriss der Baumreihe

Kesselkronen mit einer neu aufgebauten Etage

Gedeckter Heckengang (Berceaux de verdure)

Ort	Schlossgarten Schönbrunn, 13. Bezirk, Wien
Lage	Kleiner Buchengang, SÖ 01 (G)
Datum, Bearbeitung	07. 02. 02, RD, RF

Aufnahmefläche

Der Gang verläuft WNW-OSO, die Aufnahme erfolgte im mittleren Abschnitt, ca. 5 m westlich des 2. Querwegs. Die Fläche ist eben und sehr gut belichtet - vor allem von Süden. Der 3,8 m breiter Weg innerhalb des Bogens hat eine abgenutzte Kiesschicht, ist leicht verdichtet und leicht pombiert. In der Aufnahme waren 26 Hainbuchen und Feldahorne (+ 5 Stümpfe).

Gehölzcharakteristik

Der beinahe geschlossene Heckenwandbogen mit dominanter Hainbuche und Feldahorn hat eine Scheitelhöhe von ungefähr 4,5 m (15 Fuß). Der Bogenansatz liegt bei 2,5 bis 3,7 m. Die Stämme sind teilweise nach innen gebeugt. Die Artenmischung aus Feldahornen und Hainbuchen findet sich sowohl bei älteren als auch jüngeren Pflanzungen. Der Abstand zwischen den Gehölzreihen beträgt ca. 3,7 m (12 Fuß), das Verhältnis Höhe zu Breite ungefähr 5 zu 4. Das Innenraumprofil weist ein Verhältnis von Breite zu Höhe von 3 zu 5 auf. Der benachbarte Große Buchengang ist um einen halben Meter höher.

Pflege und Genese

Die Hecke wird 1 Mal pro Jahr mit Hilfe eines mittleren Spaliergerüsts geschnitten. Ein originäres Pflanzprinzip mit regelmäßigen Pflanzabständen ist nicht (mehr) erkenntlich: Nachpflanzungen erfolg(t)en zwischen den alten Bäumen. Durch Vorziehen bzw. nach-vorne-Sinken der älteren Bäume geht die ursprüngliche Schnittlinie langsam in Richtung Bogeninneres. Nachpflanzungen werden daher zu weit nach innen gesetzt. Der Schnitt erfolgt auch von oben, da die Triebe im Bogen nach oben wachsen. Bis zum Bogenansatz verlaufen die Schnittflächen innen, im Bereich des Bogens außen. Die Außenseiten der Hecken werden bis zum Stamm geästet. Die alten Feldahorne wurden auf 2,15 bis 2,4 m Höhe gekappt und die zum Bogeninneren wachsenden Äste als neue "Leittriebe" für den Aufbau des Bogens verwendet. Den jungen Pflanzen wird auf 1,2 - 2,5 m Höhe der Leittrieb geschnitten.

Geschichte und Intention

Der Kleine Buchengang besteht seit der ersten Hälfte des 18. Jahrhunderts (vgl. Hajós Beatrix 1995, S.27f). Ein Teil dieser Boskette wurde mit der Verlängerung der Hundshofallee kurz nach 1755 abgetrennt, im 20. Jahrhundert wurde der Buchengang bis zur Kastanienallee verlängert (vgl. Ebenda, S.172).

Blick in den Kleinen Buchengang

Die Gehölze werden auf den Rückseiten bis zum Bogenansatz geästet

Querschnitte des Kleinen Buchenganges

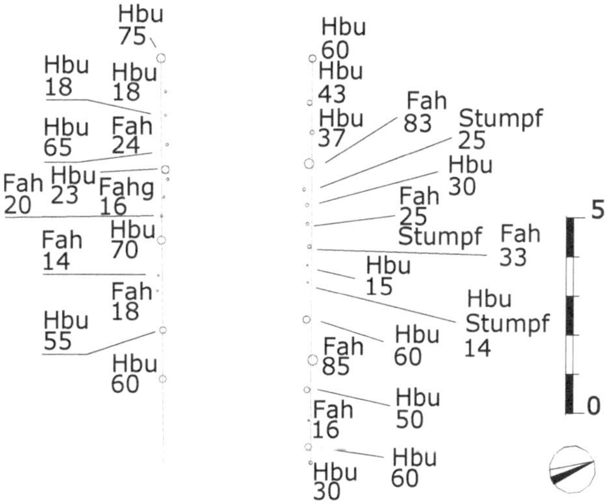

Grundriss des Kleinen Buchenganges

Offener Heckengang im Boskett

Ort	Schönbrunner Schlossgarten, 13. Bezirk, Wien
Lage	Bei der Kaiserfigur, SÖ03 (G)
Datum, Bearbeitung	20. 02. 02, RD, RF

Aufnahmefläche

Der Gang verläuft verläuft NW-So (320 Grad). Die an der nordöstlichen Seite des Bosketts gelegene Aufnahmefläche ist ca. 5 m lang. Die 4,4 m breite Kiesdecke ist stark pombiert und wird mit einer Rasenkante vor den Hecken abgeschlossen.

Gehölzcharakteristik

Die beiden Hecken des Ganges sind unterschiedlich. An der nördlichen Seite grenzt eine ältere, 3,2 m hohe Heckenwand mit Feldahorn (durchschnittlicher Umfang 0,5 m), an die südliche Seite eine junge Hainbuchenhecke mit ca. 1,9 m Höhe (Umfang ca. 0,17 m). Die alte Hecke ist vom Fuß bis zur Oberkante dicht, die jüngere hat sich noch nicht geschlossen und unterliegt noch keinem strengen Formschnitt.

Pflege und Genese

Die Hecken werden an den Seiten einmal pro Jahr mit Spaliergerüst geschnitten, die ältere Hecke auch an der Oberkante und an den Rückseiten bis an den Stamm, das Abzwicken der harten Knoten erfolgt mit der Astschere. Die ältere Hecke weist kontinuierliche Ausbesserungen auf und Abstände in der Reihe zwischen 0,1 und 0,5 m (3 Pflanzen pro Meter). Die Feldahorne wurden auf unterschiedlicher Höhe gekappt. Die obersten Kappungen zur Begrenzung der Höhe fanden auf 2,8 bis 2,9 m statt, eine mittlere Kappungslinie befindet sich auf ca. 1,8 m (ältere Verjüngungsebene?) und eine dritte am Heckenfuß auf ca. 0,2 bis 0,5 m - wahrscheinlich um dort eine Verdichtung zu initiieren. Sie ist einreihig ohne vorgesetzte Ausbesserungen. Die jüngere Hecke hat Pflanzabstände von 0,4 bis 0,7 m (2 Pflanzen pro Meter).

Geschichte und Intention

Das Boskett wurde bereits um 1700 angelegt (Hajós Beatrix 1995, S. 148). Die ältere, ca. 10 Fuß (3,2 m) hohe Heckenwand repräsentiert die Hecke, wie sie in Schönbrunn seit dem 18. Jahrhundert hergestellt werden. Die junge, im Winter 1996/97 gesetzte Hecke weist auf die im Parkpflegewerk von 1996 getroffene Entscheidung, die Hecken aus Hainbuchen aufzubauen und sie in Zukunft wieder überscheitelhoch herzustellen (Ing. Rinnerbauer, mündl., 10. 11. 1997). Die Heckenwände in den Bosketten dienten dazu, den Freiraum Zimmerwänden gleich zu untergliedern.

Blick auf die aufgenommenen Hecken

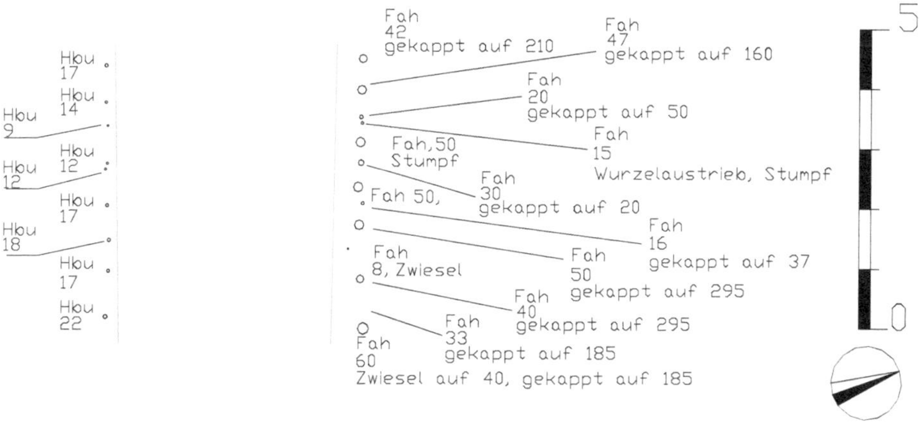

Grundriss des Heckenganges im Boskett bei der Kaiserfigur

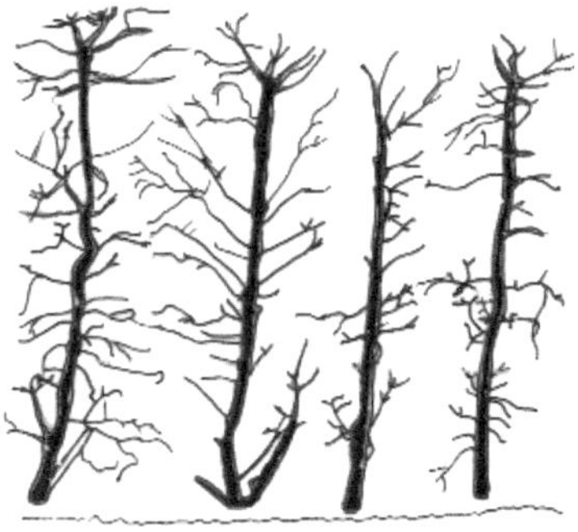

Die junge Hainbuchenhecke

Die alte Hainbuchenhecke

Heckenraum Fächer

Ort	Schönbrunner Schlossgarten, 13. Bezirk, Wien
Lage	Fächer, SÖ 04 (G), Detailaufnahme SÖ 05 (G)
Datum, Bearbeitung	08. 03. 02, RD, RF

Aufnahmefläche

Der Fächer ist eine flächige Inszenierung von Blickbeziehungen und einer gebauten Perspektive. Die im Grundriss dreieckige Form wird von einem zentralen Patz und einem Wegesystem von acht ca. 3,9 m breiten Wegen gebildet, das von einem zentralen Punkt (Statue mit der Jagd- und Mondgöttin Diana) in einem Winkel von 82 Grad fächerförmig ausgeht und durch einen Viertelkreisbogen verbunden wird. Die Außen- und Innenbegrenzungen der Wegeflächen werden durch Hecken hergestellt.

Gehölzcharakteristik

Die Hainbuchenhecken sind im Bereich des Platzes hüfthoch, im Bereich der Fächerung überscheitelhoch (3,6 m) - dadurch geht die ursprüngliche Raumwirkung verloren. Die Pflanzabstände in der Reihe sind sehr unterschiedlich zwischen 0,15 bis 1,5 m. Ältere und jüngere Pflanzen sind gemischt. Die einzelnen Kompartimente des Fächers sind unterschiedlich dimensioniert - die Konstruktion dürfte aus Fernbeziehungen und mathematischen Teilungen abgeleitet worden sein.

Pflege

Die Heckenwände des Fächers werden 1 Mal pro Jahr mit einem Spaliergerüst geschnitten. In den 1980er Jahren wurden die Hecken einmal stark zurückgenommmen, die Wegebreiten waren durch den alljährliche Zuwachs beim Sommerschnitt allmählich schmal geworden - an den älteren Pflanzen sind die starken Rückschnitte (Kappungen) noch sichtbar. Gleichzeitig wurden dazwischen und davor junge Hainbuchensetzlinge gepflanzt. Die zu schneidende Heckenwandlänge beträgt insgesamt 953 m (811 m Heckenwand und 142 m Brüstungshecken).

Geschichte und Intuition

Der Fächer wurde um 1760 angelegt und ist im Grundriss seither unverändert (Hajós Beatrix 1995, 178). Die Statue der Diana wurde erst um 1779 am Zusammenlauf der Fluchten aufgestellt. Die Rauminszenierung Fächer scheint den früheren Jagdsternen nachempfunden zu sein und wurde wahrscheinlich auch als Schießschirm verwendet - eine Nutzung, die damals beim Adel beliebt war und die mit der Darstellung der Göttin Diana symbolisch verstärkt wird.

Blick auf den Fächer

Bei der Sanierung wurden ältere Pflanzen stark zurückgenommen und jüngere dazwischengepflanzt

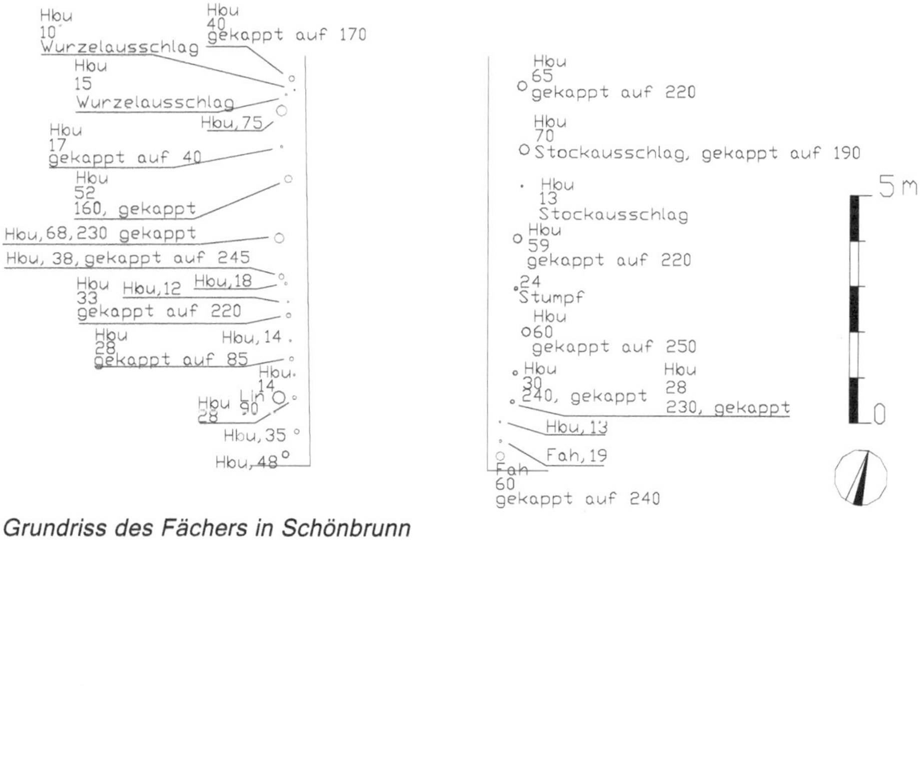

Grundriss des Fächers in Schönbrunn

Boskett mit Baumhain

Ort	Mirabellgarten, Stadt Salzburg, Salzburg
Lage	Beim Casino (Boskett), MI 04 (G)
Datum, Bearbeitung	16. 03. 02, RD, RF

Aufnahmefläche

Die Aufnahme umfasst das östliche Lindenhain beim südlichen Eingang in den Mirabellgarten. Die Linden wurden in 4 Reihen auf einer quadratischen, von einer Balustrade an zwei Seiten begrenzten Rasenfläche gepflanzt. Asphaltierte Wege umgeben diesen Bereich des Bosketts, das westlich von einem symmetrisch aufgebauten Lindenhain ergänzt wird und durch den breiten Zugangsweg getrennt wird.

Gehölzcharakteristik

Die 16 Sommerlinden wurden hainartig gepflanzt und bilden mit ihrem rund 8 m hohen, beinahe geschlossenen Blätterdach einen Baumsaal. Die einzelnen Baumreihen stehen versetzt zueinander und weisen die Baumanzahl 4-5-4-3 auf. Die Abstände zwischen den Bäumen variieren zwischen 4,1 bis 7,9 m, der Abstand zwischen den Reihen liegt bei 3,6 bis 4,5 m. Die Bäume sind 3,5 bis 4,5 m hoch aufgeastet. Die Stammumfänge sind 0,9 bis 1,3 m. Auffällig ist, dass die im Inneren der Fläche wachsenden Bäume höher aufgeastet sind als die am Rand liegenden. Selbst an den am Rand befindlichen Bäumen ist ein Unterschied zu erkennen: nach außen 3,5 m aufgeastet, nach innen 6 m. Die Krone mit sehr gleichmäßigem, kandelaberartigem Kronenaufbau, ohne durchgehendem Leittrieb und ausgeprägten Knorren an den Enden ist sehr breit: die Seitenäste wachsen fast waagrecht nach außen.

Pflege und Genese

Die Linden werden 1 mal im Jahr wischen Anfang Jänner und Mitte Februar auf Knorren geschnitten. Der Schnitt erfolgt mit einer Gartenschere auf die alten Schnittstellen (Krumpschnabel, mündl. 1995, 2002). Früher wurden die Linden zweimal im Jahr (Frühjahr, Herbst) geschnitten. 3 Linden wurden vor ca. 30 Jahren als Großbaumpflanzung mit 1 m großen Ballen neu gepflanzt. Mit der Pflege ist das Stadtgartenamt Salzburg betraut. Im anderen, symmetrischen Teil wurde mit einer Umgestaltung als Kiesfläche ein Gastgarten eingerichtet.

Geschichte und Intention

Dieser Teil des Mirabellgartens wurde cirka 1860 als neuer Abschluss des Mirabellgartens gebaut. Die Bäume wurden im Zuge der Verkleinerung des Mirabellgartens durch die Erweiterung des Makartplatzes gepflanzt (Saiko, mündl. 2002).

Blick auf den als Baumhain gestalteten Abschluss des Mirabellgartens

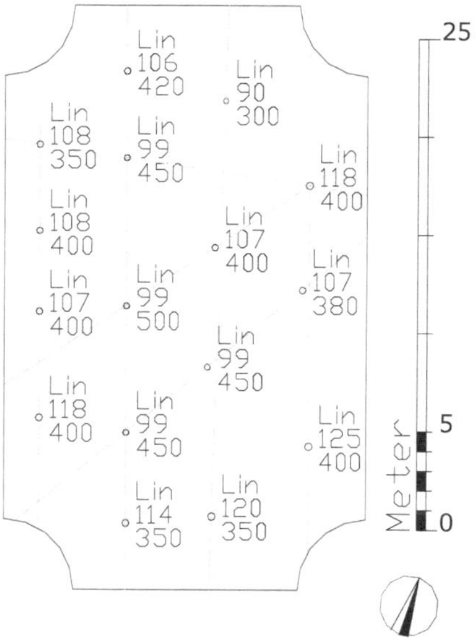

Der Grundriss des Baumhaines beim Casino im Mirabellgarten

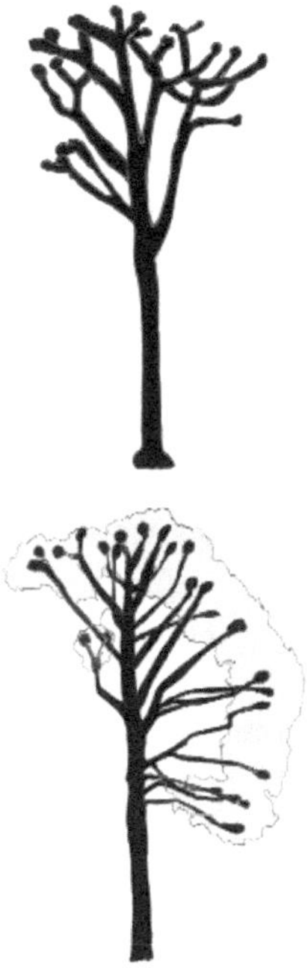

Drei Beispiele für die Baumkronen mit Knorren

Blick über den Brunnen zum Boskett

Boskett: Heckentheater aus Hainbuchen und Rotbuchen

Ort	Mirabellgarten, Salzburg
Lage	Heckentheater, westlicher Teil des Gartens, MI01, MI02, MI03 (G)
Datum, Bearbeitung	16. 03. 02, RD, RF

Aufnahmefläche

Die Aufnahmen umfassen die Einmessung des Heckentheaters (Lage der Schnittkanten und Höhen), sowie Details von 2 Heckenabschnitten: an der östlichen Böschung zum Zuschauerraum und beim 2. Quergang. Das Theater liegt auf der mittleren, westlichen Bastei des Mirabellgartens und hat eine fünfeckige, längsgestreckte Form. Ein Höhenunterschied von ca. 1 m unterteilt Zuschauerraum und Bühnenraum, die beide bekiest sind. Der von Osten durch ein kleines Tor betretbare Zuschauerraum ist an drei Seiten von Hecken umgeben. Die NNW-SSO-verlaufende Achse teilt das Theater in zwei annähernd symmetrische Hälften und ermöglicht eine natürliche Belichtung der Bühne - die ZuschauerInnen blicken nach Norden und können daher von der Sonne nicht geblendet werden. Dazwischen liegt der abgesenkte, ca. 7 m lange und 3,4 m breite Orchestergraben, zu dem der Zuschauerraum stark, die Bühne leicht geneigt ist. Am nordöstlichen Rand des Theaters befindet sich ein Stiegenabgang in einem Tunnel, der zum Bereich des früheren Zwergelgartens an der Außenseite der Wallanlagen führt (heutige Nutzung als Spielplatz bzw. als Wirtschaftshof des Gartenamts). Zum tiefer gelegenen Teil des Mirabellgartens wird das Theater durch eine überscheitelhohe Heckenwand abgegrenzt.

Gehölzcharakteristik

Überscheitelhohe Heckenwände (3,5 bis 4,3 m) aus Hainbuche und Rotbuche bilden als Wege- und Raumbegrenzung die Räume des Heckentheaters. In der Hauptachse ist Buche dominant (ca. ¾ der Bäume), ansonsten ist die Mischung ausgewogen. Innerhalb der Heckenkompartimente befinden sich einige mächtige Solitärbäume (Linde, Buche). Der Abstand zwischen den Pflanzen in der Reihe ist unterschiedlich: 0,35 bis 0,55 m und 0,8 bis 0,9 m an lückigeren Stellen. Die Wegbreiten der Quergänge bei 1,28 bis 1,37 m (Aufnahme MI_03). Auch außen an den Basteimauern verlaufen Wege, die von Hecken begrenzt sind. Die Kompartimente sind mit Rasen bewachsen und häufig von Trampelpfaden durchschnitten. Die Heckentiefe ist bei 1,0 bis 1,2 m, die Schnittkanten liegen 0,5 bis 0,6 m vom Stamm entfernt. Die Böschungen an den Seiten des tiefer gelegenen Zuschauerraums erodieren derart, dass die Wurzeln der Hainbuchenhecken zum Teil ausgewaschen wurden (Aufn. MI 02 (G)).

Panorama des Bühnenraums

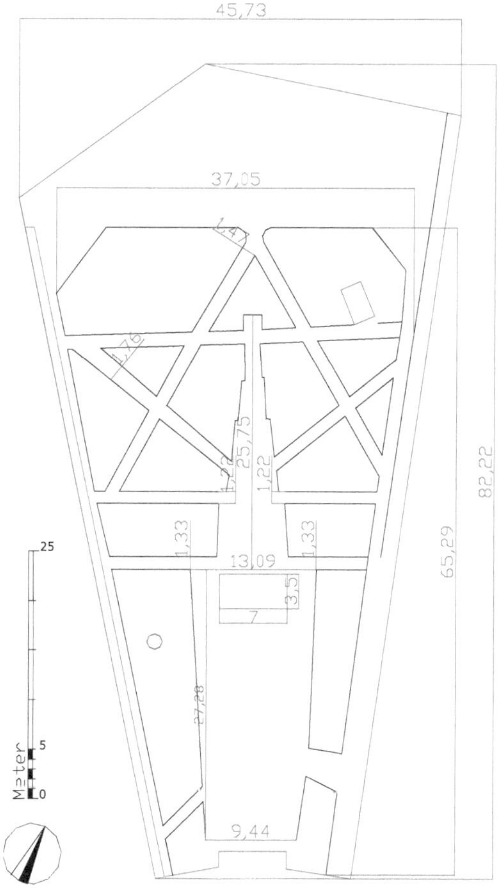

Grundriss des Heckentheaters

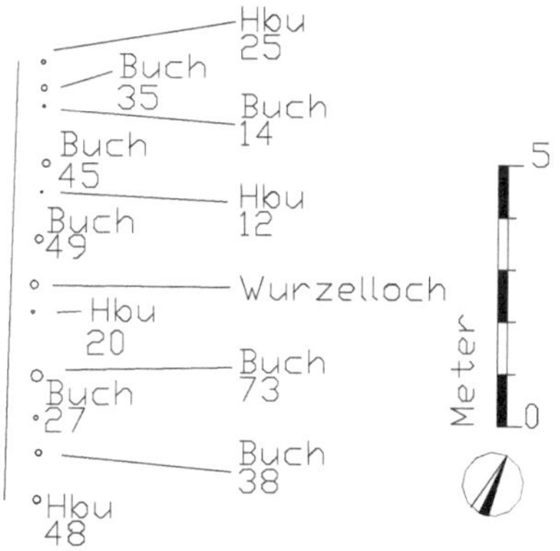

Detailgrundriss der östlichen Wand des Zuschauerbereiches

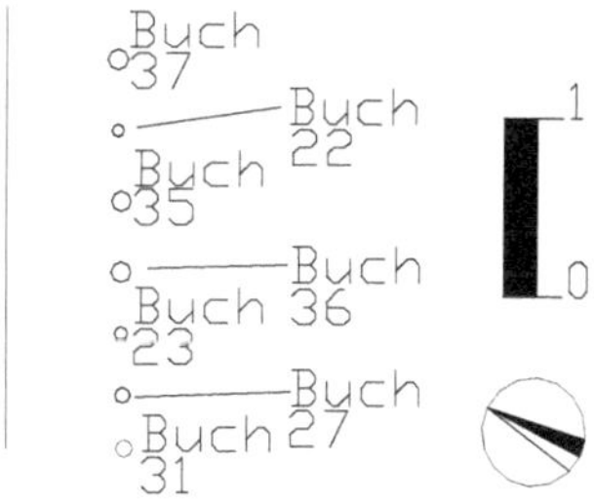

Detailgrundriss einer Seitenwand eines Querganges

Pflege und Genese

Die Hecken werden 1x pro Jahr, ab Mitte Juli auf die Schnittlinie des Vorjahres mit kleinem Spaliergerüst geschnitten - so bleiben die ca. 0,3 m breiten Vorsprünge in den Heckenwänden der Bühne erhalten, ohne dass deren genaue Dimensionierung aufgezeichnet worden wäre. Eine einmal durchgeführte Köpfung der alten Heckenpflanzen erwies sich als schlecht. Das Nachpflanzen einzelner Gehölze gestaltet sich als schwierig, weil die Beschattung sehr groß ist. Ein weiteres Problem ist die Nutzung, v.a. von spielenden Kinder werden Trampelpfade durch die Hecken angelegt (vgl. Krumpschnabel 2002, mündl.). Bis Ende der 1960er Jahre gab es Stacheldraht in den Hecken als Schutz vor durchlaufenden Menschen.

Geschichte und Intention

Das "Theatrum" wurde 1719 eröffnet und dürfte von Mathias Diesel in Anlehnung an das Theater in den Pariser Tuilerien zwischen 1704 und 1718 angelegt worden sein (vgl. Klisch, M. 1991). Es ist heute noch weitgehend in seiner barocken Form erhalten. Änderungen dürfte es im Zuschauerraum und in der Begrenzung der Bühne gegeben haben: Die Bodenmodellierung im Zuschauerraum wurden bei Danreiter (um 1730) abgetreppt dargestellt (und ohne Löwen vor der Bühne). Die einstigen Rasenbänke sind einer geneigten Kiesfläche gewichen, der Orchestergraben dürfte erst in späterer Folge eingebaut worden sein. Tietze zeigt 1914 ein Foto des "Naturtheaters" mit einen hüfthohen Heckenvorhang (Fig. 275 in Tietze 1914) anstatt eines Grabens - möglicherweise wurde dieser in den 1930er Jahren eingebaut (zum Anlass der Einführung der Salzburger Festspiele). Der Vergleich historischer Abbildungen zeigt Änderungen in der kulissenartigen Schnittlinienführung der Heckenwände des Bühnenraumes. Der Tunnel zum Zwergelgarten wurde um 1820 im Zuge der Umgestaltung des Garten durch Friedrich Ludwig von Sckells errichtet.

Die Wege der Bühne

Der Besucherraum im Frühjahr 2003

Das "Naturtheater" um 1913 ohne Orchestergraben und mit einer Brüstungshecke als Vorhang (Quelle: Tietze 1914)

Boskett - Gartentheater

Ort	Schlosspark Leopoldskron, Stadt Salzburg, Salzburg
Lage	Gartentheater, LK 01 (G)
Datum, Bearbeitung	16. 03. 02, RD, RF

Aufnahmefläche

Ebene Fläche mit schlagartigem Charakter mit hohen, ausgewachsenen Bäumen am Rand. In der Mitte befinden sich die Reste eines betonierten Orchestergraben und Fundamente der Treillagen, z.T. von Gehölzen bedrängt und von Wurzeln gehoben.

Gehölzcharakteristik

Die Baumausstattung besteht aus 72 in Linien gepflanzten Hainbuchen (mit Dominanzen in den Umfängen 0,6 bis 0,95 m; 1,05 bis 1,35 m und bei einigen von 1,5 bis 1,8 m), 1 Buche, 2 Eschen und 1 Stumpf. Die Abstände zwischen den Hainbuchen betragen 0,4 bis 5 m sowie 1 und mehr m. Die Hainbuchen sind ausgewachsene Hecken, die Bäume zum Leopoldskroner Weiher dürften weniger geschnitten worden sein.

Pflege und Genese

Die Fläche wird derzeit von aufkommenden Gehölzen frei gehalten, die "Schlagflur" am Boden zurückgedrängt. Manche der Bäume wurden aufgeastet. Das Heckentheater wurde bald aufgelassen und die Pflege stark extensiviert. Fotos zeigen um 1953 bereits stark ausgewachsene Hecken und 1960 noch einen freien Bühnenraum. Die Bauwerke sind verschwunden. Im Rahmen der Reaktionen auf das Parkpflegewerk wurde der Aufwuchs zurückgenommen und es wird versucht, den Boden offen zu halten. An den Gehölzen wird nicht gearbeitet.

Geschichte und Intention

Das zum Leopoldskroner Weiher geöffnete Gartentheater entstand im Jahre 1923 nach dem Entwurf von Norman Bel Geddes und dem Maler Ernest de Weerth mit Treillagen aus feinem Lattenwerk. Den Entwurf des im Norden befindlichen Zuganges verfasste Reinhardt entsprechend historischer Vorlagen im Stil des Barocks selbst. Ein Kanal weitete sich unmittelbar vor dem Gartentheater zu einem großen ovalen Spiegelbecken auf. Die Anlage und Pflege erfolgte durch Obergärtner Köpl. In den Nischen des Heckentheaters und am Rande des mit Parapetthecken gesäumten Parterres wurden eine große Anzahl eigens zu diesem Zweck erworbener barocker Sandsteinskulpturen von Lorenzo Matielli aus dem Schloss Thürntal (NÖ) aufstellen. Die Eröffnung sollte jedoch erst acht Jahre später am 26. August 1931 mit der Vorstellung "Was ihr wollt" in der Inszenierung von Professor Max Reinhardt stattfinden. Die terrassenförmig angelegte Zuschauertribüne bot in acht Sitzreihen 192 Zusehern Platz und sollte noch einige Jahre nach der letzten Veranstaltung des Salzburg Seminar in American Studies am 22. Juni 1950 fortbestehen.

Historisches Panoramabild des Gartentheaters (Quelle: Werner Sellinger)

Ansicht des Bühnenraumes

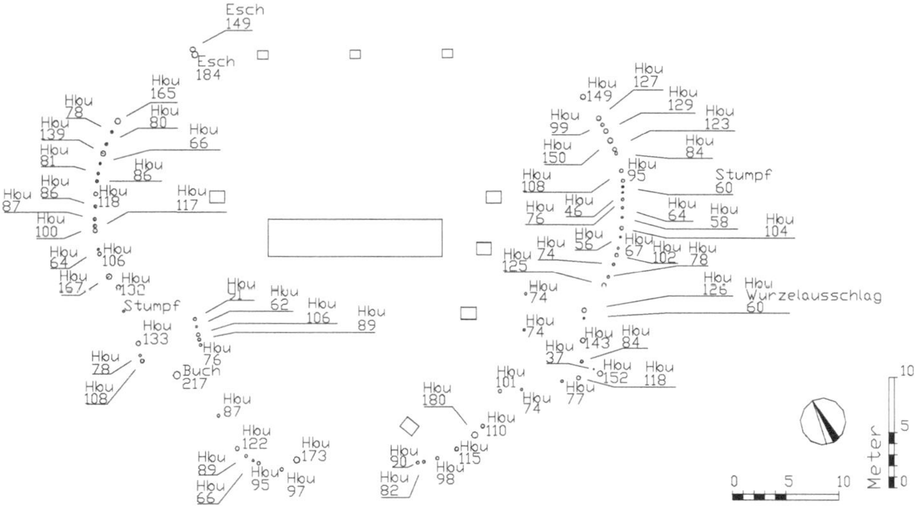

Grundriss des Gartentheaters

7 Systematik der Wege in formalen Gartenanlagen

Wege als Elemente und Bauwerke des Gartens

Wege in historischen Gärten erfüllen verschiedene Aufgaben. Wichtig für die denkmalpflegerische Dokumentation und praktische Arbeit im Garten ist ihre Erfassung als Bauwerke, deren Form und Anordnung eine gartenkünstlerische Struktur herstellen und deren Bauweise, Materialverwendung und Pflege Nutzungsanforderungen gerecht werden muß.

Gegenstand der im Rahmen des Projektes durchgeführten Aufnahmen der Wege in formalen Gärten sind ihre gartenkünstlerische Bedeutung und ihre Gebrauchsfähigkeit, die sich über die konkret an sie gestellten Anforderungen / Belastungen ableiten läßt. Die Aufnahmen enthalten altes Wegebauhandwerk. Sie spiegeln die Traditionen und Erfahrungen der Gärtner wider, die sich lokal und regional durchaus recht unterscheiden können.

Im Rahmen des Projektes wurden zwei Systematiken - eine der Wegformen und eine der Wegebauwerke - abgeleitet. Sie sollen in Zukunft die Dokumentation, die Wiederherstellung oder Reparatur von Wegen in historischen Gärten unterstützen.

Die Wegform korrespondiert nicht zwangsläufig mit einer bestimmten baulichen Herstellung. Die Gartenkunst kennt viele Begriffe für verschiedene Wege: Alleen, gedoppelte Alleen, Gänge, ... Ihre Bedeutungen sind verbunden mit Gehölzstrukturen, meist sind sie viel mehr über dieselben definiert. Sie unterscheiden sich in der seitlichen Begrenzung, in der Breite, ob sie ‚gedeckt' oder offen sind, mit Pflanzstreifen oder erdige Randstreifen, zu welchem Teil des Gartens sie gehören - zum Boskett oder zum Parterre. Sie können - ähnlich den Straßen und Wegen einer Stadt - verschiedene funktionale Elemente beinhalten: Hauptwege, Nebenwege, Fahrstraßen.

Die Art der Darstellung unseres Projektes berücksichtigt die verschiedenen Aspekte von Wegelementen durch Anwendung verschiedenen Betrachtungsweisen und Aufnahmekriterien:

- Querschnitt und Grundriß: Wegbreite, Längs- und Querprofil, zusätzliche bauliche Ausstattungen (Einfassungen, Rinnen, Einlaufbauwerke u.a.)
- Schichtaufbau: Gesamthöhe und Höhe der einzelnen Schichtungen, Materialien und ihre Körnung (Grabungsprofil); Verdichtungsgrad bzw. Belastbarkeit
- Gliederung in Haupt- und Nebenwege

- Lage im Garten: Konzept der Anordnung, Funktion und Gestaltung
- Historische Entwicklung und Erhaltung, Überformungen, etc.

Eine Besonderheit der Wege ist ihr für BetrachterInnen und NutzerInnen unsichtbarer Teil unter der Oberfläche: der Wegunterbau. Das Projekt beginnt erstmals in diesem Umfang mit dem Ergraben dieses Unsichtbaren. Die Breite des Unterbaus und auch der Decke ist bei Schotterwegen oft nicht mit der sichtbaren Wegbreite identisch: Oft erscheinen sie breiter, da Streumaterial auch auf erdigen Randstreifen oder Pflanzmulden verteilt ist, häufig wirken sie aufgrund seitlicher Vererdungen schmäler. Weiters verändern die Wege mit fast jeder (Deckschicht-) Erneuerung ihre sichtbare und nutzbare Breite oder Lage.

Als Gestaltungselement werden Wege bestimmt durch die begleitende Vegetation, ihre Textur und Farbe, das Verhältnis von Wegbreite zur Höhe der Gehölze, die Form und Stärke des Oberflächenprofils, die Körnung und Farbe der Deckschichten.

Als funktionale Elemente müssen die Gartenwege Erfordernissen und Qualitätskriterien des Gebrauchs genügen: Die bequeme und sichere Nutzung als Fußweg, häufig bei jedem Wetter und während des ganzen Jahres, soll möglich sein, ebenso die Nutzung mit Kinderwägen und Rollstühlen. Fast alle Wege werden mit Pflegegeräten befahren. Bei Veranstaltungen oder Bauarbeiten im Garten müssen Wege Belastungsspitzen und besonderen Beanspruchungen - etwa als Widerlager für Bühnenaufbauten - standhalten.

Wege sind daher keine ‚zweckfreien' Denkmale. Sie müssen nach wie vor ‚funktionieren' - und dies auch bei geänderten Rahmenbedingungen, wie steigende Belastungen bei weniger Pflegepersonal. In privaten Gärten setzt die Nutzung dagegen häufig aus. Soll der Weg dennoch erhalten bleiben, steigt dadurch der ohnehin große Erhaltungsaufwand.

Wichtige Begriffe für die Beschreibung der Wegstrukturen

Wegeanlage:

Wege sind entweder in eine Ebenen oder einen Hang eingeschnitten oder über sie herausgehoben. Sie können ein **Längsgefälle** haben und / oder ein **Quergefälle**. Letzteres wird im Querprofil des Weges sichtbar und kann entweder **einseitig**, nur in eine Richtung, geneigt sein oder von der Wegmitte weg nach außen **beidseitig** ein Gefälle aufweisen. Beim beidseitigen Gefälle spricht man auch von einer ‚Bombierung', Wölbung'oder 'Mittelüberhöhung' des Weges.

Quer- und Längsprofil bewerkstelligen die Entwässerung der Wege, d.h. die Ableitung von Regenwasser. Ihre aureichende Dimensionierung und sorgfältige, gleichmäßige Ausführung bzw. laufende Wartung bestimmt wesentlich die Qualität, die Dauerhaftigkeit und den Reparaturbedarf von Wegen.

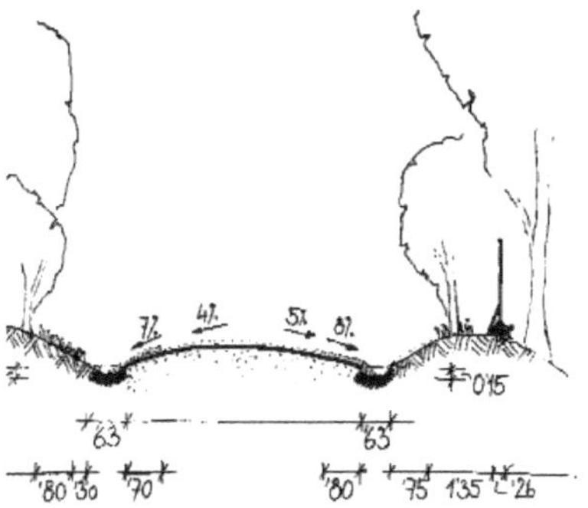

Abb. 7.1 Auszug aus der Bauaufnahme des Weges zum Tirolerhof am Schönbrunner Berg; Profil mit starker Bombierung aufgrund Deckschichtergänzungen.

Die **Bombierung**, also die beidseitige, leicht bogenförmige Wölbung einer Wegedecke, wird zwar in der barocken Gartentheorie empfohlen (vgl. Dézallier 1769, S.12), auf ihre Wichtigkeit - wohl aufgrund großer Mängel - wird aber in der Wegebautheorie des 19. Jahrhunderts mit besonderer Deutlichkeit verwiesen und zum Stand der Technik erklärt.

Durch die Profilierung der Wegoberfläche entstehen seitliche **Mulden** oder **Rinnen**. In den formalen Gärten sind sie als einfache, gestalterisch unauffällige Erdmulden konzipiert. Regelmäßiges Kantenabstechen der Wegränder unterstützt diese Rinnenbildung. Bei stärker belasteten Wegen, Fahrstraßen und Wegabschnitten mit größerem Längsgefälle ist diese Ausführung unzureichend, sie führt zu Ausspülungen und Verschlämmungen der Decken. Darauf reagierte man im 19. Jahrhundert mit dem Einbau von gepflasterten Rinnen.

Querschläge: Besonders bei stärker geneigten Passagen und Rampen ist es erforderlich, die oberflächlich abfließenden Regenmengen frühzeitig zu fassen und gezielt abzuleiten, sodaß sie nicht mit ihrer erodierenden Kraft Ausschürfungen der Wegedecken verursachen und rasch die Zerstörung der gesamten Wegkonstruktion anrichten.

Wegeaufbau:

Kieswege und wassergebundene Decken sind grundsätzlich aus ein bis mehreren Schichten unterschiedlicher Sand- und Kiesgemischen aufgebaut. Dieser **Schichtaufbau** war für die einfachen barocken Gartenwegen sehr schlicht mit nur einer Schicht und geringmächtig ausgeführt. Die stärker belasteten Wege und Fahrstraßen wurden zweischichtig mit gut gestampften Lagen festen Gesteins erbaut. Erst in der Gartenliteratur des 19. Jahrhunderts erfolgte eine Differenzierung in einen frostsicheren Unterbau (**Frostschutzschicht**) und eine tragende Schichte (**Tragschicht**), die mit einer relativ dünnen **Deckschicht** mit hohen Lehmanteilen (**Feinanteil**) abgeschlossen wurden. Darüber lagert meist noch eine lose Schicht, die **Streuschicht**. Sie prägt zumeist das optische und haptische Erleben eines Weges.

Ein handwerkliches und besonders effektives, aber auch kostspieliges Bauprinzip, die **Packlage** (auch Packung, Packsteine), wurde im Straßenbau ab Beginn des 19. Jahrhunderts propagiert (aber bereits weitaus früher entwickelt), in die Gartenbautechnik jedoch erst Ende des 19. Jahrhunderts übernommen.

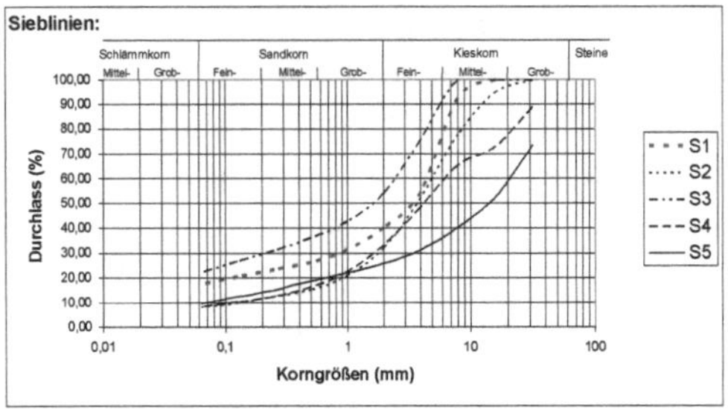

Dynamische Lastplatte:

	Verformungs-modul [MN/m²]
Evd 1:	56
Evd 2:	59,4
Evd 2/Evd 1:	1,06

Ausschütt-versuch:

Versickerung [s]
360

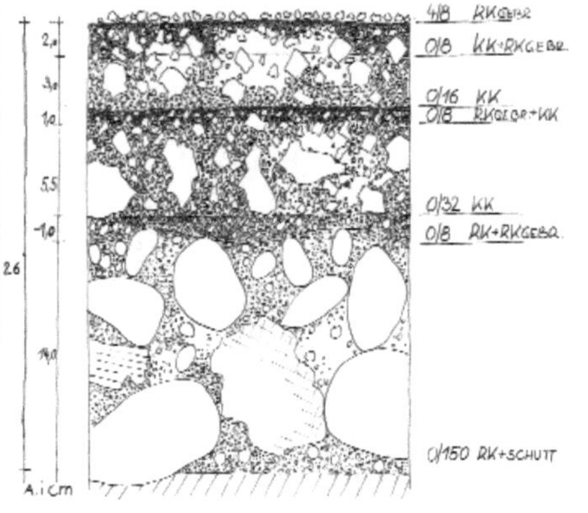

Abb. 7.2: Grabungsprofil und Sieblinien des Weges beim Fischbassin in Schönbrunn

Große, feste Steine, die sorgfältig versetzt und verkeilt wurden, bilden eine äußerst belastbare und dauerhafte Tragkonstruktion für befahrene Wege. Die Aufnahme der Bernardisstraße in den Bauernberganlagen in Linz präsentiert eine Packlage aus den 20er Jahren in zwar bereits etwas beeinträchtigter, aber nahezu unveränderter Form. Abwandlungen dieses damals fortschrittlichsten Bauprinzips konnten in einigen aufgenommenen Beispielen aus den österreichischen Gärten nachvollzogen werden.

Wegebaumaterialien sind zumeist Kalkschotter unterschiedlichster **Körnungen** und **Sieblinien**. Die Körnung wird definiert über die Korngröße, die Kornform (rund, kantig gebrochen etc.) und das Mischungsverhältnis der verschiedenen Korngrößen. Dieses Mischungsverhältnis wird durch die Sieblinie beschrieben: nach der Naßsiebung von Sanden und Kiesen eine charakteristische Kurve der je Korngröße enthaltenen Mengenanteile ermittelbar.

Zustand / Schadensbilder:

Wassergebundene Decken werden in Abhängigkeit von der Intensität der Benutzung (Belastungsstärke, Punktlasten, Häufigkeit), der Witterung und der Art und Härte der Deckschichten verdichtet, abgeschert und erodiert oder durch Winde ausgeblasen. Eine gewisse Abnutzung ist somit diesem Bauprinzip immanent. Schäden treten erst dann auf, wenn Eingriffe in die Decken (Erosionen, Rinnenbildungen, Verschlämmungen, Lockerung, Frostaufbrüche etc.) in die Tragschichten erfolgten.

Anforderungen:

Wegoberflächen müssen nicht nur für das sichere und angenehme Begehen und Berollen (mit Rollstuhl, Kinderwagen etc.) ebenflächig, gleichmäßig und griffig sein. Die klare Form der Wege formaler Gartenanlagen mit deutlichen

Rändern und gleichmäßiger Farbe sollte nicht durch nährstoffreiche, großwüchsige krautige Vegetation verwischt werden.

Die **Tragfähigkeit** der Wegebauwerke muß den jeweiligen Funktionen genügen. Bei den steigenden Lasten von Transport- und Pflegefahrzeugen stellt dies eine der größten Probleme für die planerischen Entscheidungen über den Umgang mit historischen Wegsubstanzen in der Gartendenkmalpflege dar. Im Rahmen des Projektes wurde die Wege auf ihre Belastbarkeit (Ermittlung von Verformungsmodulen mittels eines Lastplattentests) und Wasseraufnahmefähigkeit (Versickerungszeiten mittels Ausschüttversuch) hin vor Ort untersucht.

Pflege:
Wesentlich zur Bestandssicherung und Erhaltung der Wege sind kontinuierlich erfolgende Ausbesserungen kleinerer Schäden der Decken, das Säubern der seitlichen Rinnen und Querschläge von eingetragenem Laub und die Entfernung von aufkommender Spontanvegetation. Wichtig dabei, der durch die Erfahrung der GärtnerInnen geleitete und auf die Witterung abgestimmte Zeitpunkt der Durchführung. Je nach dem kann eine Lockerung der Decken vermieden und zusätzlich Arbeit verhindert werden. Abgestimmt auf die Intensität der Nutzung erfolgt ein vorsichtiges Abziehen der Decken mit Profiliergeräten eine Erneuerung der Deckschicht.

7.1 Systematik der Wegebauwerke

Im Rahmen des Projektes wurde erstmals versucht eine Systematik der Wegebauwerke in historischen Gärten zu entwickeln, die sowohl die sichtbaren, als auch die unsichtbaren, ergrabenen Teile der Bautechnik berücksichtigt. Diese neue Systematik ermöglicht so eine bessere bautechnische Einschätzung von Wegen in Gartenanlagen. Es werden die charakteristischen Typen bauhistorisch eingeordnet, ihre bauliche Qualität, ihr Zustand und ihre Herstellung bzw. Pflege beschrieben sowie ihre Bedeutung als Freiraum dargestellt. Die Bezeichnung der Typen erfolgt nicht nach der Straßenbauliteratur, da deren Begriffsdefinitionen für die Beispiele von zu allgemeiner Natur sind, sondern praxisbezogen abgewandelt und erweitert.

Betrachtet man den Weg im historischen Garten als Ergebnis des Zusammenwirkens von Bauwerk (Aufbau, Material, Verdichtung, Weganlage, Entwässerung, etc.), Entstehungs- und Veränderungsgeschichte, Nutzung und Pflege, lassen sich unterschiedliche Formen beschreiben. Vier charakteristische Hauptgruppen zeichnen sich bei den Wegen in formalen Gärten in Österreich ab. Nahezu durchgehend wurden diese Wege als Kieswege oder wassergebundene Decken ausgeführt. Nur sehr selten treffen wir auf Pflasterungen und

SYSTEMATIK DER WEGEBAUWERKE IN FORMALEN GÄRTEN									
Wegdecke	KIESWEGE UND -STRASSEN								
Aufbau-stärke und Material	EIN- BIS ZWEISCHICHTIGE, GERINGMÄCHTIGE ERD- UND KIESWEGE					2-3-SCHICHTIGE WEGE D. 19. JH.	MEHRSCHICHTIGE BAROCKE FUSSWEGE MIT KONTINUIERLICHER ERHALTUNG		
Nutzung	selten begangen					selten – viel beg.	vielbegangen, wenig befahren		
Aufbau-stärke (cm), Schichten	8-18 einschichtig		4-24 heterog.	7-16 2-S.	16-25 2-3S.	14-21 mit Packlage	11-24 2-3S.		>30 3-4S.
Typ	Überwachsene und wenig überformte barocke Gartenwege 1		Extensiv genutzte Wege in Randlagen 2	Geringmächtige Fußwege, Beginn des 20. Jh. 3	Geringmächtige Wege auf anst. Untergrund 4	Gehwege in Gartenanlagen aus der 2. H. d. 19. Jh. 5	Überformte Fußwege in barocken Bosketten 6		Stark überformte Wege aus dem Barock 7
Subtyp	überwachsene Gartenwege 1A	überformte Gartenwege 1B					Fußweg und Plätze auf Basteischüttungen 6A	Fußwege der Bosketten 6B	
Weg-aufnahmen	NW 02 Gartenweg Neuwartenburg SW 01 Mittelweg obere Terrasse Schwarzenberg SW 02 Weg bei oberer Terrassenmauer Schwarzenberg SW 04 Nebenweg auf unterer Terrasse Schwarzenberg	SW 03 Allee der unteren Gartenterrasse Schwarzenberg	BA 05 Unterer Zick-Zack-Weg Baden BA 07 Oberer Zick-Zack-Weg Baden BA 08 Weg bei Jubiläumsaussicht Baden BB 05 Rundweg untere Schüssel Bauernberg HE 05 Weg im Englischen Garten Hellbrunn	BB 01 Fußweg bei Wasserreservoir Bauernberg BB 03 Gehsteig Bernardisstraße Bauernberg BB 07 Weg mit Treppe Bauernberg	BA 03 Unterer Bismarkeichenweg Baden BA 06 Weg beim Beethoventempel in Baden	LA 01 Parterreweg Villa Lanna FJ 01 Franz-Josephs-Platz Gmunden BA 04 Oberer Bismarkeichenweg Baden	MI 00 Bühnenraum des Heckentheaters Mirabellgarten MI 01 Zuschauerraum des Heckentheaters Mirabellgarten	SÖ 01 Fischbassin Schönbrunn SÖ 03 Hietzinger Vertiefung Schönbrunn SÖ 05 Fächer Schönbrunn SÖ 02 Kleiner Buchengang Schönbrunn	BE 01 Seitenweg oberes Parterre Belvedere BE 02/ Mittelachse unteres Parterre Belvedere BE 03 BE 04 Boskette Belvedere

8	9A	9B	9C	9D	9E	10	11	12
								TREPPEN
							PFLASTER-WEGE	
VIELSCHICHTIGE STARK BEGANGENE UND BEFAHRENE HAUPTWEGE, ALLEEN UND FAHRSTRASSEN							GEPFLASTERTE FUSSWEGE	
gering	viel begangen, wenig – viel befahren					viel	gering	gering
33-40 4S.Pl.	>30 vielfach 8 Schichten					>30 2-3S.		
8 Straße mit Packlage aus dem Beginn des 20. Jh.	9 Intensiv begangene und befahrene Hauptwege (Parterrewege, große Alleen, Fahrstraßen und Plätze)					10 Tiefgreifend erneuerte Hauptwege	11 Wildpflasterwege	12 Treppenwege, Treppenanlagen
	9A Steile Fahrwege	9B Intensiv begangene Parterrewege, Alleen und gering befahrene Fahrstraßen	9C Intensiv befahrene Alleen mit wenig bef. Conteralleen	9D Stark überformte Hauptwege aus der Renaissance und dem frühen 19. Jh.	9E Überformte Hauptwege aus dem Beginn des 20. Jh.			
BB 08/ BB 09 Bernardisstraße Bauernberganlagen	SÖ 07 Weg zum Tirolerhof Schönbrunn BB 06 Steiler Weg Bauernberganlagen	SÖ 08 Parterre Schönbrunn NW 01 Allee zum Schloß Neuwartenburg HE 03 Fichtenallee Hellbrunn HE 04 Kastanienallee Hellbrunn	SÖ 10 Kastanienallee Schönbrunn SÖ 04 Tiergartenallee Schönbrunn SÖ 06 Rosarium Schönbrunn	HE 01 Zugang Wasserparterre Hellbrunn HE 02 Insel Wasserparterre Hellbrunn MI 02 Kleines Parterre Mirabellgarten WI 01 Wirergarten	BB 04 Weg beim Staudenbeet Bauernberganlagen BB 02 Weg zum Spielplatz Bauernberganlagen	BA 01 Neuer Eingangsbereich Kurpark Baden BA 02 Fahrweg beim Undinebrunnen Baden SÖ 09 Zick-Zack-Weg zur Gloriette Schönbrunn	HK 01 Wildpflasterwege Kalvarienberg Heiligenkreuz	HK 02 Treppenanlagen Kalvarienberg Heiligenkreuz SA 01 Mittlere Treppenanlage Salesianerinnenkloster SA 02 Südwestl. Treppenanlage Salesianerinnenkloster

wenn, dann in gebäudenahen Bereichen, auf besonders belasteten oder steilen Wegabschnitten. Eine Seltenheit ist der Kalvarienberg in Heiligenkreuz mit einer nahezu vollständig erhaltenen Wildpflasterung aus Klaubsteinen.* Die Pflasterungen und Treppenanlagen sind an den rechten Tabellenrand gestellt (s. Tabelle Systematik).

Der bedeutendste gliedernde Faktor aller Kieswege ist die Mächtigkeit der Wegaufbauten, d.h. die Gesamtstärke und Schichtung der Wege. Einfachste Erd- und Kieswege von sehr geringer Stärke (Typ 1 bis 4) findet man als nahezu original überkommene, oftmals überwachsene Reste barocker Gartenwege zumeist in privaten Anlagen, aber auch als einfache Wegebauten in Randlagen oder über Gestein sowie in jüngeren Anlagen. Eine zweite Gruppe dreischichtiger Wege mit hohem Anteil originaler Substanz (Typ 5) stellt den Übergang her zu den barocken Gartenwegen (Typ 6+7), die ihre Aktualität nie verloren haben, dementsprechend viel begangen sind und sich durch eine kontinuierliche Pflege durch die öffentlichen Gartenverwaltungen auszeichnen. Die vierte Gruppe wird gekennzeichnet durch die Mächtigkeit der Wegaufbauten, die auch Ausdruck der Intensität und Art der Nutzung dieser Wege ist. Wegebauwerke, die mit ihrer Anlage bereits auf stärkere Belastungen ausgelegt wurden (Typ 8), trennen sich innerhalb der Gruppe IV von solchen, die durch veränderte und gestiegene Frequenzen von Transportfahrzeugen über einen längeren Zeitraum stark überformt wurden (Typ 9) bis zu standortsbedingten Sonderfällen, deren Nutzungsintensität und Lage zu einer vollständigen Erneuerung mit tiefgreifenden Veränderung im Wegaufbau zwang (Typ 10). Der Übersicht zur Systematik der Wegebauwerke ist weiters zu entnehmen, daß Subtypen nach Entstehung und Überformungsgrad unterscheidbar sind. Alle in österreichischen Gartenanlagen erstellten Aufnahmen sind unten angeführt.

Die nachfolgende Kurzcharakteristik der Wegebauwerke folgt dieser Systematik. Die in dreizehn verschiedenen Gartenanlagen durchgeführten 52 Aufnahmen wurden mittels einer Tabelle nach Wegaufbau, Material und Veränderungen verglichen und systematisch geordnet. Die Kurzcharakteristik jedes Typs liefert eine zusammenfassende Interpretation der in den historischen Gartenanlagen vorgefundenen Wegsubstanz in Bezug auf die gartenhistorischen Aspekte, ihre Nutzung und Erhaltung. Sie informiert aus welchen Gartenanlagen die Beispiele stammen und beschreibt das Kennzeichnende des Aufbaues und Gefüges, der verwendeten Materialien, seines originalen Gehaltes bzw. der Veränderungen. Weiters werden die Eigenschaften der Wegdecken sowie die Weganlage mit

*Aufgrund ihrer besonderen Bedeutung ist die Wildpflasterung des Kalvarienbergs der Dokumentation mit einer Beschreibung und Interpretation beigefügt, ebenso wie die begleitenden Treppenanlagen. Aus dem selben Grund werden auch die Treppen im Garten des Salesianerinnenklosters in Wien dokumentiert.

Gefällsverhältnissen und Profilbildung, die Ausdruck von Zustand und Pflegeeinsatz sind, dargestellt.

Ebenfalls in dieser Reihenfolge der Systematik der Wegebauwerke erfolgt die Dokumentation die Wegaufnahmen (Kap. 8). Ihr sind die Detailinformationen mit grafischen Darstellungen der Wegaufbauten, Körnungen und Wegprofile sowie die gesteinstechnischen Auswertungen zu entnehmen.

7.1.1 Typ 1 Überwachsene und wenig überformte barocke Gartenwege

Dieser Typ umfasst die relativ original vorliegenden, einfachsten Befestigungen barocker Gartenwege, wobei eine eigene deutlich abgesetzte Deckschicht fehlt. Eine Differenzierung im Wegaufbau entstand im Laufe der Zeit, jedoch lediglich durch Eindrücken von Streuschichtmaterial, begleitet von hohem organischem Eintrag. Alle Beispiele finden sich in den wenig genutzten Teilen privater Gartenanlagen des Barock. Manche sind nur mehr Trampelpfade oder gar nicht mehr als Weg zu erkennen. Der hohe Anteil an Feinmaterial und das fehlende Gefälle der Wege führen bei sehr geringer Nutzung zu einem hohen Pflegeaufwand, bei höheren Belastungen zu Verdrückungen und Lackenbildungen.

Typ 1A Überwachsene Gartenwege

Es handelt sich um Wege ohne eigentlichen Aufbau oder um einschichtige Gartenwege mit sehr geringer Aufbaustärke von 8 - 15 cm. Die Tragschichten bestehen aus Flußschotter mittlerer Körnung (0/32) sowie Bauschutt mit hohem Feinanteil und einem sehr lockeren Gefüge und dementsprechend mit den geringsten Verdichtungswerten.

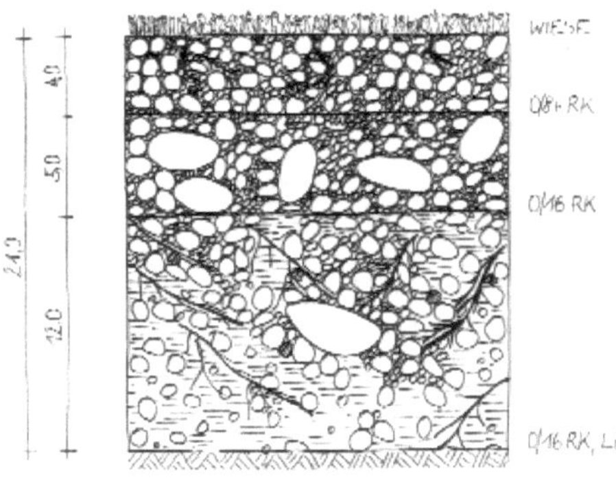

Abb. 7.3 und 7.4: Überwachsener Gartenweg obere Terrasse Palais Schwarzenberg (SW 01) mit Grabungsprofil

Die Deckschichten sind durch wiederholtes Aufbringen von Rundkornstreuschichten 0/8 entstanden und stark vererdet. Alle Wege liegen in ebenem Gelände, ein Quergefälle fehlt oder ist sehr gering. Die Wegoberflächen sind uneben, beim Gehen weich und werden bei Regenwetter nass oder schlammig. Im Gegensatz zu den anderen Beispielen hebt sich der Gartenweg in Neuwartenburg (NW 02) aufgrund der regelmäßigen Unkrautentfernung und der mächtigen Streuschicht deutlich von den angrenzenden Wiesen ab. Die dicke Streuauflage macht das Gehen, noch viel mehr das Befahren, etwa mit einem Kinderwagen, äußerst mühsam.

Typ 1B Überformter Gartenweg

Im Gegensatz zum Typ 1A behielt dieser alte Weg eine Funktion in der Gartenanlage und erfuhr daher mehrere Deckschichterneuerungen. Er ist heute mehrschichtig und relativ stark verdichtet, was sich in der geringen Wasseraufnahmefähigkeit und in Entwässerungsproblemen widerspiegelt.

Der Weg ist wenig begangen, ab und zu auch befahren. Charakteristisch für diese überformten Wege ohne Frostschutz- und Tragschichten ist die unebene Oberfläche; bei nassem Wetter bilden sich Lacken, Streuschicht ist keine vorhanden.

7.1.2 Typ 2 Extensiv genutzte Wege in Randlagen

Die Wege liegen etwas abseits der am stärksten genutzten Gartenteile. Ihre Oberflächenqualität ist relativ am schlechtesten. Aufgrund ihrer geringeren repräsentativen Bedeutung und ihrer teils randlichen Lage erfolgte sowohl die Weganlage wie die nachfolgende Pflege extensiv. Die Beispiele stammen aus Anlagen, die um 1800 gestaltet wurden: die Lang'schen Anlage des Badener Kurparks (BA 07) und der Englische Garten in Hellbrunn. Ein Weg wurde erst in den 60er Jahren des 20. Jahrhunderts angelegt (Bauernberganlagen, BB 05).

In ihrem Aufbau sind diese Gehwege wenig frequentierter Gartenrandbereiche geringmächtig und einschichtig. Ihre Verdichtung ist dementsprechend die geringste aller Aufnahmen (9-22 MN/m2). Die Wasseraufnahmefähigkeit der Wegaufbauten ist zwar hoch, dies reicht jedoch nicht aus um bei Starkregenereignissen Ab- und Ausschwemmungen zu verhindern. Ein ausreichendes Quergefälle fehlt, was sich besonders negativ auswirkt, da zusätzlich zu den Abflüssen von der Wegoberfläche die Abflüsse von den seitlichen Rasenböschungen aufgenommen werden müssen.

Die Wege sind kaum begangen und nur selten mit Arbeitsgerät befahren. Starker organischer Eintrag, An- und Abschwemmungen, große Steine, die aus der Decke herausragen, und die Querneigung der am Hang angelegten Wege erschweren die Nutzung vor allem für gehbehinderte bzw. gehandikapte Personen.

7.1.3 Typ 3 Geringmächtige Fußwege und Gehsteige aus dem Beginn des 20. Jahrhunderts

Es handelt sich um einfache Gehwege aus dem Beginn des 20. Jahrhunderts, deren Aufbauten gering, aber zweischichtig aus gestuften Körngrößen sind. Die Tragschichten bestehen aus Rundkorn. Trotz eines starken Längsgefälles sind diese Wege, dank ihrer durchgehend guten Querneigung, in relativ gutem Zustand. Ihr Gefüge ist sehr gut, der Pflegeaufwand gering.

In der Gartenerschließung der Bauernberganlagen handelt es sich um Nebenwege. Sie liegen abseits oder sind, wie der Gehsteig der Bernardisstraße, die weniger genutzten Zonen stärker frequentierter Verbindungen. Bei gutem Wetter sind die griffigen Oberflächen der Wege trotz teils starker Längsneigung gut zu begehen. Die Oberflächen vererden jedoch stellenweise stark, zum Teil sammelt sich Streu an. Wenn, wie beim Treppenweg (BB 07) die Deckschicht erodiert, setzt das lose Material die Griffigkeit für ein sicheres Begehen deutlich herab.

7.1.4 Typ 4 Geringmächtige Wege des 19. Jahrhunderts auf anstehendem felsigem Untergrund

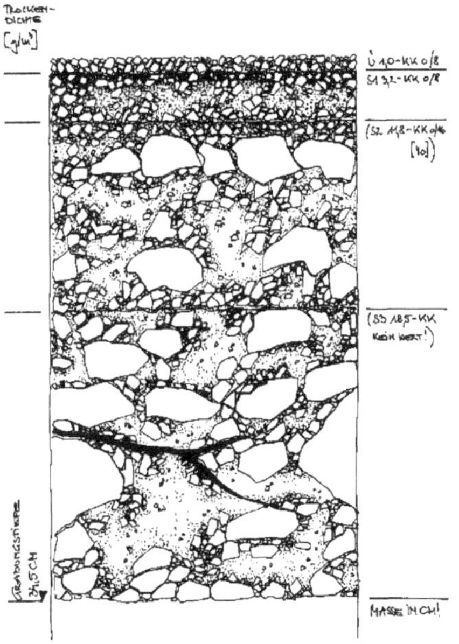

Abb. 7.5: Grabungsprofil des Weges beim Beethoventempel (BA 06)

Die Aufbauten dieser Wege sind zwei- bis dreischichtig und trotz ihres Befahrens mit 12 - 14 cm von geringer Stärke. Die Ursache liegt zum einen darin, daß sie auf einem zerklüfteten, aber festen steinigen Untergrund aufbauen und zum anderen gestufte Trag- und Deckschichten aus Kantkörnungen mit guten Mischungsverhältnissen und Verdichtungen aufweisen. Ersteres gewährleistet den Wasserabfluß im Untergrund, zweiteres ein stabiles, verzahntes Gefüge mit guter Festigkeit im Wegoberbau. Zudem erhält ein ausreichendes Querprofil mit Rinnen den trotz einer großen Längsneigung von bis zu 15% relativ guten Zustand der Deckschichten. Wesentlicher Faktor dabei ist die sofortige Reparatur von Schadstellen und die regelmäßige Ergänzung von Deckschichtmaterial durch die Gartenverwaltung.

Die Oberflächen dieser relativ steilen Weganlagen des 19. und 20. Jahrhunderts sind grobkörnig und gut abgebunden. Daher sind sie - trotzdem sie stark begangen und bei der Gartenpflege befahren werden - griffig und in relativ gutem Zustand.

7.1.5 Typ 5 Gehwege in Gartenanlagen des 19. und Beginn des 20. Jahrhunderts

Diese Beispiele sind nach den Prinzipien des Wegebaus des 19. Jahrhunderts errichtet. Die ehemals zwei- bis dreischichtigen Wege kennzeichnet eine Packlage oder packlagenartige Tragschicht und deutliche Stufung der Korngrößen der einzelnen Schichten. Ihre Überformung ist gering. Sie haben eine Gesamtaufbaustärke von 20 - 25 cm, wobei die Packlage und die Tragschichten aus größeren Steinen (Packlage 40/80 und 6/120, Tragschicht 0/32-80), die älteren Deckschichten aus feinkörnigem Rundkorn und die jüngeren aus Kantkorn (0/8) bestehen.

Dieser Typ umfaßt sehr gut gebaute, relativ gering verdichtete Gehwege mit feinen Deckschichten und Tragschichtmaterialien mit guten Sieblinien sowie geringen Feinanteilen und guten Oberflächenqualitäten. Unter kontinuierlicher Pflege und sofortigen Reparaturen von Schäden bei Steilstücken sowie Erhaltung eines guten Querprofils (dies fehlt beim Franz-Josefs-Platz FJ 01) haben sie sich als Fußwege über lange Zeit bewährt. Werden sie jedoch zu stark befahren, wie der Franz-Josefs-Platz, oder sind die Deckschichten zu gering benutzt, wie etwa die Gartenwege der Villa Lanna (LA 01), treten Probleme auf: Es kommt einerseits zu Verschlämmungen und zum Aufweichen, andererseits zu starker Lockerung mit Erdeintrag und Förderung einer verstärkten Vegetationsentwicklung.

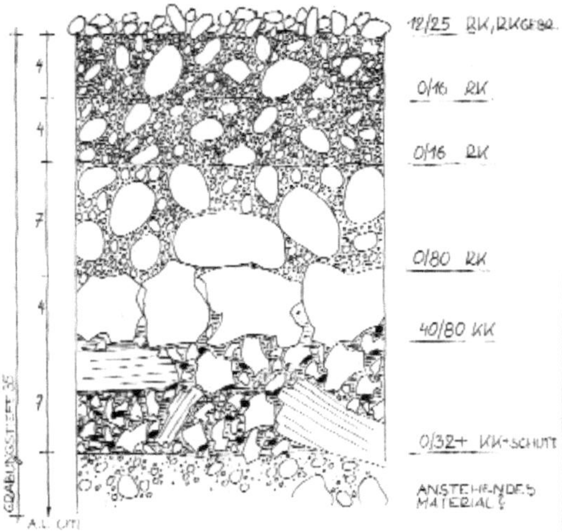

Abb. 7.6: Grabungsprofil des Parterreweges Villa Lanna, Gmunden (LA 01)

Abb. 7.7: Gartenparterre der Villa Lanna; oben: untersuchter Querweg (LA 01)

Durch den hohen Feinanteil der Deckschichten sind diese gut abgebunden, was sich besonders in Steilstücken (BA 04) als günstig erweist. Auf Wegen in der Ebene begünstigt der hohe Feinanteil aber auch erhöhtes Vegetationsaufkommen. Der entscheidende Faktor ist hier wiederum ein Nachlassen oder Fehlen der Nutzung und somit ein Fehlen der Trittbelastung, was zu einem hohen Pflegeaufwand besonders für private Gartenbesitzer führt.

Die feinanteilarmen Tragschichten sind fest gefügt und aus lokalem Material (Rundschotter oder Kantkorn). Die bis auf den Gartenweg der Villa Lanna (LA01) festen Deckschichten weisen ausgewogene Sieblinien mit hohen Feinanteilen auf. Bei den überwiegend gering verdichteten Fußwegen mit gelegentlichen Fahrbelastungen ist die Wasseraufnahmefähigkeit hoch und der Zustand der Wege auch aufgrund ihrer Bombierung oder Längsneigung am besten. Besonders der mit 17 % ziemlich steile Bismarkeichenweg in Baden (BA04) ist dank guter Profilierung und beidseitigen Entwässerungsrinnen sowie kontinuierlicher Pflege von Seiten der Gartenverwaltung in bestem Zustand.

7.1.6 Typ 6 Überformte Fußwege in barocken Bosketten

Die Boskette als ‚versteckte Orte im Garten' liegen auch heute abseits der großen Besucherströme. Aufgrund der geringen Wegbreiten können sie nur mit geringen Lasten befahren werden.

Die Aufnahmen zeigen noch die alten, in das Barock zurückreichenden Tragschichten aus gebrochenem, gut gesiebtem lokalem Material sowie Bauschutt. Die Wege weisen mehr oder weniger starke, jüngere Überformungen auf. Das Gefüge der alten Schichten ist gut verzahnt und verdichtet. Geringe Belastungen durch Befahren und eine kontinuierliche Pflege mit Deckschichterneuerungen und Profilierung erhalten die hohe (Oberflächen-)Qualität dieser Wege. Von FußgeherInnen gerne als ruhige Orte aufgesucht, bieten sie eine hohe Freiraumqualität. Die Oberflächen der Wege sind griffig. Alle kennzeichnet ein recht starker organischer Eintrag von den begleitenden Heckenwänden.

Typ 6A Fusswege und Plätze auf Basteischüttungen

Die vermutlich ehemals wie die einfachen barocken Gartenwege (Typ 1) einschichtigen Aufbauten des Heckentheaters im Mirabellgarten lagern auf Basteischüttmaterial und haben heute mit zwei bis drei Schichten eine Gesamtaufbaustärke von etwa 25 cm. Die untersten Tragschichten bestehen aus lokalem Material (Flußschotter) mit hohem Feinanteil und geringen Verdichtungswerten (vergleichbar den überwachsenen und wenig überformten barocken Gartenwegen, Typ 1A). Dank einem leichten Längsgefälle und leichter Bombierung funktioniert die Entwässerung in die seitlichen Erdmulden und in den Orchestergraben gut. Die Wege sind bei Veranstaltungen größeren Belastungen ausgesetzt, motorisiert ist aber das gesamte Heckentheater nicht erreichbar.

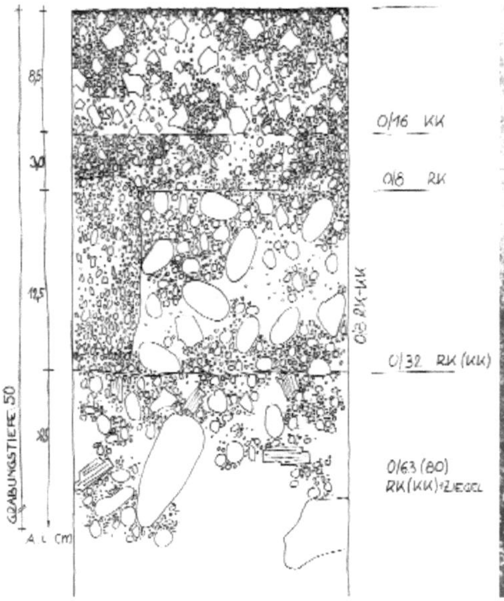

Abb. 7.8: Grabungsprofil des Bühnenraumes, Heckentheater im Mirabellgarten (MI 01)

Abb. 7.9: Der Bühnenraum des Heckentheaters im Mirabellgarten (MI 01)

Typ 6B Fußwege der Boskette mit kontinuierlicher Erhaltung

Die Beispiele stammen aus den Bosketten des Schönbrunner Schloßgartens. In den Profilen zeigen sich ursprünglich zweischichtige, heute zwei- bis dreischichtige Aufbauten aus einer Trag- und einer Deckschicht mit Aufbaustärken von 20 - 26 cm (außer Fächer SÖ 05 mit 11 cm). Die Deckschichten aus Kalkschotter der Körnung (0/16) mit ausgewogenen Sieblinien sind jüngeren Alters und 3 - 7 cm stark. Sie sind fest gefügt und hart (Kleiner Buchengang / SÖ 02, Hietzinger Vertiefung / SÖ 03) oder gut abgebunden aber weich (Fischbassin / SÖ 01, Fächer / SÖ 05). In der Aufnahme Hietzinger Vertiefung (SÖ 03) liegt in tieferen Schichten vermutlich der Rest einer alten lehmigen Deckschicht ähnlich wie im Parterre (SÖ 08) vor.

Die Tragschichten sind großkörnig (0/63 - 0/150) und bestehen aus lokalem Material wie Kalksandstein und Flußschotter, vermischt mit Bau- und Ziegelschutt. Die Steine sind sehr fest gefügt und ineinander verkeilt. Dies kommt auch in den relativ hohen Verdichtungswerten bei trotzdem angenehm weich zu begehenden Oberflächen zum Ausdruck.

Die Boskettwege liegen ohne Längsgefälle niveaugleich oder etwas über dem Gelände. Über ein gutes, bombiertes Quergefälle erfolgt die Entwässerung in seitliche Erdmulden.

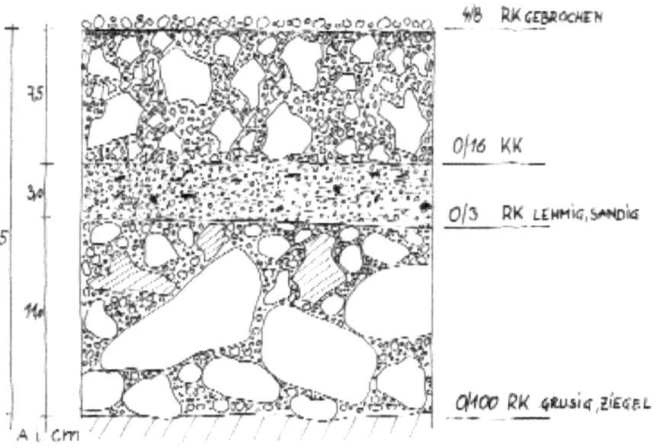

Abb. 7.10: Grabungsprofil, Weg im Boskett ‚Hietzinger Vertiefung' in Schönbrunn (SÖ 03)

Abb. 7.13: Weg im Boskett ‚Hietzinger Vertiefung' in Schönbrunn (SÖ 03)

7.1.7 Typ 7 Stark überformte Wege aus dem Barock (Belvedere)

Touristischen und denkmalpflegerischen Ansprüchen folgend, findet im Belvederegarten seit einem guten Jahrzehnt eine intensive Bautätigkeit statt. Die Decken sind bei der Rekonstruktion und bei Sanierungsarbeiten des Figurenschmucks, der Treppenanlagen und Brunnen hohen Fahrzeuglasten ausgesetzt. Die ursprünglich zweischichtigen Aufbauten der im Barock angelegten Wege sind aufgrund zahlreicher Eingriffe nicht mehr vollständig rekonstruierbar, das Material der untersten Tragschichten dürfte jedoch in die Entstehungszeit zurückreichen. Die Aufbaustärke ist recht groß, was Ausdruck der zentralen Stellung der Wege in der Gartenanlage sowie der heutigen intensiven touristischn Nutzung ist. Trotz dieser großen Repräsentationsfunktion müssen die baulichen Anlagen seit längerem mit knappem Budget unterhalten werden. Zudem erschweren die begrenzten Zufahrtsmöglichkeiten im Unteren Belvedere den Materialtransport. Bei Reparaturen und Erneuerungen wurde vielfach das alte Baumaterial inklusive Bauschutt wiederverwendet. Probleme machen besonders die sehr feinanteilreichen Schichten im Unteren Parterre (BE 02).

Die Beispiele stammen aus dem oberen Parterre (BE 01) und der unteren Mittelachse (BE 02-4), Gartenteile die stark genutzt sind, aber abseits der großen Besucherströme liegen. Die heutigen Aufbauten bestehen aus vier Schichten. Diese Wege des Belvederegartens sind in der Struktur seit der Anlage im 18. Jahrhundert erhalten geblieben. Bombenschäden und gestalterische Eingriffe, zuletzt die in den 90er Jahren erfolgten Rekonstruktionen, griffen mehr oder weniger stark in die Substanz ein. In ihrer Weganlage unterscheiden sich die Wege in solche mit mittlerem Längsgefälle und beidseitigen gepflasterten

Entwässerungsrinnen (im oberen Parterre) und solche in ebener Lage mit jüngst eingebauten Metallbandeinfassungen (unteres Parterre). Gemeinsam ist ihnen eine leichte seitliche Wölbung.

Trotz der Reduktion um 20 cm im Zuge der Rekonstruktionsmaßnahmen ist die verbliebene Gesamtaufbaustärke von mehr als 50 cm noch sehr groß. Das zuunterst liegende Tragschichtmaterial besteht aus Rundschotter, Bauschutt und Scherben vorwiegend gerundeter Form und mittlerer Korngröße {0/32(70)}. Das Material dieser Schichten reicht vermutlich in die Entstehungszeit Mitte des 18. Jahrhunderts zurück, wurde jedoch in seiner Lage aufgrund der Bombentreffer nach dem 2. Weltkrieg vielfach verändert. Jüngere feinkörnige Tragschichten mit ungünstiger Sieblinie und hohen Feinanteilen schließen daran an. Die Deckschichten aus Bruchschotter (0/16) sind Erneuerungen der letzten Jahre.

Die Oberflächen sind gut zu begehen und gut mit Kinderwagen, Rollstuhl und anderen Gehilfen auf Rädern zu befahren. Mulden, Ansammlungen von Streu und große Steine, die aus der Decke herausragen, vermindern aber stellenweise die Gebrauchsqualität. Die alten grobkörnigen, feinanteilreichen Deckschichten haben vor allem in den mittelstark begangenen Wegen trotz der stärkeren Längsneigung (BE 01) relativ gute Festigkeiten, erfordern jedoch kontinuierliche Pflege und Profilerhaltung sowie sorgfältige Entwässerungslösungen. Darauf gehen vermutlich auch die erst später im 19. Jahrhundert erfolgten Einbauten von gepflasterten Entwässerungsrinnen zurück.

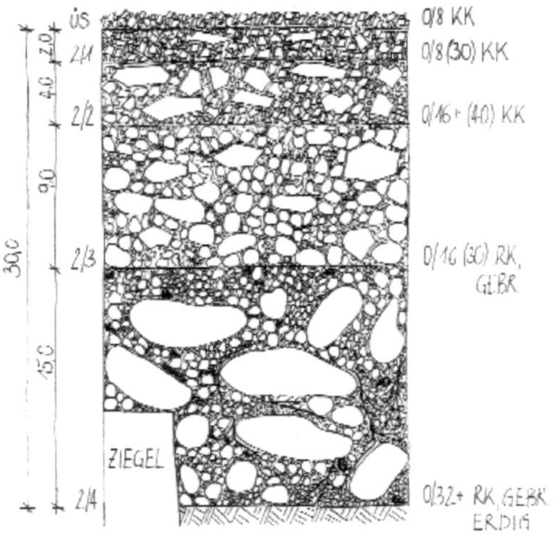

Abb. 7.11: Grabungsprofil der Mittelachse im Unteren Parterre des Belvederes (BE 02)

Abb. 7.12: Mittelachse im Unteren Parterre des Belvederes (BE 02)

7.1.8 Typ 8 Straße mit Packlage aus dem Beginn des 20. Jahrhunderts

Die Fahrbahn der Bernardisstraße (BB 08 + 09) wurde zu Beginn des 20. Jahrhunderts angelegt, aber nachträglich mit einer neuen Bitumendecke versehen. Vermutlich sind auch die Gehsteige nachträglich gebaut worden.

Die Bernardisstraße war als Promenade angelegt, für stärkere Verkehrsbelastungen war sie nicht konzipiert. Trotzdem hatte sie vermutlich starken Belastungen durch die Bautätigkeiten auf der Gugl vor und während des 2. Weltkrieges standgehalten. Als die den Garten gliedernde Hauptverbindung war die Bernardisstraße zum Aufnahmezeitpunkt (Frühjahr 2002) trotz Fahrverbots regelmäßig befahren und auch stark begangen. Diese Entwicklungen führten vermutlich einerseits zur Überdeckung mit einer bituminösen Deckschicht wie sie in der Zeit nach dem 2. Weltkrieg üblich war und zur Ausstattung mit Gehsteigen. Die Zonierung in Fahrbahn und Gehsteige differenziert die Nutzungen Gehen und Fahren sowie die diesbezüglichen Oberflächenqualitäten. Sie ist darin mit den barocken gedoppelten Alleen vergleichbar.

Der über 35 cm mächtige Straßenaufbau mit einer Packlage, den nach Körnungsgrößen abgestuften Schichten und einer beidseitigen Einspannung durch gepflasterte Rinnen und Bordsteine entspricht den Wegebauprinzipien, wie sie ab dem späten 19. Jahrhundert bis Mitte des 20. Jahrhunderts Geltung hatten. Der nahezu vollständig original erhaltene vierschichtige Aufbau erhielt nach dem 2. Weltkrieg (1954) lediglich eine bituminöse Deckschicht. Die Packlage bilden 20 bis 40 cm große Granitsteinen, ausgezwickt und überdeckt wird sie durch groben Rundschotter (0/63). Die alte Decke aus Basaltbrocken ist in ein Sandbett aus Rundkorn gebettet und - beinahe pflasterartig - sorgfältig und eng aneinandergefügt. Die heute stark korrodierte Asphaltdecke (Schlaglöcher) erfüllt ihre Funktion nicht mehr.

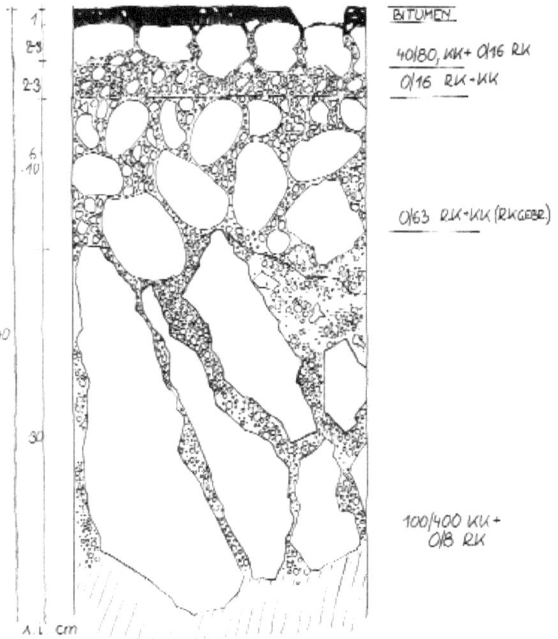

Abb. 7.13: Grabungsprofil der Bernardistraße, Bauernberganlage (BB 08)

Die denkmalpflegerische und planerische Empfehlung ist: Bei einem Längsgefälle von 7 % muß eine der ursprünglichen Intention (Promenade) und den heutigen Anforderungen (Nutzungsintensität, Pflege- und Einsatzfahrzeuge) entsprechende Wegoberfläche geschaffen werden. Der gut verdichtete historische Oberbau ist dabei wiederverwend- und somit erhaltbar. Das Querprofil (Bombierung, Einspannungen) sollte dadurch erhalten bzw. wiederhergestellt werden sowie die Querschnittsgliederung auf die erwünschte Nutzung (FußgeherInnen) abgestimmt und rückgebaut werden.

7.1.9 Typ 9 Intensiv begangene und befahrene Hauptwege (Parterrewege, große Alleen, Fahrstraßen und Plätze)

Die Parterrewege, Alleen und Zufahrten sind Wegformen mit meist zentraler Bedeutung in der Gartenerschließung. Sie sind gekennzeichnet durch eine hohe Gesamtaufbaustärke mit zahlreichen jüngeren Erneuerungsschichten und Überformungen. Die untersten, ältesten Schichten enthalten zum größten Teil Rundkorn (Flußschotter), zum Teil auch Bauschutt.

Die starken Belastungen verdichten die Decken, so daß das Gefühl beim Gehen oftmals dem auf Asphaltstraßen gleichkommt. Nur eine kontinuierliche, intensive Pflege kann Schadbilder, wie Wellenbildungen, Schlaglöcher, Verdichtungen und Verschlämmungen hintan halten und die erforderliche Oberflächenqualität erhalten. Die Oberflächen der befahrenen Mittelalleen sind fürs Begehen relativ hart, die der Conteralleen, besonders bei nasser Witterung aufgeweicht und damit uneben. Die intensivst genutzten repräsentativen Wege dieses Typs (z.B. das Parterre in Schönbrunn) haben einen hohen Eintrag an verschlämmendem Feinkorn durch Gesteinsabrieb und durch organische Substanzen. Die intensiv befahrenen barocken Alleen (Typ 9B) sind extrem verdichtet. Ihr Zustand hängt wesentlich von der Ausbildung einer guten Bombierung und Entwässerung ab. Positive Beispiele sind die Tiergartenallee / SÖ 04 oder auch die Fahrstraße zum Tirolerhof / SÖ 07). Besonders negativ wirkt sich das zusätzliche Befahren mit Pferdekutschen aus. Den stark verdichteten Mittelalleen stehen verschlämmte weiche Pflanzmulden gegenüber. Beides hat negative Auswirkungen auf die Gehölze. Hinzu kommt, daß die einheitliche Überstreuung das Bild einer durchgehenden Schotterdecke erzeugt. Dies verleitet in stark frequentierten Alleen zum Queren und Befahren der weichen Pflanzmulden (Kastanienallee / SÖ 10 und Rosarium / SÖ 06).

Typ 9A Steile Fahrwege

Die Aufbauten dieser mit 8 bis 13 % sehr steilen Schotterwege (Beispiel: Weg zum Tirolerhof in Schönbrunn, SÖ 07) haben ein herausragend gutes Gefüge mit hohen Verdichtungswerten in den Fahrbereichen. Die Deckschichten sind infolge kontinuierlichen Erneuerungen besonders stark gewölbt und sehr fest abgebunden. Auch die vermutlich im 19. Jahrhundert eingebrachten beidseitigen Rinnen aus Flußschotter sind sehr sorgfältig gesetzt und erforderten, wo sie nicht durch Kanalgrabungen verletzt wurden, über lange Zeit kaum Reparaturen. Der erhöhte Eintrag von organischem Material in die Rinnen bedarf einer regelmäßigen Säuberung. Trotzdem diese steile Diagonale auf den Schönbrunner Berg im Zuge von Restaurierungsarbeiten im Garten teils mit schwersten Transportfahrzeugen befahren wurde und wird, ist sie in einem relativ guten Zustand und gut zu begehen.

Typ 9B Intensiv begangene Parterrewege, Alleen und gering befahrene Fahrstraßen

Die Beispiele wurden in ebenen Alleen und Parterres aufgenommen, die in der ersten Hälfte des 18. Jahrhunderts angelegt wurden. Regelmäßiges Befahren auch mit schweren Fahrzeugen, meist auch hohe Fußgängerfrequenzen kennzeichnen ihre Nutzung und Zustand.

Es sind die intensivst begangenen Wegabschnitte in den repräsentativsten Teilen der formalen Gartenanlagen. Sie haben daher im Laufe der Jahrhunderte mehrfache Erneuerungen mit vollständigen Aufbauten aus Trag- und Deckschicht, anschließend an die alten Schichten, erhalten. Ehemals lagen vermutlich zweischichtige Aufbauten vor, die eine gewisse Kornstufung aufwiesen. Nun lagern mehrfache Abfolgen abgestufter Gesteinskörnungen übereinander. Im

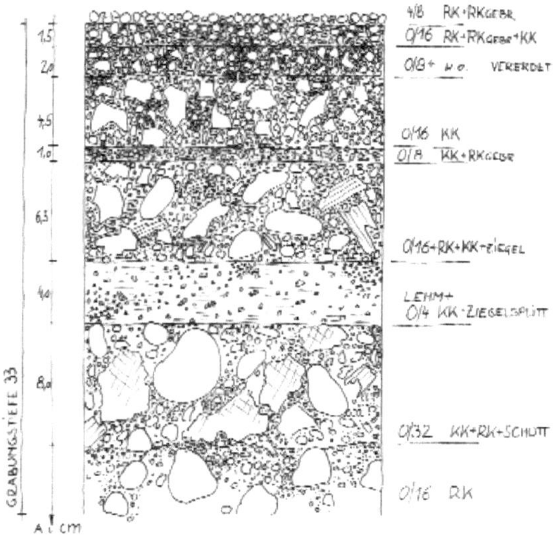

Abb. 7.14: Grabungsprofil der Parterre-Ostseite von Schönbrunn (SÖ 08)

Abb. 7.15: Parterre-Ostseite von Schönbrunn (SÖ 08)

Parterre in Schönbrunn (SÖ 08) wurde auch eine lehmige Zwischenschicht ergraben, die auf einen Rest einer alten Decke hindeutet.

Die jüngeren Deckschichten der einzelnen Aufnahmen haben unterschiedliche Körnungsgrößen (von 0/8 bis 0/25), sie bestehen alle aus gebrochenem Kalkschotter mit einem höheren Feinanteil von etwa 17 % (s. Sieblinien, Kap. 8 Dokumentation) und sind fest abgebunden. Der Eintrag an organischem Material ist hoch, die Anreicherung von Feinanteilen wird durch das intensive Begehen noch verstärkt, was eine starke Wellenbildung der Oberfläche zur Folge hat (am stärksten im Parterre Schönbrunn / SÖ 08, und Hellbrunn / HE 03). Charakteristisch sind weiters sehr hohe Verdichtungswerte (besonders im Parterre von Schönbrunn SÖ 08) bei gleichzeitig sehr weichen, bei Belastungen nachgiebigen Aufbauten (die schlechtesten Werte bei den Verdichtungsfaktoren). Durch die Lage in Ebenen mit sehr geringem Längsgefälle und geringer bis fehlender Bombierung muß das Regenwasser vorwiegend auf der Wegoberfläche versickern. Dies trägt zusätzlich zur Verschlämmung der Decken bei und fördert Lackenbildungen und Schlaglöcher.

Typ 9C Intensiv befahrene Alleen mit wenig befahrenen Conteralleen

Einzelne der prächtigen gedoppelten Alleen der barocken Gartenanlagen wie des Schönbrunner Schloßgartens haben nicht nur hohe FußgeherInnenfrequenzen, sondern müssen als Hauptwege für schwere Transporte dienen. Ihre Conteralleen kennzeichnet deutlich geringere Belastungen. Die Aufbaustärken dieser gegliederten Alleen sind daher über den gesamten Querschnitt sehr unterschiedlich und reichen von weit über 50 cm in den mittigen oder seitlichen sehr stark befahrenen Alleen, bis wenige Zentimeter in den Conteralleen und gänzlich fehlenden Aufbauten in den Baumstreifen. Eine durchgehende Überkiesung verwischt jedoch diese baulichen Unterschiede unterhalb der sichtbaren Wegoberfläche. Die ermittelten Verdichtungwerte in den Mittelalleen(s. Kap. 8, Typ 9C) sind vergleichbar Hauptverkehrsstraßen mit hohen Verkehrsbelastungszahlen und verdeutlichen die extrem hohe Beanspruchung mit schwersten mehrachsigen Fahrzeugen. Die Deckschichten aus mittelkörnigen Kalkschottern (0/16 und höher) werden dabei zerrieben und bei Wind als störender Staub vertragen. Die Deckschichten der Conteralleen, wie etwa die der Tiergartenallee (SÖ 04), sind hingegen stark vererdet und verschlämmt. Gelegentliches Befahren dieser weichen Decken für Pflege- und Baumschnittarbeiten führt zu relativ hoher Verdichtung mit Schlagloch- und Lackenbildung als Folgen. Besonders in den Mulden zwischen Haupt- und Conterallee kommt es häufig zu Lackenbildungen.

Typ 9D Stark überformte Hauptwege, die in die Renaissance und das frühe 19. Jahrhundert zurückreichen

Im Unterschied zu den oben genannten Typen sind dies Hauptwege in Renaissanceparterres (Hellbrunn und Mirabellgarten) sowie in einer Gartenanlage der ersten Hälfte des 19. Jahrhunderts (Wirergarten in Bad Ischl), die zwar intensiv genutzt, jedoch nicht mit extrem schweren Lasten befahren werden.

Die Aufbauten dieser in den intensiv gepflegten repräsentativen Teilen der Gartenanlagen liegenden Wege wurden bis in die alten Tragschichten hinein relativ stark überformt, sodaß die ehemalige Struktur nicht mehr nachvollziehbar ist. Die Tragschich-ten aus Rund- und Kantkorn sind relativ kleinkörnig {0/16 (32)}. Zumeist liegen mehrere geringmächtige Deckschichten kleiner Körnungen (0/8) aus unterschiedlichen Erneuerungs-phasen bis in die jüngste Zeit vor. Die oberste Deckschicht ist eher feinanteilreich, fest abgebunden und gut verzahnt. Zusammen mit den festen Tragschichten ergeben sich gute mittlere Verdichtungswerte und ein insgesamt sehr guter Zustand. Ausnahmen bestehen dort, wo die Entwässerung aufgrund des mangelhaften Quergefälles nicht ausreicht und es in der Folge zu Verschlämmungen und Muldenbildungen kommt (stark in Mirabellgarten Aufn. 02, etwas in Hellbrunn, Aufn. 01). Bei allen Wegen erfolgt die Entwässerung in seitliche Mulden oder Rasenkanten sowie in Einlaufschächte. Die Decken sind fest abgebunden und hart, sie unterscheiden sich in der Mächtigkeit der Streuauflage und der Rauhigkeit ihrer Oberfläche.

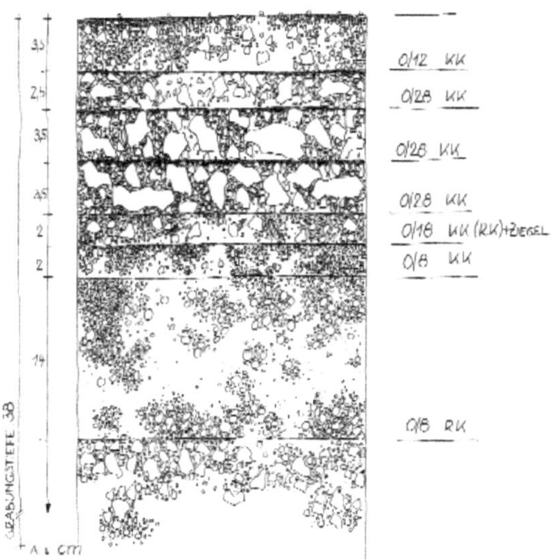

Abb. 7.16: Grabungsprofil, Mittelachse kleines Parterre Mirabellgarten (MI 02)

Abb. 7.17: Kleines Parterre Mirabellgarten (MI 02)

Typ 9E Überformte Hauptwege aus dem Beginn des 20. Jahrhunderts

Auch diese Wege (Beispiele: Bauernberganlage) sind wichtige fußläufige Verbindungen in den Gartenanlagen und dienen als Zufahrt oder Fahrwege mit geringer Belastung. Sie sind jedoch deutlich später angelegt worden wie Typ 9D. Ein- bis zweimalige Überformungen mit wenig geeignetem Material kennzeichnen diese Wege. Mit mittleren Aufbaustärken aus grobkörnigen Tragschichten (0/63) und mächtigen feinen Deckschichten (0/8) liegen sie auf Material von Schüttungen. Stärkere Belastungen (Beispiel: Zufahrt zum Spielplatz, BB 02) führen rasch zu höheren Verdichtungen, eine schlechtere Wasserversickerung bei gleichzeitig geringem Gefälle zu einem sehr schlechten Gesamtzustand. Eine sehr feinanteilreiche, jüngere Tragschicht wirkt sich hier zerstörend auf den Weg aus. Die Oberflächenqualität ist nutzungsbedingt unterschiedlich: Die fest abgebundene ebene Decke des Weges bei der Staudenanlage (BB 04) steht einer durch Spurrinnen und Schlaglöcher verminderten Oberflächenqualität bei der Zufahrt zum Kinderspielplatz und Wasserspeicher (BB 02) gegenüber.

7.1.10 Typ 10 Tiefgreifend erneuerte Hauptwege älterer Gartenanlagen nach heutigen Wegebauprinzipien

Es handelt sich durchwegs um Wegabschnitte in Gartenräumen, die mit hohen FußgeherInnenfrequenzen und schweren Fahrzeugen belastet sind. Die hohen Belastungen dieser stark frequentierten Wegverbindungen haben zu wiederholten Ausbesserungen und tiefgreifenden Erneuerungen geführt. Bis auf den Fahrweg beim Undinebrunnen (BA 02) sind es feste, in ihren Körnungen abgestufte Wegaufbauten mit guten Oberflächeneigenschaften. Die Wahl der Kalkschotterkörnungen und ein Einbau mit sorgfältiger Verdichtung gewährleisten eine relativ hohe Tragfähigkeit und Deckenstabilität auch auf steileren Wegabschnitten. Die Wege müssen jedoch aufgrund der hohen Nutzungsintensität regelmäßig gepflegt werden. Wird dies vernachlässigt oder erfolgt dies nicht rechtzeitig, treten besonders an Steilstücken Schäden mit schnell fortschreitenden Erosionen auf (z.B. Zick-Zack-Weg zur Gloriette).

Hinsichtlich ihres Aufbaues kennzeichnet die Wege dieses Typs eine im Zuge der tiefgreifenden Erneuerungen vor 10 - 20 Jahren erfolgte Reduktion gegenüber dem vorherigen Bestand auf weniger Schichten. Die neuen zwei- bis dreischichtigen Wege lagern auf Unterbauten aus gekappten alten Schichten und haben eine Gesamtstärke von über 35 cm. Die Tragschichten bestehen aus Kalkschotter unter teilweiser Verwendung des alten, auch Ziegelbruch enthaltenden Materials. Die Körnung der unten lagernden Schicht aus älterem Material ist mit 0/63 - 0/90 recht grob, ihre Sieblinie ausgewogen, der Feinanteil hoch. Das neu aufgebrachte Tragschichtmaterial hat einen deutlich geringeren Feinanteil. Die Deckschichten bestehen besonders in den steileren Wegen aus etwas gröberem

Kalkschotter mit ausgewogenen Sieblinien und erhöhten Feinanteilen (12 - 17 %). Das Gefüge sowohl der Trag- wie der Deckschichten ist sehr fest und gut verzahnt, was sich auch in etwas höheren Verdichtungswerten widerspiegelt.

Alle Wege sind geneigt, teilweise sogar sehr steil (4 - 14 %), und beidseitig entweder durch Rinnen eingespannt oder durch Stahlbänder eingefaßt. Wesentlich für den relativ guten Zustand der Wege verantwortlich sind ihre Bombierung bzw. gutes Quergefälle. Dies kann jedoch gewisse Schäden durch Auswaschungen und Muldenbildungen in den steilsten Abschnitten nicht ganz vermeiden.

7.2 Systematik der Wegformen

Als Hauptstrukturen eines Gartens gliedern, ordnen und beleben Wege- und Gehölzformen die Gesamtanlage und ihre Gartenteile. Die Wegbreiten und Größenverhältnisse schaffen ein Ordnungssystem, dessen Erhaltung ein wesentliches denkmalpflegerisches Ziel ist (vgl. Hennebo 1985, S. 299).

Der französischen Gartentheorie, vermittelt durch die Schriften von Dézallier D´Argenville, ist im wesentlichen folgendes zu ihrer Bezeichnung sowie ihrer Form und Proportionen zu entnehmen. Dézallier unterscheidet grundsätzlich Alleen und Spaziergänge oder Lustgänge von Lustgebüschen und Gartensälen (vgl. Dézallier 1769, S.20 und 26). Für die untergeordneteren Wege der Bosquettebereiche finden sich wenig Informationen zu ihren Proportionen, Heckenhöhen und Profilausbildung. Ihre Breite sollte die allgemeine Großzügigkeit der Gestaltung haben und für mindestens zwei Personen nicht zu eng zum spazieren sein. Nach den von Dezallier empfohlenen Maßen von 1 Klafter für 2 Personen ergibt sich eine Mindestbreite von etwa 2 m. Detaillierter werden die Alleen in ihren verschiedenen Formen und hinsichtlich ihrer Proportionen beschrieben: bedeckte und offene Alleen (mit und ohne geschlossenes Kronendach), einfache (zwei Gehölzreihen) und gedoppelte (vier Baumreihen), weiße und grüne Alleen (mit Sand bestreut oder Grasbewuchs) (Dézallier 1769, S.26f.). Ihre Breiten werden in Abhängigkeit zu ihrer Länge definiert: 10-12 m bei 200 m Länge, 14-16 bei 400, 18-20 bei 600, 20-24 bei 800 m Länge. Die optimale Proportion für Doppelalleen wird mit 1:2:1 und der doppelten Breite von einfachen Alleen empfohlen. In der französischen Gartentheorie ist die Grundrißgestaltung der Gartenelemente bedeutend. Zu Aufriß und Profil findet sich neben der Empfehlung einer leichten Überhöhung zur sicheren Ableitung des Regenwassers und Erhaltung der Begehbarkeit wenig zu den Höhen der raumbildenden seitlichen Begrenzungen. Zu den Alleen wird wiederum ausführlicher vermerkt, daß sie eine Stammhöhe von 8 Schuh, eine Bogenhöhe von 2-3 und eine Beschließung des Kronendaches von 15 Schuh aufweisen

SYSTEMATIK DER WEGFORMEN

SYSTEMATIK DER GARTENWEGE

Breite: Wege geringer Breite (überwiegend 1,5 bis 3,3 m)

Gliederung: eingliedrig

Wegeinfassung und zusätzliche Bauteile	*Seitliche Wegbegrenzung (‚Wände' und ‚Dach')*	*Österreichische Beispiele*		*Wegbreite*	*Wegebauwerkstypen*
ohne Einfassung	beidseitig Heckenwände	BE 04	Diagonalweg Boskett Belvedere	~4	7
		SÖ 05	Fächer in Schönbrunn	3,2	6B
		MI 01	Mirabellgarten, Bühnenraum d. Heckentheaters	5,2	6A
		SÖ 01	Fischbassin in Schönbrunn	2,8	6B
	einseitig Heckenwände	SÖ 03	Hietzinger Vertiefung in Schönbrunn	3,15	6B
	gedeckter Heckengang	SÖ 02	Kleiner Buchengang in Schönbrunn	1,95	6B
	Rasen	NW 02	Gartenweg Neuwartenburg	2,2	1A
		MI 02	Kleines Parterre Mirabellgarten	3,7	9D
		FJ 01	Franz Josephs Platz Gmunden	4,4	5
		LA 01	Parterreweg Villa Lanna	2,6	5
		SW 02	Weg obere Terrassenmauer Schwarzenberg	1	1A
	beidseitig Baumreihen	SW 01	Mittelweg obere Terrasse Schwarzenberg	4	1A
		SW 03	Mittelallee untere Terrasse Schwarzenberg	6,3	1B
		NW 01	Zufahrt Neuwartenburg	9	9B
		HE 03	Fichtenallee Hellbrunn	3	9B
	beidseitig Gehölze ungeschnitten (Rasen, Gebüsch und Wald)	HE 05	Weg im Englischen Garten Hellbrunn	1,6	2
		BB 05	Rundweg untere Schüssel Bauernberg	2	2
		BA 05	Unterer Zick-Zack-Weg Baden	2,2	2
		BA 07	Oberer Zick-Zack-Weg Baden	2,2	2
beidseitig Rinnen	Rasen	BA 03	Unterer Bismarkeichenweg Baden	1,7	4
		BA 04	Oberer Bismarkreichenweg Baden	1,5	5
einseitig mit Rinne, Randeinfassung oder Mauer	beidseitig Gehölze ungeschnitten (Rasen, Gebüsch und Wald)	BA 06	Weg beim Beethoventempel Baden	2,6	4
		BB 06	Steiler Weg Bauernberganlagen	2,6	9A
		BB 07	Weg mit Treppe Bauernberg	2	3
		BB 04	Weg beim Staudenbeet Bauernberg	3,3	9E

SYSTEMATIK DER FUSSWEGE UND FAHRSTRASSEN	Wege größerer Breite (>5 m)	eingliedrig	beids. gepflast. Rinnen	beids. Rinne	Rasen	BE 01	Seitenweg oberes Parterre Belvedere	5,6	7
						SÖ 09	Zick-Zack-Weg zur Gloriette	5,7	10
						BA 02	Fahrweg beim Undinebrunnen Baden	~5	10
				beids. Rinne	beidseitig Gehölze (Rasen, Gebüsch und Wald)	SÖ 07	Weg zum Tirolerhof Schönbrunn	4,7	9A
		mehrgliedrig (symmetrisch)		beids. Rinne, Bord und Gehsteig	Rasen	BB 08/09	Bernardisstraße Bauernberg	6	8
					Hecken, gedeckte und ungedeckte Alleen	BE 02/03	Mittelachse unteres Parterre Belvedere (Breite inkl. Nebenwege)	20	7
						SÖ 04	Tiergartenallee in Schönbrunn	26	9C
					beidseitig Baumreihen	SÖ 10	Kastanienallee in Schönbrunn	26	9B
					Hecken und Rasenband	NW 01	Allee zum Schloß Neuwartenburg	18	9 C
SYSTEMATIK DER PLÄTZE UND PLATZARTIGEN WEGE	platzartige, sehr breite Wege	eingliedrig	Einfassungen und/oder Rinnen		Rasen	BA 01	Neuer Eingangsbereich Kurpark Baden	14	10
			ohne Wegeinfassg.		Rasen	HE 01	Zugang Wasserparterre Hellbrunn	13	9D
					einseitig Heckenwände	SÖ 08	Parterre Schönbrunn	14	9B
						W I01	Wirergarten	18	9D
					beidseitig Heckenwände	MI 00	Heckentheater Mirabellgarten	11	6A
		mehrgliedrig	ohne Wegeinfassg.		einseitig Hecke, gedeckte und ungedeckte Allee	SÖ 06	Rosarium Schönbrunn	12,8	9C

sollen. In den im Rahmen des Projektes aufgenommenen Beispielen finden sich heute Heckenhöhen von 3,8 bis 5 m und Breiten-Höhen-Verhältnisse von 1:1 {(Fächer, Fischbassin) und 1:1,8 (Hietzinger Vertiefung, Kl. Buchengang (ehemals 1:2)}.

Die im Rahmen des Projektes entwickelte Systematik der Wegformen legt ihr Hauptaugenmerk auf den Aufriß der Wege in formalen Gärten. Sie beschreibt den darin sich ausdrückenden Raum gewisser Form und Ausdehnung und gleichzeitig den Weg als Bauwerk mit bestimmten Ausstattungen. Dem Raum kommt große Bedeutung zu als Element des Gartens sowie als Ort des Gartenerlebens und bestimmter Nutzungen. Seitliche Begrenzung durch Rasen, Hecken, Heckenwänden oder Baumreihen (Alleen) formen unterschiedliche Plätze und Wegräume mit ‚Wänden' und ‚Dächern'. Die Ausstattungen mit Rinnen, begleitenden Rasen, Hecken oder Alleen prägen den Weg, sind jedoch auch wesentliche Faktoren für die Qualität, den Zustand und die Bedingungen seiner Herstellung und Erhaltung.

Wegausmaße und Breitendimensionen bestimmen nicht nur den Raum, sondern auch die Lösung der Gefällsverhältnisse und der Entwässerung der Wegoberflächen. Gliederungen in Mittelwege und seitliche Nebenwege, ihre Begleitung durch Hecken, Heckenwände oder gedeckte Alleen bilden grüne Gänge und Zimmer im Garten, sie bewirken Beschattung und damit aber auch größere Feuchtigkeit der Wegdecken und stärkeren Eintrag von organischem Material. Die Systematik der Wegformen (s. Tabelle) unterscheidet drei Haupttypen, die eingliedrigen schmalen Gartenwege, die ein- oder symmetrisch mehrgliedrigen breiteren Fußwege und Fahrstraßen sowie platzartige Wege, die ebenfalls eingliedrig oder symmetrisch sein können.

7.2.1 Gartenwege

Gartenwege sind eingliedrige Wege mit Breiten von 1,5 bis 3,3 m. In ihrer Ausbildung der Wegränder unterscheiden sich die historisch alten Wege der Renaissance- und Barockgärten sowie der Gartenanlagen aus der Mitte des 19. Jahrhunderts von den jüngeren aus dem Beginn des 20. Jahrhunderts (Bauernberganlage, Kurpark Baden). Sind die älteren ohne bauliche Einfassungen, treten ab Mitte des 19. Jahrhunderts Rinnen und Randeinfassungen oder begleitende Mäuerchen auf.

Die die Wege begleitende Vegetation formt erst vollständig Wegräume mittels Rasen, grüner Wände und Dächer (s. Tabelle). Am stärksten ist der Kontrast zwischen den Gartenwegen mit beidseitig begleitenden Heckenwänden und den Gartenwegen mit angrenzenden Rasenflächen. Ist die Hecke gar als Dach

Abb. 7.18: Gartenweg mit beidseitig angrenzenden Rasenflächen: Neuwartenburg (NW 02)

Abb. 7.19: Gartenweg mit einseitiger Heckenwand: Hietzinger Vertiefung in Schönbrunn (SÖ 03), Proportionen: Wegbreite von 3,15 m zu einer Schnitthöhe von 5 m (5:8)

Abb. 7.20: Gartenweg mit beidseitiger Heckenwand: Fächer in Schönbrunn (SÖ 05), Wegbreite zu Heckenhöhe: 3,20 : 3,80 m (Abstand der Schnittkanten: 4,10) (5:6)

Abb. 7.21: Der gedeckte Kleine Buchengang in Schönbrunn; Wegbreite zu Heckenhöhe: 2,65 : 4,5 m {(entspricht 3:5 (SÖ 02); das Verhältnis Pflanzabstand und Bogenhöhe 4:5)}

gezogen und geschlossen, entsteht ein vollständiger Raum (vgl. Kleiner und Großer Buchengang in Schönbrunn).

Nur wenige Gartenwege haben begleitende Alleen, der Großteil der Alleen geht mit breiteren Wegquerschnitten einher. Ein durch seine Pflanzenart besonderes österreichisches Beispiel für schmälere Wegquerschnitte ist die Fichtenallee in Hellbrunn. Weitaus häufiger kommen Wegformen mit lockeren oder sie unregelmäßig begleitenden Gehölzen vor. Sie charakterisieren die Gartenbereiche, die im englischen Stil überformt wurden (mittlere Terrasse des Palais Schwarzenberg, Englischer Garten in Hellbrunn) oder jüngere Gärten mit

Abb. 7.22: Gartenweg mit beidseitiger Baumreihe; Fichtenallee in Hellbrunn (HE 03)

Abb. 7.23: Oberer Bismarkeichenweg mit beidseitigen gepflasterten Rinnen im Kurpark Baden (BA 04)

landschaftlich gestalteten Teilen (Bereiche des Kurparks Baden und der Bauernberganlagen).

Gartenwege mit Einfassungen treten in den österreichischen Beispielen erst ab Mitte des 19. Jahrhunderts auf. Die Einfassungen sind meist gleichzeitig als Entwässerungsrinnen ausgeführt. Zwei bautechnisch funktionale Dinge, die schadensfreie Ableitung von Regenwasser und die bessere seitliche Stabilisierung des Wegkörpers, werden von einem Bauwerk gelöst.

7.2.2 Fußwege und Fahrstraßen

Großzügig breite Promenierwege und Fahrwege sowie ausladende mehrgliedrige gedoppelte Alleen kennzeichnen die zwei Gruppen dieser Wegform.

Die eingliedrigen, etwa 5 - 6 m breiten Wege finden sich in den zentralen Gartenteilen barocker Gartenanlagen (Gartenparterre des Belvedere, Wege auf die Gloriette in Schönbrunn) und haben alle gepflasterte Rinnen, die jedoch spätere Einbauten sind. An die Wege grenzen offene Rasenflächen oder Waldbereiche, wie beim Diagonalweg zum Tirolerhof in Schönbrunn.

Die mehrgliedrigen Alleen mit Baumreihen oder Rasenbändern und seitlichen Heckenwänden von 18 m bis 26 m Breite sind ebenfalls die zentralen Achsen der barocken Parterres (Belvedere, Schönbrunn, Hellbrunn) oder prachtvollen Schloßzufahrten. Beispiele aus den Aufnahmen sind die Allee zum Schloß Neuwartenburg, die großen Alleen in Schönbrunn, die Mittelachse der Unteren Gartenterrasse des Palais Schwarzenberg und des Belvederes. Ihre Proportionen entsprechen den Vorstellungen von Dézallier.

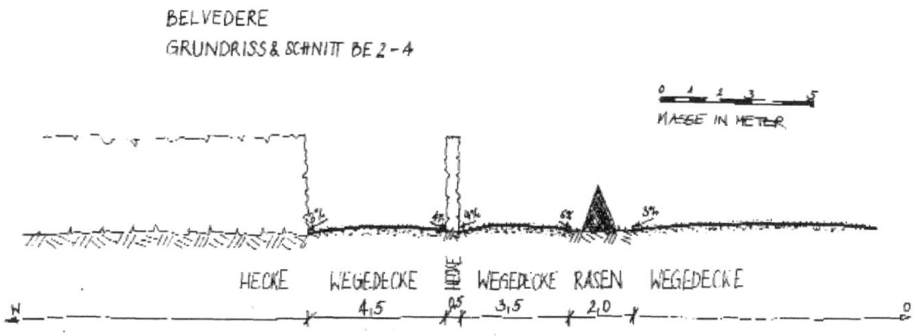

Abb. 7.23: Mehrgliedrige Mittelachse des Unteren Parterres des Belvederes (BE02/03); seitliche Heckenwände, Rasenbänder teilen Haupt- und Nebenwege im Verhältnis 1:2,5:1 (genau in Meter: 3,6:2,1 (Rasenband): 9,4:2,1:3,6 m, dies entspricht in altem Wiener Klafter: 1,9:1,1:5:1,1:1,9 und war ursprünglich vermutlich folgendes Verhältnis:2:1:5:1:2)

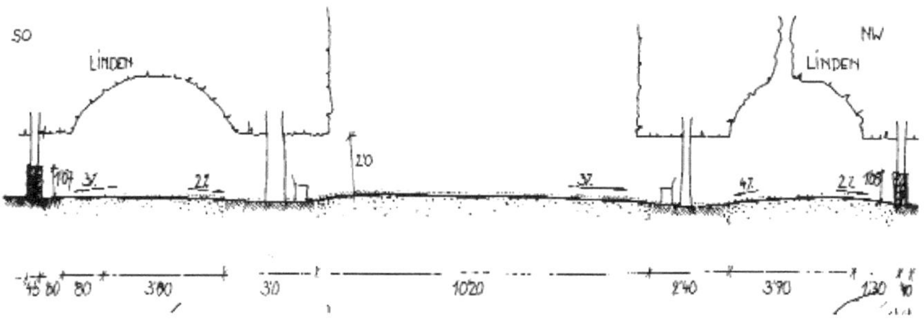

Abb. 7.24: Die 26 m breite gedoppelte Tiergartenallee in Schönbrunn (SÖ04) untergliedert Mittelallee und gedeckte Conteralleen etwa im Verhältnis 1:2:1 (6,85:13:6,60 m)

7.2.3 Plätze und platzartigen Wege

Die Bosquettes formaler Anlagen sind zumeist reich ausgestattet mit Platzgestaltungen (Gartenplätze). Die repräsentativsten, gebäudenahen Parterres (z.B. Schönbrunn) gliedern sich in die bepflanzten Rasenbeete und sehr breite Wege, die bereits platzartigen Charakter haben. Weiters können Überformungen können zu platzartigen Erweiterungen ehemals schmälerer Wege geführt haben (etwa bei Eingangsbereichen, z.B. Parterre in Hellbrunn, oder im Kurpark Baden). In jüngeren Anlagen sind es speziell die Eingangsbereiche oder mit Denkmalen ausgestattete Ruheorte. Platzartige Wege und Plätze sind eine Gruppe mit großer Variabilität in ihren Begrenzungen und Raumbildungen durch begleitende Vegetation. Sowohl Rasenflächen wie ein- oder beidseitige Heckenwände oder ungedeckte und gedeckte Alleen kommen

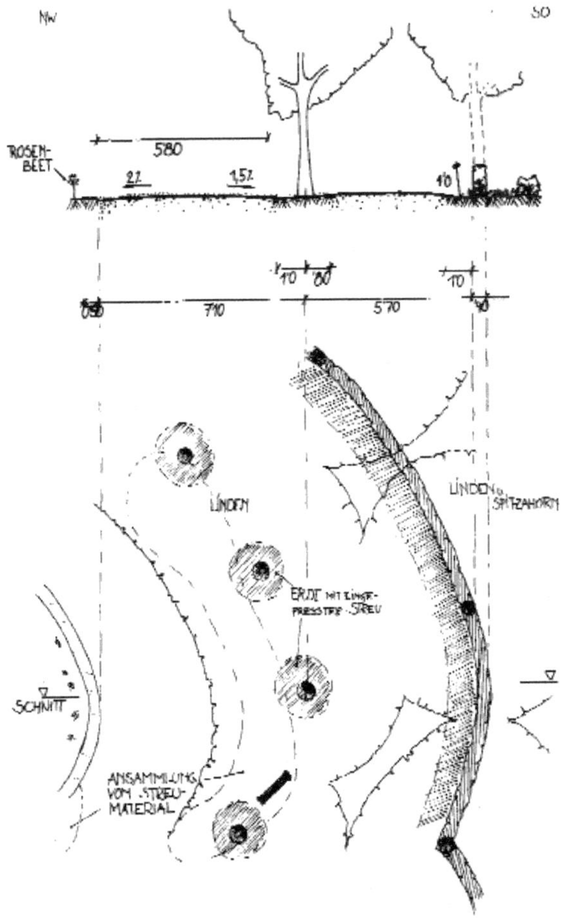

Abb. 7.34: Mehrgliedriger Platz mit ungedeckten und gedeckten Alleen; das Rosarium in Schönbrunn (SÖ 06),

vor. Wiederum haben die Wege jüngerer formal gestalteter Anlagen tendentiell zusätzliche bauliche Ausstattungen wie Einfassungen und / oder Rinnen (Kurpark Baden). In den barocken Anlagen, etwa an Kreuzungspunkten großer Alleen und Gänge findet sich diese großzügigste aller Wegformen weitaus häufiger und variationsreicher. Beispiele aus den Aufnahmen in österreichischen Gärten sind das Parterre in Schönbrunn sowie in Hellbrunn, das Rosarium in Schönbrunn, das Heckentheater im Mirabellgarten, der zentrale Platz im Wirergarten und der Eingangsbereich im Kurpark Baden.

Abb. 7.34: Lage der Aufnahme SÖ 06 im Rosarium in Schönbrunn,

8 Dokumentation der Wegaufnahmen

Zur Dokumentation der aufgenommenen Wege

In der Zeit von September 2001 bis Juli 2002 wurden in formalen historischen Gartenanlagen 44 ausgewählte Wege hinsichtlich Anlage, Aufbau, bautechnischer Eigenschaften sowie Unterhaltung untersucht (aufgrund des Seitenlimits sind 6 Aufnahmen nicht enthalten). Die Anordnung der Aufnahmen in der Dokumentation folgt ihrer systematischen Auswertung und Zuordnung (vgl. Kap. 7.1) zu Typen, deren Kriterien sowohl Aufbaustärke und Materialverwendung wie Wegausstattung und Funktion sind.

Jede Aufnahme wird durch eine Textseite und eine Abbildungsseite mit Lageskizze, Grundriß und Querschnitt sowie Grabungsprofil kurzporträtiert. Sieblinien, Belastungsuntersuchungen und Wasserdurchlässigkeitsprüfungen ergänzen die bautechnischen Daten. Die Textseite beginnt mit Kopfinformationen zu Wegtyp, Gartenanlage, Wegbeispiel, Art der Wegdecke, Aufnahmedatum und Bearbeiterinnen (AD=Anita Drexel, GM=Gudrun Müller, EH=Elfi Hasler, KF=Katharina Fuchs, UP=Ulrike Pitha, PP=Petra Pfeiffer-Vogl).

Lage und Zonierung

Neben der Lage im Garten werden seine Gliederung und die ihn begrenzenden Gartenelemente und deren Einflüsse auf ihn aufgezeigt.

Wegeanlage, aktueller Zustand

Gefällsverhältnisse, Rinnen und Höhenlage des Weges gegenüber dem angrenzenden Bestand und ihre Auswirkungen auf die Entwässerung werden dargestellt, Art und Qualität der Wegoberfläche bzw. Schäden und Vegetationsentwicklung beschrieben.

Schichtaufbau

Die Bauweise des Wegelementes und die in der einzelnen Schichtaufbauten verwendeten Materialien, ihre Form und Zusammensetzung sowie besondere Auffälligkeiten zu Gefüge, Schichten etc. werden angesprochen.

Geschichte bzw. Genese des Weges

Eine genaue Datierung der Herstellung und den zumeist diversen Überformungen der Wege war im Regelfall nicht möglich, es erfolgten je nach aktueller Quellenlage ungefähre Zeitangaben. Als Quellen dienten in erster Linie die im Bundesdenkmalamt, Abteilung für historische Gärten (Leiter: Dr. Géza Hajós) gesammelten Parkpflegewerke sowie Literatur und Bildvergleiche.

Nutzung und Pflege

Hier werden aktuelle Nutzungen sowie Veränderungen und Trends aufgezeigt. Es werden Angaben zu Pflege, Vegetationsentfernung, Reparatur und Winterdienst gemacht, zur Art des Einsatzes und ihrer Häufigkeit.

GERINGMÄCHTIGE ERD- UND KIESWEGE

Typ 1 Überwachsene und wenig überformte barocke Gartenwege

Typ 1A Überwachsene barocke Gartenwege

Garten	Neuwartenburg, Gemeinde Timelkam
Beispiel	Gartenweg zwischen Schloss und Bassin / NW 02
Art der Wegedecke	Geschotterter Gartenweg
Aufnahme	16. 06.02 / AD, GM

Lage, Zonierung

In der Verlängerung der Mittelachse des Schlosses führt der Gartenweg von der Terrasse zu einem Bassin. Er verläuft in einer Wiese, die von Wald umgeben ist.

Wegeanlage, aktueller Zustand

Der Wegverlauf ist an der dicken, groben Streuauflage zu erkennen. Die Wegedecke ist erdig und weich, wird aber weitgehend von Vegetation freigehalten. Der Weg ist eben, Wasser versickert relativ rasch.

Schichtaufbau

Als Wegaufbau sind lediglich 8 cm des Lehmbodens durch den höheren Kieskornanteil und die Färbung zu unterscheiden. Im oberen Bereich ist das Material dunkler, sehr weich und von einjährigen Pflanzen, die regelmäßig entfernt werden, durchwurzelt. Grobe Rundschotterkörner der Streuauflage sind eingedrückt. Der Weg unterscheidet sich in den Werten des Verformungsmoduls nicht vom angrenzenden Wiesenboden.

Geschichte des Weges

Bei der Anlage des Gartens um 1730 wurde hier ein deutlich breiterer Weg gebaut. Der heutige Wegeaufbau lässt vermuten, dass keine Schotterschichten eingebaut wurden, sondern Streumaterial durch die Trittbelastung in den gewachsenen Boden eingedrückt wurde.

Nutzung

Der Weg wird äußerst selten benützt, Traktoren queren ihn bei der Bewirtschaftung der angrenzenden Wiesenflächen.

Pflege

Die einjährigen Pflanzen werden alle ein bis zwei Wochen (!) händisch entfernt, Streumaterial wurde immer wieder aufgebracht.

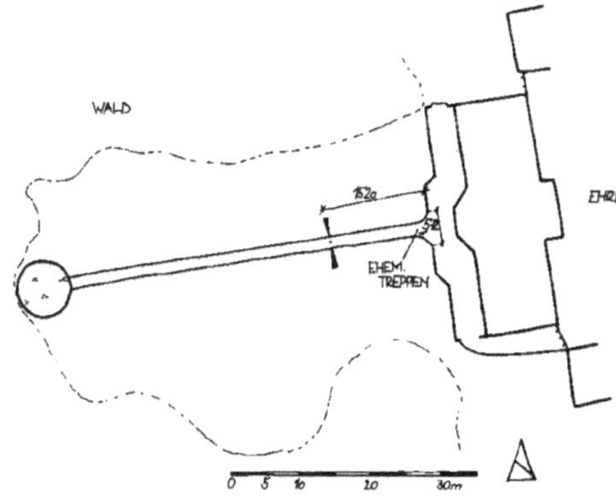

Verortung der Bauaufnahme

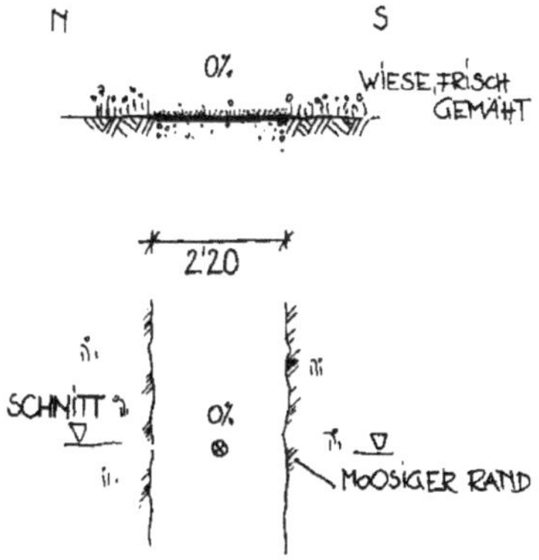

Bauaufnahme: Schnitt und Grundriss

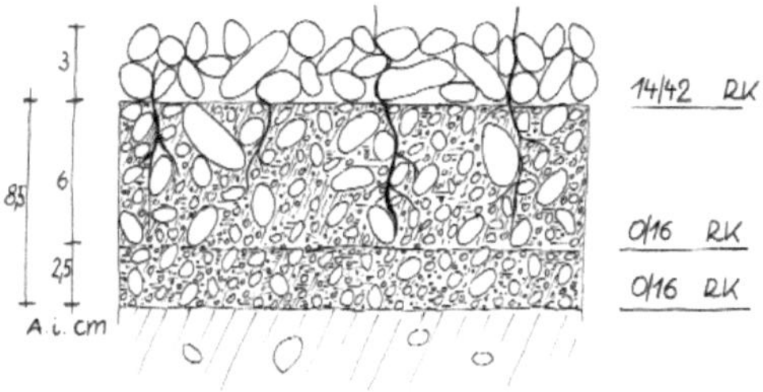

Grabungsprofil

Blick über Gartenweg zum Schloss Neuwartenburg

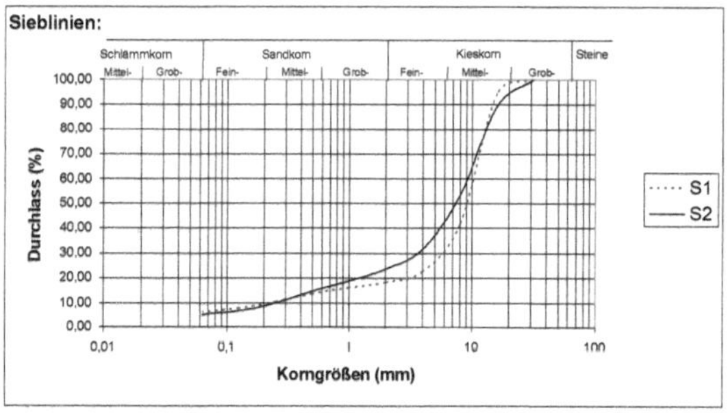

Dynamische Lastplatte:	gemessen mit Überstreuung	gemessen ohne Überstreuung
	Verformungs-modul [MN/m²]	Verformungs-modul [MN/m²]
Evd 1:	10,1	11
Evd 2:	13	19,6
Evd 2/Evd 1:	1,29	1,78

Ausschütt-versuch:
Versickerung [s]
225

Garten	Garten des Palais Schwarzenberg, Wien
Beispiel	Ehemaliger mittiger Gartenweg der oberen Terrasse / SW 01
Art der Wegedecke	Vererdete Schotterdecke unter Rasen
Aufnahme	09. 07. 02 / EH, KF

Lage, Zonierung

Der ehemalige Weg führt mittig von der Terrassenkante in Richtung Süden. Er ist überwachsen und daher kaum von den angrenzenden Wiesen zu unterscheiden.

Wegeanlage, aktueller Zustand

Die ehemalige Wegoberkante liegt etwas unter dem Niveau der angrenzenden Wiesen. Wasser versickert in den Weg. Die Oberfläche ist griffig aber uneben und vollständig überwachsen.

Schichtaufbau

Der gesamte ‚Wegaufbau' ist etwa 20 cm mächtig und besteht aus Rundkorn in Körnungen bis 16 mm. In den beiden obersten Schichten ist der erdige und lehmige Anteil hoch, die unterste Schicht kann als Mischung aus Erde und Schotter bezeichnet werden, die vermutlich durch Eintrag von Tragschichtmaterial in den Untergrund entstanden ist. In den Werten des Verformungsmoduls unterscheidet sich der Weg kaum vom umgebenden Substrat.

Geschichte des Weges

Die Aufnahme befindet sich laut den Darstellungen Salomon Kleiners (1731, in Aurenhammer 1971) an einer Stelle, wo in der barocken Gestaltung ein Weg zu einer Vertiefung geführt hat. Mit den landschaftlichen Umgestaltungen ist im Bereich der Aufnahme ein Weg erhalten geblieben (vgl. Franziszäischer Kataster von 1829).

Vermutlich ehemals einschichtiger Gartenweg, dessen Deckschicht durch das Aufbringen von Streumaterial entstanden ist, das sich mit der Nutzung in das erdige Substrat eingedrückt hat.

Nutzung

Dieser Gartenteil wird nur privat und von den AnrainerInnen genutzt, der Weg ist daher kaum begangen.

Pflege

Der rasenartige Vegetationsbestand wird gemäht.

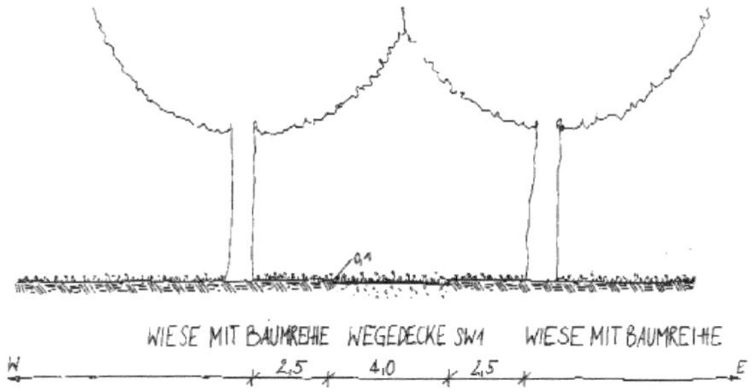

Bauaufnahme: Schnitt

Überwachsener mittlerer Weg der oberen Terrasse

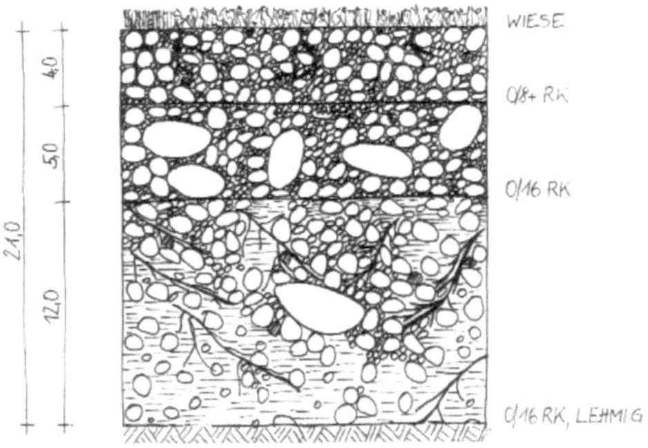

Grabungsprofil

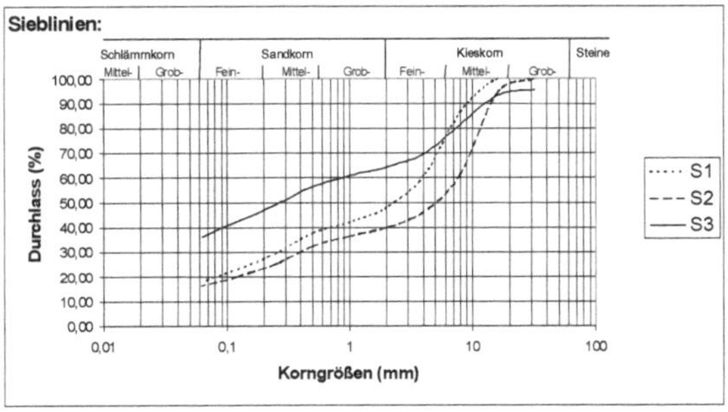

Dynamische Lastplatte:

	Verformungs-modul [MN/m²]
Evd 1:	18,6
Evd 2:	24,9
Evd 2/Evd 1:	1,34

Ausschütt-versuch:

Versickerung [s]
225

Garten	Garten des Palais Schwarzenberg, Wien
Beispiel	Trampelpfad entlang der oberen Terrassenkante / SW 02
Art der Wegedecke	Ehemalige Schotterdecke
Aufnahme	09. 07. 02 / EH, KF

Lage, Zonierung

Der Weg führt als Trampelpfad neben der Maueroberkante entlang. Ein schmaler Wiesenstreifen trennt den Pfad von einer Entwässerungsrinne und dem mit Efeu bewachsenen Mauer. Im Süden wächst auf der ehemals breiteren Wegedecke eine Wiese.

Wegeanlage, aktueller Zustand

Der Pfad ist sowohl im Längs- als auch im Querprofil eben. Wasser versickert langsam in die Decke und weicht sie stark auf. Der Weg ist stark vererdet und wellig. Ziegelbrocken ragen aus der Decke heraus.

Schichtaufbau

Der Aufbau ist nur 15 cm mächtig und setzt sich aus einer Rundkorn-Deckschicht und gröberen Schichten mit Ziegelbrocken zusammen. In den tieferen Schichten ist organisches Material beigemengt, alle Schichten haben einen hohen Feinanteil. Die unterste Schicht ist eine Mischung aus Erde und Bauschutt. Die Werte des Verformungsmoduls sind äußerst gering.

Geschichte des Weges

Die Aufnahme befindet sich an einer Stelle, wo in der barocken (vgl. die Darstellungen Salomon Kleiners 1731, in Aurenhammer 1971) wie auch der landschaftlichen Gestaltung (vgl. Franziszäischer Kataster von 1829) ein Weg entlang der Terrassenkante geführt hat.

Im Profil ist eine alte Tragschicht zu erkennen, auf der sich vermutlich durch laufenden Eintrag von Rundkornstreu eine Deckschicht entwickelt hat.

Nutzung

Dieser Gartenteil ist ausschließlich privat und von AnrainerInnen genutzt, der Pfad dient als Spazierweg.

Pflege

Wegepflege wird nicht durchgeführt.

Heutiger Weg entlang der Stützmauer der oberen Terrasse

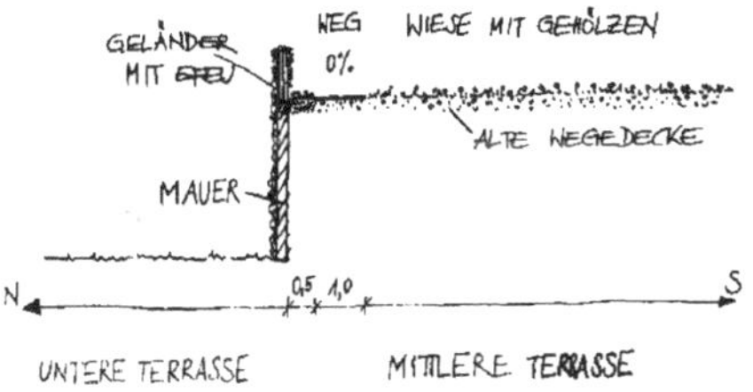

Bauaufnahme: Schnitt

Grabungsprofil mit Kies und Ziegelbrocken

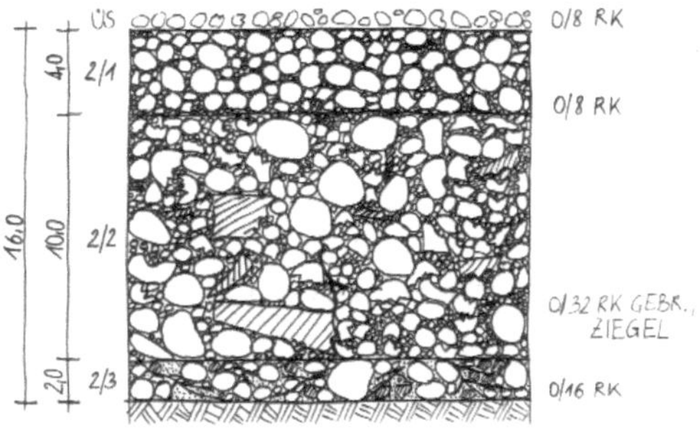

Grabungsprofil

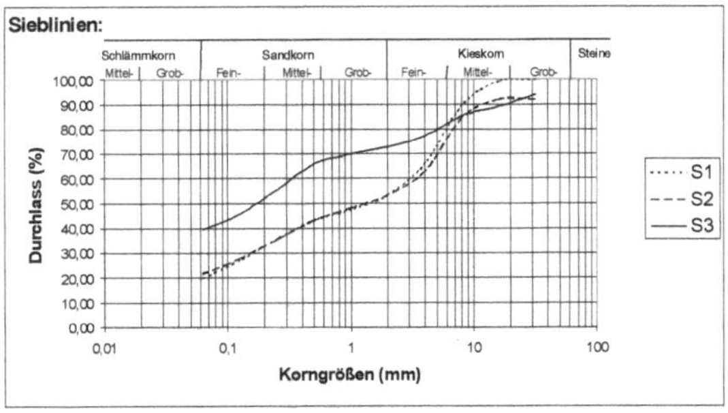

Dynamische Lastplatte:

	Verformungsmodul [MN/m²]
Evd 1:	23,2
Evd 2:	28,6
Evd 2/Evd 1:	1,23

Ausschüttversuch:

Versickerung [s]
900

Typ 1B Überformte Gartenwege

Garten	Garten des Palais Schwarzenberg, Wien
Beispiel	Mittlere Allee auf der unteren Gartenterrasse / SW 03+04
Art der Wegedecke	Schotterdecke
Aufnahme	09. 07. 02 / EH, KF

Lage, Zonierung

Die Allee besteht aus einem Haupt- und überwachsenen Seitenwegen, die durch Kastanienreihen voneinander getrennt sind. Die äußere Grenze bilden ausgewachsene Heckenwände.

Wegeanlage, aktueller Zustand

Der mittlere Hauptweg ist im Längs- und Querprofil eben, aber gegenüber den angrenzenden Pflanzstreifen der Bäume erhaben. Wasser versickert sehr langsam in die Decke oder rinnt seitlich ab. Von den Rändern her wächst Spontanvegetation ein. Die Decke ist mit einer dicken Streuschicht bedeckt. Der seitliche Weg ist vollständig zugewachsen, die alte Decke mit einer Erdschicht überdeckt.

Schichtaufbau

Der mittlere Weg weist eine Deckschicht aus Rundkorn auf, darunter sind Materialen zu finden, denen Schutt beigemengt ist. Die unterste Schicht ist mit Lehm vermischt, nur die gröbste der Schichten weist einen Feinanteil von unter 10% auf. Die Schichten im Aufbau des überwachsenen Weges sind in ihren Sieblinien mit der untersten und obersten Tragschicht des Hauptweges vergleichbar. Der Gesamtaufbau ist bei beiden Wegen um die 30 cm. Im Wert des Verformungsmoduls unterscheiden sich die Wege deutlich, der mittlere Weg weist zudem einen zu hohen Verhältniswert auf, der die Nachgiebigkeit des Aufbaues zeigt.

Geschichte des Weges

In einer Vogelschau von Salomon Kleiner (1731, in: Aurenhammer 1971) und auf einer Ansicht von Bernardo Bellotto, genannt Canaletto (um 1760, ebenda) ist auf der unteren Terrasse eine gedoppelte, durch Hochhecken geteilte Mittelallee zu erkennen. Der Weg aus der Gestaltung vom Beginn des 18. Jahrhunderts hat in seiner Struktur also vermutlich die Veränderungen im Garten überdauert.

Während der seitliche Weg relativ original erhalten scheint, dürften am Hauptweg mehrere Deckschichterneuerungen erfolgt sein.

Nutzung

Der Hauptweg wird ab und zu von Hotelgästen oder als Durchgang zum hinteren Gartenteil, der seitliche Weg gar nicht mehr genutzt.

Pflege

Am Hauptweg wird gelegentlich die Vegetation entfernt, die Kanten abgestochen und Streumaterial aufgebracht.

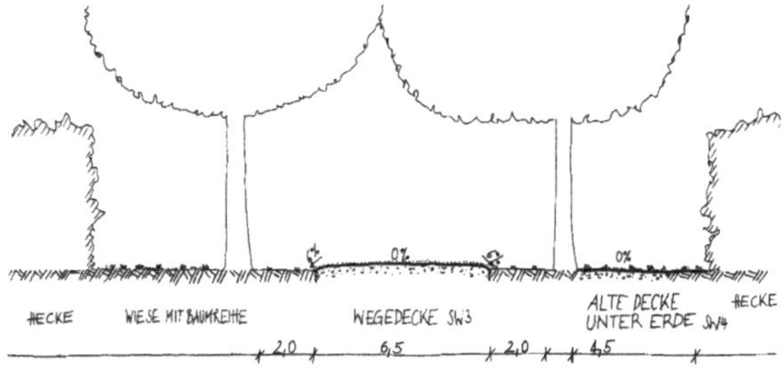

Bauaufnahme: Schnitt

Blick in die mittlere Allee der unteren Terrasse

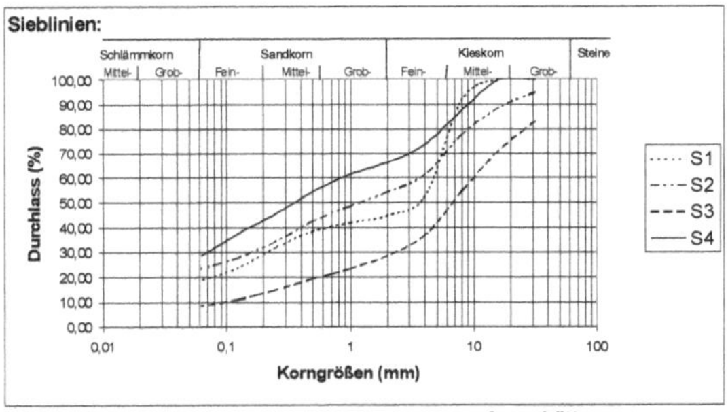

Dynamische Lastplatte:

	Verformungs-modul [MN/m²]
Evd 1:	34,2
Evd 2:	66,2
Evd 2/Evd 1:	1,94

Ausschütt-versuch:

Versickerung [s]
1680

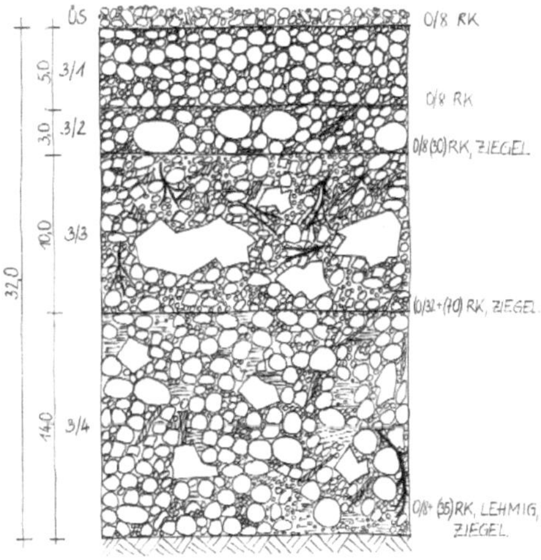

Grabungsprofil SW 03, Mittelweg

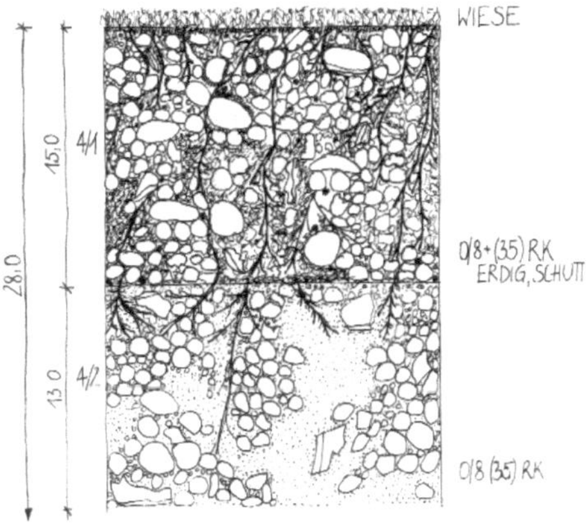

Grabungsprofil SW 04, rechter Seitenweg

Typ 2 Extensiv genutzte Wege in Randlagen

Garten	Kurpark Baden, Niederösterreich
Beispiel	Unterer Zick-Zack-Weg in der Lang'schen Anlage / BA 05
Art der Wegedecke	Schotterdecke
Aufnahme	20. 09. 01 / UP, PP

Lage, Zonierung

Der Weg führt mit geringer Steigung den Hang mit geschlossenem Gehölzbestand entlang.

Wegeanlage, aktueller Zustand

Das Querprofil des Weges ist konkav gewölbt, das gesamte Oberflächenwasser wird über die Decke talwärts geleitet. Die Decke ist feinkörnig, gut abgebunden, erdig und weich. Das Relief ist wellig und größere Steinbrocken ragen aus dem Verband der Decke heraus. Humoses Material wird von den seitlichen Böschungen eingeschwemmt.

Schichtaufbau

Auf dem vermutlich anstehenden Kalkschottermaterial lagern mehrere geringmächtige, feinkörnige Kalkschotterschichten mit sehr hohem Feinanteil. Die Werte des Verformungsmoduls sind jenen nicht verdichteter Flächen vergleichbar.

Geschichte des Weges

Mit der Errichtung der Lang'schen Anlagen 1807-12 wurden auch diese Wege in der Waldpartie am Hang angelegt (vgl. Weber/Wallner 1994, S.28 f).

Nutzung

Für Spaziergänge wird der Zick-Zack-Weg häufig genutzt, befahren wird er nicht.

Pflege

Die Pflege dieser Wege erfolgt vergleichsweise extensiv: Vor wenigen Jahren wurde eine neue Deckschicht aus Grädermaterial aufgebracht, die Gehölze an den Böschungen werden jährlich zurückgeschnitten (Bartosch 2002, mdl.).

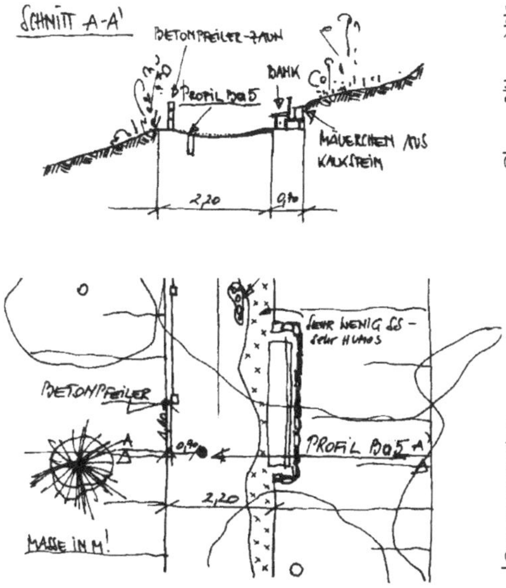

Bauaufnahme: Schnitt und Grundriss

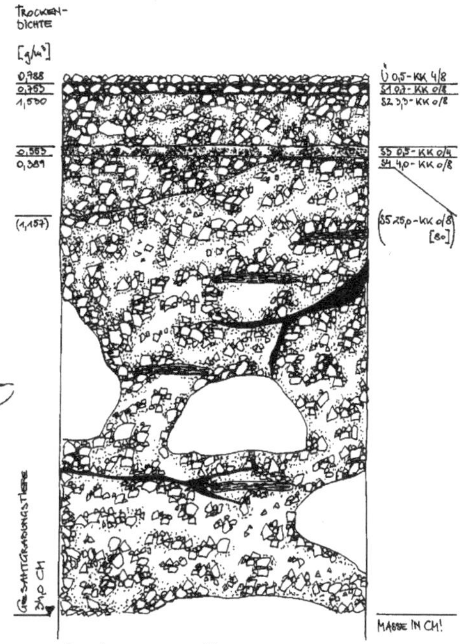

Grabungsprofil

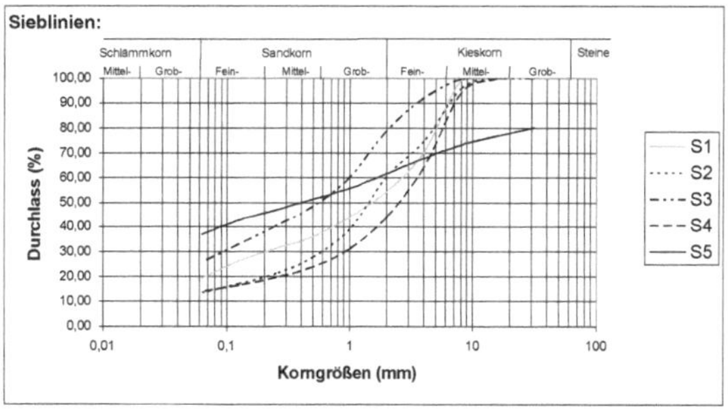

Dynamische Lastplatte:

	Verformungsmodul [MN/m²]
Evd 1:	17,3
Evd 2:	22,2
Evd 2/Evd 1:	1,28

Ausschüttversuch:

Versickerung [s]
97

Sandersatzverfahren:

	Dichte [g/cm³]	Trockendichte [g/cm³]
Ü:	0,834	0,788
S1:	0,885	0,753
S2:	1,583	1,530
S3:	0,593	0,553
S4:	0,404	0,389
S5:	1,284	1,157

Garten	Hellbrunn, Salzburg
Beispiel	Weg im englischen Garten / HE 05
Art der Wegedecke	Wassergebundene Schotterdecke
Aufnahme	18. 10. 01 / PP, UP

Lage, Zonierung

Der schmale, geschwungene Weg führt vom gartenseitigen Tor des Schlosshofes, hinter dem nördlichen Becken vorbei bis zur Kastanienallee.

Wegeanlage, aktueller Zustand

Der ebene Weg ist leicht bombiert, aber wellig. Ein Kanaleinlauf findet sich neben dem Weg in der Wiese, liegt allerdings über dem Niveau der Wegedecke. Die Decke weicht bei Regen auf, so dass Fahrzeuge wie FußgängerInnen deutliche Spuren hinterlassen. Die Oberfläche ist feinkörnig und stark vererdet, größere Steine ragen aus der Decke heraus.

Schichtaufbau

Der Wegeaufbau ist lediglich 14 cm hoch, die größten Körnungen liegen bei 16mm, die Werte des Verformungsmoduls sind sehr gering. Die unteren Schichten sind extrem feinanteilreich und enthalten Rundkorn-Material. Die oberen Schichten bestehen aus gebrochenem Material, wobei die aktuelle Decke einen ähnlich hohen Feinanteil wie die tieferen Schichten aufweist. In den extrem langen Versickerungszeiten zeigt sich, dass der Weg, wie auch das angrenzende Substrat kaum Wasser aufnehmen kann.

Geschichte des Weges

Der englische Garten ist um 1790 angelegt worden. Die heutige Wegeführung stimmt nicht mit dem laut Bigler besten Plan aus dieser Zeit von Karl Steinhauser überein (Bigler 1996, S.120 f).

Dieser Gartenweg wurde nie mit einer Tragschicht befestigt, lediglich geringmächtige Deckschichten wurden wiederholt aufgebracht.

Nutzung

Touristen wie LäuferInnen nutzen den Weg und er stellt eine Verbindung zu Spielplatz und zur Liegeweise her. Befahren wird der Weg kaum.

Pflege

Der Lehmweg wird mit dem Gebläse von Laub freigehalten und die Rasenkanten werden etwa ein mal jährlich gestochen.

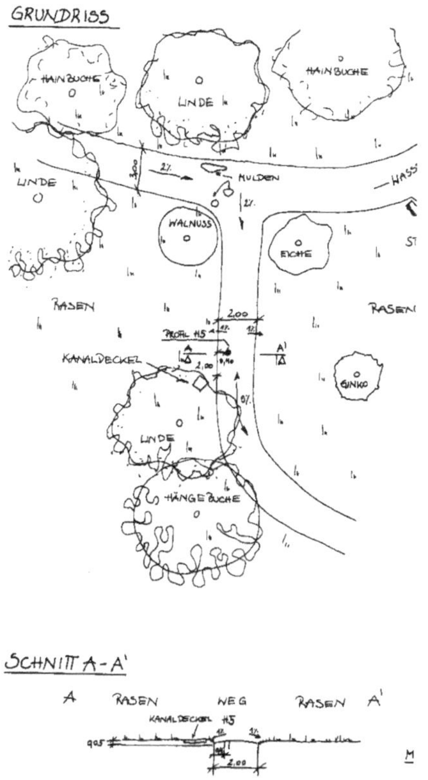

Bauaufnahme: Schnitt und Grundriss

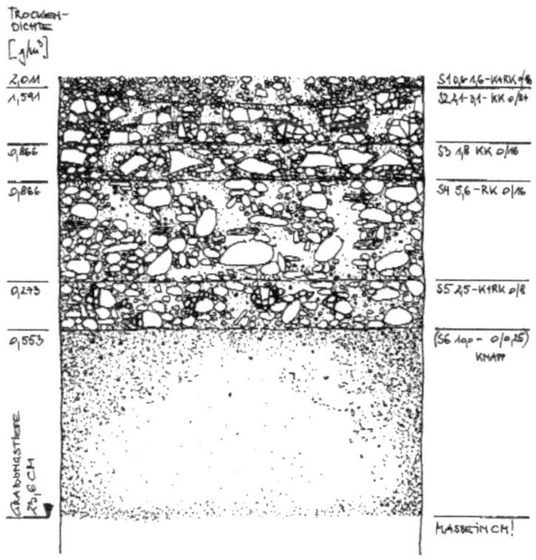

Grabungsprofil

Wege im Englischen Garten

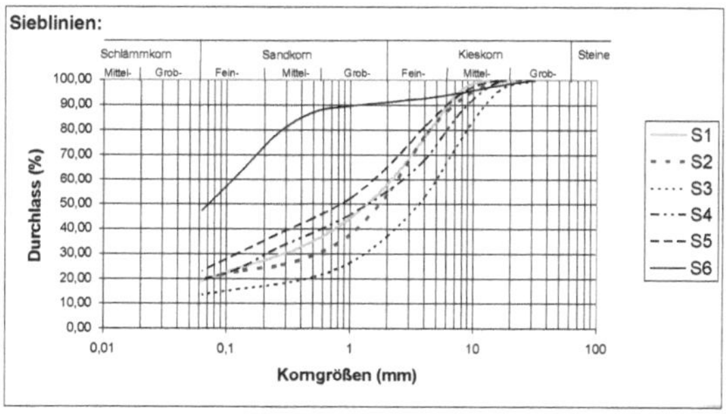

Untersuchter Wegabschnitt im Englischen Garten

Dynamische Lastplatte:

	Verformungs-modul [MN/m²]
Evd 1:	23,1
Evd 2:	31,9
Evd 2/Evd 1:	1,38

Ausschütt-versuch:

Versickerung [s]
3300

Sandersatz-verfahren:

	Dichte [g/cm³]	Trockendichte [g/cm³]
U:	2,153	2,011
S1:	1,695	1,591
S2:	0,907	0,866
S3:	0,981	0,899
S4:	0,296	0,273
S5:	0,645	0,553

Typ 3 Geringmächtige Fußwege und Gehsteige aus dem Beginn des 20. Jh.

Garten	Bauernberganlagen, Linz / Oberösterreich
Beispiel	Fußweg oberhalb des Wasserreservoirs / BB 01
Art der Wegedecke	Wassergebundene Schotterdecke
Aufnahme	06. 02 / KF, EH

Lage, Zonierung

Der Weg ist ein kleiner Zugang in den Garten, der wegen der Stufen nur zu Fuß benutzt werden kann. Er stellt eine Verbindung zum oberen wie auch unteren Gartenteil und zum Garten der Landes-Landwirtschaftskammer her.

Wegeanlage, aktueller Zustand

Der Weg ist leicht längsgeneigt, im Querprofil aber eben. Das Wasser rinnt gut ab, die Decke kann allerdings kaum Wasser aufnehmen. Die Wegedecke ist weich und stark vererdet.

Schichtaufbau

Der geringmächtige Wegeaufbau besteht aus einer lehmig, erdigen Schicht mit etwas größeren Körnungen und einer vererdeten 0/8er Decke. Der Verformungsmodul ist extrem niedrig.

Geschichte des Weges

Im Gesamtplan von 1912 ist der Weg nicht eingezeichnet, andere Quellen zur Anlage des Weges sind uns nicht bekannt. Den Angaben von Frau Wagner, ehemalige Gartenamtsleiterin, zu schließen dürfte er jedoch schon einige Jahrzehnte bestehen (Wagner 2002, mdl.)

Nutzung

Der Weg wird gelegentlich von SpaziergängerInnen benutzt.

Pflege

Drei bis vier mal pro Jahr wird das Unkraut entfernt, etwa alle zwei Jahre die Rasenkanten abgestochen, Laub wird mit dem Gebläse entfernt.

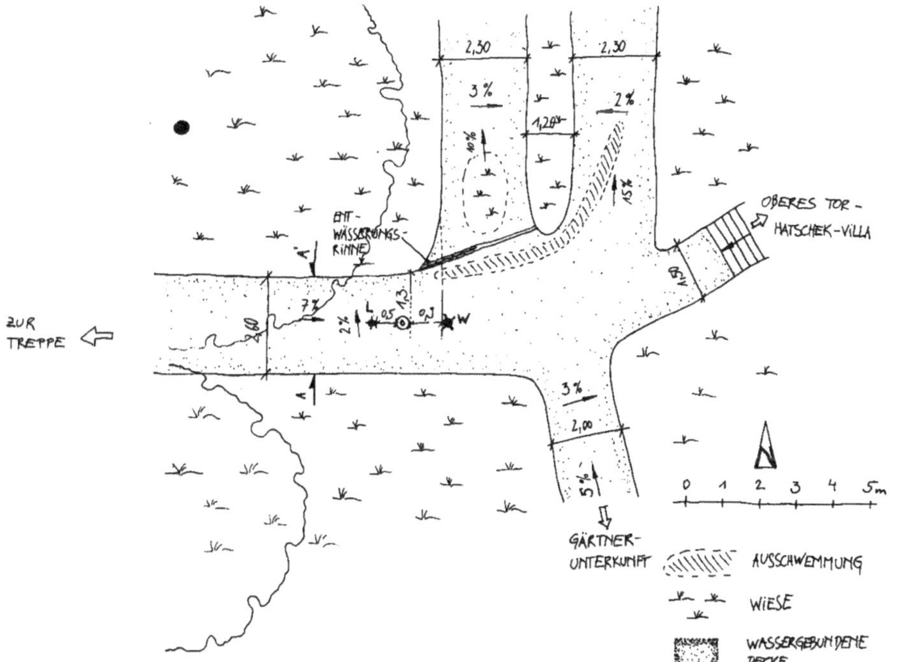

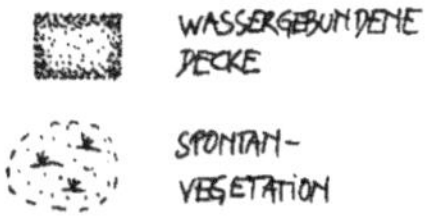

Bauaufnahme: Grundriss

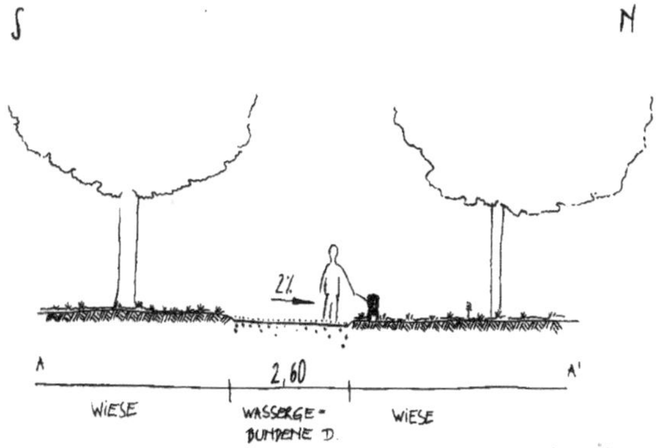

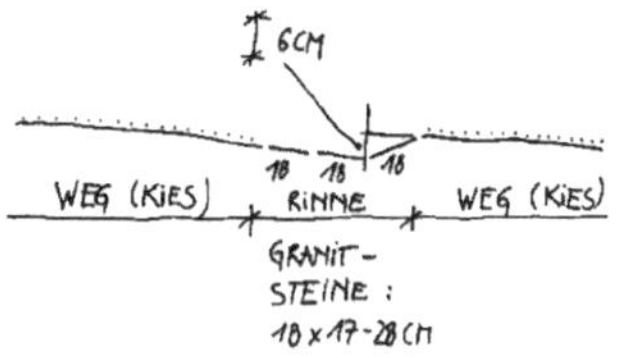

Detail: Rinne

Bauaufnahme: Schnitt

Dynamische Lastplatte:

	Verformungs-modul [MN/m²]
Evd 1:	31,8
Evd 2:	36,8
Evd 2/Evd 1:	1,16

Ausschütt-versuch:

Versickerung [s]
780

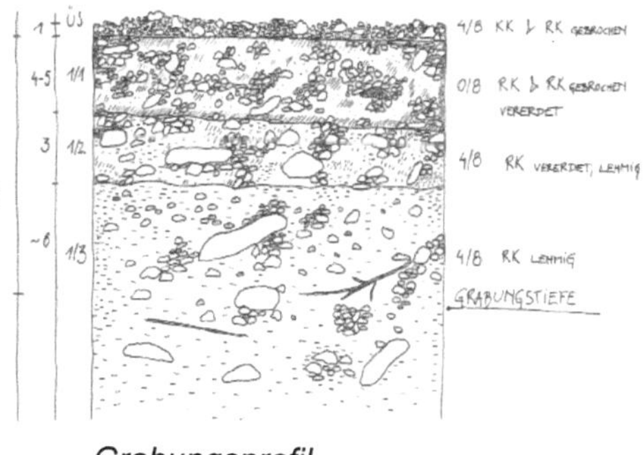

Grabungsprofil

Garten	Bauernberganlagen, Linz / Oberösterreich
Beispiel	Gehsteig der Bernardisstraße vor dem Aphroditetempel / BB 03
Art der Wegedecke	Wassergebundene Schotterdecke
Aufnahme	03. 06. 02 / KF, EH

Lage, Zonierung

Die Bernardisstraße führt in gleichmäßiger Steigung in einer Schlangenlinie vom tiefsten zum höchsten Punkt der Anlage. Sie ist beiderseits mit Gehsteigen ausgestattet.

Wegeanlage, aktueller Zustand

Der Gehsteig steigt im Bereich des Aphroditetempels etwa 10 % an und ist zur Fahrbahn hin 3-6 % geneigt. Das Wasser fließt in die Rinne am Fahrbahnrand, wo in regelmäßigen Abständen Einläufe eingebaut sind. Durch Ausschwemmungen am Gehsteig kann das Wasser nicht überall abfließen, so dass am Gehsteig selbst Rinnen ausgespült werden und Deckschichtmaterial verfrachtet wird. Die Streuschicht ist unregelmäßig verteilt, die Oberfläche vererdet.

Schichtaufbau

Im Profil sind deutlich drei Schichten zu unterscheiden: eine grobe Trag-/Frostschutzschicht zuunterst, eine etwas feinere Tragschicht und eine Deckschicht. Für die ausschließliche Benützung als Fußweg sind die Werte des Verformungsmoduls hoch.

Geschichte des Weges

Die Bernardisstraße wurde schon bei der Anlage des Gartens zu Beginn des 20. Jahrhunderts gebaut. Die Gehsteige kamen vermutlich erst erst nachträglich hinzu.

Nutzung

Die Bernardisstraße ist eine wichtige Wegeverbindung im Park, der Großteil der FußgängerInnen geht aber auf der breiten, für den Verkehr gesperrten Fahrbahn, so dass der Gehsteig nur gering belastet wird.

Pflege

Laub wird regelmäßig mit dem Gebläse entfernt.

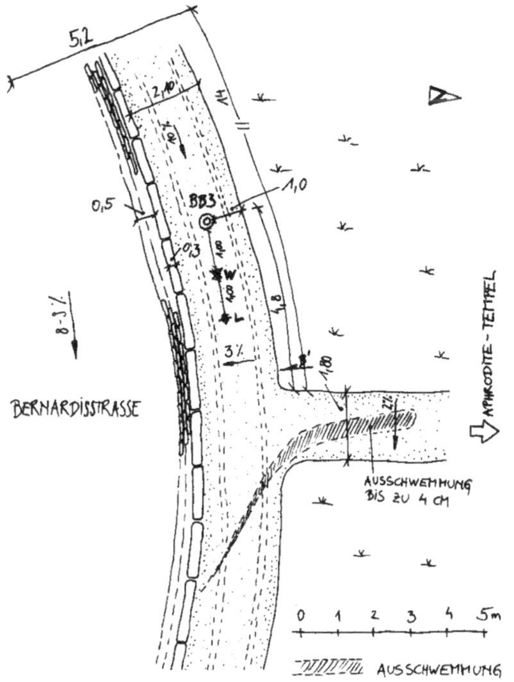

Wegeanlage

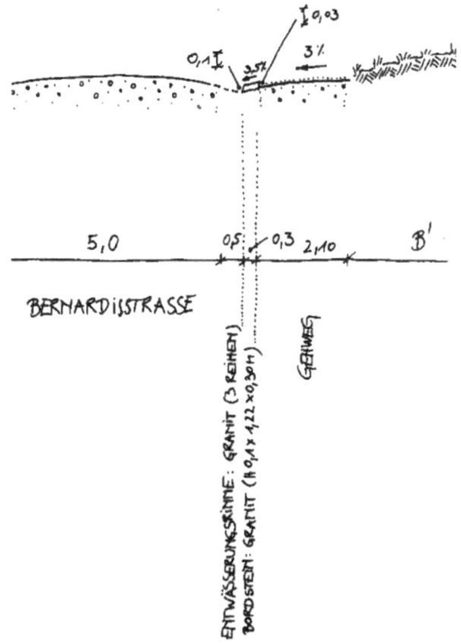

Bauaufnahme: Schnitt

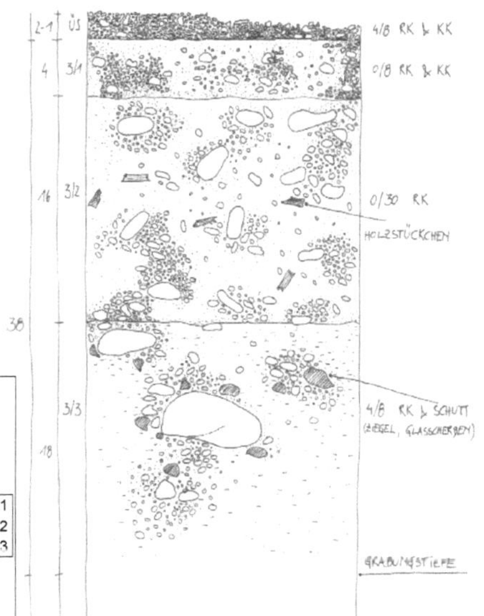

Grabungsprofil

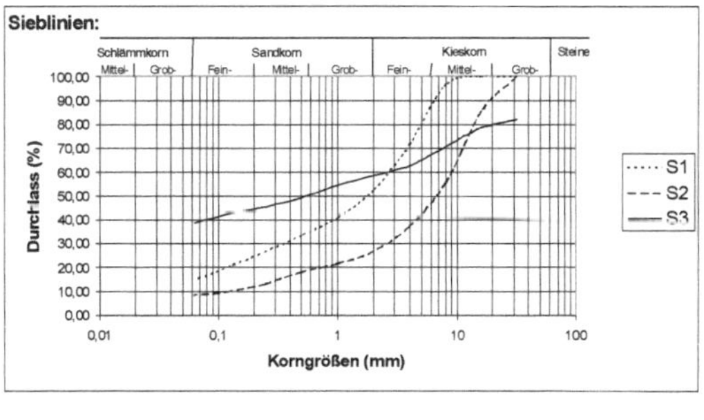

Dynamische Lastplatte:

	Verformungs-modul [MN/m²]
Evd 1:	40,3
Evd 2:	50,8
Evd 2/Evd 1:	1,26

Ausschütt-versuch:

Versickerung [s]
740

Garten	Bauernberganlagen, Linz / Oberösterreich
Beispiel	Weg mit Treppen östlich des Aussichtsplatzes / BB 07
Art der Wegedecke	Wassergebunden Schotterdecke mit einseitiger gepflasterter Rinne
Aufnahme	06. 02 / KF, EH

Lage, Zonierung

Der Weg führt in einem leichten Bogen von der Roseggerstraße hinauf auf die Gugl. Eine Abzweigung leitet zum Aussichtsplatz, eine andere zu einem kleinen befestigten Sitzplatz. In den steileren Abschnitten ist das Gelände mit Treppen abgefangen.

Wegeanlage, aktueller Zustand

Die Längsneigung beträgt 7 %, auch im Querprofil ist die Decke deutlich zur hangseitigen Rinne hin geneigt. An steileren Stellen ist die Deckschichte völlig abgeschwemmt und der Anschluss an die Rinne nicht mehr intakt.

Schichtaufbau

Auf Lehm mit einzelnen Ziegel- und Steinbrocken lagert eine weitere Lehmschicht. Erst darüber ist eine Tragschicht aus Rundschotter und eine Deckschicht aus Kalkbruch eingebaut. Der Gesamtaufbau ist gering, die Werte des Verformungsmoduls sind für einen Fußweg gut.

Geschichte des Weges

Der Weg bestand schon vor dem 2. Weltkrieg, die Treppen und die Rinne wurden erst in den 60er Jahren ergänzt (Wagner 2002, mdl.).

Die lehmigen Schichten stammen vermutlich von den Erdarbeiten für die Errichtung der Bauernberganlage. Die Tragschicht ist vermutlich original, Deckschicht wurde erst in den letzten Jahren erneuert.

Nutzung

Der Weg ist kaum begangen und kann aufgrund der Treppen auch nicht befahren werden.

Pflege

Etwa zwei mal pro Jahr wird die Vegetation abgeschert, Laub wird regelmäßig weggeblasen.

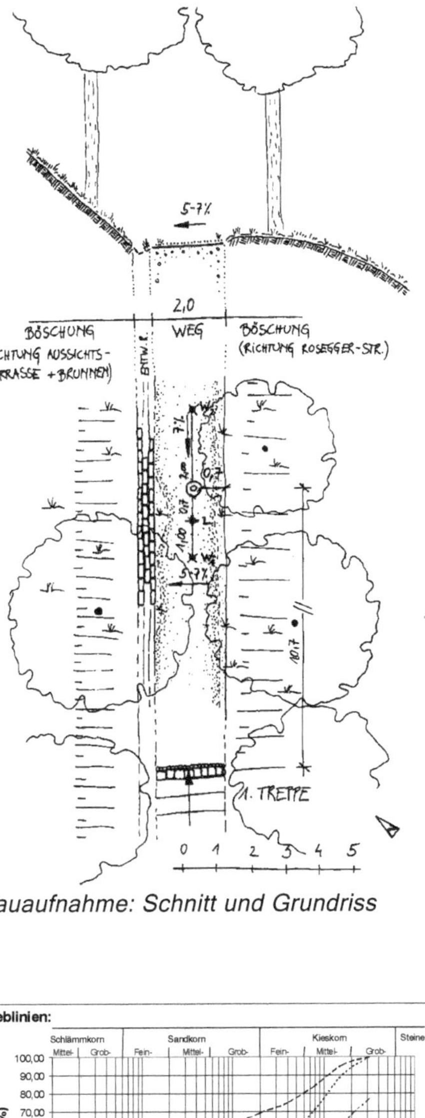

Bauaufnahme: Schnitt und Grundriss

Weg mit Treppe und hangseitiger Entwässerungsrinne

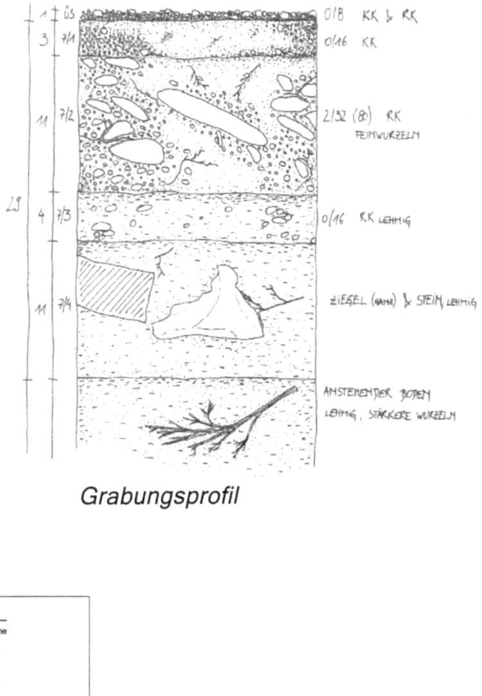

Grabungsprofil

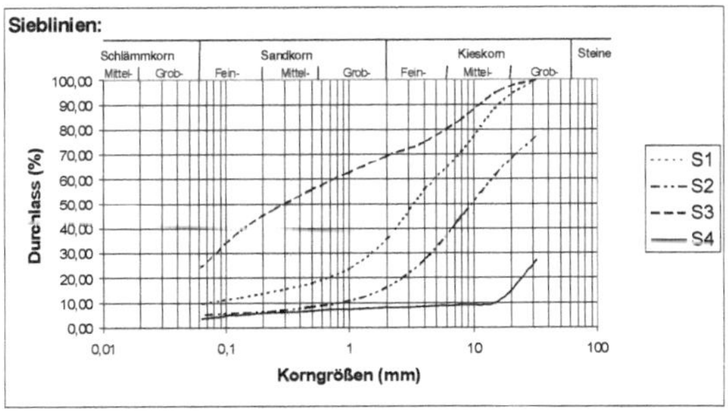

Dynamische Lastplatte:

	Verformungs-modul [MN/m²]
Evd 1:	49,8
Evd 2:	55
Evd 2/Evd 1:	1,10

Ausschütt-versuch:

Versickerung [s]
420

Typ 4 Geringmächtige Wege des 19. Jh. auf anstehendem Untergrund

Garten	Kurpark Baden, Niederösterreich
Beispiel	Unterer Bismarkeichenweg / BA 03
Art der Wegedecke	Wassergebundene Schotterdecke mit gepflasterten Rinnen
Aufnahme	19. 09. 01 / UP, PP

Lage, Zonierung

Der Weg führt mit 15 % Steigung in sanftem Bogen den mit Rasen und Gehölzgruppen gestalteten Hang hinauf. Beidseitige mit Flussschotter gepflasterte Rinnen begrenzen und entwässern die stark bombierte Decke.

Wegeanlage, aktueller Zustand

Die Decke ist beidseitig geneigt, zu den Rändern hin relativ stark. Der Weg wird beidseitig mit Rinnen eingefasst und rasch entwässert. Sie ist grobkörnig und fest abgebunden, mittig liegt etwas Streumaterial auf. Die Werte des Verformungsmoduls sind jenen verdichteter Fußwege vergleichbar.

Schichtaufbau

Eine feinkörnige Decke liegt auf einer Tragschicht auf. Beide Schichten bestehen aus feinanteilreichem Kalkbruchschotter. Darunter lagern lehmreiche Lagen.

Geschichte des Weges

Der Weg wurde mit den Erweiterungen des Neu- und Kinderparks um 1850 angelegt (vgl. Weber/Wallner 1994, S.34 f).

Nutzung

Der Bismakreichenweg wird mit Pflegefahrzeugen (leichten Traktoren) befahren; die FußgeherInnenfrequenz ist in diesem Bereich noch hoch.

Pflege

Bei Starkregenereignissen wird der Weg regelmäßig kontrolliert und Ausschwemmungen der Decke und Einträge in die Rinnen und Schächte rasch repariert. Ausgeschwemmte Bereiche werden mit lehmreichem Material abgedeckt, mit Schotter verfüllt und gewalzt. Die Vegetation in den Rinnen wird regelmäßig entfernt (vgl. Weber 2002, mdl.).

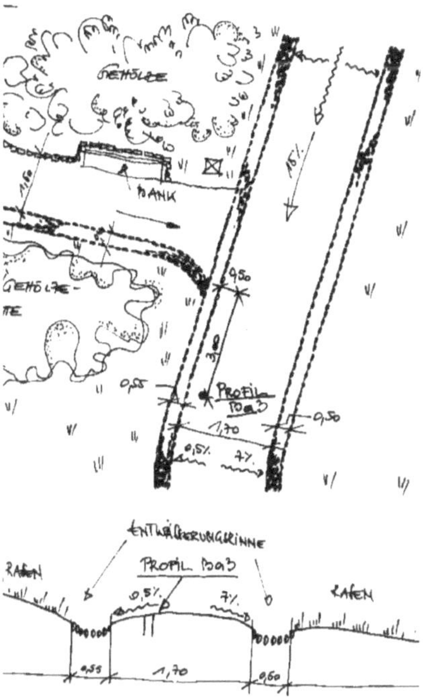

Bauaufnahme: Schnitt und Grundriss

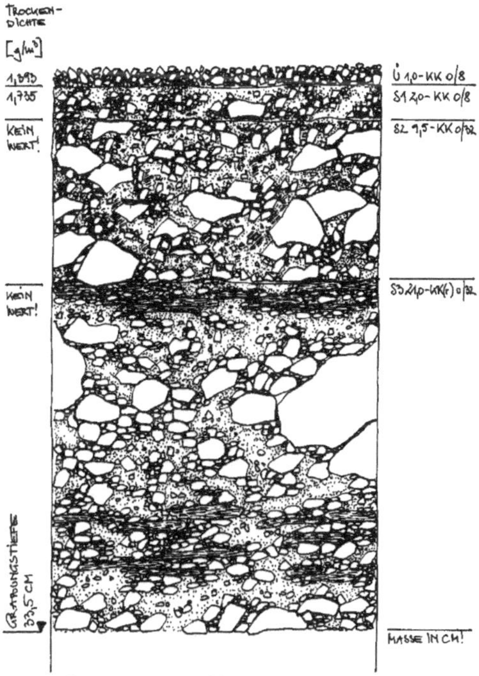

Grabungsprofil

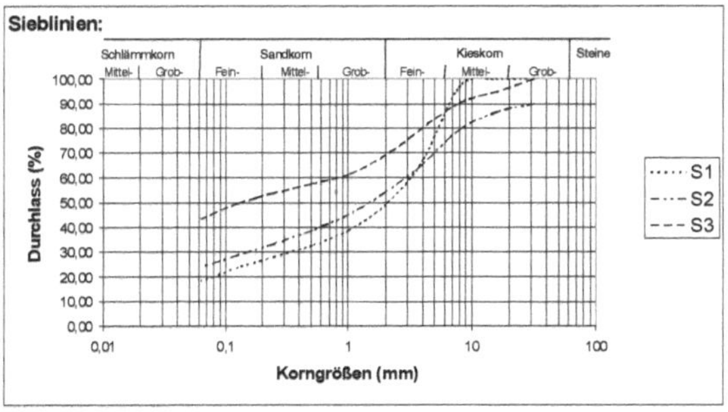

Dynamische Lastplatte:

	Verformungs-modul [MN/m²]
Evd 1:	28,8
Evd 2:	39,0
Evd 2/Evd 1:	1,35

Ausschütt-versuch:

Versickerung [s]
35

Sandersatz-verfahren:

	Dichte [g/cm³]	Trockendichte [g/cm³]
Ü:	1,406	1,393
S1:	1,809	1,735
S2:	kein Wert	kein Wert
S3:	kein Wert	kein Wert

Garten	Kurpark Baden, Niederösterreich
Beispiel	Weg beim Beethoventempel / BA 06
Art der Wegedecke	Wassergebundene Schotterdecke mit gepflasterter Rinne
Aufnahme	20. 09. 01 / UP, PP

Lage, Zonierung

Der Weg führt östlich des Beethoventempels mit etwa 10 % Steigung zwischen Strauch- und Baumpflanzungen durch.

Wegeanlage, aktueller Zustand

Die Decke ist leicht bombiert und talwärts zur einseitig angeordneten Rinne geneigt. Die Entwässerung erfolgt überwiegend über die mit Flussschotter gepflasterte Rinne. Die Oberfläche ist leicht wellig, stellenweise sind Verdichtungen und Senkungen zu beobachten. Die Deckschicht ist grobkörnig, vererdet und bindet gut ab. Die Werte des Verformungsmoduls liegen eher über dem Durchschnitt verdichteter Fußwege.

Schichtaufbau

Mit einem Gesamtaufbau von etwa 15 cm lagert eine feinkörnige feinanteilreiche Deckschicht auf gröberem Kalkschottermaterial und darunterliegenden anstehenden Kalkbruch.

Geschichte des Weges

Der Gartenteil um den Beethoventempel wurde mit der heutigen Wegeführung 1925 angelegt (vgl.: Pitha / Pfeiffer-Vogel 2002, S.62; Weber/Wallner 1994, S.44).

Der Aufbau ist vermutlich original, die Deckschicht eine jüngere Erneuerung.

Nutzung

Der Weg wird mit Pflegefahrzeugen befahren, die FußgeherInnenfrequenz ist hoch.

Pflege

Regelmäßig wird die Rinne gereinigt und die Vegetation entfernt sowie die Decke gefächert. Gelegentlich werden Löcher repariert.

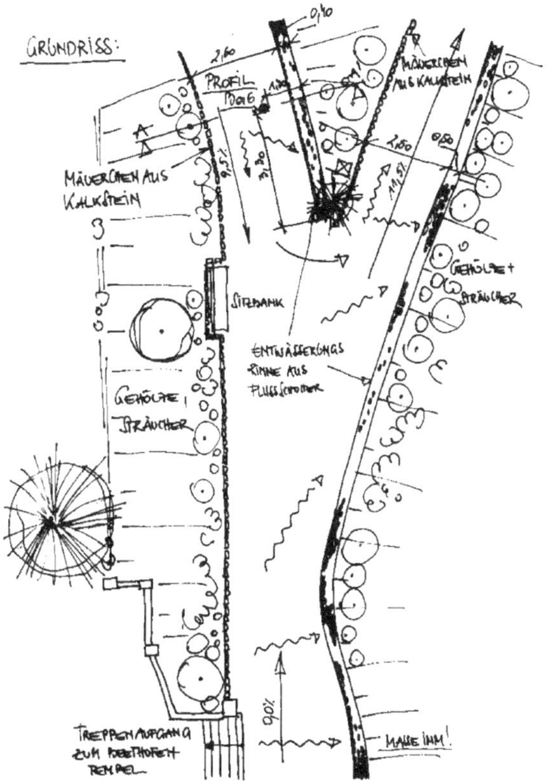

Weg beim Beethoven-tempel

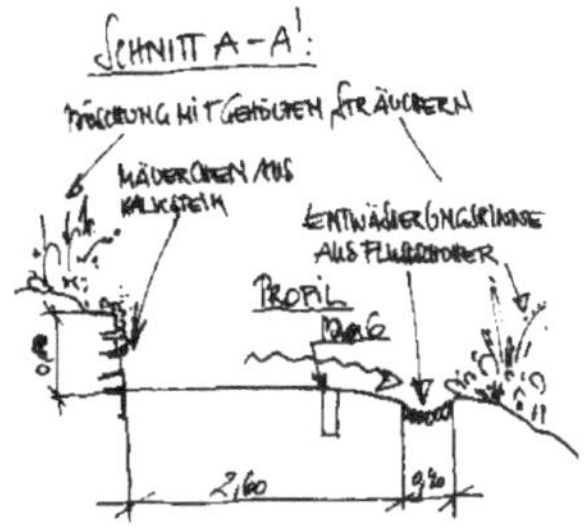

Bauaufnahme: Grundriss und Schnitt

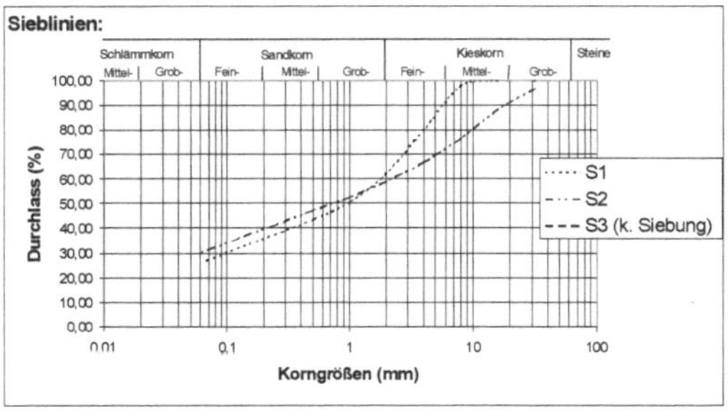

Dynamische Lastplatte:

	Verformungs-modul [MN/m²]
Evd 1:	41,7
Evd 2:	53,1
Evd 2/Evd 1:	1,27

Ausschütt-versuch:

Versickerung [s]
30

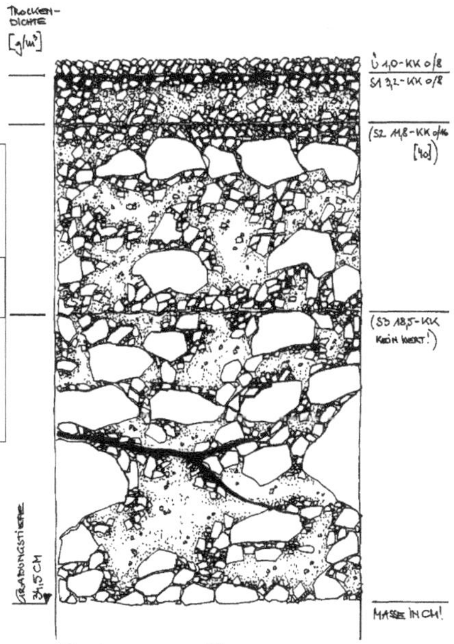

Grabungsprofil

DREISCHICHTIGE WEGE DES 19. JH.

Typ 5 Gehwege in Gartenanlagen aus der zweiten Hälfte des 19. Jh.

Garten	Villa Lanna, Gmunden, Oberösterreich
Beispiel	Südöstlicher Querweg im formalen Parterre / LA 01
Art der Wegedecke	Wassergebundene Schotterdecke
Aufnahme	27. 05. 02 / AD, GM

Lage, Zonierung

Unterhalb der Villa, neben dem alten Wirtschaftsteil liegt, eingebettet in den im landschaftlichen Stil gestalteten Park, dieser formale Garten. Ein kreisrunder Platz mit Bassin ist von im Rechteck angelegten Wegen umgeben und auf mittigen Stichwegen zu erreichen. Der beschriebene Weg liegt an der Böschungskante und ist etwa so breit wie die seitlichen, von Alleen begleiteten Wege.

Wegeanlage, aktueller Zustand

Im Gegensatz zu den seitlichen Alleen ist dieser Weg teils sehr stark bombiert. Wasser rinnt in die Mulden neben dem Rasen und kann dort rasch versickern. Die Streuauflage ist zu hoch, der Weg oberflächlich stark vererdet. Rund um das Bassin wurde bei Restaurierungsarbeiten die beschädigte Wegedecke nicht mehr mit Deckschichtmaterial ergänzt, sondern nur Streumaterial aufgeschüttet.

Schichtaufbau

In etwa 35 cm Tiefe liegt auf einer Schotterschicht mit minimalem Feinanteil eine Schicht aus Schutt und Lehm, vermutlich zum Niveauausgleich. Darauf ist eine Packlage gesetzt, auf der grobkörniger Rundschotter eingebaut ist. Erst die nächsten, etwas feinkörnigeren Schichten, die auch die Decke bilden, weisen einen Feinanteil über 10 % auf. Die Werte des Verformungsmoduls zeigen, dass der Weg kaum verdichtet ist.

Geschichte des Weges

Die Wege wurden mit dem Garten um 1870 angelegt und blieben in ihrer Struktur erhalten.

In untersuchten Wegeprofil ist noch der originale Aufbau erhalten.

Nutzung

Der Weg wird kaum begangen und nicht befahren.

Pflege

Gelegentlich werden die Rasenkanten abgestochen und die Rinnen ausgeputzt, vor wenigen Jahren wurde die Streuschicht ergänzt, Vegetation wird regelmäßig entfernt.

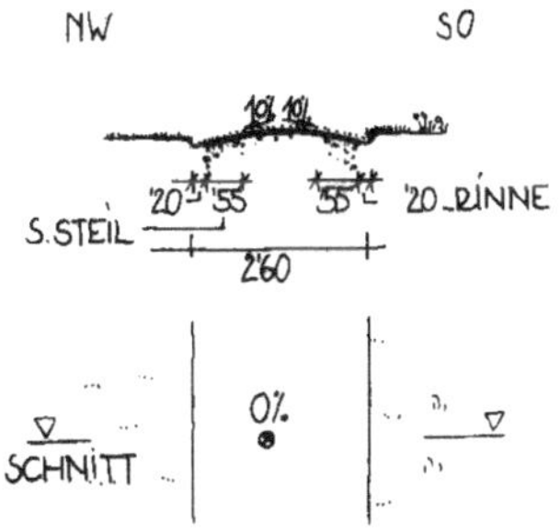

Bauaufnahme: Schnitt und Grundriss

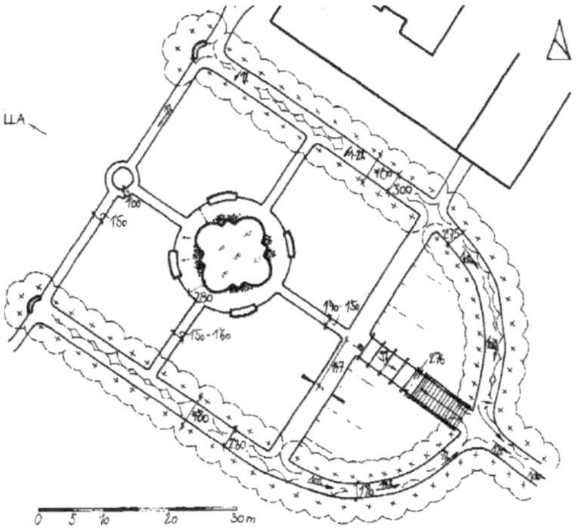

Wegeanlage

Untersuchter Querweg des Garten-parterres der Villa Lanna

Panoramabild des Gartens der Villa Lanna

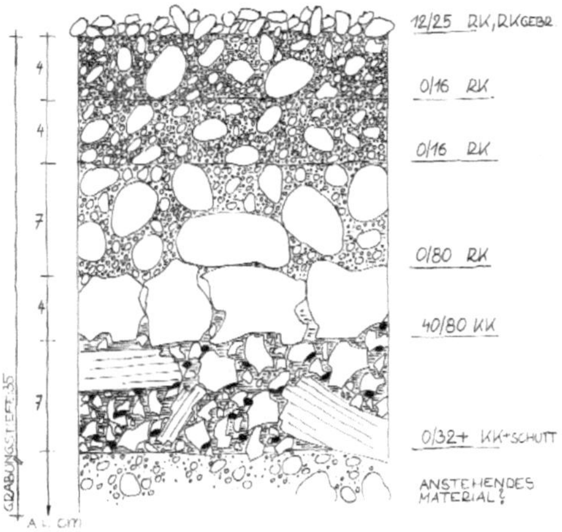

Grabungsprofil

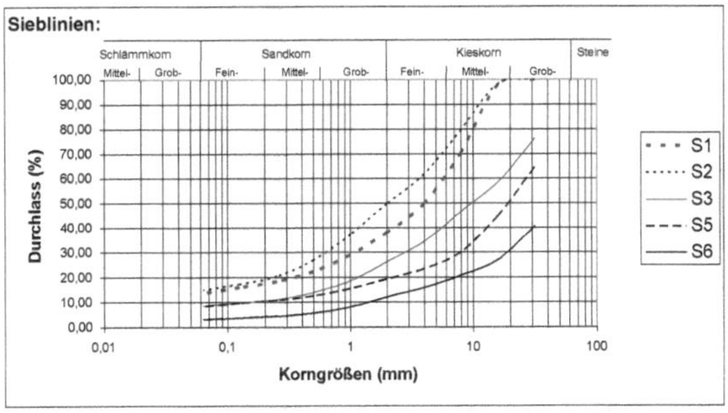

Dynamische Lastplatte:	Aufnahme mittig	Fahrweg	Fahrweg	Ausschütt-versuch:
	Verformungs-modul [MN/m²]	Verformungs-modul [MN/m²]	Verformungs-modul [MN/m²]	Versickerung [s]
Evd 1:	19,6	19,2	24	70
Evd 2:	26,8	31,4	38,3	
Evd 2/Evd 1:	1,37	1,64	1,60	

Garten	Franz Joseph Platz, Gmunden, Oberösterreich
Beispiel	Querweg zur Esplanade / FJ 01
Art der Wegedecke	Wassergebundene Schotterdecke
Aufnahme	31. 05. 02 / AD, GM

Lage, Zonierung

Der Franz Joseph Platz liegt neben der Esplanade. Er ist keilförmig, mit mehreren Rasenflächen mit Blumenbeeten und Solitärbäumen gestaltet. Im nordöstlichen Teil steht eine Büste Kaiser Franz Josefs, im westlichen Teil ein Wasserbecken.

Wegeanlage, aktueller Zustand

Der Weg ist längs etwa 2 % geneigt, im Querprofil ist nur die Hälfte des Weges leicht geneigt. Entwässert werden die Wege seitlich in die Rasenflächen; teils kommt es aufgrund fehlender Gefälle zur Lackenbildung.

Schichtaufbau

Auf sehr grobem, schwer lösbarem Rundschotter, vermutlich Schüttungsmaterial, lagert eine ähnliche grobkörnige Tragschicht. Beide Materialen haben eine ausgewogene Sieblinie. Darüber sind zwei feinkörnige Rundkorn-Schichten mit hohem Feinanteil eingebaut. Die Werte des Verformungsmoduls sind am stärker belasteten mittleren Bereich deutlich höher und deuten auf Befahren mit höheren Lasten hin.

Geschichte des Weges

Die Anlage stammt aus der 2. Hälfte des 19. Jahrhunderts.

Vermutlich ist hier noch der Originalaufbau vorhanden, die oberste Schicht wurde als Deckschichterneuerung erst später aufgebracht.

Nutzung

Der Durchgang zur Promenade ist von FußgeherInnen häufig benutzt und wird regelmäßig mit Pflegefahrzeugen befahren.

Panoramabild des Franz Joseph Platzes

Wegeanlage

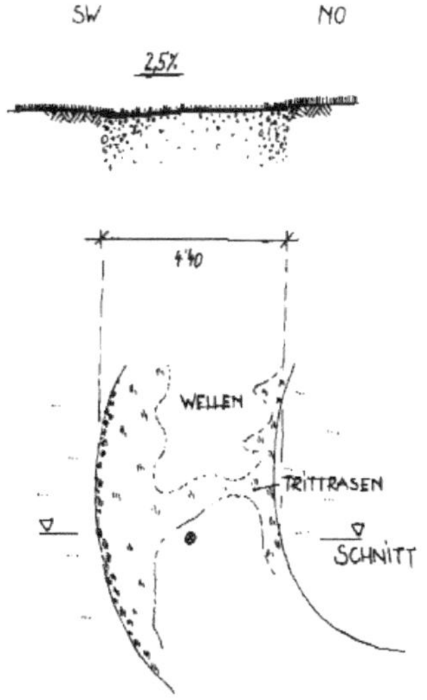

Bauaufnahme: Schnitt und Grundriss

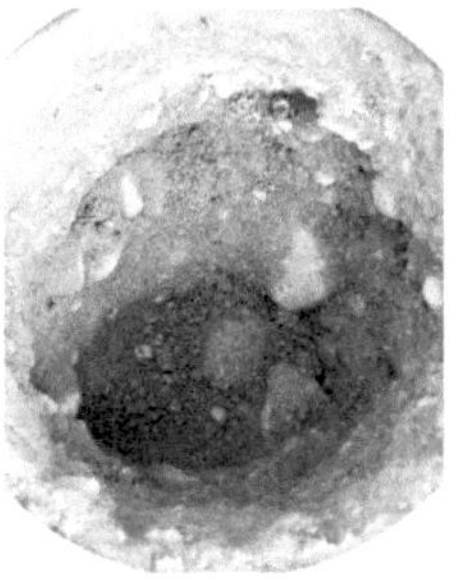

Grabungsprofil des Weges im Franz Joseph Platz

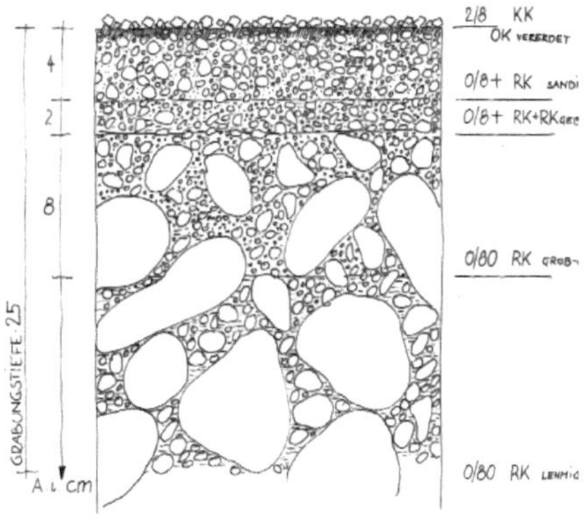

Grabungsprofil

Sieblinien:

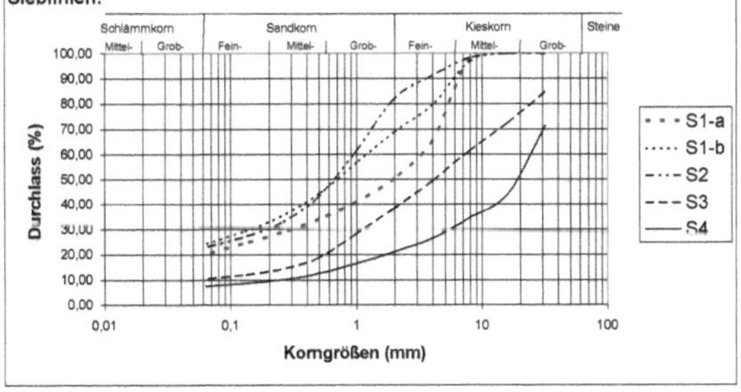

Dynamische Lastplatte:	mittig	seitlich: geneigt, Trittrasen
	Verformungs-modul [MN/m²]	Verformungs-modul [MN/m²]
Evd 1:	78,4	49,3
Evd 2:	93,8	54,5
Evd 2/Evd 1:	1,20	1,11

Ausschütt-versuch:
Versickerung [s]
540

Garten	Kurpark Baden, Niederösterreich
Beispiel	Oberer Bismarckeichenweg / BA 04
Art der Wegedecke	Wassergebundene Schotterdecke mit gepflasterten Rinnen
Aufnahme	19. 09. 01 / UP, PP

Lage, Zonierung

Mit 17 % Steigung zieht sich der Weg zwischen Rasenflächen mit Solitärgehölzen den Hang hinauf. Beidseitig ist die Decke von gepflasterten Rinnen begrenzt.

Wegeanlage, aktueller Zustand

Die stark bombierte Decke leitet Regenwasser rasch in die mit Flussschotter gepflasterten Rinnen ab. Die Oberfläche ist grobkörnig und fest, mittig liegt etwas Streu.

Schichtaufbau

Geringmächtige feinkörnige Deckschichten lagern auf mächtigeren 0/16er Tragschichten, aufgebaut aus feinanteilreichem Kalkschotter. Zuunterst sind dicht gepackte Kalkbruchsteine gesetzt. Das Kalkschottermaterial darüber ist leicht lösbar, die Werte des Verformungsmoduls sind jenen verdichteter Fußwege vergleichbar.

Geschichte des Weges

Der Weg wurde mit dem Neuen Park um 1850 oder - was wahrscheinlicher ist - erst mit der Erweiterung rund um den Beethoventempel 1925 errichtet.* Hierfür spricht der Aufbau mit Packlage, wie er im 19. Jahrhundert in den Lehrbüchern auftaucht und bis in die 20er Jahre allgemein Verbreitung fand. Die Packlage unterscheidet ihn auch vom Unteren Bismarckeichenweg.

Die Vererdungen an den Oberkanten der Schichten lassen vermuten, dass es sich hier um mehrmalige Deckschichterneuerungen auf alten abgetragenen Wegedecken handelt.

Nutzung

Der Weg wird mit leichten Pflegefahrzeugen befahren, die FußgeherInnenfrequenz ist in diesem Bereich noch hoch.

Pflege

Bei Starkregenereignissen wird der Weg regelmäßig kontrolliert und Ausschwemmungen der Decke und Einträge in die Rinnen und Schächte rasch repariert. Ausgeschwemmte Bereiche werden mit lehmreichem Material abgedeckt, mit Schotter verfüllt und gewalzt. Die Vegetation in den Rinnen wird regelmäßig entfernt (vgl. Weber 2002, mdl.).

* vgl mehrere Plandarstellungen in: Weber/Wallner 1994

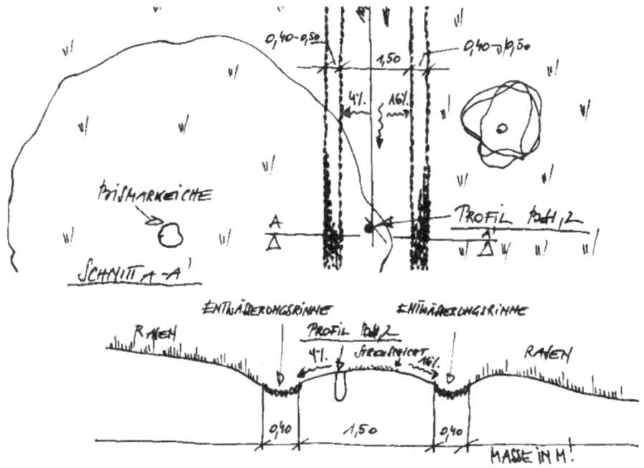

Bauaufnahme: Schnitt und Grundriss

Oberer Bismarkeichenweg, beidseitig mit gepflasterten Rinnen

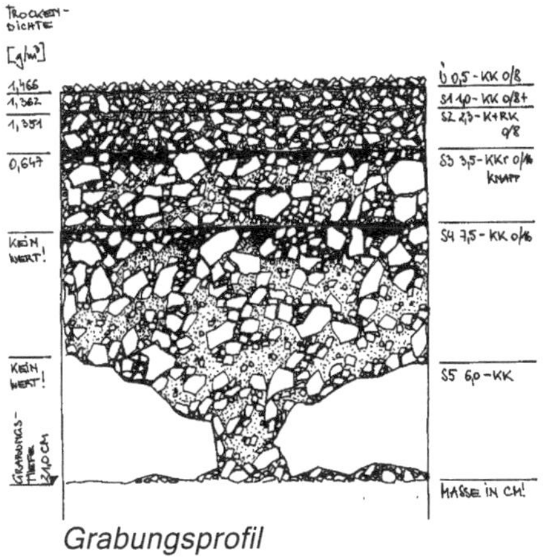

Grabungsprofil

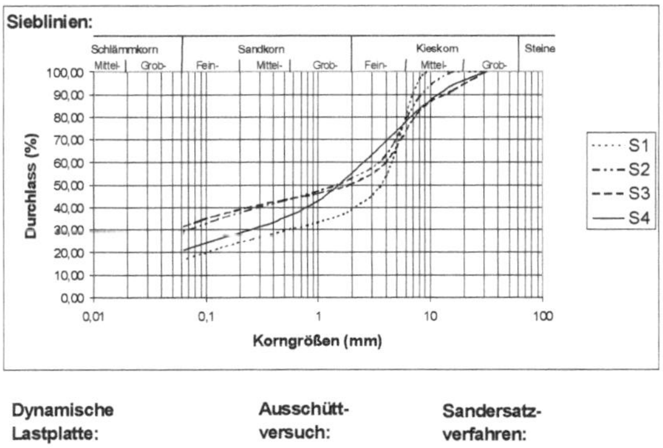

Dynamische Lastplatte:

	Verformungsmodul [MN/m²]
Evd 1:	26,3
Evd 2:	37,3
Evd 2/Evd 1:	1,42

Ausschüttversuch:

Versickerung [s]
43

Sandersatzverfahren:

	Dichte [g/cm³]	Trockendichte [g/cm³]
Ü:	1,490	1,466
S1:	1,413	1,362
S2:	1,369	1,351
S3:	0,786	0,647

VIELSCHICHTIGE BAROCKE FUSSWEGE MIT KONTINUIERLICHER ERHALTUNG

Typ 6 Überformte Fußwege in barocken Bosquettes

Typ 6A Fußwege und Plätze auf Basteischüttungen

Garten	Mirabellgarten, Salzburg
Beispiel	Bühnenraum des Heckentheaters / MI 01
Art der Wegedecke	Wassergebundene Schotterdecke
Aufnahme	28. 05. 02 / AD, GM

Lage, Zonierung

Der keilförmige Bühnenraum des Heckentheaters liegt im Zentrum des Wegelabyrinths. Er ist mit einer Stützmauer und dem Orchestergraben vom Zuschauerraum deutlich abgesetzt und wird von Heckenwänden begrenzt.

Wegeanlage, aktueller Zustand

Die Wegedecke weist eine leichte Längsneigung und eine leichte Bombierung auf. Wasser fließt in Richtung Orchestergraben und in die seitlichen Mulden unter den Heckenwänden ab. Die Wurzeln der Heckenpflanzen liegen vielerorts frei. Die Oberfläche des Weges ist ebenmäßig, gut abgebunden und beim Begehen vergleichsweise weich. An den Rändern ist die Decke etwas vererdet und an der Tropfkante mit Moosen bewachsen.

Schichtaufbau

Zuunterst lagert eine lockergefügte lehmige Schicht aus Rundschotter gemischt mit Ziegelbrocken - vermutlich Material der Basteienschüttung, daran schliesst eine Trag- und Deckschicht aus Rundschotter mit hohem Schlämmkornanteil an. Heute wird die Decke aus einer mächtigen 0/16er Kalkschotter-Schicht (aus dem Tennengebirge) gebildet.

Geschichte des Weges

Das Heckentheater wurde ab 1687 angelegt (Saiko in: ÖGHG 1993, S.150 ff), die Eröffnung fand 1719 (Klisch 1992, S.32 f) statt. Das Heckentheater blieb seither weitgehend unverändert, wenngleich die verschiedenen historischen Karten den Bühnenraum kürzer und breiter darstellen (ebenda, Kartenteil).

Vermutlich ist unter der neuen Deckschicht der originale Wegaufbau mit Trag- und Deckschicht auf der Bastionsschüttung erhalten. Die heutige Deckschicht wurde erst in der zweiten Hälfte des 20. Jahrhunderts aufgebracht.

Nutzung

Von TouristInnen wird das Heckentheater eher selten aufgesucht. Kinder nützen die labyrinthischen Wege mit dem Bühnenraum als Spielort. Aufgrund der Treppen kann das gesamte Areal nicht befahren werden. Für Veranstaltungen wird hier eine Bühne aufgebaut.

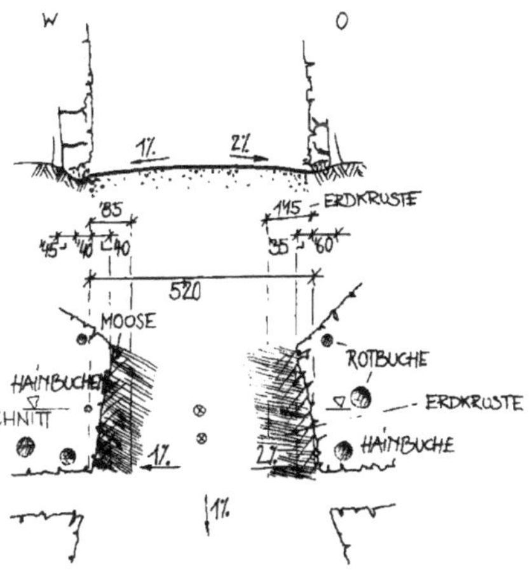

Bauaufnahme: Schnitt und Grundriss

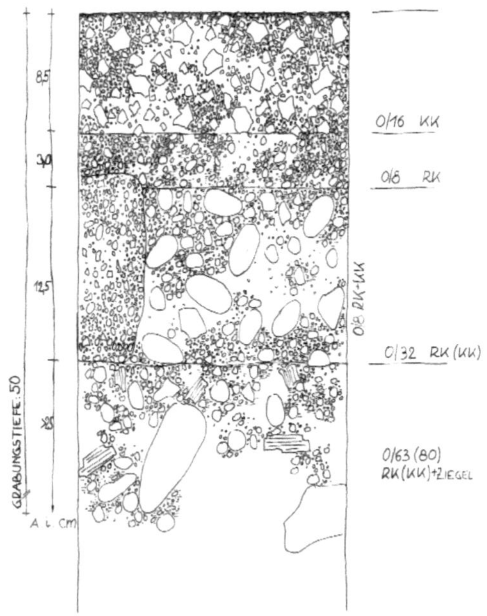

Grabungsprofil

Bühnenraum des Heckenthea-ters im Mirabellgarten

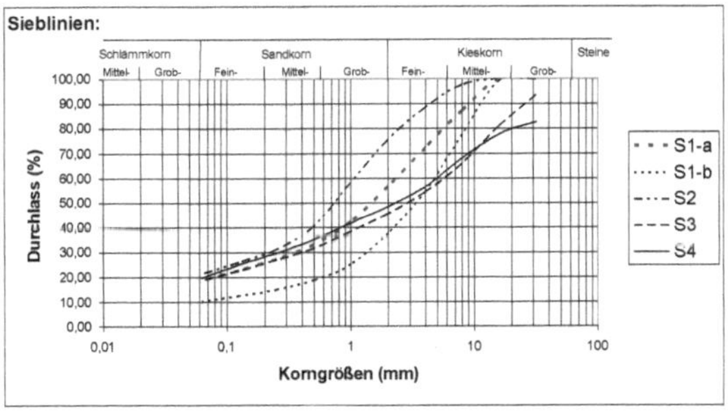

Dynamische Lastplatte:

	mittig	etwas seitlich
	Verformungs-modul [MN/m²]	Verformungs-modul [MN/m²]
Evd 1:	21	17,6
Evd 2:	26,3	23,1
Evd 2/Evd 1:	1,25	1,31

Ausschütt-versuch:

Versickerung [s]
360

Garten	Mirabellgarten, Salzburg
Beispiel	Zuschauerraum im Heckentheater / MI 00
Art der Wegedecke	Wassergebundene Schotterdecke
Aufnahme	19. 10. 01 / UP, PP

Lage, Zonierung

Der rechteckige ‚Zuschauerraum' des Heckentheaters ist über mehrere Stufen direkt vom Parterre erreichbar, ein Orchestergraben trennt ihn von der Bühne. Die Oberkante der Wegedecke liegt deutlich tiefer als die ihn begrenzenden Heckenwände. Bei sommerlichen Veranstaltungen sind in zwei Gruppen Sitzbänke aufgestellt, mittig und seitlich bleiben schmale Gehwege.

Wegeanlage, aktueller Zustand

Die Wegedecke ist zum Orchestergraben hin mit 2,5 % geneigt. Das Querprofil ist eben, die Oberfläche wellig. In der Mitte und seitlich sind Rinnen entstanden, die das Regenwasser vergleichsweise rasch in den Orchestergraben ableiten. Deckschichtmaterial liegt hier lose auf. Vor den Bänken haben die BesucherInnen leichte Mulden ausgescharrt, hier und an den Rändern ist die Decke auch vererdet und Spontanvegetation mit Moosen kommt auf.

Schichtaufbau

Auf kaum verdichtetem Schottermaterial mit extrem hohem Anteil an Feinanteilen - vermutlich die Bastionsschüttung - ist eine grobkörnige Schicht aus Flussschotter gemischt mit kantigem Material aufgebracht. Darüber liegt eine gut verzahnte Tragschicht aus kantengerundetem Material und eine äußerst feinanteilreiche Deckschicht aus Kalkschotter. Die extrem niedrigen Werte des Verformungsmoduls deuten auf die geringe Verdichtung beim Einbau und die aktuell geringe Belastung des Weges hin.

Geschichte des Weges

Das Heckentheater wurdeab 1687 angelegt (vgl. Saiko in: ÖGHG 1993, S.150 ff), die Eröffnung fand 1719 (Klisch 1992, S.32 f) statt. Vermutlich wurde nachträglich - im ersten Drittel des 19. Jh. - mit dem Einbau des Orchestergrabens und der Auflassung der Rasenbänke die Oberkante der Wegedecke erhöht.

Im Wegeprofil ist älteres Tragschichtmaterial, das eventuell bei Anlage des Orchestergrabens eingebaut wurde, erhalten. Darüber findet sich ein neuerer Aufbau mit einer geringmächtigen Trag- und einer Deckschicht.

Nutzung

Von TouristInnen wird das abseits liegende Heckentheater eher selten besucht. Zeitweilig dient der Zuschauerraum aber Touristengruppen als Sammelpunkt und SchülerInnen als Spielort. Aufgrund der Treppen kann das gesamte Areal nicht befahren werden. Eine flexible Überdachung für Veranstaltungen ist in Planung.

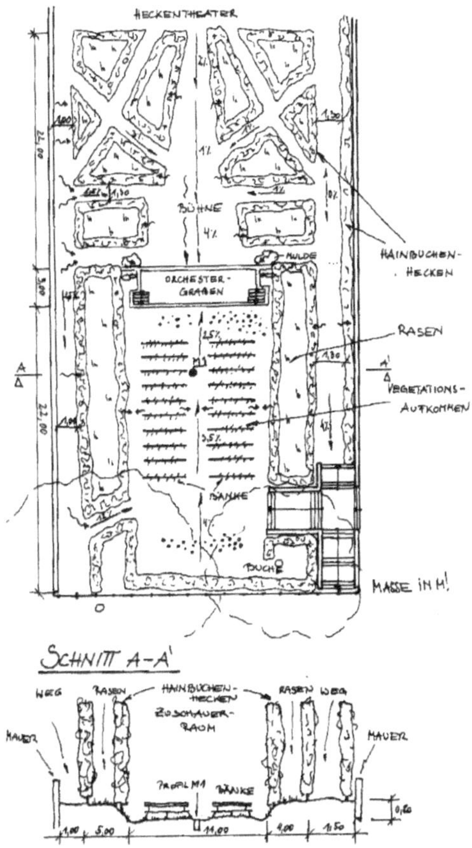

Bauaufnahme: Schnitt und Grundriss

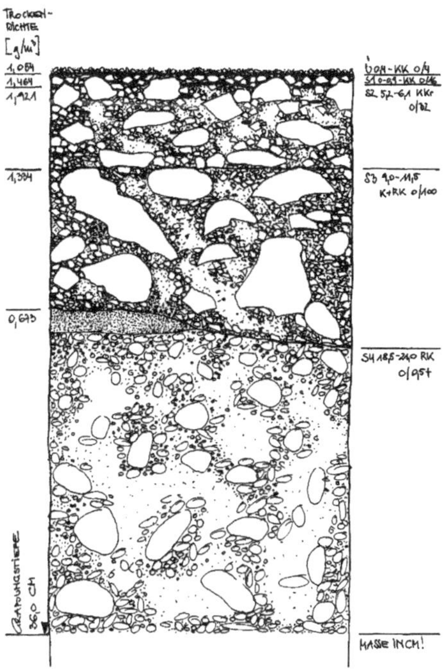

Grabungsprofil

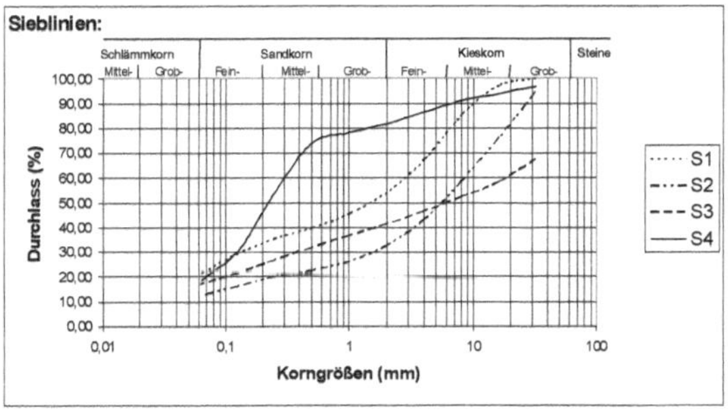

Dynamische Lastplatte:

	Verformungs-modul [MN/m²]
Evd 1:	22,8
Evd 2:	27,5
Evd 2/Evd 1:	1,21

Ausschütt-versuch:

Versickerung [s]
180

Sandersatz-verfahren:

	Dichte [g/cm³]	Trockendichte [g/cm³]
Ü:	1,141	1,054
S1:	1,507	1,464
S2:	2,020	1,921
S3:	1,452	1,334
S4:	0,769	0,673

Typ 6B Fußwege der Bosquettes

Garten	Schönbrunn, Wien
Beispiel	Weg im Boskette ‚beim Fischbassin' / SÖ 01
Art der Wegedecke	Wassergebundene Wegedecke
Aufnahme	05. 06. 02 / AD, GM

Lage, Zonierung

Der Weg führt seitlich neben dem zentralen Platz des Boskettes vorbei. Er ist beiderseits von scheitel- und überscheitelhohen Hecken gesäumt.

Wegeanlage, aktueller Zustand

Im Querprofil ist die Wegedecke eben, allerdings wird Niederschlagswasser relativ rasch von der Decke aufgesogen. Zwischen der Deckschicht und den seitlichen Erdmulden liegt ein etwa 30 cm breiter Streifen aus locker gefügtem Deckschicht- und Streumaterial gemischt mit Erde. Die leicht wellige Decke ist fest abgebundenen, erdig verkrustetet und mit einer vollständigen Streuschicht überzogen.

Schichtaufbau

Eine untere sehr fest gefügte Tragschicht wird aus Rundschotter, gemischt mit Bauschutt, gebildet. Die mit bis 15 cm Länge grössten Brocken liegen zuunterst, den oberen Abschluss bildet feinkörnigeres, lehmig-erdiges Material. Darüber liegt eine fest gefügte Schicht aus 0/32er Kalkbruchschotter mit einer stark vererdeten, feinkörnigeren ehemaligen Deckschicht. Die aktuelle Decke besteht aus weniger festem 0/16er Kalkschotter, der an der Oberkante etwa 2 cm tief erdig verkrustet ist.

Geschichte des Weges

Der Weg wurde mit dem Boskette, vermutlich schon um 1700, angelegt. Der Gartenteil wurde bei der Anlage der Diagonalalleen 1750/55 verändert, das Bassin stammt von 1770/80, die seitlich abzweigenden Rundwege wurden 1950 aufgelassen und in den letzten Jahren wiederhergestellt (vgl. Hajós Beatrix 1995, S.170).

Eine mächtige alte Tragschicht mit Resten von alten runden Deckschichtmaterialien ist unter zwei jüngeren Überfomungen mit gebrochenem Kalkschotter 0/32er erhalten. Vor etwa 3 Jahren (vgl. Hannes 2003, mdl.) wurde die heutige Deckschicht aufgebracht.

Nutzung

Der Weg wird zum Joggen und Spazierengehen genutzt und mit leichten Pflegefahrzeugen befahren.

Pflege

Die Streuschicht wird etwa alle fünf Jahre ergänzt, Spontanvegetation, wo dies nötig ist, zwei bis drei mal jährlich entfernt (vgl. Hannes 2003, mdl.).

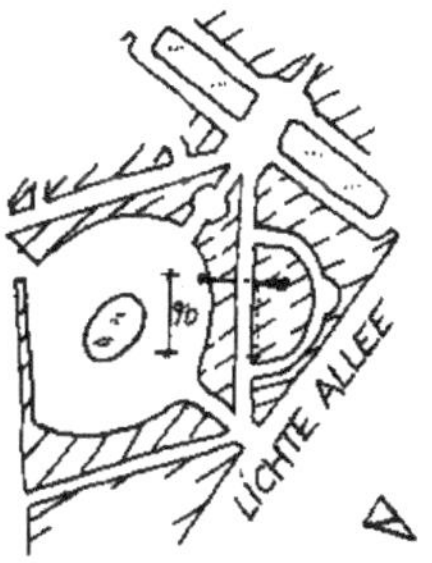

Verortung der Bau-aufnahme

Weg beim Fischbassin Blick Richtung Schloß Schönbrunn

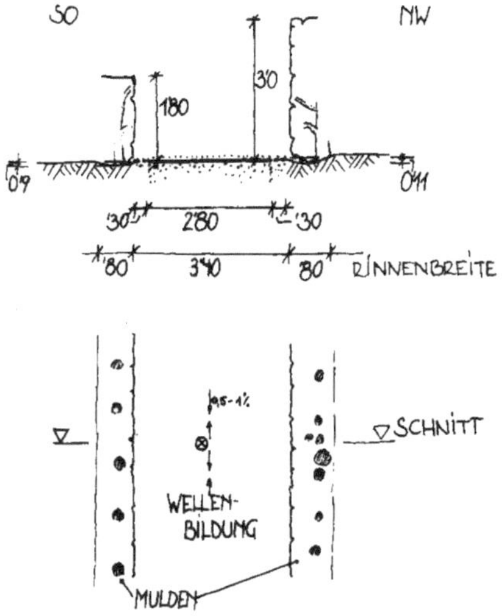

Bauaufnahme: Schnitt und Grundriss

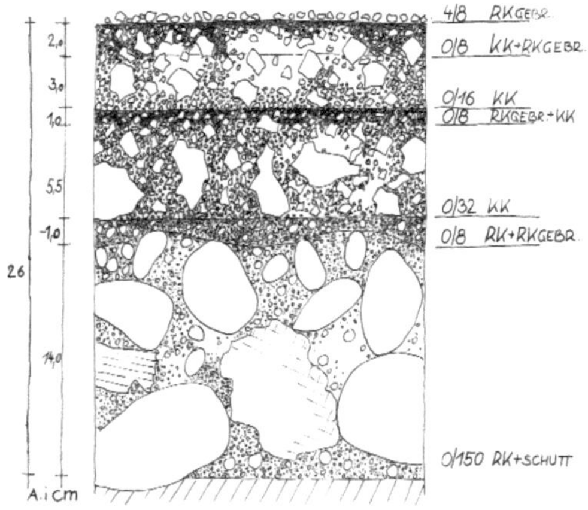

Grabungsprofil

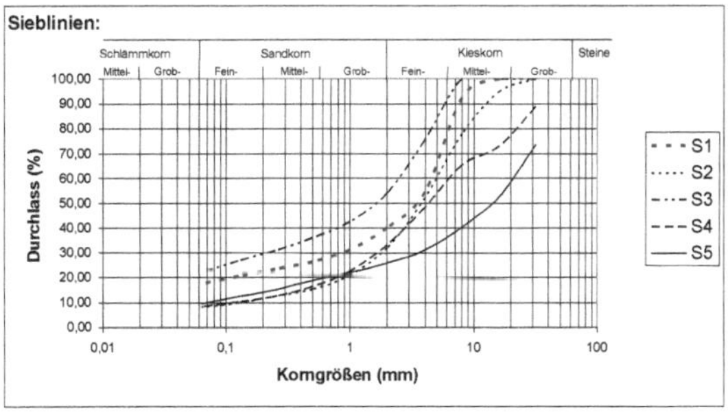

Dynamische Lastplatte:

	Verformungs-modul [MN/m²]
Evd 1:	56
Evd 2:	59,4
Evd 2/Evd 1:	1,06

Ausschütt-versuch:

Versickerung [s]
360

Garten	Schönbrunn, Wien
Beispiel	Weg im Boskette ‚Hietzinger Vertiefung' / SÖ 03
Art der Wegedecke	Wassergebundene Decke
Aufnahme	06. 05. 02 / AD, GM

Lage, Zonierung

An der Aussenseite von einer Heckenwand begrenzt, umschliesst der Weg das Boulingrin der Hietzinger Vertiefung.

Wegeanlage, aktueller Zustand

Die durchgängige Bombierung gewährleistet eine ausreichende Entwässerung in die seitlichen Mulden, wo das Regenwasser rasch versickert. Die ebenmässige Oberfläche und die vollständige Streuschicht tragen zur guten Nutzbarkeit auch für leichtere Fahrzeuge bei. Wellenbildungen, stellenweise Anhäufung von Streumaterial und oberflächliche Abscherungen vor und unter den Bänken beeinträchtigen weder die Nutzbarkeit noch die Stabilität der Decke. Die Werte des Verformungsmoduls sind gut.

Schichtaufbau

Das zuunterst gelagerte Tragschichtmaterial besteht aus fest gefügten verwitterten Flyschsandsteinbrocken, die mit Grobsand verfüllt sind. Feinanteil fehlt weitgehend, in der oberen Hälfte sind auch Ziegelbruchstücke zu finden. Auf dieser Tragschicht liegt eine drei Zentimeter mächtige, teils schwarz gefärbte Lehmschicht. Darüber ist eine Schicht aus Kalkschotter in der Körnung 0/16 aufgebracht.

Geschichte des Weges

Der Weg besteht seit der Anlage des Boskettes in der ersten Hälfte des 18. Jahrhunderts (vgl. Hajós Beatrix 1995, S.27 f).

Nutzung

Begangen ist der Weg eher selten, gerne benützt werden die entlang der Heckenwände aufgestellten Bänke. Befahren wird die Decke bei der Hecken- und Rasenpflege mit Kleintraktoren, Muli und einem Schneidgerüst mittlerer Grösse (400-500 kg) (vgl. Hannes 2003, mdl.).

Pflege

Die Streuschicht wird etwa alle fünf Jahre ergänzt, Spontanvegetation , wo dies nötig ist, zwei bis drei mal jährlich entfernt. Ebenso häufig werden mit einem mechanischem Schneidgerät die Rasenkanten gestochen (vgl. Hannes 2003, mdl.). Im Winter wird nicht geräumt und nicht gestreut.

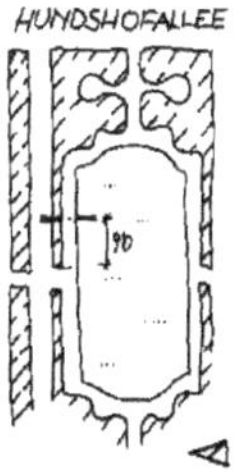

Verortung der Bauaufnahme

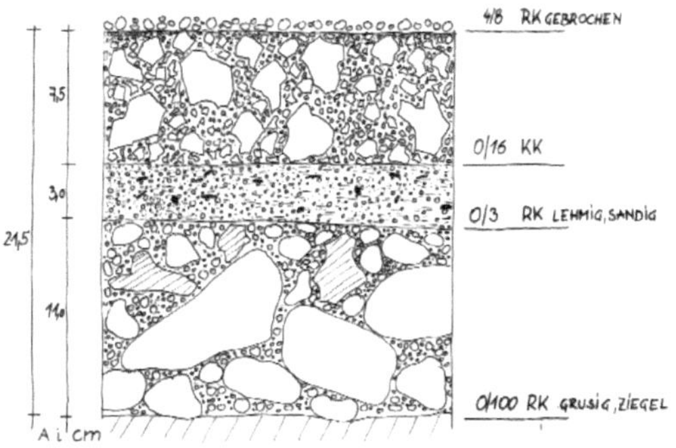

Grabungsprofil

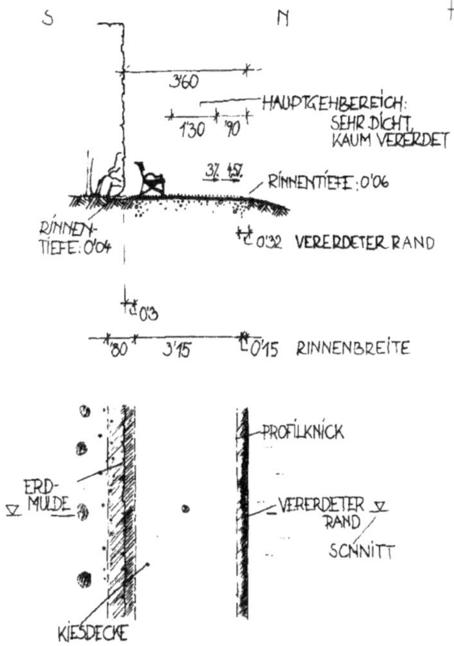

Bauaufnahme: Schnitt und Grundriss

Weg in der Hietzinger Ver-tiefung

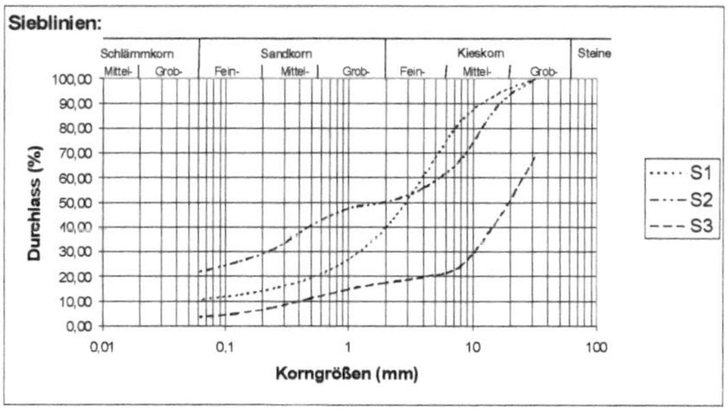

Dynamische Lastplatte:

	Verformungs-modul [MN/m²]
Evd 1:	45,1
Evd 2:	60,8
Evd 2/Evd 1:	1,35

Ausschütt-versuch:

Versickerung [s]
70

Garten	Schönbrunn, Wien
Beispiel	Weg im Fächer / SÖ 05
Art der Wegedecke	Wassergebunden Decke
Aufnahme	17. 05. 02 / AD, GM

Lage, Morphologie, Zonierung

Im Boskette des Fächers führen von einem viertelkreisförmigen Platz aus sternförmig Wege bis zur Tiergartenallee. Diese Wege werden von einem Weg in Form eines Kreisbogen verbunden. Alle Wege sind beidseitig von überscheitelhohen Hecken begrenzt. Untersucht wurde der Aufbau eines sternförmigen Weges.

Wegeanlage, aktueller Zustand

Der Weg ist eben oder nach beiden Seiten leicht geneigt. Der befestigte Teil ist deutlich schmäler als die lichte Breite des Weges, an den Grenzen zwischen Erdboden und Schotterdecke haben sich kleine Erdwülste gebildet. Die Decke ist stellenweise stark vererdet und besonders unter den Baumkronen vermoost. Wasser kann kaum abrinnen und weicht die Decke stark auf; an manchen Stellen sind Fahrspuren eingedrückt.

Schichtaufbau

Der Gesamtaufbau des Weges ist vergleichsweise gering: Die Tragschicht besteht aus bis 9 cm grossen verwitterten Flyschsandsteinbrocken mit lehmigen Anteilen, beigemischt sind kleine Ziegelstücke. Die grössten Steine sind eher flach und sehr dicht gelagert. Die Deckschicht in 0/16 er Kalkschotter ist in halber Höhe und an der Oberkante vererdet. Niedrige Werte des Verformungsmoduls zeigen die geringe Aufbaustärke und folglich die geringe Belastbarkeit des Weges.

Geschichte des Weges

Das Boskette ist seit der Anlage 1760 (vgl. Hajós Beatrix 1995, S.178) in der Struktur unverändert.

Die Tragschicht ist der Rest eines alten - eventuell ursprünglichen - Wegeaufbaues auf dem in den letzten Jahrzehnten eine neue Deckschichte aufgebracht wurde. Die letzte Deckschichterneuerung liegt zumindest 15 Jahre zurück (vgl. Hannes 2003, mdl.).

Nutzung

Der Fächer wird äußerst selten von SpaziergängerInnen aufgesucht. Befahren wird er für die Hecken- und Baumpflege mit dem Spaliergerüst und sehr selten mit Kleintraktoren (vgl. Hannes 2003, mdl.).

Pflege

Die Streuschicht wird etwa alle 5 Jahre mit 4/7 er Brechkorn ergänzt.

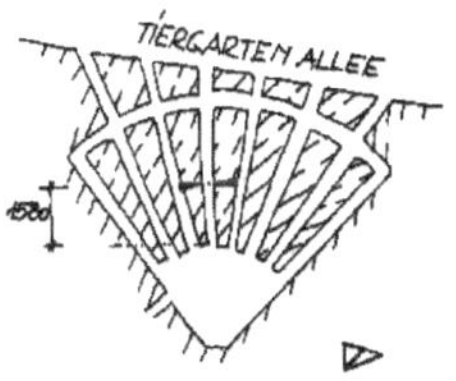

Verortung der Bauaufnahme

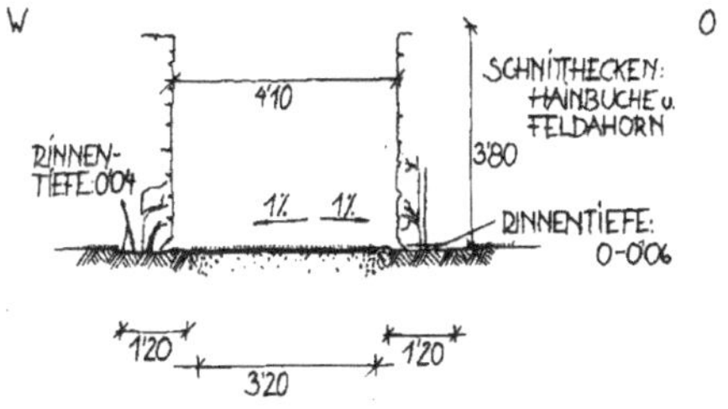

Weg im Fächer

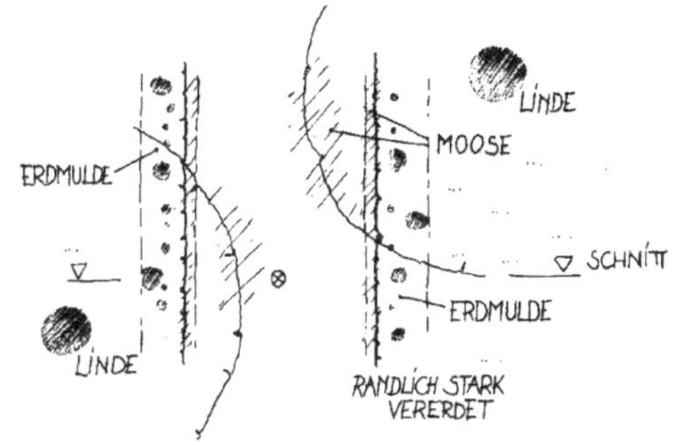

Bauaufnahme: Schnitt und Grundriss

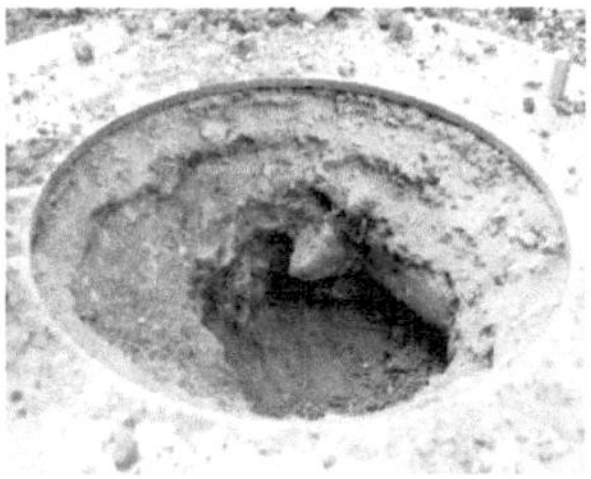

Grabungsprofil des Weges im Fächer

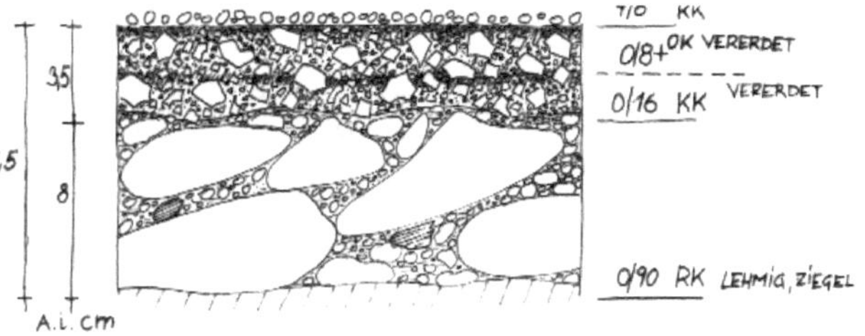

Grabungsprofil

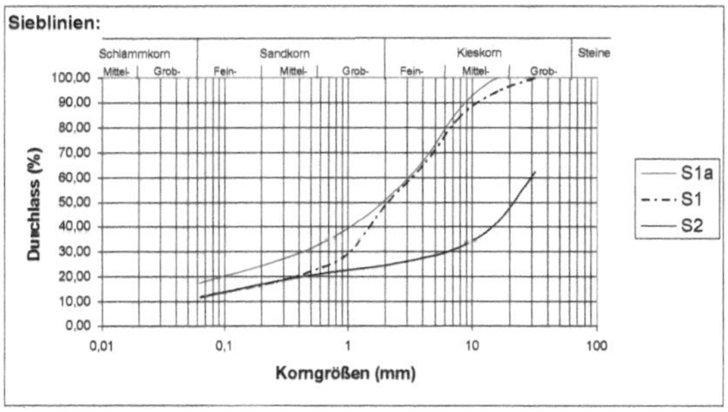

Dynamische Lastplatte:	mittig	randlich
	Verformungs-modul [MN/m²]	Verformungs-modul [MN/m²]
Evd 1:	34,5	18,9
Evd 2:	42,4	23,2
Evd 2/Evd 1:	1,23	1,23

Ausschütt-versuch:
Versickerung [s]
300

Garten	Schönbrunn, Wien
Beispiel	Kleiner Buchengang / SÖ 02
Art der Wegedecke	Wassergebundene Decke
Aufnahme	06. 05. 02, AD, GM

Lage, Zonierung

Der schmale Gang führt entlang der Hietzinger Vertiefung, entlang dem Hietzinger Kobel und eines Teils der Postwiese. Er mündet im Osten in die Hundshofallee und im Westen in die Kastanienallee.

Wegeanlage, aktueller Zustand

Die durchgängige Bombierung entwässert den Weg in die seitlichen Erdmulden, die in oder etwas vor der Pflanzlinie liegen. Eine 3 mm starke Erdkruste überzieht die Deckschicht, randlich ist sie mit Moosen bewachsen. Aus der fest abgebundenen Decke ragen grössere Steine einen knappen Zentimeter hervor, die Streuschicht ist unvollständig.

Schichtaufbau

Unter 0/32er Kalkbruchschotter finden sich bindige Schichten aus ton- bzw. schluffreichem Rundschotter gemischt mit kantigem Material: Die obere Schicht mit Korngrössen bis zwei Zentimeter ist etwas sandiger und von Feinwurzeln durchzogen. Die untere Schicht mit bis über 6 cm grosse Flyschsandsteinbrocken lagert auf dem anstehenden Boden aus sandigem Lehm.

Geschichte des Weges

Der Kleine Buchengang besteht seit der Anlage der Boskettes rund um die Hietzinger Vertiefung in der ersten Hälfte des 18. Jahrhunderts (vgl. Hajós Beatrix 1995, S.27 f). Ein Teil dieser Boskettes wurde mit der Verlängerung der Hundshofallee kurz nach 1755 abgetrennt, im 20. Jahrhundert wurde der Buchengang bis zur Kastanienallee verlängert (vgl. Hajós Beatrix 1995, S.172).

Auf dem alten zweischichtigen Aufbau wurde vor etwa 15-20 Jahren eine neue Schotterschicht aufgebracht (vgl. Hannes 2003, mdl.).

Nutzung

An heissen Sommertagen bietet der Kleine Buchengang eine besonders kühle Alternative zur Finsteren Allee, ist ansonsten aber wenig begangen. Mit Kleintraktoren, Muli und einem Schneidgerüst mittlerer Grösse (400-500 kg) wird der Weg selten befahren (vgl. Hannes 2003, mdl.).

Pflege

Dieser Weg benötigt kaum laufende Pflege: aufgrund der Beschattung kommt nur wenig Spontanvegetation auf, die Beanspruchung ist gering, Winterdienst wird hier nicht durchgeführt.

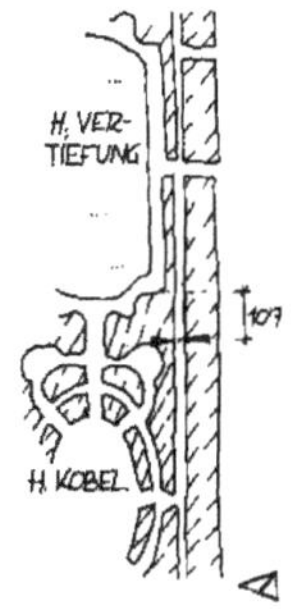

Verortung der Bauaufnahme

Blick in den Kleinen Buchengang

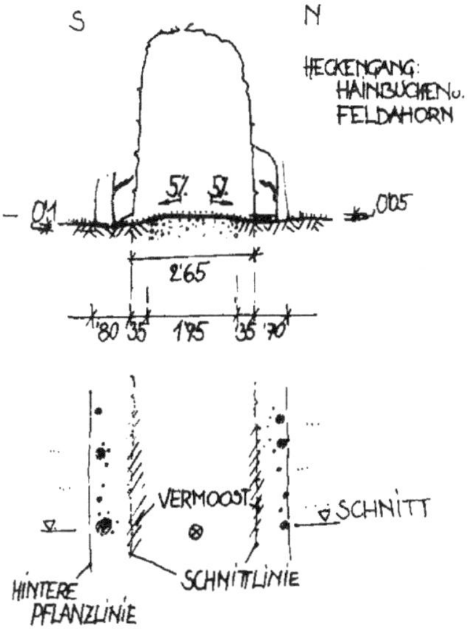

Bauaufnahme: Schnitt und Grundriss

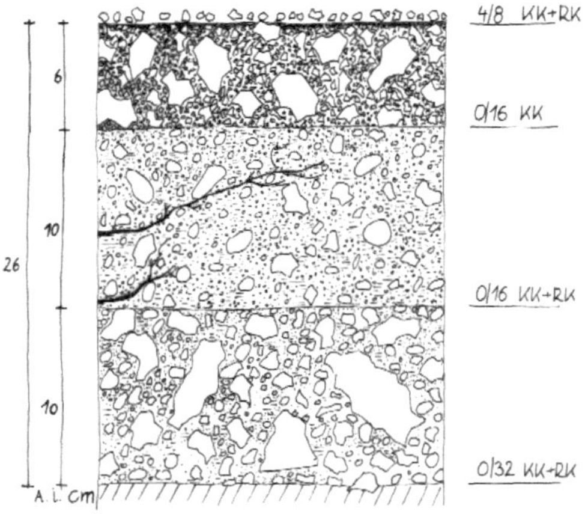

Grabungsprofil

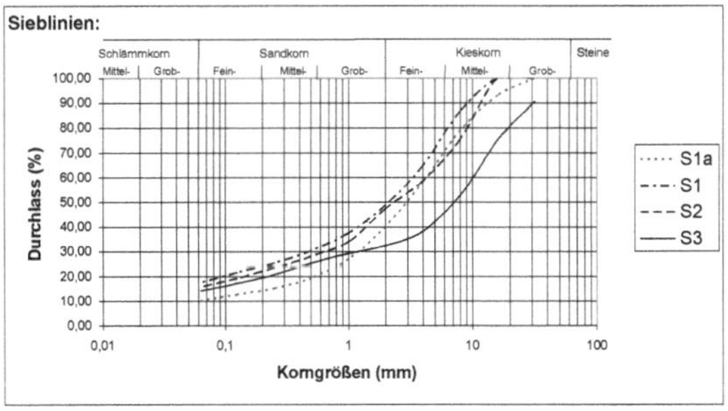

Dynamische Lastplatte:

	Verformungs-modul [MN/m²]
Evd 1:	44
Evd 2:	48,7
Evd 2/Evd 1:	1,11

Ausschütt-versuch:

Versickerung [s]
240

Typ 7 Stark überformte Wege aus dem Barock

Garten	Belvedere, Wien
Beispiel	Östlicher Weg im oberen Parterre / BE 01
Art der Wegedecke	Wassergebundene Schotterdecke mit beidseitigen gepflasterten Rinnen
Aufnahme	09. 07 02 / EH, KF

Lage, Zonierung

Der Weg führt seitlich an den Parterrefeldern vorbei und ist beidseitig mit gepflasterten Rinnen ausgestattet. Aussen grenzt er an ein schmales Rasenband und eine Brüstungshecke, die entlang der abfallenden Stützmauer der seitlichen Rampe gepflanzt ist.

Wegeanlage, aktueller Zustand

Der Weg ist bombiert, Wasser wird beidseitig in die Rinnen abgeleitet. Die Decke nimmt nur langsam Feuchtigkeit auf. Aus der griffigen Decke treten teils grössere Steine hervor, sie ist vollständig mit Streu bedeckt. Nur an einzelnen Stellen sind aufgrund hoher Belastungen Dellen entstanden.

Schichtaufbau

Die Deckschicht besteht aus 0/16er Material mit geringem Sandanteil. Darunter sind Schichten mit ausgeglicheneren Siebkurven aus vorwiegend rundem Schotter, die teils Schutt enthalten, eingebaut. Darunter liegt ebenfalls rundes Tragschichtmaterial. Der Weg ist, ähnlich häufig befahrenen Beispielen, relativ stark verdichtet.

Geschichte des Weges

Das Parterre wurde mit der Gesamtanlage am Beginn des 18. Jahrhunderts angelegt. Durch mehrere Veränderungen bzw. Rekonstruktionen und vor allem aufgrund der Bombentreffer des Zweiten Weltkriegs ist von starken Eingriffen in den Wegeaufbau auszugehen. Die Rinnen sind erst Mitte des 19. Jahrhunderts hinzugekommen.

Die Deckschicht wurde erst kürzlich erneuert. Das Material der darunter liegenden Schichten stammt vermutlich aus der Entstehungszeit, wurde bei Instandsetzungen aber umgelagert und verändert.

Nutzung

Mit der Nähe zum Oberen Belvedere gehört das Parterre zu den von Touristen häufiger aufgesuchten Gartenteilen. Während der Arbeiten zur Rekonstruktion der Parterrefelder wurde der Weg mit schweren Baufahrzeugen befahren.

Pflege

Die Vegetation wird ein bis zwei mal pro Jahr mit Hilfe des Yorkrechens entfernt, die Rasenkanten werden regelmäßig geschnitten. Die Decke wird gelegentlich mit dem Splitt aus der Winterstreuung ergänzt. (vgl. Herr Leitzinger, mdl.)

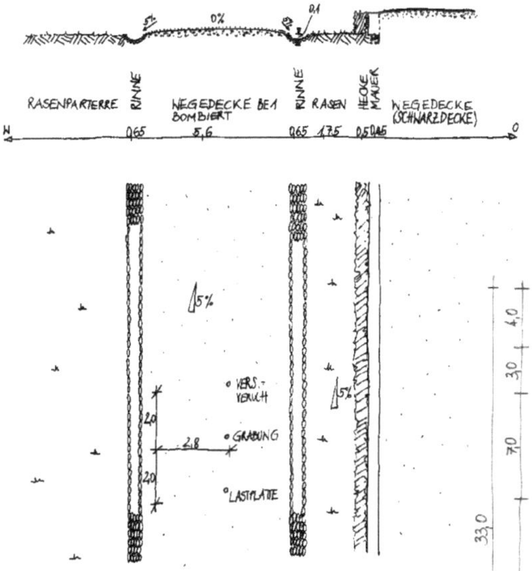

Bauaufnahme: Schnitt und Grundriss

Östlicher Weg im Oberen Parterre des Belvedere

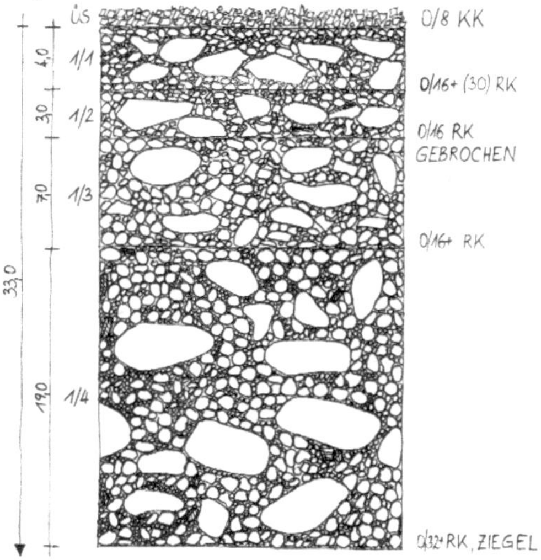

Grabungsprofil

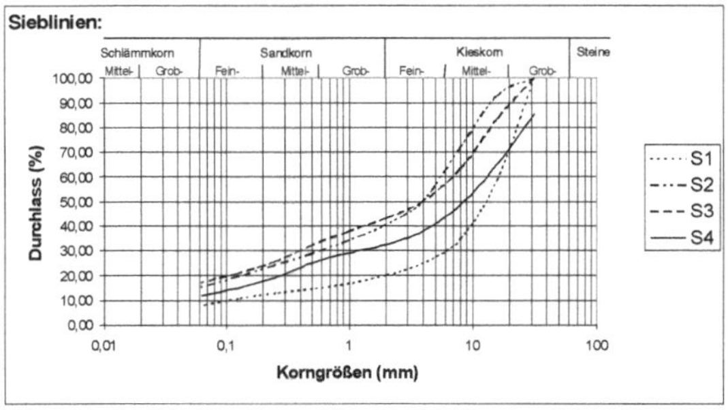

Dynamische Lastplatte:

	Verformungs-modul [MN/m²]
Evd 1:	61
Evd 2:	71,2
Evd 2/Evd 1:	1,17

Ausschütt-versuch:

Versickerung [s]
720

Garten	Belvedere, Wien
Beispiel	Nebenweg der Mittelachse im Unteren Parterre / BE 02
Art der Wegedecke	Wassergebundene Schotterdecke
Aufnahme	09. 07. 02 / EH, KF

Lage, Zonierung

Der Weg ist durch ein Rasenband mit Eibenkegeln vom achsialen Hauptweg getrennt und gegen das Bosquette mit einer Heckenwand abgegrenzt.

Wegeanlage, aktueller Zustand

Längs- und Querprofil sind eben, an den Rändern befinden sich Mulden. Niederschlagswasser muss zu einem Großteil in die gering aufnahmefähige Decke versickern. Die Wegekante wird von einem Metallband gebildet. Die Decke ist hart, die dicke Streuschicht erschwert die Berollbarkeit.

Schichtaufbau

Die obersten Schichten bestehen aus leicht lösbarem Kalkschotter, wobei die feinkörnigere Decke einen besonders hohen Feinanteil aufweist. Darunter lagert feinanteilreiches Rund- und Kantkorn auf grobem Rundschotter und Bauschutt. Die hohen Werte des Verformungsmoduls spiegeln die starken Belastungen des kaum vorverdichteten Weges wider (hoher Verhältniswert Evd2 : Evd1).

Geschichte des Weges

Der Weg wurde mit der Anlage des Gartens zu Beginn des 18. Jahrhunderts gebaut. Eingriffe in den Wegeaufbau sind aber wahrscheinlich. Bei der Rekonstruktion wurde die Wegoberkante um etwa 20 cm abgesenkt.

Die untersten beiden Schichten könnten noch auf die Entstehungszeit zurückgehen, die beiden obersten Schichten wurden erst seit der letzten Renovierung aufgebracht.

Nutzung

Der Bereich wird regelmäßig von SpaziergeherInnen aufgesucht und mit Klein-LKW befahren. Derzeit sind die Belastungen aufgrund der Renovierung der Statuen sehr hoch.

Pflege

Ein bis zwei mal jährlich wird die Vegetation entfernt, die Decke wird gelegentlich mit dem Splitt aus der Winterstreuung ergänzt (vgl. Leitzinger 2002, mdl.)

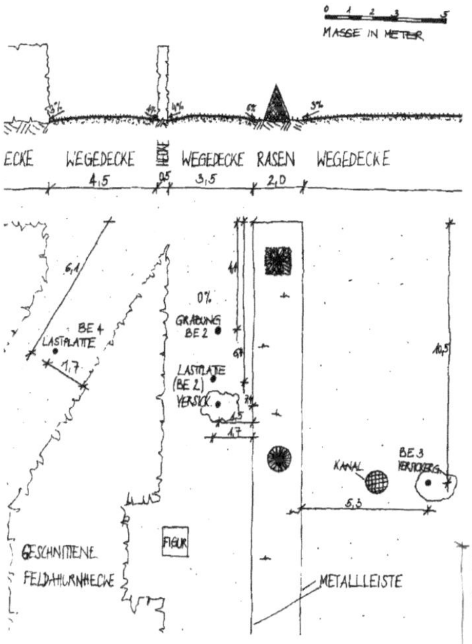

Bauaufnahme: Schnitt und Grundriss

Blick auf den Nebenweg der Mittelachse des Unteren Parterres des Belvedere

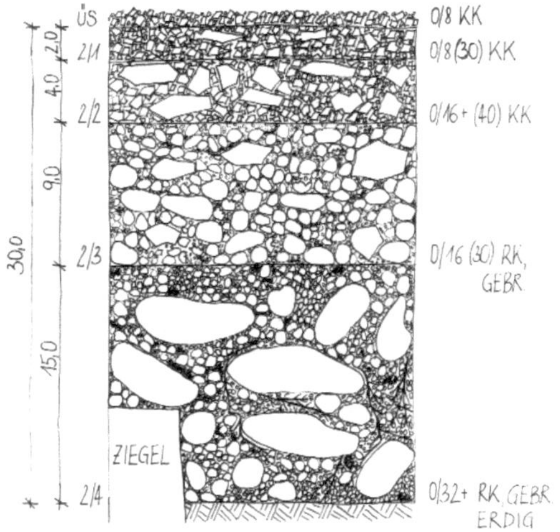

Grabungsprofil

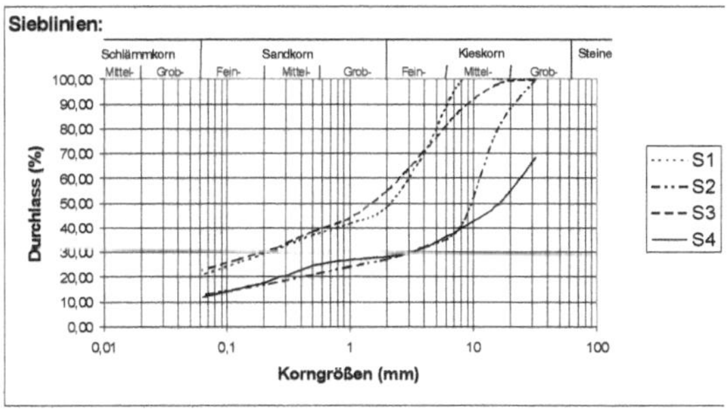

Dynamische Lastplatte:	Nebenweg	Hauptachse	Weg im Boskette	**Ausschütt-versuch:**
	Verformungs-modul [MN/m²]	Verformungs-modul [MN/m²]	Verformungs-modul [MN/m²]	Versickerung [s]
Evd 1:	36,6	42,8	54,7	1160
Evd 2:	59,5	68,2	82,4	
Evd 2/Evd 1:	1,63	1,59	1,51	

VIELSCHICHTIGE STARK BEGANGENE HAUPTWEGE

Typ 8 Straße mit Packlage aus dem Beginn des 20. Jh.

Garten	Bauernberganlagen, Linz / Oberösterreich
Beispiel	Fahrbahn der Bernardisstraße / BB 08 und 09
Art der Wegedecke	Basalt-Steinschlag mit bituminöser Decke
Aufnahme	12. 06. 02 / AD, GM, EH, KF

Lage, Zonierung

Die Bernardisstraße führt in gleichmäßiger Steigung in einer Schlangenlinie vom tiefsten zum höchsten Punkt der Anlage. Sie ist beiderseits mit Gehsteigen ausgestattet.

Wegeanlage, aktueller Zustand

Die Straße ist bombiert und weist ein Längsgefälle von etwa 7 % auf. Die Decke ist an vielen Stellen geflickt und teils aufgebrochen. Dort liegen lose Basaltschroppen oder Schotter an der Oberfläche. Wasser wird in die beidseitigen, gepflasterten Rinnen und Einläufe abgeleitet oder es versickert langsam in den Schlaglöchern. Die Bordsteine haben sich gesenkt.

Schichtaufbau

Mit einem Gesamtaufbau von 35 cm lagert auf einer Packlage aus Granit eine Tragschicht aus Rundschotter. Darüber bildet etwas feineres Rundschottermaterial die Bettung für die gleichmäßig dicht gesetzten Basaltschroppen. Eine mit Splitt überstreute bituminöse Decke macht den Abschluß.

Geschichte des Weges

Die Fahrbahn der Bernardisstraße wurde schon bei der Anlage des Gartens zu Beginn des 20. Jahrhunderts errichtet, die beidseitigen Rinnen sowie Bord und Gehsteige wurden vermutlich erst später ergänzt.

Packlage und Tragschicht sind wahrscheinlich Teil des originalen Aufbaus mit eingewalzten Basaltschroppen als Decke. Die bituminöse Decke stammt aus dem Jahr 1954 (Wagner 2002, mdl.).

Nutzung

Die für den Verkehr gesperrte Fahrbahn dient als Spazierweg. Zur Pflege wird die Bernardisstraße auch mit schweren LKW's und Baufahrzeugen befahren. Für manche PKW-Lenker dient die Straße trotz des verhängten Fahrverbotes als Abkürzung.

Pflege

Auf der Bernardisstraße wird regelmäßig das Laub entfernt und im Winter mit großen Räumfahrzeuge der Schnee weggeschoben. Die Schlaglöcher der alten Bitumendecke werden gelegentlich, ohne vorheriges Nachsetzen der Basaltschroppen, mit Asphalt verfüllt.

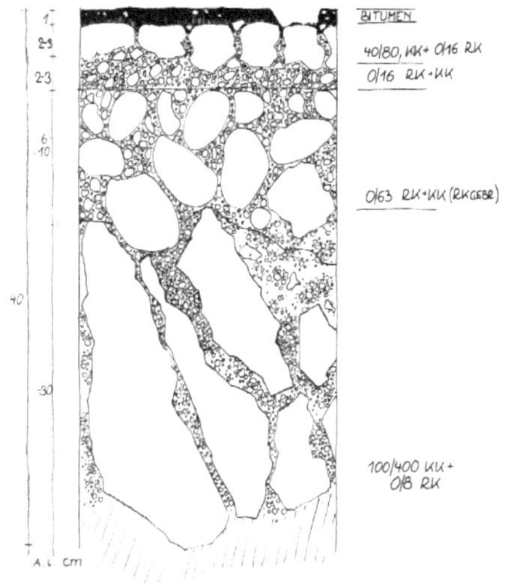

Grabungsprofil BB 08

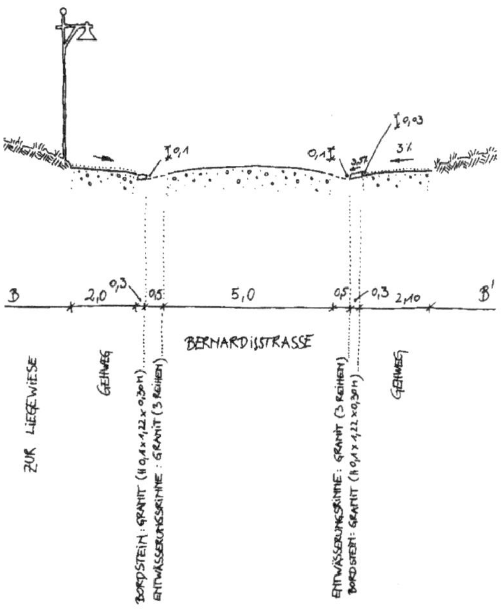

Bauaufnahme: Schnitt und Grundriss BB 08 + 09

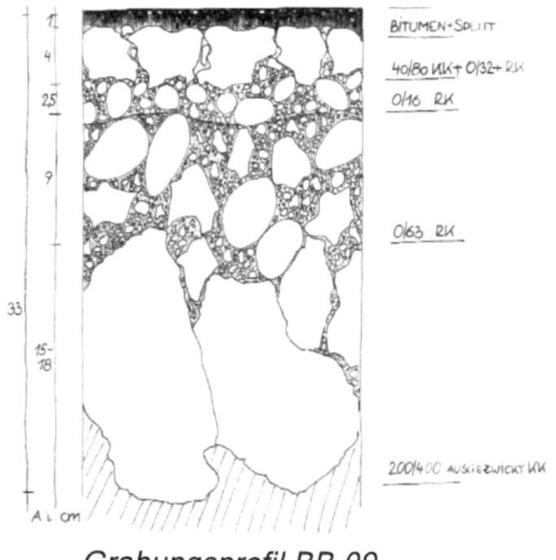

Grabungsprofil BB 09

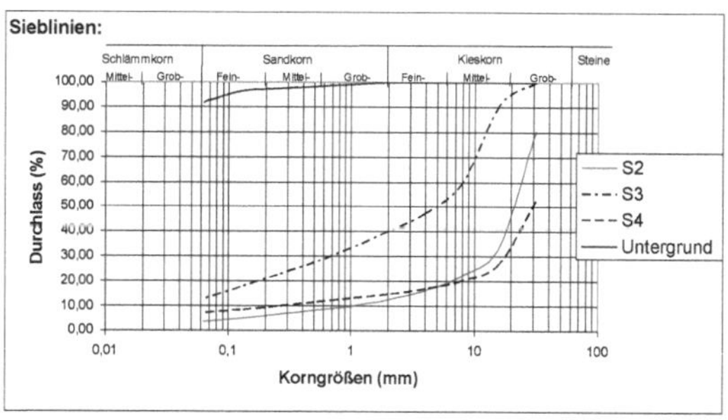

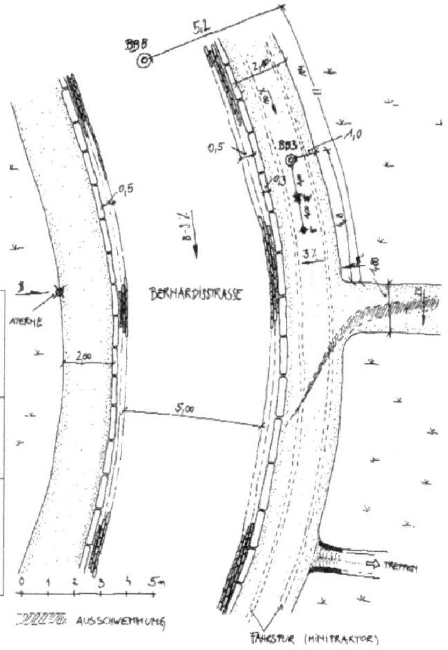

Wegeanlage BB 08 + 09

Dynamische Lastplatte:

	Verformungsmodul [MN/m²]
Evd 1:	83
Evd 2:	106,6
Evd 2/Evd 1:	1,28

Ausschüttversuch:

Versickerung [s]
560

Typ 9 Intensiv begangene und befahrene Hauptwege (Parterrewege, Fahrstraßen, große Alleen und Plätze)

Typ 9A Steile Fahrwege

Garten	Schönbrunn, Wien
Beispiel	Weg zum Tirolerhof / SÖ 07
Art der Wegedecke	Wassergebundene Wegedecke mit beidseitigen gepflasterten Rinnen
Aufnahme	14. 05. 02 / AD, GM

Lage, Zonierung

Der Tirolerweg führt in der Verlängerung der diagonalen Taubenhausallee vom Ende des grossen Parterres in kontinuierlicher Steigung hinauf zum Tirolergarten.

Wegeanlage, aktueller Zustand

Der Weg weist eine Steigung von 8 % auf. Er ist stark überhöht und entwässert mit einem seitlichen Quergefälle von 7-8 % rasch beidseitig in die gepflasterten Rinnen. Das Wasser wird von in regelmässigen Abständen angelegten querenden Kanälen seitlich abgeleitet. Die Einläufe sind mit Steinplatten abgedeckt. Die Rinnen sind in ihrer Tiefenlinie stellenweise mit Asphalt bedeckt, von den steil abgestochenen Rasenkanten rieselt immer wieder Erde ein. Die Rinnenpflasterung im unteren Wegabschnitt bricht an der Aussenseite und vom Weg her an den Rändern ein. Daneben sind Fahrspuren eingedrückt und Wulste entstanden, Streumaterial sammelt sich hier an. In der Mitte ist die Wegedecke etwas erhöht, sehr fest und gut abgebunden, aber staubig. Die Belastungswerte sind, vergleichbar stark befahrenen Wegen und Alleen, sehr hoch.

Geschichte des Weges

Mit den Diagonalalléen wurde 1750/55 am Schönbrunner Berg ein Netz orthogonaler und diagonaler Schneisen angelegt. Vermutlich stammt der Weg ebenfalls aus dem 18. Jahrhundert, die Rinnen wurden jedoch erst Mitte des 19. Jahrhunderts eingebaut.

Die letzte Erneuerung fand vor etwa 20 Jahren statt: Die alte Decke wurde damals abgezogen und mit neuem Material in einer Schichtstärke von etwa 5-10 cm ergänzt. Die ehemals gemauerten unter der Wegoberkante verlaufenden Querschläge wurden durch Betonrohre ersetzt. Ein Grossteil der seitlichen Rinnen wurde vor etwa 15 Jahren neu gesetzt (vgl. Hannes 2003, mdl.).

Nutzung

Begangen wird der Tirolerweg häufig. Besonders beansprucht wird er aber in seiner Funktion als Fahrstrasse zum Tirolergarten. Vor allem während der Bauarbeiten im Zuge von Restaurierungen (Neptunbrunnen u.a.) muss er Schwerlastverkehr standhalten.

Pflege

Im Winter wird der Weg intensiv gesandet (vgl. Hannes 2003, mdl.).

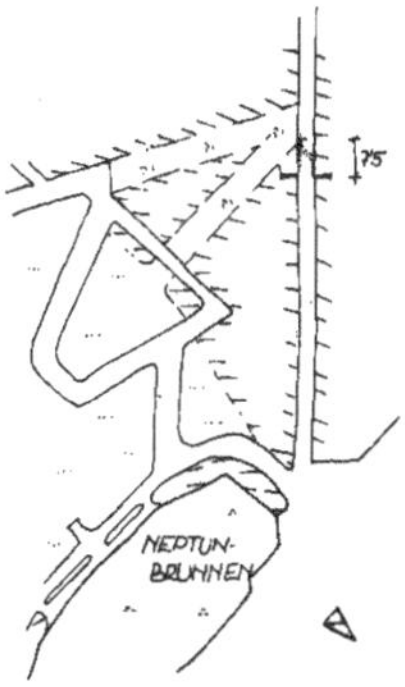

Verortung der Bauaufnahme

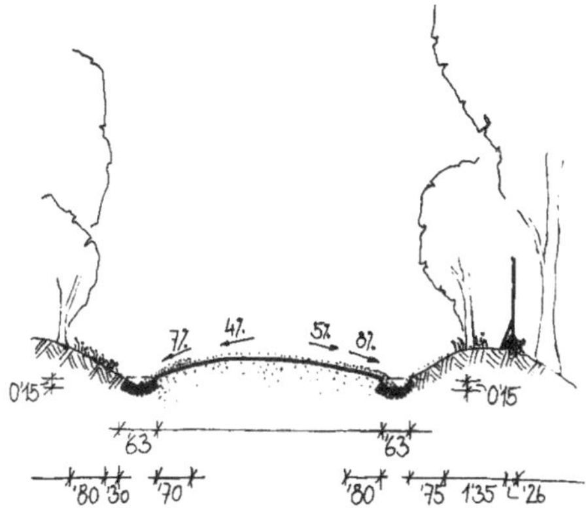

Tirolerweg Richtung großes Parterre

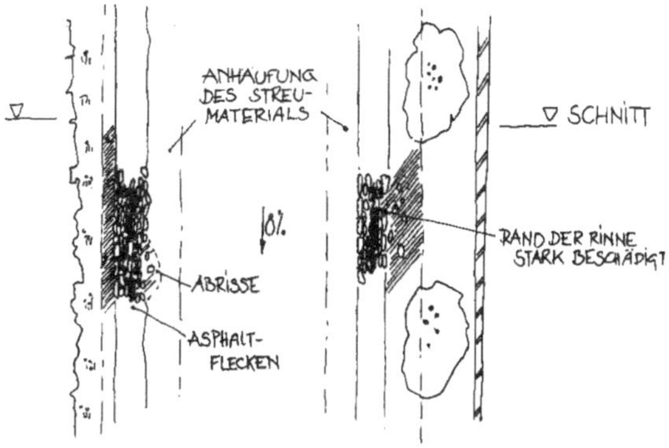

Bauaufnahme: Schnitt und Grundriss

Dynamische Lastplatte:	Fahrbahnmitte	Fahrbahnrand
	Verformungs-modul [MN/m²]	Verformungs-modul [MN/m²]
Evd 1:	87,5	35,4
Evd 2:	117,8	56,1
Evd 2/Evd 1:	1,35	1,58

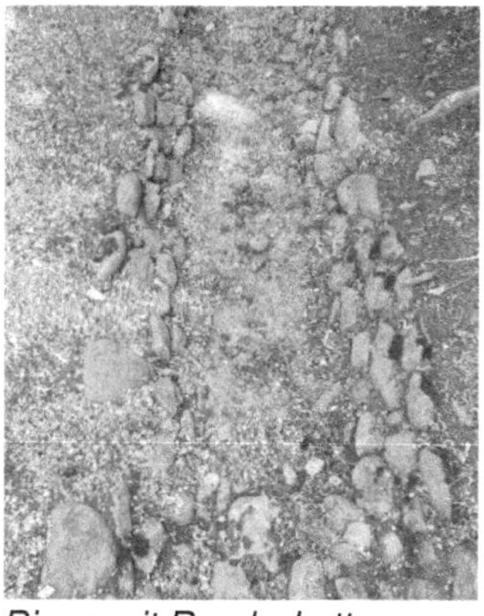

Rinne mit Rundschotter ausgepflastert

Garten	Bauernberganlagen, Linz / Oberösterreich
Beispiel	Steiler Weg in der unteren Kurve der Bernardisstraße / BB 06
Art der Wegedecke	Wassergebundene Schotterdecke mit einseitiger gepflasterter Rinne
Aufnahme	06. 02 / KF, EH

Lage, Zonierung

Der Weg verläuft mit etwa 13 % Steigung in der Falllinie und kürzt als wichtige Fußwegeverbindung die untere Kurve der Bernardisstraße ab.

Wegeanlage, aktueller Zustand

Im Querprofil ist der Weg zur hangseitigen Rinne hin leicht geneigt. Die Rinne ist aus Granitsteinen gesetzt. Teils sind leichte Ausschwemmungen zu erkennen. Die Wasserableitung funktioniert nicht ausreichend. Die Decke ist hart, die große Menge an Streumaterial macht den Weg rutschig.

Schichtaufbau

Auf dem lehmigen Untergrund lagert eine grobkörnige Tragschicht mit hohem Feinanteil und eine etwas kleinkörnigere vermischt mit Ziegelbrocken. Darauf ist eine Deckschicht mit extrem hohem Feinanteil aufgebracht. Eine weitere Tragschicht aus Kalkbruchschotter mit ausgeglichener Sieblinie und eine vererdete grobe Kalkschotterdeckschicht lagern zuoberst. Die Werte des Verformungsmoduls entsprechen dem eines leichten Fahrweges.

Geschichte des Weges

Der Weg ist schon zu Beginn des 20. Jahrhunderts angelegt worden - die Rinne wurde erst in den 60er Jahren ergänzt (Wagner 2002, mdl.) und um 2000 erneuert (Stütz 2002, mdl.).

Vermutlich ist im Grabungsprofil ein vollständiger älterer Wegaufbau mit Frost-, Trag- und Deckschicht zu sehen. Aufgrund der starken Steigung des Weges ist aber davon auszugehen, dass der Wegeaufbau laufend erneuert werden musste und dabei auch verändert wurde. Bei der jüngsten Erneuerung vor zwei bis drei Jahren wurde auf der alten Deckschicht eine neue Trag- und Deckschicht aus Kalkschotter aufgebracht.

Nutzung

Der Weg ist eine gerne benützte fußläufige Verbindung. Auch befahren wird er mit dem Traktor, im Winter wird auch - teils mit dem Unimog - Schnee geräumt.

Pflege

An diesem steilen Weg muss nach Starkregenfällen die abgeschwemmte Decke erneuert werden. Seit vor einigen Jahren die Rinne erneuert wurde, sind allerdings keine größeren Schäden mehr entstanden. Wie die anderen Wegedecken am Bauernberg wird auch hier 2-3 mal jährlich die Vegetation und Laub regelmäßig mit dem Gebläse entfernt.

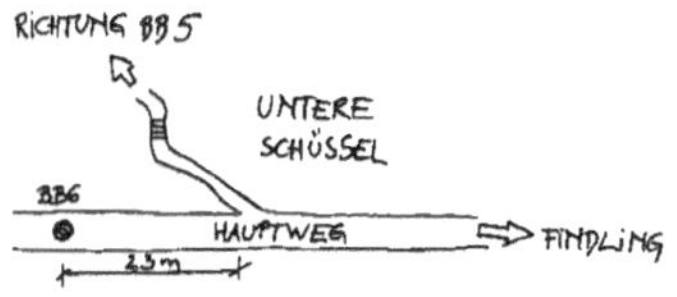

Verortung der Bauaufnahme

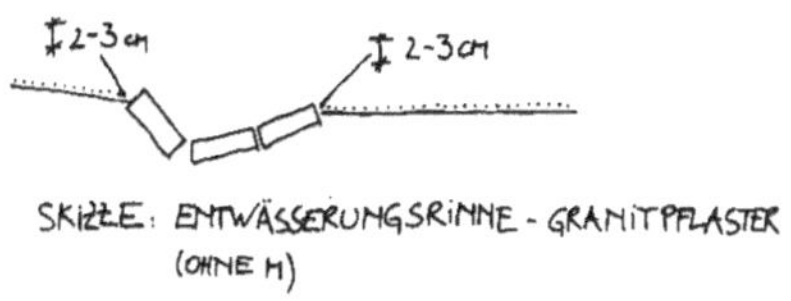

Detail: Rinne

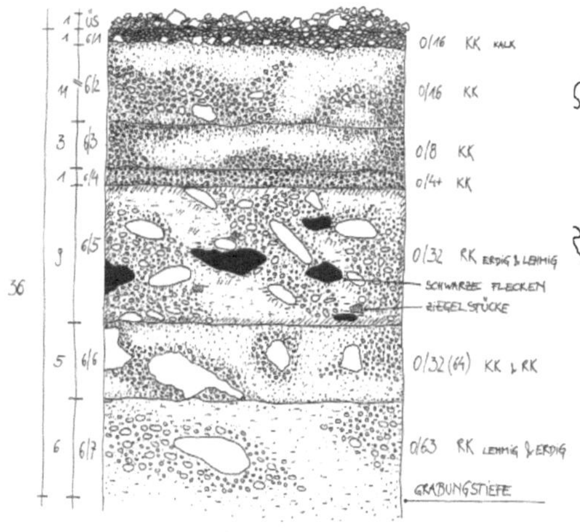

Grabungsprofil

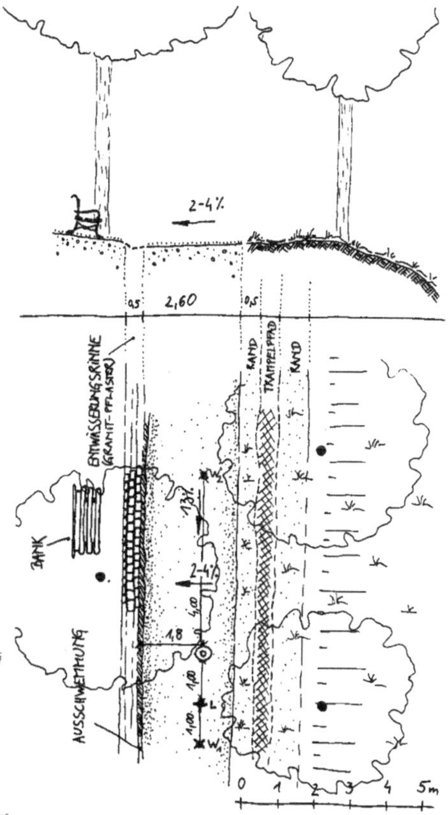

Bauaufnahme: Schnitt und Grundriss

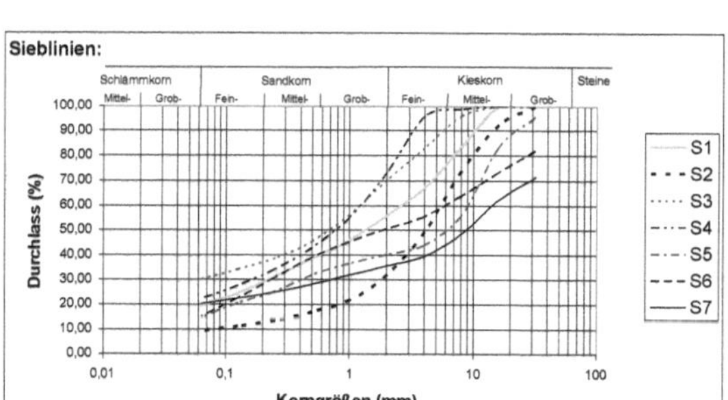

Steiler Hauptweg mit Erosionsrinnen

Dynamische Lastplatte:

	Verformungs-modul [MN/m²]
Evd 1:	48,8
Evd 2:	67,2
Evd 2/Evd 1:	1,38

Ausschütt-versuch:

Versickerung [s]
980

S6:	0,118	0,113
S7:	0,376	0,370

Typ 9B Intensiv begangene Parterrewege, barocke Alleen und gering befahrene Fahrstrassen

Garten	Schönbrunn, Wien
Beispiel	Großes Parterre / SÖ 08
Art der Wegedecke	Wassergebundene Schotterdecke
Aufnahme	16. 05. 02 / AD, GM

Lage, Zonierung

Der Wegabschnitt liegt in der südlichen Hälfte und hier an der Ostseite des Großen Parterres. Der 14 m breite Wegabschnitt wird von einer Heckenwand und einem Parterrefeld begrenzt.

Wegeanlage, aktueller Zustand

Der Weg ist leicht bombiert, zum Parterrefeld hin stellenweise auch eben. Die Entwässerung erfolgt beidseitig in Erdmulden, an den Ecken der Parterrefelder befinden sich Einläufe. Der Grossteil des Wassers muss allerdings von der Decke aufgenommen werden. In Mulden bilden sich daher schnell Wasserlacken und Verschlämmungen, besonders in unmittelbarer Nähe der Parterrefelder und ihrer Sprinkleranlagen. Die Deckschicht ist wellig und vollständig mit Streumaterial bedeckt, Spontanvegetation und Moose kommen nur in den Erdmulden vor den Heckenwänden auf. Die Wegoberfläche ist griffig, bei trockenem Wetter staubt das dicht angesammelte Abriebmaterial. In der Mitte und zur Heckenwand hin ist die Verdichtung des Wegeaufbaues sehr hoch, der Aufbau gegenüber Belastung aber nachgiebig.

Schichtaufbau

Der Wegaufbau ist stark differenziert und vermutlich recht mächtig. Alle Schichten sind sehr dicht gelagert - was sich in den hohen Verdichtungswerten widerspiegelt. Zuunterst der ergrabenen Schichten lagert auf Rundschotter eine äußerst lehmige Schicht aus Rundschotter, Kantkorn und Schutt. Eine vier Zentimeter mächtige Lehmschicht trennt sie von einer weiteren Tragschicht aus ähnlichem Material. Eine feinkörnige, erdig-lehmige Schicht grenzt sie von mehreren sehr festgefügten Schichten aus 0/16er Dolomitbruchschotter ab.

Geschichte des Weges

Die südliche Hälfte des Parterres wurde bei der Erweiterung des Gartens 1750-55 angelegt (vgl. Hajós Beatrix 1995, S. 81 ff). Am Ort der Grabung blieb der Weg bestehen auch wenn die Parterrefelder mehrfach umgestaltet wurden und von gröberen Eingriffen auch in den Wegeaufbau auszugehen ist.

An der Schichtung ist ein verschütteter Aufbau mit zwei Tragschichten und einer lehmigen Ausgleichsschicht zu erkennen, der aus dem Beginn des 19. Jh. stammen könnte (s. dazu Kap. 10,Überformungen barocker Wege'). Darüber ist ein weiterer Aufbau mit Trag- und Deckschicht erhalten. Dass in mehreren Phasen auch immer

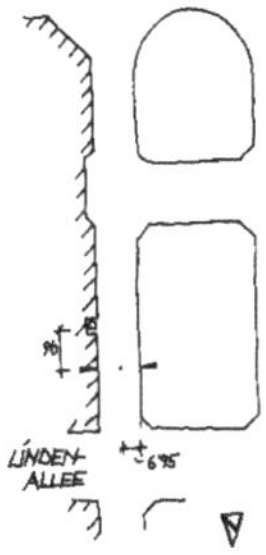

Verortung der Bauaufnahme

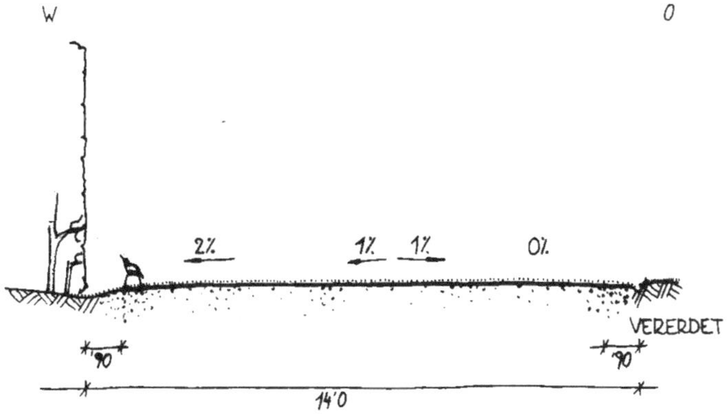

Bauaufnahme: Schnitt und Grundriss

Grabungsstelle im Großen Parterre

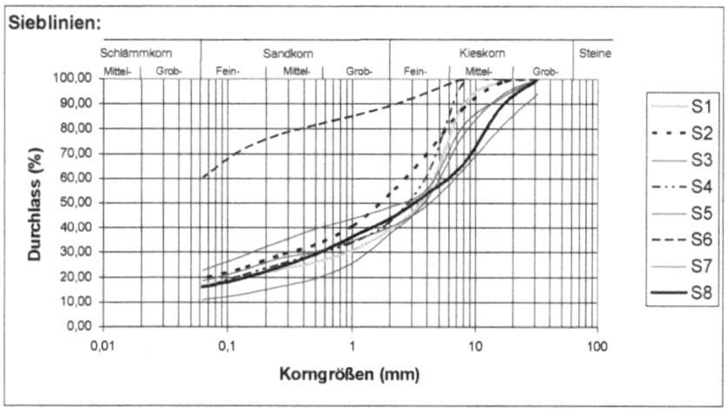

Dynamische Lastplatte:	randlich bei Hochhecke	mittig	randlich bei Parterrefeld	Ausschüttversuch:
	Verformungsmodul [MN/m²]	Verformungsmodul [MN/m²]	Verformungsmodul [MN/m²]	Versickerung [s]
Evd 1:	63,9	59,7	77,6	360
Evd 2:	142,4	128,6	80,4	
Evd 2/Evd 1:	2,23	2,15	1,04	

Das Grabungsprofil der Untersuchungen im Großen Parterre

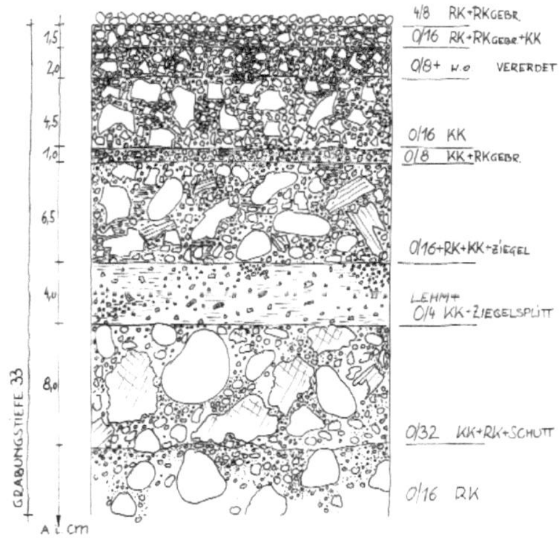

Grabungsprofil

wieder Tragschichten eingebaut worden sind, deutet auf die traditionell hohen Belastungen dieses Weges hin. Aus den letzten Jahrzehnten sind mehrere Deckschicht-Ergänzungen vorhanden.

Nutzung

Das Parterre ist besonders von Touristen sehr stark frequentiert und von zahlreichen, teils schweren Pflege- und Transportfahrzeugen beansprucht. Im betreffenden Abschnitt wird häufig, allerdings eher nur mit Pflegefahrzeugen gefahren. Hohe Punktlasten bewirken auch die grossen Schneidegerüste (Gewicht bis zu 7 t) beim Heckenschnitt. Die FußgeherInnen-Frequenz ist hier etwas niedriger als beim Zugang zum Tiergarten oder vor der Schlossfassade.

Pflege

Am Parterre wird aufgrund der Wellenbildung im Abstand von etwa 4-5 Jahren die Deckschicht abgezogen, der Weg neu profiliert und mit Walzen von 11 t Wirkung verdichtet. Spontanvegetation wird etwa einmal pro Jahr mit dem York-Rechen entfernt. Winterdienst erfolgt nur auf dem mittleren und den querenden Wegen (vgl. Rinderbauer 2002, mdl., Hannes 2003, mdl.).

Panoramabild des Großen Parterres

Garten	Neuwartenburg, Gemeinde Timelkam, Oberösterreich
Beispiel	Allee zum Schloss Neuwartenburg / NW 01
Art der Wegedecke	Wassergebundene Schotterdecke
Aufnahme	16. 06. 02 / AD, GM

Lage, Zonierung

Die Zufahrt mit doppelter Allee führt von der Gemeindestraße zum Ehrenhof. Die Abstände der Baumreihen entsprechen etwa dem Verhältnis 1:2:1. Die Wegedecke ist gute drei Meter breit und liegt über dem Niveau der unter den Bäumen befindlichen Wiesenbrache.

Wegeanlage, aktueller Zustand

Die Zufahrt weist kein Längsgefälle auf, im Querprofil sind deutliche Fahrspuren, und dort wiederum Schlaglöcher entstanden. Wasser muss großteils vom Weg aufgenommen werden und bleibt in den Löchern stehen. An der Oberfläche liegen lose Steine, seitlich und zwischen den Fahrspuren wächst üppig Vegetation hoch. Der Wert des Verformungsmoduls ist zwar hoch, der Aufbau im Gesamtvergleich aber extrem nachgiebig.

Schichtaufbau

Unter einer in den letzten Jahren immer wieder ergänzten Deckschicht aus Kalkbruch lagern dünne Schichten aus Rundschotter. Diese obersten 10 cm setzen sich deutlich von den darunter liegenden lehmigen, schwer lösbaren Schichten aus Rundkorn-Material ab. Die oberste dieser Schichten ist sehr erdig und stauend. Weiter unten sind den gröberen Schottern auch Ziegel beigemischt, das Material hat einen deutlich geringeren Feinanteil. Die Sieblinien nähern sich denen guter Tragschichten. Darunter sind große Steine als Packlage dicht gesetzt.

Geschichte des Weges

Der Garten wurde um 1730 angelegt. Ab einer Tiefe von etwa 10 cm liegt ein älterer Wegaufbau mit eine Art Steinpackung, zwei Tragschichten und einer stark vererdeten Deckschicht begraben. Erst mit den jüngeren Erneuerungen dürfte der Weg stark über das Niveau der angrenzenden Flächen gehoben worden sein.

Nutzung

Dieser privaten Weg dient vorwiegend als PKW-Zufahrt zu mehreren Wohneinheiten und muss etwa bei Renovierungsarbeiten am Schloss auch schwere Lasten tragen.

Pflege

Die wüchsige Spontanvegetation wird etwa zwei mal pro Jahr gemäht, immer wieder werden Schlaglöcher mit Schotter notdürftig aufgefüllt.

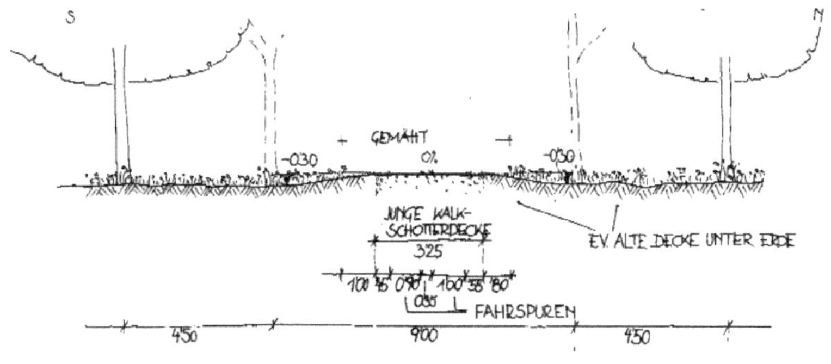

Bauaufnahme: Schnitt

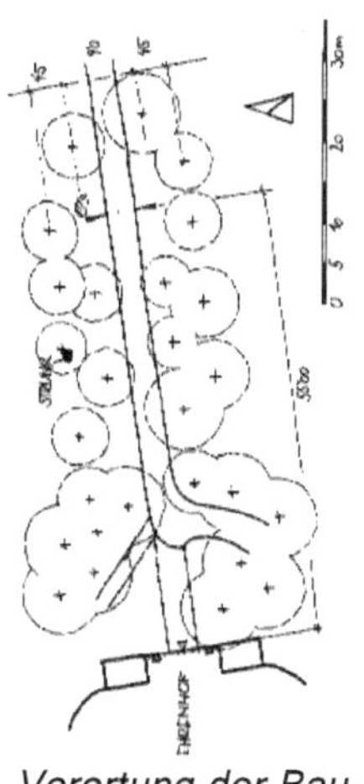

Verortung der Bauaufnahme

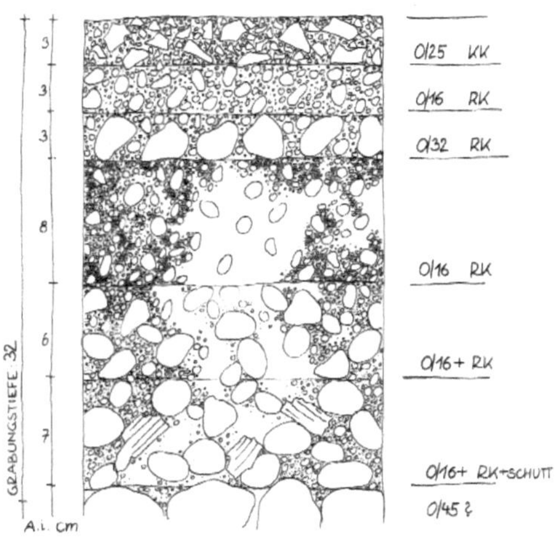

Grabungsprofil

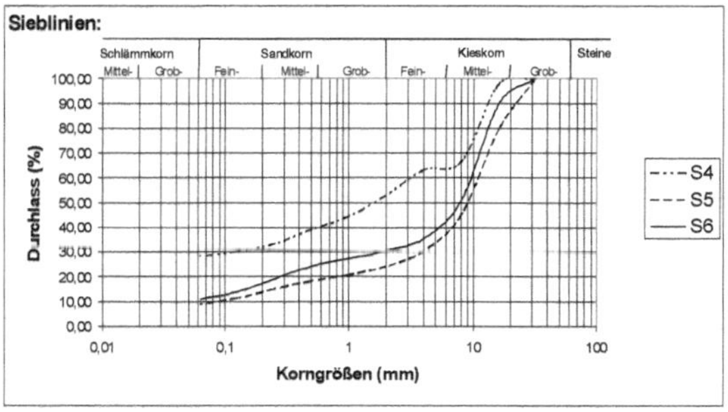

Dynamische	Fahrspur	Mittelstreifen
	Verformungs-modul [MN/m²]	Verformungs-modul [MN/m²]
Evd 1:	35,5	30,3
Evd 2:	72,8	47,4
Evd 2/Evd 1:	2,05	1,56

Ausschütt-versuch:
Versickerung [s]
kein Versuch

Garten	Hellbrunn, Salzburg
Beispiel	Fichtenallee / HE 03
Art der Wegedecke	Wassergebundene Schotterdecke
Aufnahme	19. 10. 01 / PP, UP

Lage, Zonierung

Die Fichtenallee führt in der Verlängerung der mittleren Achse des Wasserparterres Richtung Schloss Goldstein. Der Weg ist auf einer Breite von drei Metern befestigt, die Baumreihen sind etwa in neun Meter Abstand gepflanzt. In den Reihen stehen die Bäume in Abständen von etwa sieben Metern, so dass etwas Licht auf den Weg fällt.

Wegeanlage, aktueller Zustand

Der Weg ist leicht längs-, stellenweise auch quergeneigt und sanft bombiert. Das Wasser fließt grösstenteils in die tiefer liegenden Wiesenflächen ab. Die Oberfläche ist grobkörnig aber fest abgebunden. Auffällig ist ein extrem hoher organischer Eintrag, Spontanvegetation wandert allerdings nur zögerlich von den Rändern her ein.

Schichtaufbau

Zuunterst lagern auf gröberem Material feinkörnigere, sehr feinanteilreiche Schichten. Das Material besteht vorwiegend aus Bruchschotter. Darüber lagert eine dünne Schicht Tragschichtmaterial noch unter einem nach Korngrößen gestuften dicht gelagertem Aufbau aus Kalkschotter. In den Schichten finden sich Beimengungen organischen Materials, die Decke ist lehmig. Der Aufbau ist sehr nachgiebig (hoher Verhältniswert), wird jedoch regelmässig belastet, was sich in einem hohem Wert des Verformungsmoduls widerspiegelt.

Geschichte des Weges

Der Weg wurde vermutlich 1735 angelegt, eine Fichtenallee wurde wahrscheinlich ebenfalls damals gepflanzt (Bigler 1996, S.113). Der Weg erfuhr mehrere Trag- und Deckschichterneuerungen.

Nutzung

Der Weg ist intensiv von SpaziergängerInnen und LäuferInnen genützt, befahren wird er mit Pflegefahrzeugen.

Pflege

Nach Informationen des Leiters der Gartenunterhaltung wurde vor 2 Jahren Deckschichtmaterial (Kalkschotter vom Tennenbegirge) aufgebracht. Im Winter wird 4/8er Kantkorn gestreut (vgl. Siebenhofer 2002, mdl.).

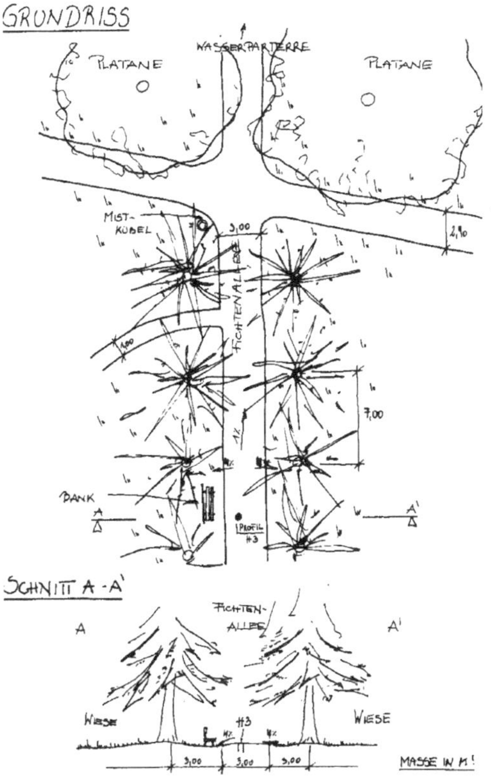

Bauaufnahme: Schnitt und Grundriss

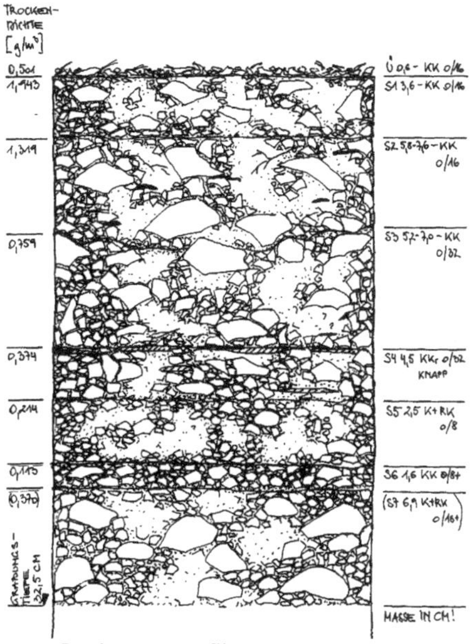

Grabungsprofil

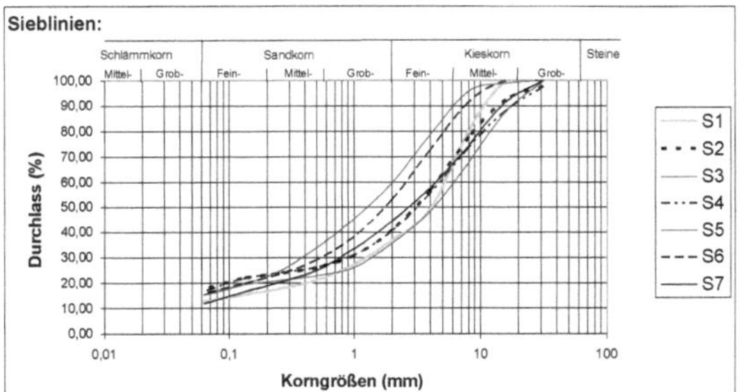

Dynamische Lastplatte:

	Verformungs-modul [MN/m²]
Evd 1:	29,0
Evd 2:	61,3
Evd 2/Evd 1:	2,11

Ausschüttversuch:

Versickerung [s]
900

Sandersatzverfahren:

	Dichte [g/cm³]	Trockendichte [g/cm³]
U:	0,519	0,501
S1:	2,054	1,943
S2:	1,413	1,319
S3:	0,802	0,759
S4:	0,400	0,374
S5:	0,226	0,214
S6:	0,118	0,113
S7:	0,376	0,370

Blick in die Fichtenallee

Garten	Hellbrunn, Salzburg
Beispiel	Kastanienallee / HE 04
Art der Wegedecke	Wassergebundene Schotterdecke
Aufnahme	18. 10. 01 / PP, UP

Lage, Zonierung

Die Kastanienallee verbindet die Schlossachse mit der Fichtenallee. Die östliche Baumreihe steht auf der Böschungsoberkante zur Liegewiese.

Wegeanlage, aktueller Zustand

Der Weg ist eben und auch im Querprofil nur an manchen Stellen und hier sehr flach geneigt. Die Deckschicht weist Dellen und Schlaglöcher auf. In den Mulden bleibt Wasser stehen. Die Oberfläche ist hart, grobkörnig und inhomogen.

Schichtaufbau

Auf lehmigem Rundschotter lagern leicht lösbare Schichten aus rundem und kantigem Material. Sie unterscheiden sich in der Körnung und im Feinanteil, der in der weiter oben liegenden Schicht besonders hoch ist. Der unebene Abschluss dieser Schicht wird durch die nächste Lage, bestehend aus Rundschotter, ausgeglichen. Darauf sind in ihrer Körnung abgestufte Schichten aus Kalkbruchschotter aufgebracht. Die Werte des Verformungsmoduls sind extrem hoch, besonders die oberen Schichten sehr dicht, allerdings ist der Aufbau gegenüber Belastungen nachgiebig.

Geschichte des Weges

In verschiedenen alten Ansichten ist die Kastanienallee bis zur Abzweigung nach Südwesten Teil einer alten Wegeverbindung, die auch als Allee dargestellt ist. Die heutige Bepflanzung mit Kastanien ist aber vermutlich deutlich jünger.

Auf den älteren Schichten wurde vor etwa 10 Jahren (vgl. Siebenhofer 2002, mdl.) ein geringmächtiger Aufbau mit Trag- und Deckschicht aufgebracht.

Nutzung

Die Kastanienallee wird immer wieder mit LKW's und PKW's befahren, auch die FußgeherInnenfrequenz ist aufgrund des nahen Spielplatzes und der angrenzenden Liegewiese hoch.

Pflege

Die Schneeräumung erfolgt mit dem Metallpflug, Laub wird weggeblasen.

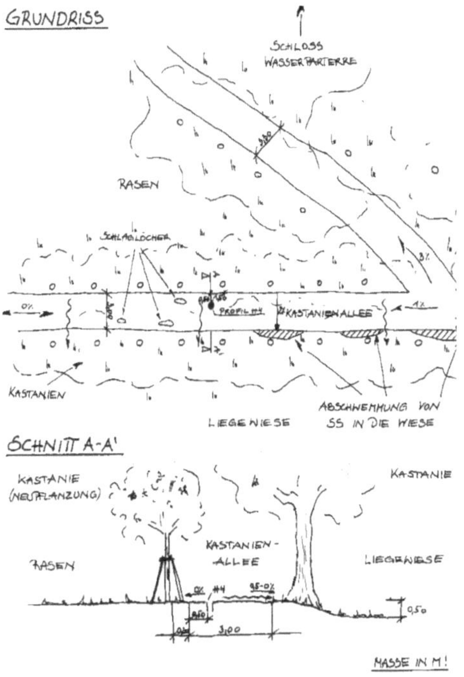

Bauaufnahme: Schnitt und Grundriss

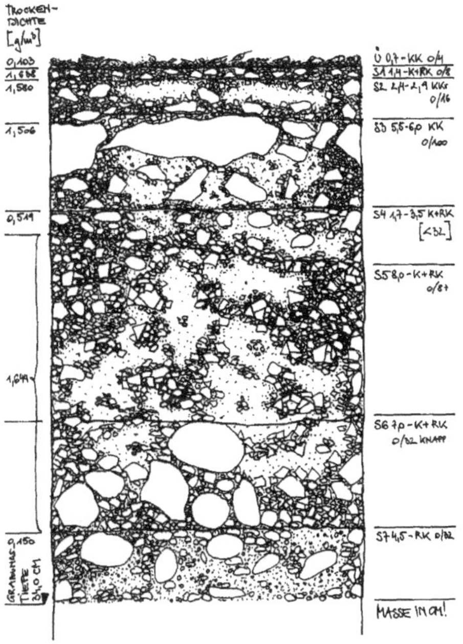

Grabungsprofil

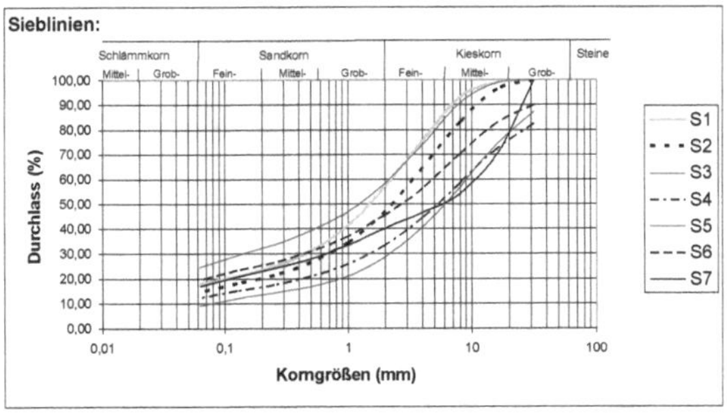

Dynamische Lastplatte:

	Verformungs-modul [MN/m²]
Evd 1:	78,7
Evd 2:	138,0
Evd 2/Evd 1:	1,75

Ausschütt-versuch:

Versickerung [s]
600

Sandersatz-verfahren:

	Dichte [g/cm³]	Trockendichte [g/cm³]
U:	0,125	0,103
S1:	1,700	1,638
S2:	1,629	1,580
S3:	1,556	1,506
S4:	0,537	0,519
S5:	} 1,738	1,644
S6:		
S7:	0,158	0,15)

Typ 9C Intensiv befahrene Alleen mit wenig befahrenen Conteralleen

Garten	Schönbrunn, Wien
Beispiel	Tiergartenallee zwischen Najadenbassin und grossem Parterre / SÖ 04
Art der Wegedecke	Wassergebundene Schotterdecke
Aufnahme	06. 05. 02 / AD, GM

Lage, Zonierung

Die Tiergartenallee reicht vom Schloss über den Stern mit dem Najadenbassin bis zu einem Tor in der Tiergartenmauer mit Blick auf den Mittelpavillon der ehemaligen Menagerie. Vier Baumreihen begrenzen die beiden ‚bedeckten' Seitengänge (Contre Allée) und den breiteren ‚offenen' Mittelgang. Zwischen den Bäumen an der Aussenseite der Seitengänge ist eine Brüstungshecke gepflanzt. Die einzelnen Gänge sind - von Pflanzlinie zu Pflanzlinie gemessen - annähernd im Verhältnis 1:2:1 angelegt.

Wegeanlage, aktueller Zustand

Mittel- und Seitengänge sind durchgängig bombiert und entwässern in die als Erdmulden ausgeführten Pflanzstreifen. Hier ist Deckschicht- und Streumaterial in den Erdboden eingedrückt. Auch die geringen Verdichtungswerte zeigen, dass zwischen Mittel- und Seitengängen auf einer Breite von zweieinhalb bis drei Metern kein Wegebau erfolgt ist. Bei stärkeren Regenfällen bilden sich in den Pflanzstreifen und in Mulden der Seitenwege Lacken.

Wie die eingedrückten Traktorspuren zeigen, weichen die Seitenwege bei Regen stark auf. Sie sind oberflächlich stark vererdet und bis zur Traufkante der Bäume etwas vermoost aber fest abgebunden. Die Verdichtungswerte sind höher als die der Wege in den Schönbrunner Boskettes. Grosse Steinbrocken treten aus der Deckschicht hervor, stellenweise fehlt diese überhaupt. Die Oberfläche ist uneben und wellig, Streumaterial fehlt. Neben den Brüstungshecken haben JoggerInnen Erdwege ausgetreten.

Am mittleren Weg haben sich kaum Mulden gebildet. Die Decke ist fest abgebunden und mit einer dicken staubigen Streuschicht bedeckt - die bis in die Pflanzmulden reicht. Die Verdichtungswerte der Conteralleen sind sehr hoch, die der Mittelalle ähnlich den anderen stark befahrenen Wegen und Alleen (Tirolerweg, Grosses Parterre u.a.) sehr hoch.

Geschichte des Weges

Die Tiergartenallee ist 1750/55 gemeinsam mit den anderen Diagonalalleen als gedoppelte Allee entstanden (vgl. Hajós Beatrix 1995, S.141). Vor etwa 15-20 Jahren wurde die Decke 15-20 cm hoch mit Schotter der Körnung 0/32 erneuert (vgl. Hannes 2003, mdl.).

Nutzung

Touristen wie SpaziergängerInnen wählen häufig den Weg über die Tiergartenallee bis zum Najadenbrunnen, JoggerInnen nutzen vor allem die Konteralleen. Mit Pflegefahrzeugen werden alle Teile befahren, der südliche Abschnitt dient derzeit als Zufahrt zur Baustelle des neu angelegten Irrgartens.

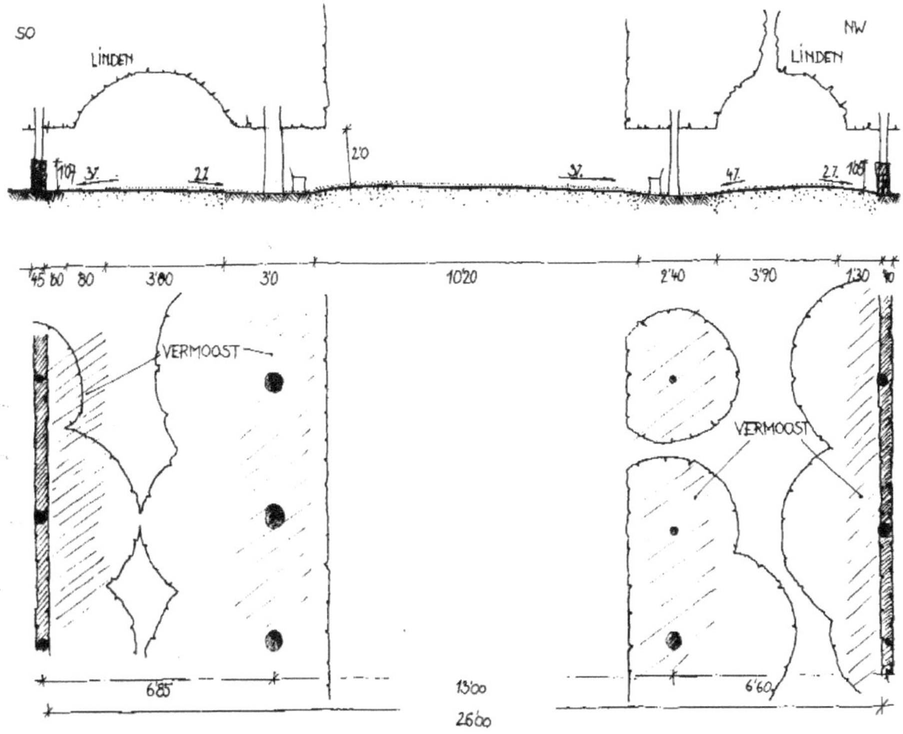

Bauaufnahme: Schnitt und Grundriss

Blick in die linke Conterallee

Blick in die Tiergartenallee Richtung Zoo

Blick in die rechte Conterallee

Dynamische Lastplatte:	0,8m neben Hecke im NW	Conterallee im NW	Pflanzmulde	Mittelallee	Conterallee im SO
	Verformungs-modul [MN/m²]	Verformungs-modul [MN/m²]	Verformungs-modul [MN/m²]	Verformungs-modul [MN/m²]	Verformungs-modul [MN/m²]
Evd 1:	34,0	57,8	18,0	87,5	58,6
Evd 2:	43,6	86,9	18,8	119,0	79,8
Evd 2/Evd 1:	1,28	1,50	1,04	1,36	1,36

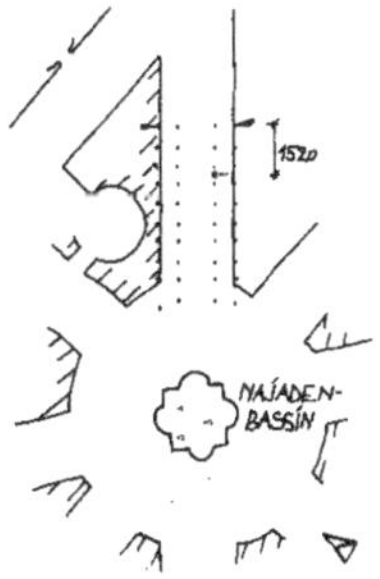

Verortung der Bauaufnahme

Garten	Schönbrunn, Wien
Beispiel	Äußere Platzfläche des Rosariums / SÖ 06
Art der Wegedecke	Wassergebundene Schotterdecke
Aufnahme	14. 05. 02 / AD, GM

Lage, Zonierung

Das Rosarium ist eine ovale Aufweitung der Lindenallee. Die beiden als Rosenbeete genützten Parterrefelder sind mit einer befestigten Platzfläche umgeben. Nach aussen hin ist sie mit einer Baumreihe und einer Brüstungshecke begrenzt. Eine weitere Baumreihe teilt die Fläche in eine äußere ‚bedeckte' und eine innere ‚offene' Zone. Unter der inneren Baumreihe stehen Bänke.

bauliche Merkmale, aktueller Zustand

Die Bäume stehen in unbefestigten ‚Baumscheiben', in die sich Streumaterial eindrückt. Die Zone innerhalb der inneren Baumreihe ist leicht bombiert; der tiefste Punkt der Wegedecke liegt meist vor den erdigen Bereichen der Baumscheiben, so dass sich hier Lacken bilden und Streumaterial sammelt. Die Oberfläche ist fest und griffig, bei trockenem Wetter staubig. Die Decke setzt Belastungen einen hohen Widerstand entgegen, die schlechteren Verhältniswerte deuten aber auf die vergleichsweise geringe Vorverdichtung hin. Im äußeren Teil ist die Decke eben und stark vererdet, der organische Eintrag ist hoch. Eine Streuschicht fehlt. Die Decke ist weich und als Weg wenig belastbar.

Geschichte des Weges

Der ovale Gartenraum ist mit dem diagonalen Wegesystem 1750/55 angelegt und 1760 mit zwei Parterrefeldern (Hajós Beatrix 1995, S.175) und der Baumreihe ausgestattet worden.* Die äußere Platzfläche blieb in ihrer Struktur seither unverändert. Die innere Lindenreihe wurde um 1985 gesetzt (vgl. Hannes 2003, mdl.).

Nutzung

Die die Rosenbeete umgebenden Platzflächen werden selten aufgesucht, die Randbereiche kaum betreten. Befahren werden die Wegedecken mit leichten Pflegefahrzeugen.

Pflege

Vegetation ist hier nur selten zu entfernen. Die Streuschichten werden etwa alle 5 Jahre ergänzt.

*vgl. Ausschnitt aus dem Gesamtplan von Franz Boos 1780 in: Hajós Beatrix 1995, S.171

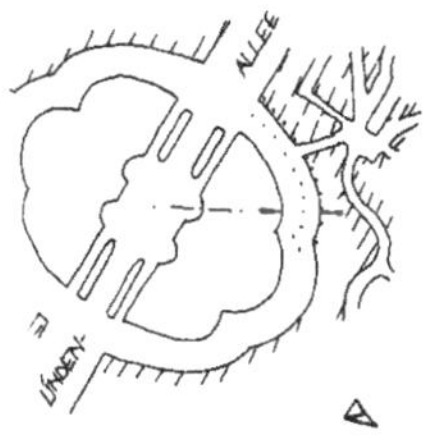

Verortung der Bauaufnahme

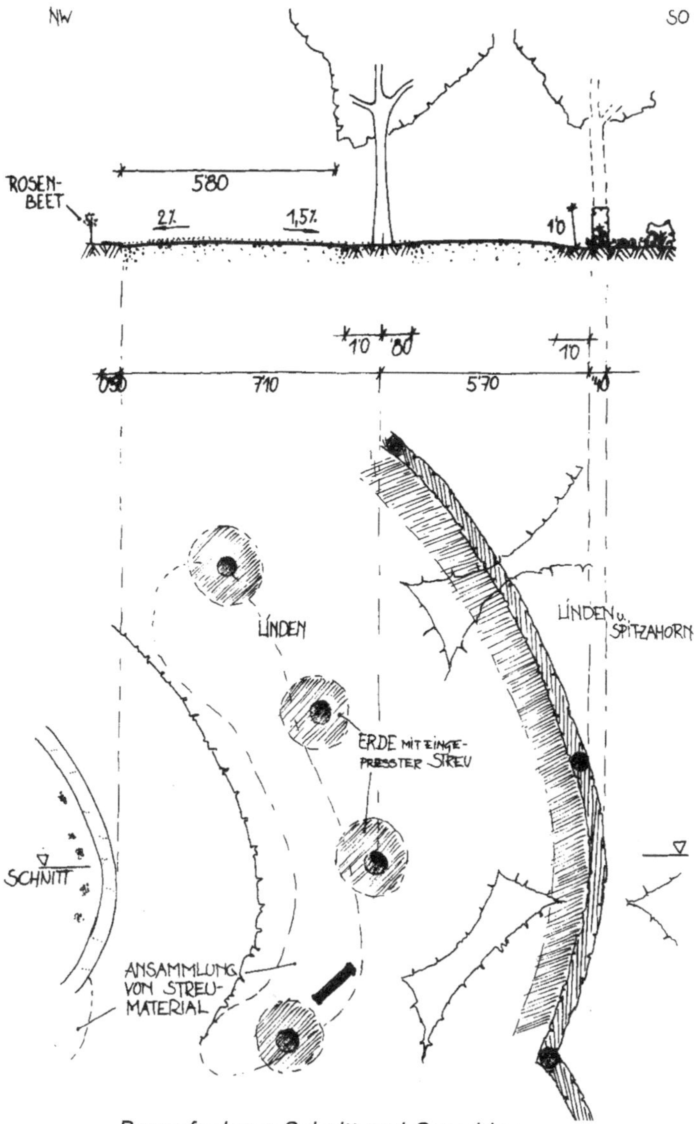

Bauaufnahme: Schnitt und Grundriss

Dynamische Lastplatte:	Verformungsmodul [MN/m²]	Verformungsmodul [MN/m²]	**Ausschüttversuch:** Versickerung [s]
Evd 1:	61,1	35,5	270
Evd 2:	100,9	60,8	
Evd 2/Evd 1:	1,65	1,71	

Typ 9D Stark überformte Hauptwege, die in die Renaissance und das frühe 19. Jh. zurückreichen

Garten	Hellbrunn, Salzburg
Beispiel	Zugang zum großen Wasserparterre / HE 01
Art der Wegedecke	Wassergebundene Schotterdecke
Aufnahme	17. 10. 01 / PP, UP

Lage, Zonierung

Das Beispiel liegt am nordwestlichen Rand des Wasserparterres, wo der keilförmige Zugang vom Schlosshof in die Wege des Parterres mündet.

Wegeanlage, aktueller Zustand

Die Wegedecke ist leicht zur Mitte hin geneigt. Hier hat sich eine Rinne gebildet, die das Wasser zu einem Kanaleinlauf leitet. Die Oberfläche ist wellig - in den Mulden steht häufig Wasser - und inhomogen: Stark vererdete Fahrspuren sind eingedrückt, größere Steine treten aus der harten, fest verzahnten Decke heraus, stellenweise ist die Decke moosig.

Schichtaufbau

In 15 bis 20 cm Tiefe liegt eine dicht gepackte Lage aus Bruchsteinen. Darüber sind kleinkörnige lehmige Materialien gemischt aus Kant- und Rundkorn eingebaut. Zuoberst lagern mehrere feinkörnige Schichten aus Bruchschotter, die unteren mit einem deutlich höheren Feinanteil. Die Werte des Verformungsmoduls liegen im mittleren Bereich. Der Verhältniswert Evd2 : Evd1 ist vergleichsweise hoch, der Aufbau demnach bei Belastung nachgiebig. Zu vermuten sind auch große kleinräumige Unterschiede in der Verdichtung.

Geschichte des Weges

Schon 1655 (Merian) bestand an dieser Stelle ein schmaler Weg, der mit den Umgestaltungen 1720 bis 1735 und zeitgleich der Anlage des englischen Gartens verändert wurde. Der Aufbau mit Packlage und Tragschicht ist vermutlich eine Erneuerung aus dem 19. Jahrhundert bei dem der ältere Aufbau vergraben und das Niveau angehoben wurde*. Die feinkörnigen Schichten sind laufende Deckschichtergänzungen.

Nutzung

Der Zugang zum Wasserparterre gehört zu den von Touristen am häufigsten aufgesuchten Orten des Gartens. Er dient auch als Wendeplatz für die Pflegefahrzeuge (Traktor, Scherenhebebühnen) und bei Veranstaltungen (Weihnachtsmarkt) als Zufahrt für den Lieferverkehr (vgl. Siebenhofer 2002, mdl.).

Pflege

In den letzten 10 Jahren wurde mehrmals eine dünne Schicht aus Kalkschotter händisch aufgebracht und leicht eingewalzt. Im Frühjahr wird nach dem Frostaufbruch ebenfalls gewalzt. Etwa zwei mal pro Jahr werden die Rasenkanten geschnitten, Laub wird seit einigen Jahren, statt gefächert, weggeblasen.

*Auch das Niveau des unweit entfernten Schlosshofes ist erhöht - eine Pflasterdecke liegt hier in etwa 25 cm Tiefe vergraben (Saiko 2002, mdl.).

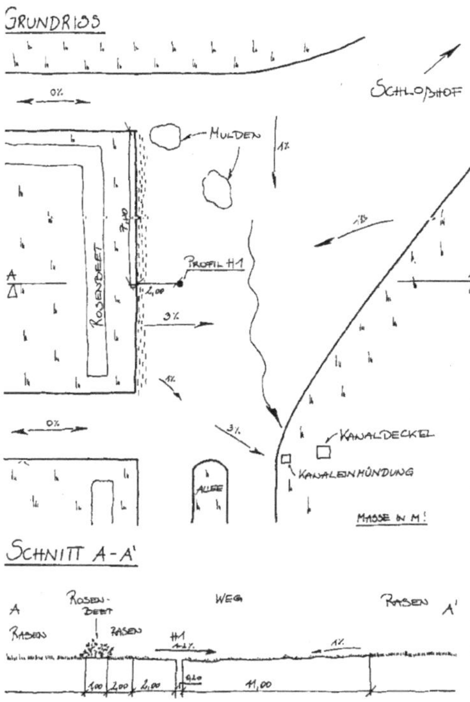

Bauaufnahme: Schnitt und Grundriss

Blick vom Zugangsbereich Richtung linke Allee des großen Wasserparterres

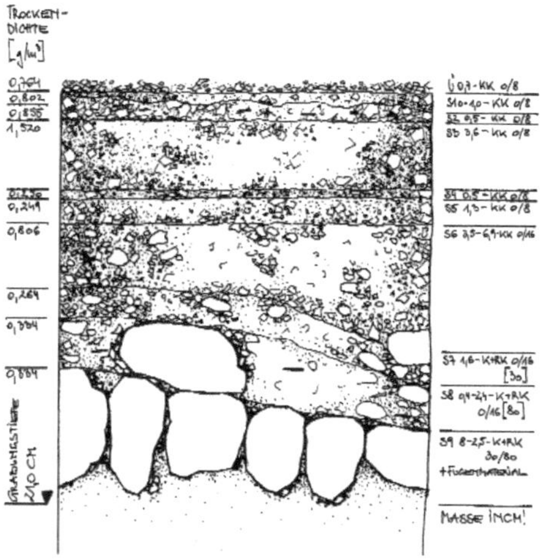

Grabungsprofil

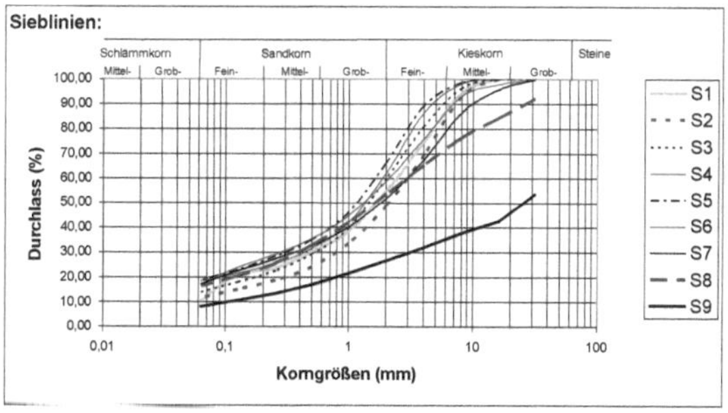

Dynamische Lastplatte:

	Verformungsmodul [MN/m²]
Evd 1:	39,1
Evd 2:	55,0
Evd 2/Evd 1:	1,41

Ausschüttversuch:

Versickerung [s]
480

Sandersatzverfahren:

	Dichte [g/cm³]	Trockendichte [g/cm³]
U:	0,785	0,764
S1:	0,850	0,802
S2:	0,893	0,855
S3:	1,606	1,520
S4:	0,267	0,250
S5:	0,262	0,249
S6:	0,860	0,806
S7:	0,279	0,264
S8:	0,355	0,334
S9:	0,361	0,344

Garten	Hellbrunn, Salzburg
Beispiel	Insel im Wasserparterre / HE 02
Art der Wegedecke	Wassergebundene Schotterdecke
Aufnahme	17. 10. 01 / PP, UP

Lage, Zonierung

Die Insel liegt in der Mitte des Wasserbeckens im Zentrum des Wasserparterres und ist über zwei Holzbrücken zu erreichen. Auf der Insel sind mehrere Parterrefelder angelegt, Wege umgeben das Wasserbecken und die Insel querende treffen im zentralen, kreisförmigen Platz zusammen.

Wegeanlage, aktueller Zustand

Alle Wege sind im Längsprofil leicht geneigt und wie der mittige Platz bombiert. Die Entwässerung erfolgt ins Wasserbecken und seitlich in die Mulden neben den Rasenkanten, wo das Regenwasser rasch versickert. Die Decke bindet gut ab. Einzelne größere hervortretende Steine, die unregelmäßige Verteilung des Streumaterials und leichte Wellenbildungen können die Haltbarkeit und Nutzbarkeit nicht beeinträchtigen. Die Werte des Verformungsmoduls sind für die Nutzung als Gehweg ausreichend.

Schichtaufbau

Auf einer locker gefügten Schüttung lagern zwei Schichten aus lehmigem Material mit Kant- und Rundkorn. Darüber lagern etwas feinkörnigere Schichten aus Kalkschotter, die ebenfalls erdig sind und teils Rundkornanteil aufweisen.

Geschichte des Weges

Die Insel wurde schon mit dem Wasserparterre im 17. Jahrhundert angelegt. Der Erdbeerhügel im Zentrum wurde mit der Anlage von Parterres auf der Insel in den Jahren von 1720 bis 1735 entfernt (Bigler 1996, S.112). Der zentrale runde Platz ist auf keinem der Ansichten bis 1803 zu erkennen. Die derzeitige Gestaltung der Insel wurde als ‚Rekonstruktion' vermutlich erst nach 1922 vorgenommen, nachdem Hellbrunn in den Besitz der Stadt Salzburg übergegangen war (vgl. Saiko 2002, mdl.).

Vermutlich stammen die unteren Schichten von einem Wegaufbau des 19. Jahrhunderts, die Kalkschotterschichten sind Deckschichterneuerungen der letzten Jahrzehnte - zuletzt wurde im Jahr 2000 Deckschichtmaterial ergänzt.

Nutzung

Die Wege müssen vergleichsweise hohen Trittbelastungen standhalten - die Insel wird von TouristInnen und SpaziergeherInnen gerne aufgesucht - sie können aber aufgrund der schmalen Holzbrücken nicht befahren werden.

Pflege

Die Rasenkanten werden etwa zwei mal jährlich geschnitten, so dass auch die Rinnen regelmäßig vertieft werden. Laub wird seit wenigen Jahren weggeblasen, vorher wurde gekehrt.

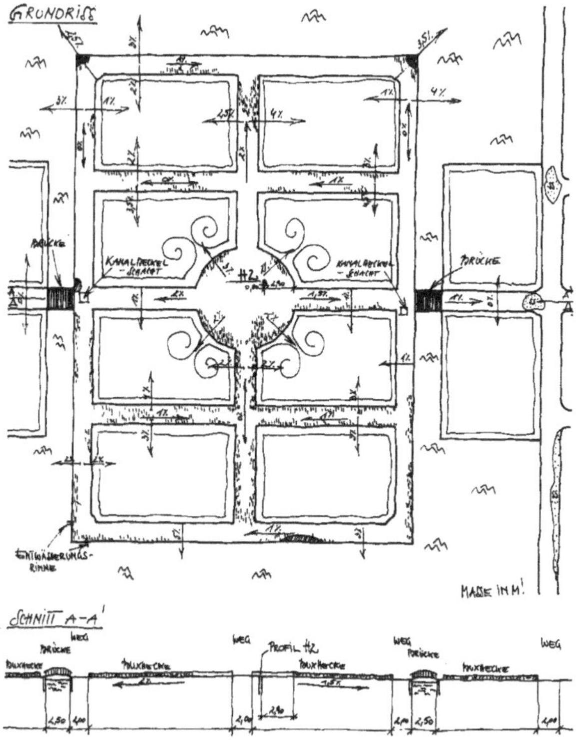

Bauaufnahme: Schnitt und Grundriss

Mittlerer Weg der Insel im Wasserparterre

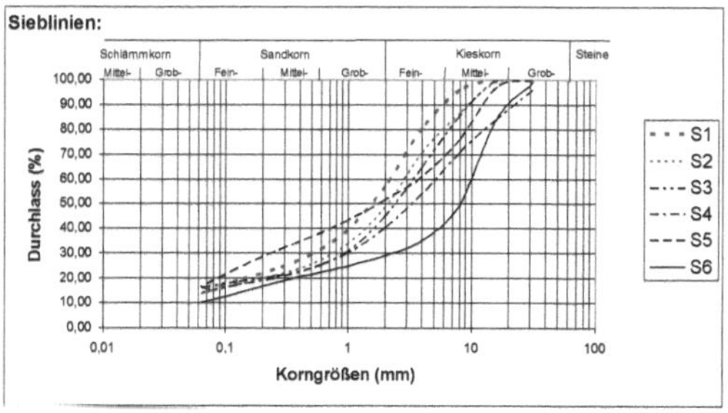

Dynamische Lastplatte:

	Verformungsmodul [MN/m²]
Evd 1:	38,4
Evd 2:	41,3
Evd 2/Evd 1:	1,08

Ausschüttversuch:

Versickerung [s]
210

Sandersatzverfahren:

	Dichte [g/cm³]	Trockendichte [g/cm³]
Ü:	1,040	1,028
S1:	1,601	1,537
S2:	1,623	1,565
S3:	0,646	0,619
S4:	0,897	0,853
S5:	0,214	0,185
S6:	0,803	0,747

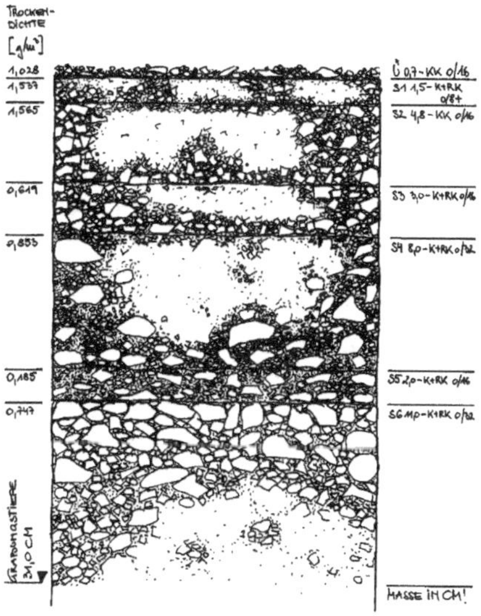

Grabungsprofil

Garten	Mirabellgarten, Salzburg
Beispiel	Weg im kleinen Parterre (kleine Gartenachse zwischen 3-reihiger Allee und Pegasusbrunnen) / MI 02
Art der Wegedecke	Wassergebundene Schotterdecke
Aufnahme	29. 05. 02 / AD, GM

Lage, Zonierung

Der Weg führt parallel der Schlossfassade von der dreireihigen Allee zum Pegasusbrunnen, dem Zentrum des Kleinen Parterres.

Wegeanlage, aktueller Zustand

Die Wegedecke ist leicht bombiert und stark wellig. Sie entwässert in die seitlich ausgeschwemmten Mulden neben den Rasenkanten. Die Wegedecke reicht unmittelbar bis an dieselben heran. Nach Regenfällen bleiben hier ausgedehnte Lacken stehen. Die geringe Wasseraufnahmekapazität und schlechte Ableitung des Weges spiegelt sich in langen Versickerungszeiten wider.

Schichtaufbau

In etwa 40 cm Tiefe lagern grusig-lehmige Schichten: eine vergleichsweise feinkörnige Tragschicht aus Kalkbruchschotter und eine feinkörnige, sehr mächtige Ausgleichschicht aus Rundschotter. Darüber schliesst eine ähnlich feine Schicht aus Kantkorn und eine etwas gröbere Schicht mit Ziegelstückchen an. Darauf folgen mehrere grobkörnige Schichten aus Untersberger Kalk, die an ihrer Oberkante jeweils Vererdungen zeigen. Die aktuelle Deckschicht besteht aus Kalkschotter aus dem Tennengebirge. Die Verdichtungswerte entsprechen jenen leichter Fahrstraßen.

Geschichte des Weges

Das Kleine Parterre wurde schon in der Renaissance angelegt aber mehrfach stark umgestaltet (vgl. Saiko in: ÖGHG 1993, S.150 ff).

Nutzung

Der Weg gehört zu den am stärksten von TouristInnen genutzten Bereichen des Mirabellgartens, befahren wird er mit leichten Pflegefahrzeugen.

Pflege

Entlang der Wege werden regelmäßig die Kanten abgestochen, ohne Substrat oder Wegebaumaterial nachzufüllen. Dadurch bleiben die Rinnen erhalten. Moose und Trittvegetation wird abgeschert, Deckschichterneuerungen finden bei allen Hauptwegen etwa alle 5-6 Jahre statt (vgl. Krumpholz 2002, mdl.).

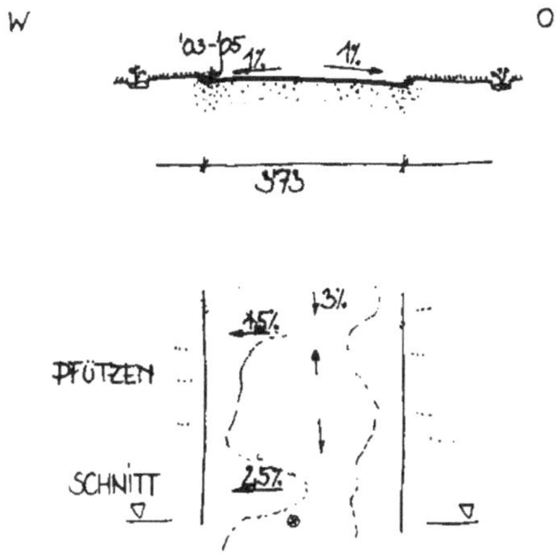

Bauaufnahme: Schnitt und Grundriss

Mittelachse im Kleinen Parterre des Mirabellgartens

Beprobung im Kleinen Parterre mit ´kleiner Hilfe´

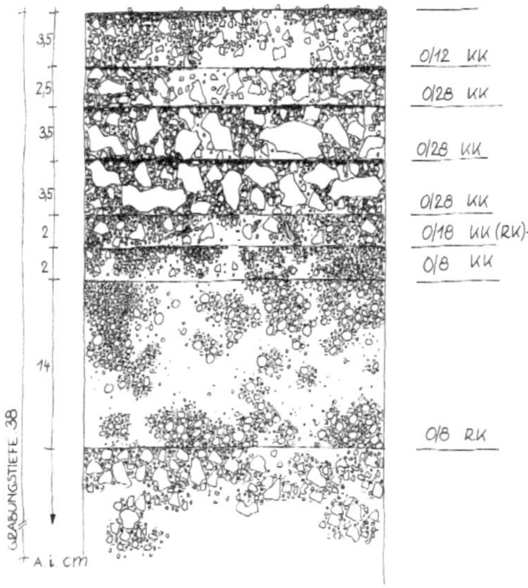

Grabungsprofil

Dynamische Lastplatte:	Fahrspur	Mitte	Rand/Mulde	**Ausschütt-versuch:**
	Verformungs-modul [MN/m²]	Verformungs-modul [MN/m²]	Verformungs-modul [MN/m²]	Versickerung [s]
Evd 1:	40,2	32,5	31,6	1620
Evd 2:	43,5	40,7	35	
Evd 2/Evd 1:	1,08	1,25	1,11	

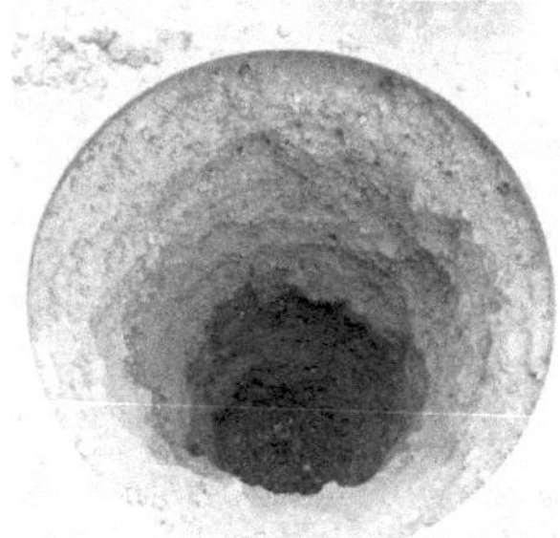

Grabungsprofil der zahlreichen Deckschichterneuerungen

Garten	Wirergarten in Bad Ischl, Oberösterreich
Beispiel	Zentraler Platz mit Denkmal / WI 01
Art der Wegedecke	Wassergebundene Wegedecke
Aufnahme	30. 05. 02 / AD, GM

Lage, Zonierung

In den rechteckigen Platz zwischen Straße und Kurpark münden mehrere Längs- und Querwege, umgeben ist er von Rasenflächen, Baumreihen und hoch aufgewachsenen Hecken. In der Mitte des Platzes steht auf einem getreppten Sockel das Denkmal, an den Schmalseiten sind Bänke aufgestellt.

Wegeanlage, aktueller Zustand

Die Fläche ist zwischen 2 und 5 % geneigt, so dass Regenwasser rasch in zwei Einläufe geleitet wird. Die Decke ist an ihrer Oberfläche lehmig abgebunden und staubt daher wenig. Das Material ist kaum vererdet, nur neben dem Denkmal kommt etwas Vegetation auf. Die Decke ist leicht wellig und trotz der etwas zu mächtigen Streuauflage griffig.

Schichtaufbau

Als Trag- und Frostschicht ist ab einer Tiefe von 25 cm Flussschottermaterial mit geringem Lehmanteil dicht gefügt. Darüber lagert eine mächtige, feinkörnige Tragschicht mit hohem Feinanteil und schlieriger Färbung sowie Rostflecken, oben von einer dünnen erdigen Schicht begrenzt. Darüber lagert, deutlich abgesetzt, wiederum feines Material, an dem sich in den unteren Bereichen ebenfalls eine schlierige Färbung zeigt. Die Decke bildet ähnlich feines aber deutlich lehmigeres Rund- und Kantkorn-Material.

Geschichte des Weges

Laut einem Situationsplan von 1843, in dem der Wirergarten mit Platz und Denkmal abgebildet ist, bestand er schon vor dem Kurpark.*

Nutzung

Die Decke hält einer starken Trittbelastung, besonders bei Veranstaltungen im Kurpark stand und wird gelegentlich auch befahren.

Panoramabild über den zentralen Platz des Wirergartens

* vgl.: Situationsplan des landesfürstlichen Marktes & Badeortes Ischl im Salzkammergut 1843; Exponat des Stadtmuseums

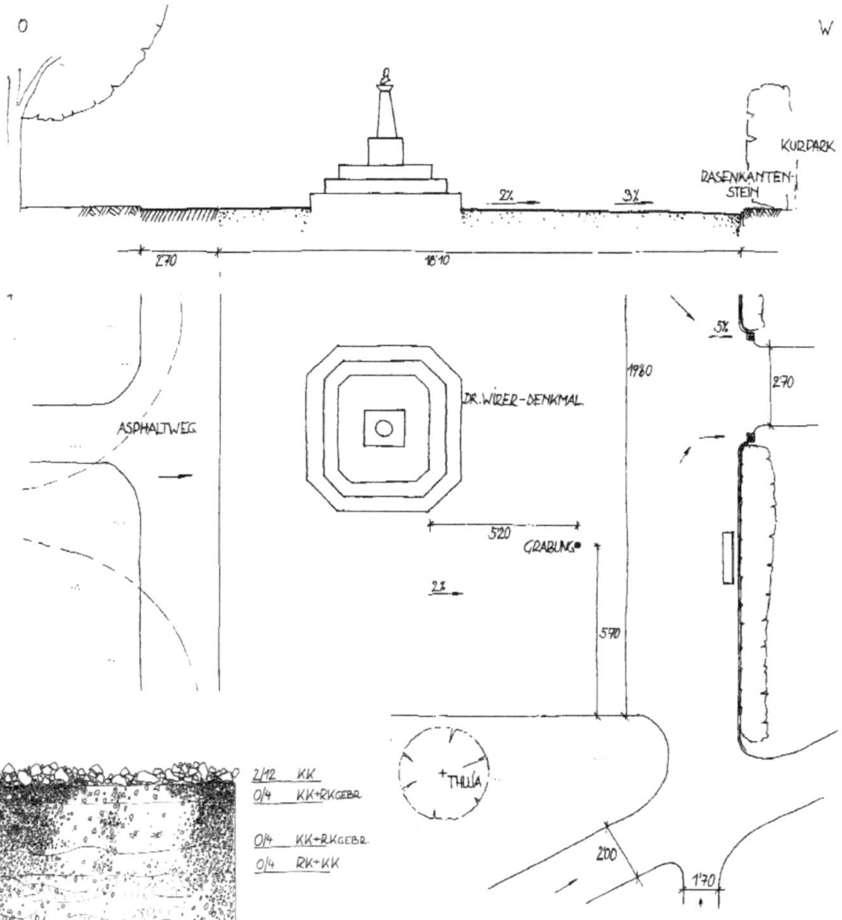

Bauaufnahme: Schnitt und Grundriss

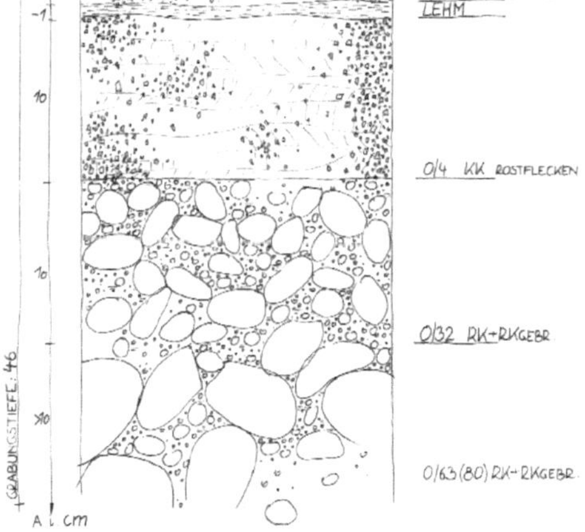

Grabungsprofil

Dynamische Lastplatte:	Verformungs-modul [MN/m²]	**Ausschütt-versuch:** Versickerung [s]
Evd 1:	29,1	420
Evd 2:	41,9	
Evd 2/Evd 1:	1,44	

Typ 9E Überformte Hauptwege aus dem Beginn des 20. Jh.

Garten	Bauernberganlagen, Linz / Oberösterreich
Beispiel	Weg in der Staudenanlage / BB 04
Art der Wegedecke	Wassergebundene Schotterdecke
Aufnahme	03. 06. 02 / KF, EH

Lage, Zonierung

Der Weg führt von der Barnardisstraße durch die obere Schüssel und über eine Treppe Richtung Aphroditetempel. Gleichzeitig ist er ein Teilstück des um die vertiefte Rasenfläche führenden Rundweges. Im Bereich der Staudenanlage, zwischen der Treppe und Bernardisstraße ist der Weg hangseitig von einer Stützmauer begrenzt, in Nischen stehen Bänke. Richtung Vertiefung grenzen die Staudenbeete an.

Wegeanlage, aktueller Zustand

Der Weg ist im Längs- und im Querprofil nur leicht geneigt. Die Wegoberfläche ist leicht wellig, Streumaterial etwas ungleich verteilt. Regenwasser muss großteils vom Weg aufgenommen werden, der allerdings geringe Durchlässigkeit aufweist. Ein Teil rinnt seitlich in die Staudenbeete ab.

Schichtaufbau

Auf grobem Bruchschotter- vermutlich Schüttmaterial - lagert eine Tragschicht aus vorwiegend Rundschotter mit sehr geringem Schlämmkornanteil. Darüber liegt eine dünne bituminöse Schicht aus grobem, kantigem Material. Zuoberst ist eine außergewöhnlich mächtige, aber feinkörnige Deckschicht mit ungünstiger Sieblinie aufgebracht, die auch Schlacke enthält. Das Verformungsmodul ist für die Belastung ausreichend, der Weg hält auch kleineren Pflegefahrzeugen stand.

Geschichte des Weges

Der Wegabschnitt bestand schon seit der Anlage des Gartens. Die Staudenanlage mit den Mäuerchen wurde aber erst nach dem 2. Weltkrieg im Jahre 1954 gestaltet (Wagner 2002, mdl.).

Die oberste Schicht ist eine Überarbeitung der letzten Jahre über einer alten bituminösen Deckschicht. Darunter befindet sich das vermutlich originale Tragschichtmaterial.

Nutzung

Von SpaziergängerInnen wird der Ort eher selten aufgesucht. Befahren wird der Weg mit dem Traktor, dem Schneepflug und kleineren Pflegefahrzeugen.

Pflege

Wie am gesamten Bauernberg wird das Laub mit dem Gebläse entfernt, die Vegetation abgeschert und gelegentlich Deckschichtmaterial ergänzt.

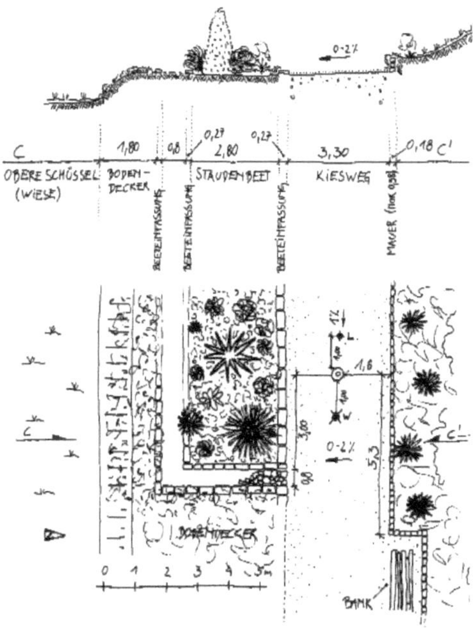

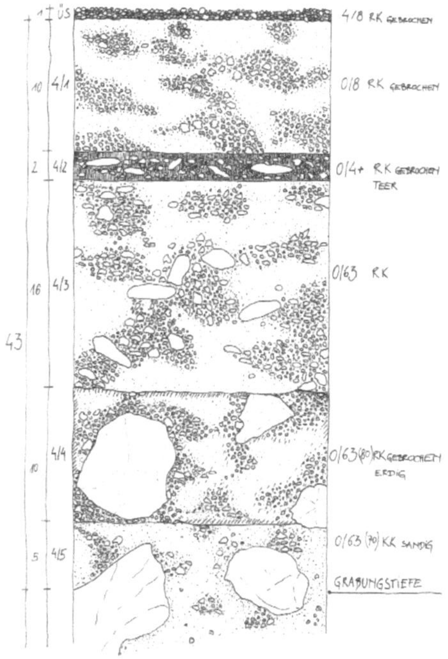

Grabungsprofil

Bauaufnahme: Schnitt und Grundriss

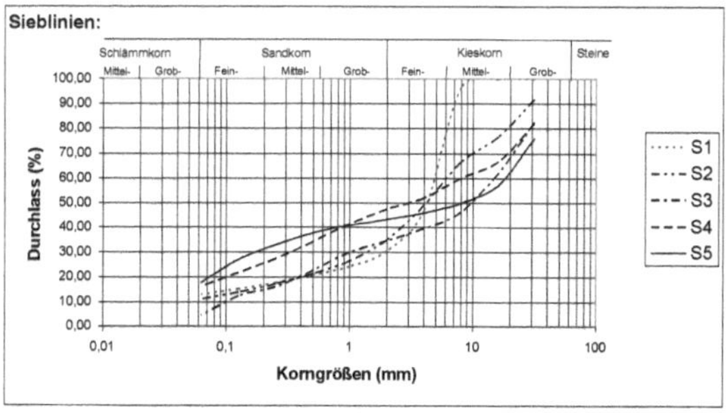

Weg in der Staudenanlage mit seitlichen Sitznischen

Dynamische Lastplatte:

	Verformungs-modul [MN/m²]
Evd 1:	58,1
Evd 2:	74,3
Evd 2/Evd 1:	1,28

Ausschütt-versuch:

Versickerung [s]
1240

Typ 10 Tiefgreifend erneuerte Hauptwege älterer Gartenanlagen nach heutigen Wegebauprinzipien

Garten	Kurpark Baden, Niederösterreich
Beispiel	Neuer Eingangsbereich / BA 01
Art der Wegedecke	Wassergebundene Schotterdecke
Aufnahme	17. 09. 01 / UP, PP

Lage, Zonierung

Der Neue Platz liegt zwischen Casino und Karl Komzak-Allee auf der Fläche des 1758 angelegten Theresiengartens. Der flächig mit einer wassergebundenen Decke befestigte Platz ist von elliptischen Pflanzbeeten unterbrochen und von Bäumen beschattet.

Wegeanlage, aktueller Zustand

Die Neigung des Platzes leitet das Regenwasser in Einlaufschächte. Die Decke selbst kann kaum Wasser aufnehmen. Die Deckschicht ist gut abgebunden und mit reichlich Streumaterial bedeckt. Angrenzend an Pflanzbeete und an eine sporadisch als Gastgarten genutzte Fläche ist die Deckschicht erdig verpresst oder abgetragen - Schäden, die vermutlich bei der Aufstellung von Marktständen und der Reinigungen entstanden sind.

Schichtaufbau

Der neue Aufbau besteht aus einer Tragschicht mit gebrochenen Kalkschotter 0/32 und einer Deckschicht der Körnung 0/8. Die Trockendichte der Tragschicht ist vergleichsweise hoch. Die Werte des Verformungsmoduls liegen etwas über jenen alter Hauptwege. Die darunter liegende Schicht besteht aus altem Rundkornmaterial gemischt mit Ziegelschutt.

Geschichte des Weges

Im Jahr 1758 wurde hier, vor dem alten Theresienbad, der Theresiengarten angelegt, der 1772 zum Stadtpark erweitert wurde. 1990 wurde der Teil des heutigen Kurparks neu strukturiert (vgl. Weber/Wallner, 1994).

Im Zuge der Gestaltung im Jahr 1990 wurde eine neue Trag- und Deckschicht aufgebracht. Darunter liegt altes Material, das von einer älteren Tragschicht stammt.

Nutzung

Die Nutzung dieses Parkteils ist durch eine hohe FußgeherInnenfrequenz gekennzeichnet, befahren wird der Platz mit Pflegefahrzeugen und LKW bis 3,5 Tonnen, selten auch mit schwereren Fahrzeugen (Weber 2002, mdl.).

Pflege

Im Winter wird der Weg gestreut, das Material bildet auch die Streuauflage. Wie alle Wege im Kurpark wird auch der Neue Platz regelmäßig gefächert.

Neu gestalteter Eingangsbereich Richtung Casino Baden

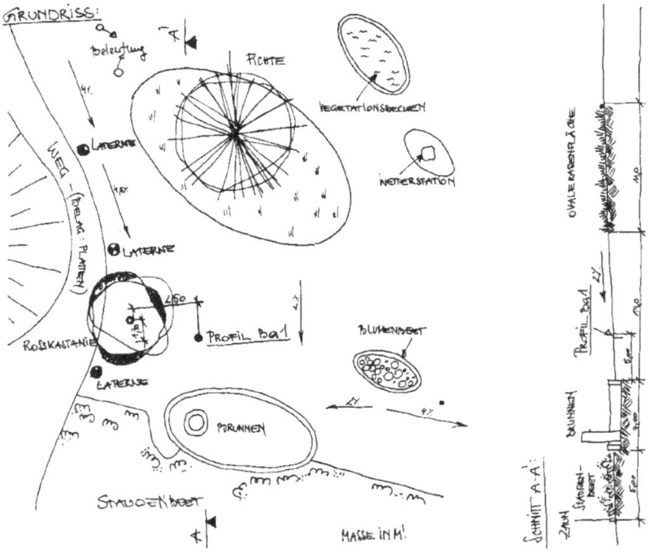

Bauaufnahme: Schnitt und Grundriss

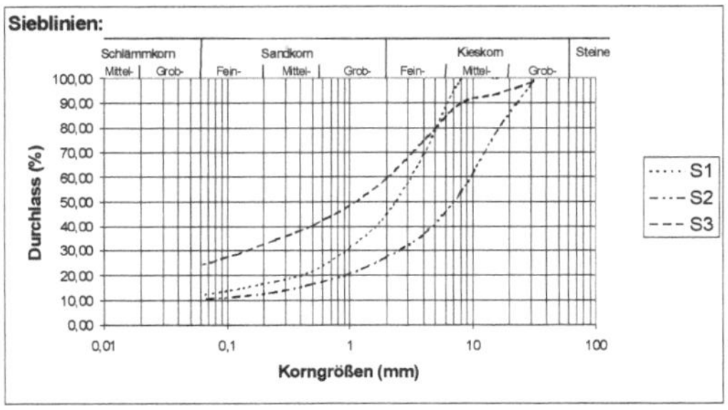

Dynamische Lastplatte:

	Verformungsmodul [MN/m²]
Evd 1:	56,50
Evd 2:	72,30
Evd 2/Evd 1:	1,28

Ausschüttversuch:

Versickerung [s]
16

Sandersatzverfahren:

	Dichte [g/cm³]	Trockendichte [g/cm³]
Ü:	0,945	0,925
S1:	1,423	1,384
S2:	4,074	3,940
S3:	1,369	1,283

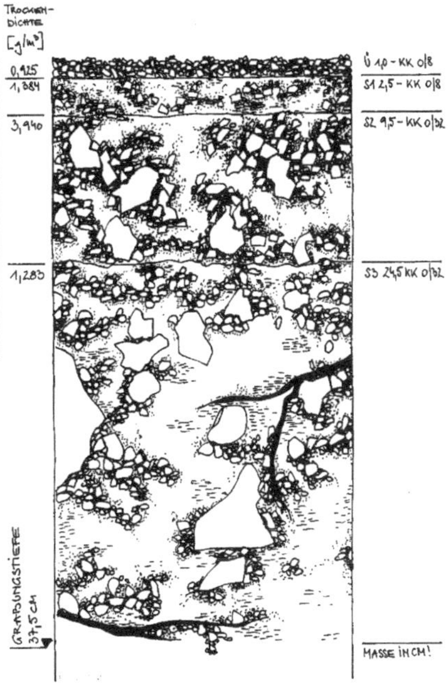

Grabungsprofil

Garten	Schönbrunn, Wien
Beispiel	Westlicher Zick-Zack-Weg auf den Schönbrunner Berg / SÖ 09
Art der Wegedecke	Wassergebundene Schotterdecke mit beidseitigen gepflasterten Rinnen
Aufnahme	17. 05. 02 / AD, GM

Lage, Zonierung

Der Weg führt in Verlängerung des westlichen Parterreweges in steilen Serpentinen auf den Schönbrunner Berg und zur Gloriette. Er ist beiderseits von Rasenböschungen flankiert.

Wegeanlage, aktueller Zustand

Der Weg weist Steigungen bis 14 % auf, ist stark bombiert und beidseitig mit Rinnen ausgestattet, die am Fuße des Berges in Einläufen münden. Bei Abzweigungen sind die Querrinnen verrohrt. Die Rinnen sind mit Rundschotter gepflastert, der stellenweise in Mörtel verlegt ist. Ausschwemmungen verhindern die Ableitung des Wassers in die Rinnen, legen Rohre und Einbauten frei. Wellenbildung an der Wegedecke geht in stärker ausgeschwemmte Rinnen über. Die Wegoberfläche ist griffig, verstärkt wird dies durch einzelne grössere aus der Decke ragende Steine. Streumaterial bildet mit dem staubigen Abrieb eine vollständige Schicht.

Schichtung

Auf einer mehr als 20 cm mächtigen äußerst dicht gelagerten Tragschicht aus Rund- und Bruchschotter gemischt mit Ziegel wurde Dolomitbruch in einer Stärke von 20cm eingebaut und stark verdichtet.

Geschichte des Weges

Die Wege sind mit dem Ausbau des Schönbrunner Berges zwischen 1775 und 1780 angelegt (Hajós Beatrix 1995, S.84 ff), die Rinnen erst Mitte des 19. Jahrhunderts ergänzt worden.

Der Wegeaufbau wurde in den letzten Jahrzehnten stark überformt. So ist unter der mächtigen vor etwa fünf Jahren (vgl. Hannes 2003, mdl.) aufgebrachten Tragschicht, die gleichzeitig die Decke bildet, zwar älteres Tragschicht-Material vorhanden. Mit dem Neubau wurde es aber vermutlich vollständig umgeschichtet. In den letzten Jahrzehnten wurden auch neue Wasserableitungen am Zick-Zack-Weg erstellt und die Rinnenpflasterung neu in Mörtelbett gesetzt.

Nutzung

Der Zick-Zack-Weg ist die direkteste Verbindung zwischen Parterre und Gloriette und daher stark von FußgeherInnen frequentiert. Für die Rasen- und Wegepflege wird er auch von Traktoren und LKW's befahren.

Pflege

Besonders die Rinnen bedürfen regelmässiger Säuberung und Erneuerung (vgl. Hannes 2003, mdl.).

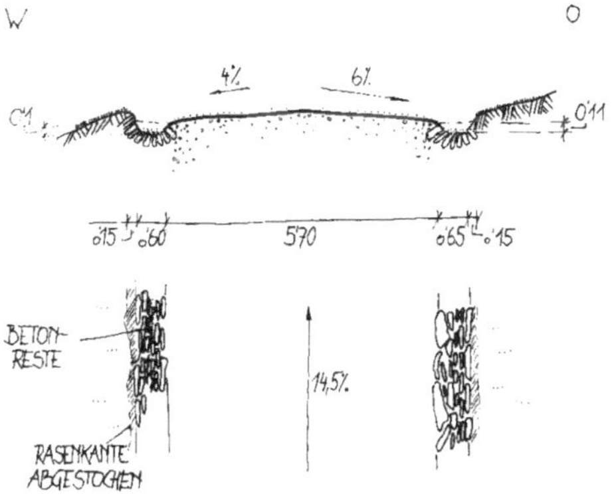

Bauaufnahme: Schnitt und Grundriss

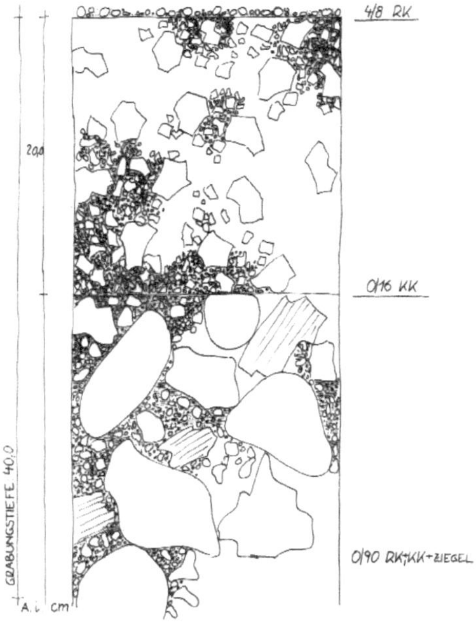

Grabungsprofil

Westlicher Zick-Zack-Weg auf die Gloriette mit beidseitgen gepflasterten Rinnen

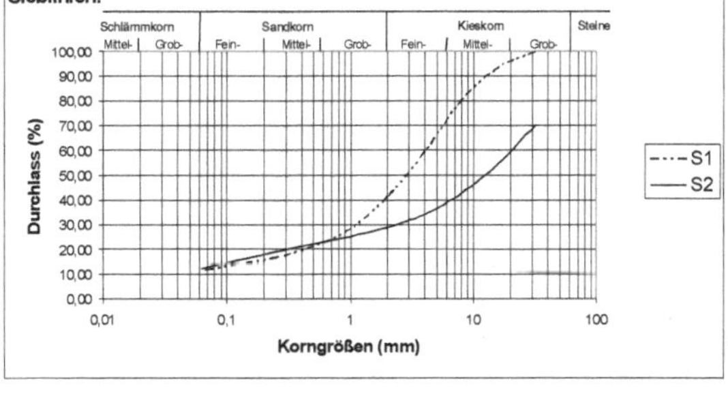

Dynamische Lastplatte:

	Verformungs-modul [MN/m²]
Evd 1:	71,2
Evd 2:	87,2
Evd 2/Evd 1:	1,22

Ausschütt-versuch:

Versickerung [s]
90

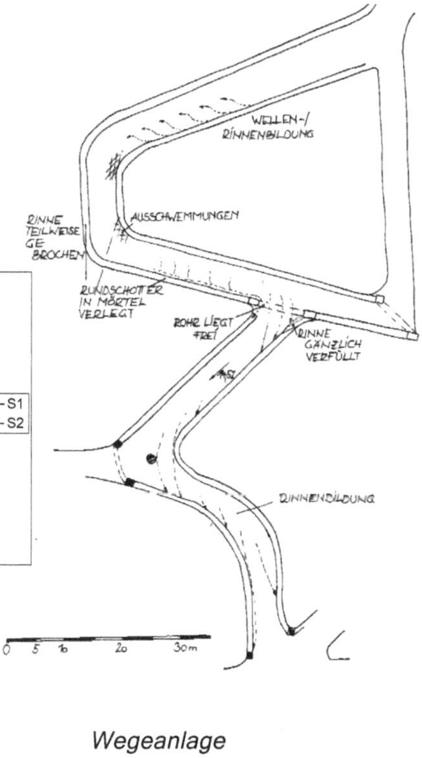

Wegeanlage

Typ 11 und 12 Pflasterwege und Treppenanlagen

Garten	Garten des Salesianerinnenklosters, Wien
Beispiel	Mittige und südwestliche Treppenanlagen / SA 01+02
Art der Wege	Steintreppen
Aufnahme	13. 05. 02 / AD, GM

Mittige Treppenanlagen

Lage, Zonierung

In der Verlängerung der Mittelachse des Klosters zieht sich die mittige Treppenanlage von der untersten Gartenterrasse zu einer nächsten Verebnung, die in der hochbarocken Gestaltung Rasenparterres und Boskettes beinhalteten (vgl. Berger 2002). Fünf Treppen mit jeweils vier Stufen überwinden im Abstand von im Schnitt 5 m den langgezogenen Hang. Die Stufen der untersten beiden Treppen sind geschwungen und werden nach oben hin etwas schmäler. Die oberen Treppen bestehen aus rechtwinkeligen, knapp vier Meter breiten Stufen. Die Stufen sind teilweise überwachsen, auch zwischen den Treppen ist kein Weg mehr zu erkennen. Die unterste Stufe schließt jeweils niveaugleich an die angrenzende Wiese an oder sie ist verschüttet.

Wegeanlage, aktueller Zustand

Die Blockstufen aus Kalkstein sind 15 cm hoch und übereinander gelagert. Die Stufen der untersten Treppen sind 45 cm tief, weiter oben sind die Auftritte im allgemeinen schmäler. Ein Grossteil der Stufen ist abgerutscht oder verkippt, so dass sowohl Höhe als auch Tiefe der Stufen variieren und die Trittflächen schräg sind.

Südwestliche Treppenanlagen

Lage, Zonierung

Entlang der südwestlichen Gartenmauer ist die Böschung zwischen unterer und zweiter Terrasse wie auch die zur dritten Terrasse mit je zwei Treppen abgefangen. Je Treppe sind sechs, oder wenn die unterste verschüttet ist, fünf Steinstufen übereinandergelagert. Eine Stufe besteht aus drei trapezförmigen Blockstufen. Sie sind so zueinander verschoben gelagert, dass entweder ein mittlerer nach hinten versetzt und nach oben auseinanderlaufender Abschnitt und seitliche schmäler werdende Teile entstehen oder umgekehrt.

Wegeanlage, aktueller Zustand

Die einzelnen Steinstufen - drei pro Stufe - sind aus einem Stück trapezförmig gehauen. Die Steine sind je Stufe nebeneinander und in der Reihe etwas übereinander geschoben gelagert. Die einzelnen Stufen sind verkippt oder abgerutscht, so dass Auftrittlänge und -höhe variieren und sie teils beträchtliche Neigungen aufweisen. Seitlich wie auch auf der untersten Stufe sind die Treppen stark eingewachsen. Zwischen den einzelnen Treppen sind Erd- oder Wiesenwege zu

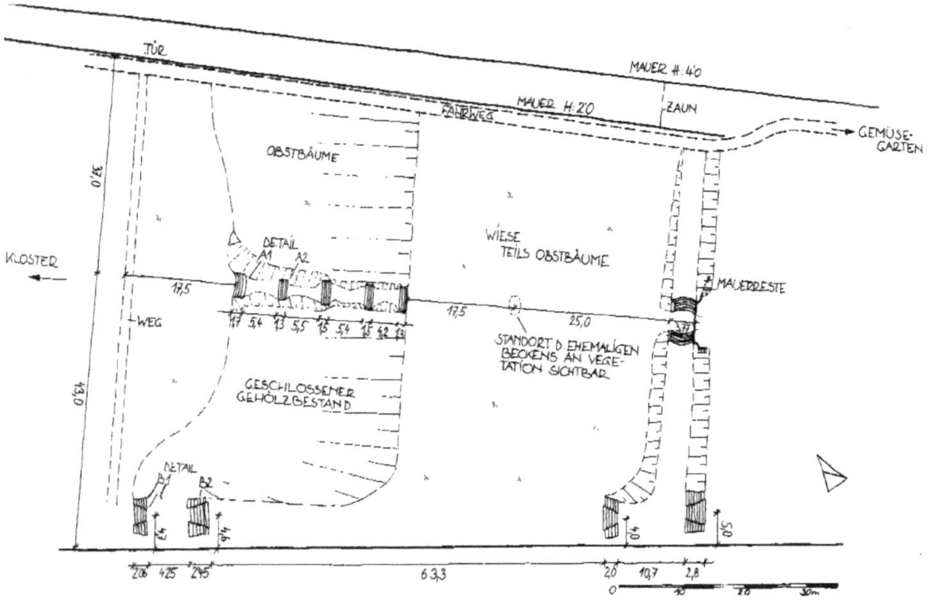

Lage der Treppenanlagen im Garten

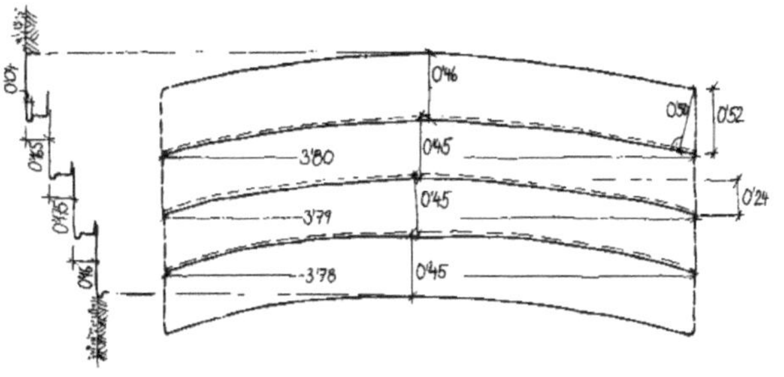

Detail 1: unterste Treppe der mittleren Treppenanlage

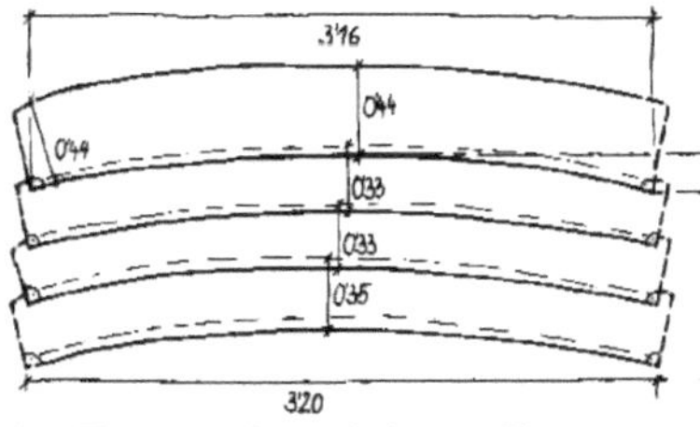

Detail 2: zweite Treppe der mittleren Treppenanlage

erkennen. Neben den Treppen verlaufende Trampelpfade zeigen, dass sie nur mehr schlecht zu begehen sind.

Geschichte des Weges

Es ist anzunehmen, dass die Treppen mit der Anlage des Gartens bis 1730 gebaut wurden.* Größere Umgestaltungen des Gartens fanden nicht statt, allerdings wird bald auch der ehemalige Ziergarten großteils als Nutzgarten verwendet und Gehölz- und Wegestrukturen der formalen Anlage verschwanden großteils.

Nutzung

Die mittleren Treppen werden nicht mehr genutzt. Seitlich besteht nach wie vor eine Wegeverbindung, die allerdings selten begangen wird.

Pflege

Vor wenigen Jahren wurden die mittleren Treppen von Vegetation befreit, mittlerweile sind sie wieder stark zugewachsen. Eine regelmäßige Pflege oder Instandsetzung findet nicht statt.

Seitliche Treppenanlage im Salesianerinnenkloster

Treppendetail mit versetzten Stufen

* vgl. Salomon Kleiner: Das Belvedere des Prinz Eugen von Savoyen aus der Vogelschau, 1731. In der Abbildung sind am ehesten die Treppenanlagen auszumachen, eine gesicherte Situationsdarstellung gibt es nicht (in: Neubauer 1980, S.94).

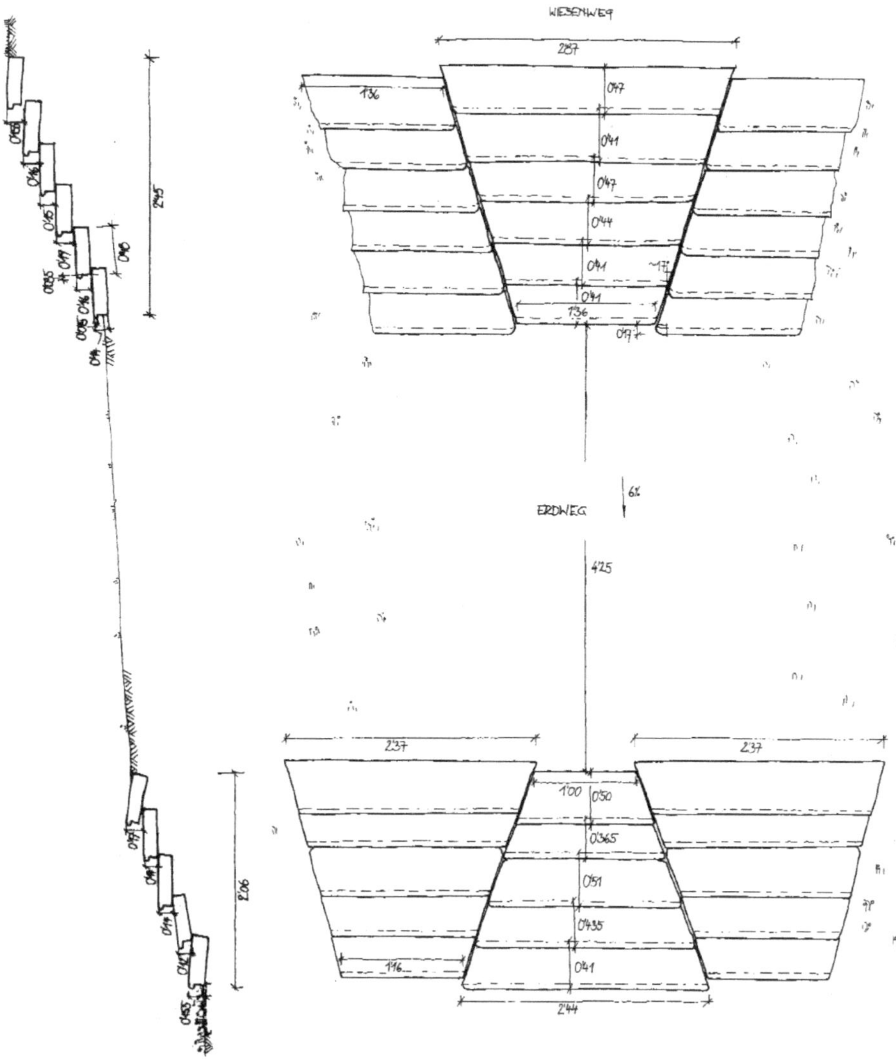

Detail 3: unterer Teil der nordöstlichen Treppenanlage

Garten	Kreuzweg am Franzensberg in Heiligenkreuz, Niederösterreich / HE 01 und 02
Beispiel	Treppenanlagen und Wildpflasterwege des Kalvarienberges
Art der Wegedecke:	Steintreppen und Wildpflaster
Aufnahme	02. 05. 02 / AD, GM

Zweiarmige Treppenanlage mit Wildpflasterungen im Osten des Kalvarienberges

Lage, Zonierung

Von Osten gelangt man auf einer zweiarmigen, im Grundriss ovalen Treppenanlage zur Kapelle am höchsten Punkt des Kreuzweges. Der Niveauunterschied wird mit fünf Treppenabsätzen, die mit gepflasterten Rampen verbunden sind, überwunden. Vom letzten Podest im Oval führen noch einmal 10 Stufen hinauf zum Platz vor der Kapelle. Die Treppenanlage ist beidseitig mit (Stütz-) Mauern eingefasst.

Wegeanlage, aktueller Zustand

Die Stufen sind aus jeweils zwei bis drei Steinblöcken gesetzt und mit einer Klammer gefügt. Die zwischen 15 und 25% geneigten Rampen sind mit länglichen Feldsteinen (Klaubsteinen), die quer zum Gefälle zu einem Wildverband gesetzt sind, gepflastert: Die Steine sind sehr dicht verlegt und bilden trotz Senkungen (beim Antritt) und Ausspülungen (am Austritt und entlang der Tropfkante der Mauerabdeckung) einen gut gefügten, haltbaren Verband. An der Außenkante ist aus kleinen Steinen, die teils kreuz und quer gesetzt sind, eine Rinne gebaut. Neben der Rinne und an der Innenkante sind immer wieder besonders große Steine verwendet. In den Fugen ist das Pflaster gleichmäßig vermoost. Die Mauern sind aus Bruchsteinen gemauert und verputzt, Abdeckplatten aus Kalksandstein bilden die Mauerkrone.

Südlicher Teil der zweiarmigen Treppenanlage

Treppenläufe mit gepflasterten Podesten

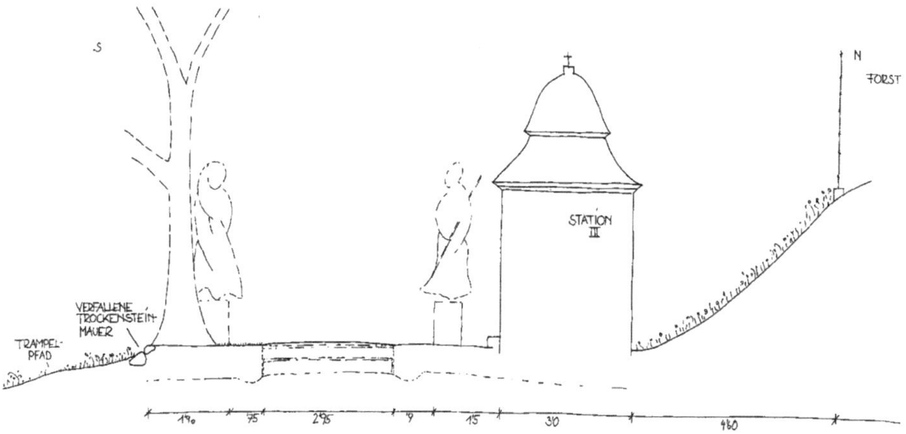

Treppenanlage: Querschnitt

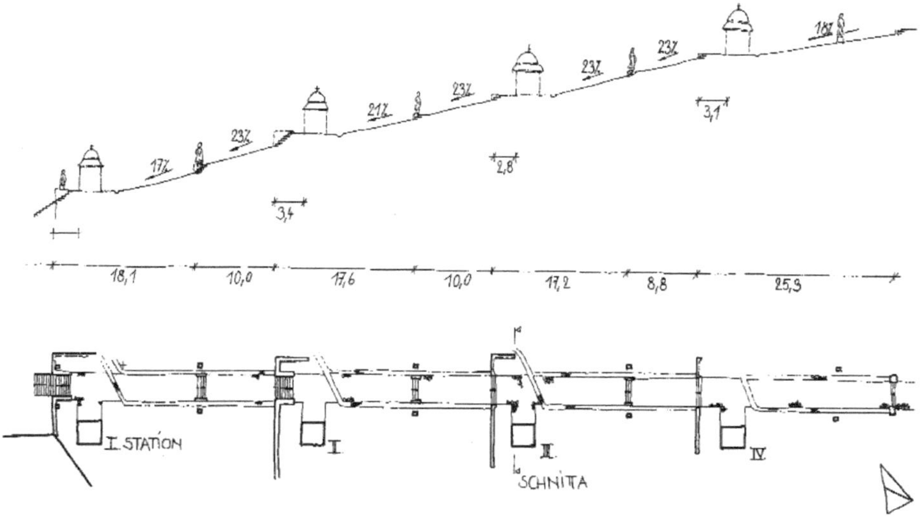

Treppenanlage: Grundriss und Längsschnitt

Detail der Klaubstein-Wildpflasterung

Treppenanlage mit Wildpflasterwegen von Station I bis IV

Lage, Zonierung

Die Treppenanlage am Beginn des Kalvarienbergs steigt jeweils über mehrere Stufen zu Verebnungen, auf denen die Kreuzwegstationen stehen, an. Stützmauern fangen das Gelände quer zum Weg ab. Die ebenen und bis zu 23 % ansteigenden Wegflächen sind gepflastert und an den Rampen von beidseitigen ebenfalls gepflasterten Rinnen flankiert. Zwischen den Stationen sind teils zusätzliche schmälere Treppen eingefügt, neben denen Statuen stehen.

Wegeanlage, aktueller Zustand

Die Stufen sind jeweils aus zwei Kalk-Blöcken gesetzt, die mit Metallspangen gefügt sind. Die Stützmauern bestehen aus Kalkblöcken, die Mauerkrone aus Platten. Teile der Mauerkronen sind mit Beton ausgebessert. Das Wildpflaster ist tendenziell quer zum Hang verlegt, abschnittsweise sind im Verband in Wellen verlaufende Reihen zu erkennen. Die Rinnen sind in Reihen in der Falllinie gesetzt, Querschläge oberhalb der Verebnungen lenken das Wasser talwärts. An den Rändern, besonders auch jenen der Rinnen und der Querschläge, wurden größere Steine verwendet. Teils sind die Rinnen in Mörtel gebettet. Das Pflaster ist stellenweise verschüttet und überwachsen, besonders in den Rinnen, den Querschlägen, am Hangfuß und am Austritt der Stufen. Unebenheiten sind mit Hebungen durch Wurzeldruck entstanden, wobei der Verband nach wie vor stabil gefügt ist. Neben den ältesten Bäumen sind die Rinnen durch den Druck der Wurzeln im Verband aufgelöst oder überhaupt verschwunden, auch im Zuge von Baumpflanzungen wurden die Rinnen abschnittsweise zerstört. Parallel der Treppenanlage ist ein Trampelpfad entstanden.

Geschichte des Weges

Der Kreuzweg wurde 1731 bis 1748 erbaut (Watzl P. Hermann, 1977; Voit Pál, 1982). Mehrmals wurde die Anlage restauriert. 1950 stürzte ein Teil des linken Stiegenarmes ein und musste neu errichtet werden. 1988 bis 1993 wurden zahlreiche Renovierungen durchgeführt, wobei auch die Mäuerchen neben den Stiegen, eventuell auch Teile der Treppen selbst, repariert wurden (vgl. Richter Werner, o.J.; X.Y. mündl. 2002).

Nutzung

Der Kreuzweg wird gerne als Ausflugs- und Pilgerziel besucht und dient auch als Spazierweg. Teilweise weichen die BesucherInnen auf den seitlichen Trampelpfad aus. Bei Prozessionen und Pilgerwanderungen nehmen auch große Menschengruppen die Treppen und Wege in Anspruch.

Pflege

Im Bereich der Treppen findet keine regelmäßige Wegepflege statt.

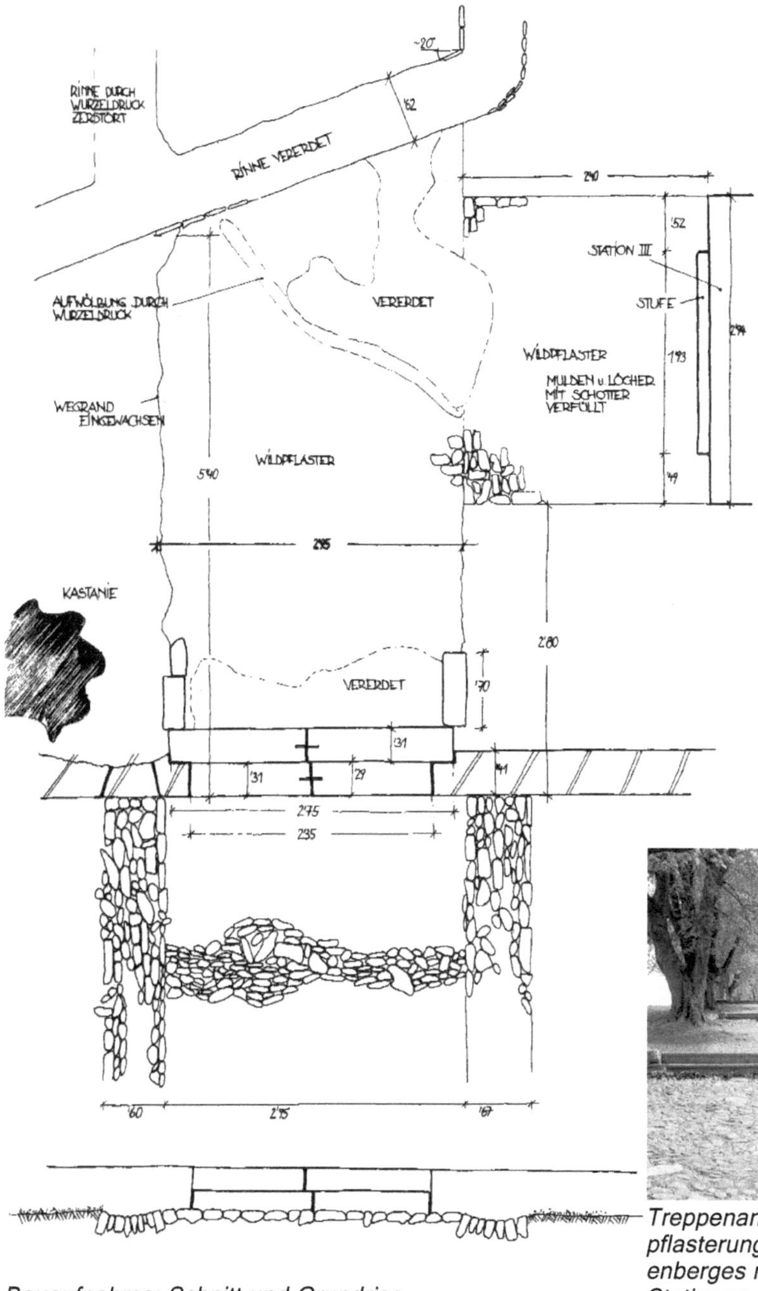

Bauaufnahme: Schnitt und Grundriss

Treppenanlage und Wegpflasterung des Kalvarienberges mit barocken Stationen

9 *Aspekte einer denkmalpflegerischen Betrachtung von Gehölzen in historischen Gärten Österreichs*

Ausgehend von den Ergebnissen der Dokumentation werden Angaben über die Herstellung und "Wartung"[1] der in historischen Gärten Österreichs gefundenen Gehölze gegeben. Vervollständigt werden diese "Felddokumente" der im Jahre 2002/03 aufgenommenen Gehölzen mit Hinweisen aus den zeitgenössischen Gartentheorien. Die Kunst der Erziehung der früher häufig verwendeten Kronenformen Kandelaber und Kesselkrone wird unter Zuhilfenahme von zeitgenössischen Anweisungen beschrieben. Maßangaben erfolgen in Meter.

9.1 *Herstellung und Wartung von formgeschnittenen Gehölzen*

In kommunal und staatlich geführten Gärten konnte bis heute die Kultur des Formschnitts aufrecht erhalten werden. Es haben sich regional und institutionell unterschiedliche Arbeitsweisen und Schnittmethoden herausgebildet. In den großen, ehemaligen Kaisergärten wurden rationalisierte Arbeitsmethoden entwickelt: Mit sogenannten Spaliergerüsten, die bereits zu Napoleons Zeiten verwendet wurden, werden die Hochhecken und Heckenwände in Partien mit mehreren übereinander stehenden Gärtnern geschnitten.

*Für die **Alleen** lässt sich zusammenfassen:*

- Allée double (Vierreihige Alleen) kommen **innerhalb von Gartenmauern** nur in ehemals kaiserlichen Anlagen vor. Ein Vergleich mit historischen Ansichten unterstreicht diese herausragende Stellung der kaiserlichen Gärten. Der besondere, imperiale Anspruch der Habsburger wird im Garten von Schönbrunn allein darin ausgedrückt, das beinahe alle Alleen vierreihig ausgeführt wurden.

- Im rechten Winkel gesetzte **Allée double** wurden in der Regel dem barocke Idealverhältnis entsprechend im Verhältnis 1 : 2 : 1 hergestellt. Große Unterschiede bestehen in der Dimensionierung der Haupt- und Nebenwege: Die Hauptwege schwanken zwischen 10,65 und 15 m Breite, die Nebenwege zwischen 3,8 und 7,5 m.

- Allée double **"in quincunx"** wurden innerhalb von Gartenmauern nicht verwendet. Sie leiten vom Schloss ausgehend als Jagd- und Zufahrtsalleen in die Landschaft. Die parallelen Innenbaumreihen des Hauptweges stehen versetzt zu den zueinander parallelen Außenbaumreihen. In Neuwartenburg sind die Contre-alleen weniger als halb so breit wie die Hauptallee.

- Die Beispiele von **Allée simple** (zweireihige Alleen) weisen unterschiedliche Pflanzabstände zwischen den Bäumen auf. Die Abstände der Bäume in der

Reihe variieren zwischen 3,8 m (Leopoldskron) und 6,8 m (Neuwaldegg, 1. Abschnitt). Die Abstände zwischen den Reihen variieren mit 2,95 (Villa Lanna) bis 9,2 m (Neuwaldegg) ebenfalls sehr stark. Zwischen Kronenform der Alleebäume und Abstand zwischen den Bäumen lässt sich keine systematische Beziehung ableiten.

- Zwischen der **Funktion** und der **Dimensionierung** der Allee ist kein eindeutiger Zusammenhang erkennbar: Die als Weg in die Landschaft gebaute Neuwaldegger Allee ist ungefähr so breit wie die Obere Lindenallee im Wiener Augarten. Die Alleen sind in der Regel breiter als die Abstände in den Baumreihen. Lange Alleen dürften in weiteren Abständen zwischen den Reihen gepflanzt worden sein (Obere Lindenallee im Augarten, Neuwaldegger Allee). Innerhalb der einzelnen Gärten gibt es eine klare Zuordnung zum Gesamtgarten durch Dimensionierung und Alleen-Typ.

9.1.1 Gartentheorie und Wirklichkeit

Die Angaben der Gartentheoretiker weichen stark von der Realität in den österreichischen Gärten ab. Linden, Ulmen und Kastanien sollten nach der Theorie viel enger gepflanzt sein. Wimmer (2001) geht davon aus, dass die barocken Gartentheoretiker die Jugendform des Baumes idealisierten (vgl. auch die Ansichten der Wiener Barockgärten. In: Neubauer 1980). Hugo Koch und Leberecht Migge, Vertreter des neuen architektonischen Gartens in Deutschland nach 1900, meinten ihre ZeitgenossInnen würden die Alleebäume zu weit pflanzen. Dieser Trend zu weiteren Pflanzabständen setzt sich bis heute bei den modernen ArboristInnen fort, aber auch Gartendenkmalpfleger wie Gustav Wörner forderten noch 1982 weitere Abstände bei der Sanierung alter Alleen[2].

- Die Kronenansätze der Alleebäume befinden sich im Durchschnitt in einer Stammhöhe von 2,2-4,5 m. Die alten Texte und Ansichten überliefern dagegen sehr hohe Kronenansätze im barocken Garten. 6,2 bis 9,9 m hohe Kronenansätze forderte Dezallier, denn, "wenn der Stamm eines Baum zu niedrig (sei), (wären) die Gabeln und Aeste gar unangenehm anzusehen" (Dezallier 1731, S. 244).

- Alleebäume mit Kesselkronen wurden gerne in kirchlichen Anlagen hergestellt. Neben der leichteren Holzwerbung könnte die symbolische Beziehung von Baum und Kreuz in der christlichen Religion und die Rolle des Kandelabers in der Bibel im Kapitel "Die Anordnung für Heiligtum und Kult" diese Vorliebe erklären[3].

- Die Kesselkrone stand dagegen im Widerspruch zum Schönheitsideal der Gartentheorie des frühen 18. Jahrhunderts: Als "General-Regel" bezeichnet Dezallier den "hohen Baum mit nur einem, sich erhöhenden Stamm ohne Gabeln oder Äste als schön (Dezallier 1731, S. 243), im Gegensatz zu einen Baum mit 2. Herz-Gipffeln, der einem Apffel-Baum, oder Weyhnachts-Leuchter von 7. Aesten (gleichet)" (Ebenda, S. 244).

Alleenabstände in der barocken und gründerzeitlichen Gartentheorie:

Idealmasse der Gartentheorie			
Beispiele der Gartentheorie	**Baumart**	**Abstand zw. Bäumen**	**Abstand zw. Reihe**
Franz. Encyclopedie 1765 (1)	Geschorene Einzelbäume	1,9 – 2,9 m	
	Ulme, Linde	3,9 – 5,8 m	
	Tanne, Fichte	7,8 – 9,75m	
	Kast, Nüsse, Äpfel, Birne	7,8 – 11,7 m	
	Eiche, Buche	17,5 – 19,5 m	
Boyceau (1638) (1)			Gedeckte Allee enger setzen als offene
			11,5-15,5 m bei 600-800 m Länge (2)
			10 m bei 400 m Länge
			8 m bei 350 m Länge
			7 m bei 200 m Länge
			6 m bei 100 m Länge
			5 m bei 60 m Länge
Liger (1700) (1)	Linden	2,9 m	
	Kastanie	5,8 m	
Sturm (1721) (1)			mind. 3,7 m, höchstens 11,15 m; mind. 5,6 m, höchstens 14,9 m bei Haupt-Alleen ("mittlere Alleen") Allée double: Contra-Alleen bis 14,9 und Mittelallee bis 22,3 m
Dezallier (Danreiter, 1731)	Linde, Ulme, Kastanie	3,8 m	
		5,8-7,7 m	Auf dem Lande
			20-24 m Breite bei 800 m Länge (3)
			18-20 m bei 600 m Länge
			14-16m bei 400 m Länge
			10-12 m bei 200 m Länge
Duhamel (1760) (1)		2,9 -9,7 m	Kronen sollen sich weder zw. den Reihen noch in der Reihe berühren
Migge (1913)	Pappel, Kastanie	8-10 m	Bäume müssen sich gegenseitig hochschieben
	Linde	2-3 m	
	Ulme, Ahorn	5-6 m	
Koch (1913, 1921)	Linde	3-4 m	für "historische Alleen"
	Ulme		
	Kastanie	4-5 m	
Umrechnungsbasis: 1 Franz. Schuh (Fuß, pied de roi): 0,324 m; 1 Österr. oder Wiener Fuß (bis 1875): 0,316 m; 1 Wiener Klafter (1588 bis 1875): 1,896 m, 1 Toise: 1,949 m, 1 Wiener Zoll: 2,634 cm			

(1) vgl. Wimmer 2001. (2) Die Proportionsangaben für Boyceau sind nach Wimmer 1989, die für (3) Dezallier (Ausgabe 1960) nach Bührle 1988, 75ff.

9.1.2 Der Schnitt der Gehölze

Der Schnitt von Formgehölzen macht nach ihrer Pflanzung und Formierung den größten Teil an regelmäßig anfallenden Arbeiten im formalen Garten aus . Dabei werden neben lotrechten Wänden, Bögen auch Gehölzskulpturen formiert (Helfenberg).

- Vierreihige Alleen kommen sowohl als gedeckte Alleen (allées couvertes) wie als gemischt geschnittene Alleen vor, bei denen der Mittelgang als Wand (offen) und die Seitengänge als Bogen gedeckt formiert werden.

- Zweireihige Alleen (allées simples) gibt es sowohl als offene, in Kastenform geschnittene, wie auch als gedeckte, in Bogenform geschnittene Alleen.

- Der Schnitt der Gehölze erfolgt entweder als "Köpfen" (Rückschnitt auf dieselbe Stelle in kurzen Umtriebszeiten) oder in einer Kombination von Schur und stärkeren Rückschnitt (Heckenschnitt).

- Hochhecken und Heckenwände werden in der Regel einmal im Jahr geschnitten (bzw. geschoren). Als Winterschnitt - ins mehrjährige Holz der Kronen - wird das "Baumsteigen" in den Gärten durchgeführt[4].

- Regelmäßigen Schnitt gibt es sowohl im alljährlichem wie auch in mehrjährigem Rhythmus, wie etwa einen 2- und 4-jährigen artbezogenen Schnitt im Wiener Volksgarten. In kleineren Gartenanlagen gibt es Umtriebszeiten von bis zu 14 Jahren.

- In manchen Gärten erfolgte seit Jahrzehnten kein Schnitt - über 10 m lange Aufsitzer belasten die Kronen (Draßburg, Neuwartenburg, Heiligenkreuz).

Der Viertelkreisbogen eines Spaliergerüsts in Schönbrunn

Das Spaliergerüste der Lindenallee im Mirabellgarten Salzburg (30. 1. 1995)

- Spaliergerüste werden bei größerer Anzahl an Hochhecken und Heckenwänden verwendet (z.B. in Schönbrunn, Augarten, Mirabellgarten, Hellbrunn). In Schönbrunn und im Wiener Augarten werden zusätzlich Schablonen verwendet.

- Offene Alleen (allées decouvertes) und Kandelaberkronen (Villa Lanna, Draßburg, Esplanade Gmunden) werden unter Zuhilfenahme von Leitern geschnitten - in Privatgärten (Draßburg, Villa Lanna) wie in öffentlichen Gärten (Burggarten, Volksgarten und Heldenplatz).

Ein allmählicher Rückzug gärtnerischer Arbeit ist festzustellen - Vereinfachungen haben stattgefunden in der Kunst, Gehölze zu formen und zu erhalten. Bäume mit Kesselkronen werden seit dem 19. Jahrhundert nur mehr in Ausnahmefällen wieder als solche ersetzt. Spreizhölzer, das Abspannen und Aufbinden von Zweigen konnten wir nirgends mehr beobachten. Eine nicht belegbare Behauptung ist die Verwendung von flachen Steinen zur Formierung der Kesselbasis in Melk[5].

Vor allem die Einflüsse rationalisierter Pflegemethoden bei Einsparung von Personalstunden und die Ablehnung künstlicher Gehölzformen aufgrund naturschützerischer Haltungen dürften mitgeholfen haben, dass die regelmäßige Pflege der Formgehölze ausgesetzt wurde oder in größeren Abständen erfolgt.

Höhe und exakte Formierung spiegeln ökonomische Entscheidungen und Vermögen wider. Arbeitsrhythmus und die Verwendung von Spaliergerüsten treiben die Kosten in die Höhe - je höher die Form, desto mehr Personal steht auf den Spaliergerüsten. Ab einer gewissen Größe sind die Gerüste nur mehr durch Zugmaschinen (Zugpferde) zu bewegen.

Pflegerücknahmen sind "Brachephänomene", die durch die Begünstigung der natürlichen Astreinigung von Bäumen bei Durchwachsen der Kronenäste (Abwerfen der untersten, schlecht belichteten Äste) doppelt auf die Veränderung der Alleebäume wirken - manche Arten sind hier besonders empfindlich (z.B. Esche). Die Beibehaltung der unteren Kronenform hängt damit wesentlich von der Beibehaltung eines regelmäßigen Schnittes ab (vgl. auch die Erhaltung von belaubten Berceaux´s). Die Hoffnung mancher Verwaltungen auf monetäre Einsparung durch Verlängerung der Umtriebszeit bewirkte häufig Zerstörungen von Bäumen und Kronenformen. Gekappte Baumkronen und zu Stummeln abgeschnittene Knorren haben die gärtnerische Information, die durch den Baum traditionell an die nächste Generation von Gärtnern und Gärtnerinnen "passiv" weitergegeben wurden, für immer zerstört. Mit der Aufgabe von kontinuierlicher Pflege hat sich ein schwieriges Kapitel für die Erhaltung formaler Gehölze in österreichischen Gartenanlagen entwickelt. Das Meisterstück scheint zu sein, aus solchen Ruinen wieder gärtnerische Kronenformen aufzubauen (vgl. Hülbusch 1987)[6].

Ein deutliches Zeichen des Rückzugs gärtnerischer Pflege sind lange Aufsitzer auf ehemals durch regelmäßigen Schnitt stabilisierten Kronen. Ausgewachsene Bäume in Draßburg (li.) und in Heiligenkreuz (re.).

9.2 Grundlagen des formalen Gartens

Die Form-Gehölze entsprechen mit Kessel, Kegel, Vase, Pyramide, Wand, Säule und Bogen klassischen Grundelementen der europäischen Architektur. Die damit verbundene Erhaltung durch immerwährenden, regelmäßigen Rückschnitt beinhaltet eine aufwendigere Pflege als der auf Überraschung und Abwechslung abzielende, malerische Landschaftsgarten[7]. Die Schnittvorlage ist der alte Schnitt des fertig formierten Gehölzes.

Dabei wurden die Erkenntnisse aus der Obst- und Laubwirtschaft für die Gehölzformierung weiterentwickelt (vgl. Doblhammer 2003, 201ff). Das anfallende Holz wurde bis ins 20. Jahrhundert wirtschaftlich verwertet, im Mittelpunkt stand aber die Funktion der Gehölze im Gesamtentwurf, die repräsentative Darstellung grüner Freiräume und ein damit verbundener symbolischer Luxus - nicht mehr der Ertrag war bestimmend, sondern die Gestalt. "Gelender, Hecken, Portale, Pyramiden, Bogengänge und Laubhütten" gehörten im 17. Jahrhundert "zur Auszierung" (Elßholtz 1684, S. 12). "Ein fürnehmlicher Garten" erfordere daher "zu seiner Anrichtung auch fürtreffliche Kosten". "Grosse Herren können hierin nicht allein ihre Lust, sondern auch ihren Ruhm suchen" (Ebenda, S. 10).

9.2.1 Schnitttechniken der Formierung

Wirtschaftshistorisch entsprechen die im formalen Garten angewendeten Techniken der Niederwaldwirtschaft. Diese ist gekennzeichnet durch einen regelmäßigen Umtrieb. Gleichzeitig ist Niederwald immer Ausschlagwald (vgl. Trier 1963), der vegetativ vermehrt wird. Im Niederwald finden sich daher die traditionellen Vorbilder der immerwährenden Verjüngung und Erhaltung von Formgehölzen durch Absenker, Wurzelbrut oder Stecklingsholz.

In den Gärten kamen zwei unterschiedliche Schnitttechniken zur Anwendung. Die erste bewahrt das Starkastgerüst der Krone und fördert die Bildung von beulenförmigen Verdickungen, den Knorren, Knöpfen oder Köpfen, die Bäume werden deswegen auch Kopfbäume genannt (nicht zu verwechseln mit Kopfholzbetrieb). Die historische Bezeichnung der Hauptäste als Mutteräste verweist auf die Niederwaldwirtschaft, deren Begrifflichkeiten noch das Bild der "triebhaften" Mutter Natur transportieren[8]. Das Köpfen wird mit kleinen Astsägen oder mit Gartenscheren durchgeführt (je nach Umtriebszeit). Starkwüchsige Bäumen (wie etwa Sommerlinden) wurden zweimal im Jahr geschnitten - heute wird in der Regel einmal im Winter oder seltener geschnitten.

Die zweite Technik wird Scheren und Hauen genannt. Beißner nannte diesen Schnitt auch "Französischen Schnitt" (Beißner 1887, S. 91). Ein sommerlicher Schnitt fördert die Verzweigung im Feinastbereich und damit die Bildung dichter Laubwände. Bäume, die wie Hecken geschoren werden, nennen die Gärtner auch Hochhecken. In größeren Gärten mit Alleen oder Heckenwänden werden Spaliergerüste und Schnitt-Schablonen zu Hilfe genommen.

Über den Gehölzschnitt wurde in der Gartentheorie des 17. und 18. Jahrhunderts diskutiert, oft über die Gedankenlosigkeit der Gärtner beim Schneiden geklagt, etwa Abbé Jean Roger Schabol[9]: "wie selten man gute Beschneider sowie auch gute Ausschneider antrifft! Sie schneiden, sie hauen ab, sie säbeln nieder ohne Einsicht und ohne Verstand" (Schabol 1767). Dezallier (1731, S. 246) schreibt vom alten "Gebrauch" der Gärtner, "alles zerhauen und zu Grunde (zu) richten", und meint, "die Gärtner sind ans das Umhauen dergestalt gewöhnt, daß sie zu sagen pflegen, sie wolten ihrem eignen Vater den Kopf herunter hauen, wenn er ein Baum wäre".

9.2.2 Historische Tipps zur Gehölzformierung

Verschiedene Fragen und Probleme bei der Erhaltung von formalen Gärten wurden bereits in der damals zeitgenössischen Gartentheorie behandelt:

1) Alleepflanzung

"Will man schöne Alleen anlegen, so muß man 2. Stück nicht spahren. Erstlich, daß man zu jedem Baum eine Stange schlägt, so in vest hält, damit er nicht stürze, oder, indem er dem Wind unterworffen, krumm werde, und zum andern, daß man nur obenhin mit Stangen und Weiden Geländer mache, um die etwas grosssen oder starcken Spaliere zu unterhalten und aufzubringen, welche sonsten niemalen gerad wachsen würden. Es erfordert zwar solches Unkosten, ist aber unumgänglich nöthig" (Dezallier 1731, S. 245).

2) Ausbessern mit Artwechsel

Die Spaliere und Gelender (Hecken) wurden mit der Zeit manchmal an der Basis kahl. Dezallier d´Argenville gibt dazu folgenden Rat: "Es ist ferner zu beobachten, daß an den Orten, wo 2. oder 3. mal nacheinander Bäume von einerley Sorte abgestanden, man eine Veränderung vornehmen müsse. Die von diese Art Bäume schon abgenutzte Erde, wird eine neue vor eine andere Art. Zum Exempel es, es sind viel Ulmen nach einander an einerlei Platz abgestanden, so muß man Linden, Castanien, oder andere Bäume hinein pflanzen. Bey Ausbesserung der Spaliere ist eben dieses zu beobachten, und zum Exempel ein Spalier von Hambuchen mit Hag-Eichen, Ulmen-Bäumlein und dergleichen zu ersetzen. Denn es ist schwerer an denen ausgestaudeten Orten Pflanzen wachsend zu machen, als auf einen neuen Platz" (Dezallier 1731, S. 250).

3) Herstellung von Heckenwänden

Nach Dezallier beschnitt man die Hecken nach Gelegenheit des Ortes zu Windwehern, Vorhängen oder Brustwehren. Windweher oder Vorhänge sind "große und sehr hoch erhobene Spaliere, womit das Gesicht abgeschnitten, und die unangenehmen Örter verdeckt, oder andere in dem Garten von einander abgesondert werden. Ihre Höhe soll 2. Drittel von der Breite der Allee haben" (Dezallier 1731, S. 74). Brustwehren sind niedrige Spaliere, wie "eine Anlehne", welche nach Dezallier nicht über 3. oder 4. Schuh hoch (0,9 bis 1,25 m) sein sollten. Sie werden an den Seiten der gedoppelten Alleen verwendet, allwo sie, weil sie ganz niedrig, den schönen Prospect zwischen denen Bäumen nicht verhindern" (Ebenda, S. 75).

Für sehr hohe Spaliere (15,5-18,6 m), "muß man hohe Bäume mit (zu dem Spalier) hinzu thun, und selbe unten am Stamm von vorne und von hinten stutzen, so, daß das Spalier eine Höhe von 20. Schuh (6,2 m), und das übrige der Baum erfülle. Und gleichwie es beschwerlich, diese Spaliere in der Höhe zu abzuwerfen; also lässt man dem Gipfel des Baumes seinen Lauf, welches keine üble Wirkung hat" (Dezallier 1731), - diesem Rezept entspricht ungefähr die

Ansicht der Heckenwand am Großen Parterre in Schönbrunn auf dem Bild von Belloto 1759/60.

Spaliere wurden wegen ihrer "annehmlichen Grüne" im Garten verwendet, um "die Mauern, so denselben umgeben, damit zu bedecken, und das Gesicht an gewissen Orten aufzuhalten, damit man nicht den ganzen Bezirk des Gartens auf einmal erblicke. So dienen sie auch zur Bekleidung derer Gebüsche und Absonderung von andern Theilen des Gartens, welches verursachet, daß man nicht anders, als durch Alleen hinein kommen kann" (Dezallier 1731, S. 74).

Als "gemein" bezeichnete Dezallier Spaliere, oder Hecken, wenn sie "hoch, lang, ganz gleich, und eine grüne Tapetzerey oder Mauer" formierten. Ihre Schönheit bestünde darin, dass "sie wohl bekleidet seien, besonders von unten, nicht zu breit, und wohl gestutzt zu beiden Seiten; (...) denn es ist nichts heßlicheres, als ein gar zu dickes Spalier, welches über diß nicht lange bestehen würde" (Ebenda, S. 74 u. 247).

4) Ausbessern von Heckenwänden durch Vorpflanzen

Wenn die Spalier sich "unten entkleiden, pfleget man ihnen mit Stauden, Buxbaum oder Taxus zu helfen, welche an ein Geländer, so 5. bis 6-.Schuh hoch, abgebunden werden, wie in gar vielen Gärten zu sehen" (Dezallier 1731, S. 74).

5) Baumschnitt-Technik

Als Zeichen von guten und aufmerksamen Schneiden galt es, wenn alle Schnitte "in einer übereinstimmenden Richtung geführt werden, und wenn dabei der Baumschneider nicht allein Zeit durch Regelmäßigkeit, sondern mehr noch durch ein gutes für ihn sprechendes Vorurtheil gewinnt, so geht auch der Baum nicht leer aus, wenn die von unten auf geführten Schnitte an aufrechten Zweigen beim Pflanzen alle gegen Nord gerichtet werden können, und bei wagerechten der Erde zugekehrt sind: in beiden Fällen trocknet sie die Sonne weniger aus, im letzten schlägt auch der Regen nicht den hervorquellenden Saft ab, der die Verharschung bilden möchte" (Fintelmann 1841, S. 157).

6) Verjüngung von Gehölzen

Verjüngung von Gehölzen meint "ein Übergewicht der Wurzeln gegenüber das Holz mittelbar verschaffen. Je älter und je schwächer die Pflanze, desto weniger darf man sich beim Verjüngen auf das Zurücksetzen einlassen, desto mehr und kürzer muß das Holz geschnitten werden; wer seiner Sache nicht ganz gewiß, möge sich lieber etwa zu viel als zu wenig zu thun scheinen" (Fintelmann 1841, S. 160). Sogenannte allmähliche Verjüngung empfiehlt Zigra für jeden alten Baum, der keine Wasseräste hat und dem man ansieht, "dass er zurückgeht, so kann (man) ihm oftmals schon dadurch wieder aufhelfen, wenn man ihm seine alten Äste wieder abstumpfet, und zwar das eine Jahr die eine, das folgende Jahre die andere Hälfte des Baumes, jedoch so, dass jedes Mal an einem Ast ein Zweigchen gelassen werde" (Zigra 1803, S. 135). Dieses Verfahren wird auch zur stammnahen Verjüngung alter Formhecken verwendet (vgl. Joyce 1993, S. 109). Der regelmäßige Schnitt der Hecken an den Rückseiten bis zum Stamm durch die Gärtner der Bundesgärten Wien bringt eine einseitige Verjüngung mit sich (vgl. Dokumentation der Heckenwand am Großen Parterre in Schönbrunn). "Wenn ein erwachsener Baum "von oben zu trauren beginnet, und man keine augenscheinliche Ursach weiß", empfiehlt Elßholtz, "dass man ihn abstutze oder stümle, damit der Stamm sich desto besser erholen und neue Zweiglein treiben möge. Und zwar alle solche Arbeit muß im zunehmenden Mond geschehen (Elßholtz 1684, S. 197).

9.2.3 Zeitpunkt des Schnittes

1) Nach dem Mondverlauf

So wie Elßholtz sich für die Verjüngung von Gehölzen am Mondverlauf orientierte, empfahlen auch andere Gartentheoretiker im 17. und 18. Jahrhundert sich beim Gehölzschnitt nach dem Mondverlauf zu richten. Alte Bäume "sollen in abnehmenden Mond erhauen werden, die aber so man gar schneiten wollte, in wachsenden" (Ängeln 1667, S. 234). Ein Schnitt bei wachsendem Mond hatte den Zuwachs als Holz- und Fruchtertrag im Auge: Während Johann Sigismund Elßholtz das "Heckenstutzen allzeit mit wachsenden Mond" forderte (Elßholtz 1684, S. 34), empfahl Camillo Schneider[10] die Hainbuchenhecken erst nach Vollmond zu schneiden, "damit sie nicht so stark wachsen" (Schneider 1933 nach Richberg 1997). Besonders geschätzt wird unter den MondgärtnerInnen das Zurückschneiden von Hecken an Steinbocktagen im abnehmenden Mond, da es das Wachstum der Pflanzen verlangsamen soll (Föger 1996, S. 72).

2) Sommer-, Winter- , Herbst- und Frühjahrsschnitt

Bezüglich der Schnittzeit unterscheiden sich Sommer- und Winterschnitt nach der Art der Schnittführung. Der Französische Schnitt zur Bildung von Heckenwänden sollte im Sommer geführt werden, um die zahlreichen fein verzweigten Äste zu fördern, die eine dichte Wand erledigen[11]. Dabei ist der Schnitt so nahe als möglich an dem des vorhergehenden Jahres auszuführen: "Schneidet man zu lang, so wird die Hecke zu dick, schneidet man zu nahe (auf das alte Holz), so wird sie kahl" (Beißner 1887, S. 92).

Fintelmann, königlicher Holzgärtner auf der Pfaueninsel, bevorzugte aus biologischen Gründen den Frühjahrsschnitt von Gehölzen, "kurz vor´m Schwellen, oder besser noch, vor dem Aufbrechen der Augen", weil dann "die Wunden am ehesten überwachsen, wenn sie überhaupt noch überwachsen können" (Fintelmann 1841, S. 156)[12]. Ein Rückschnitt im Frühjahr lässt den Baum voll durchtreiben, ein Rückschnitt im Sommer bremst ihn. Arboristen schneiden deswegen wieder im zeitigen Frühjahr oder während der Zeit des Laubfalls (vgl. Pfisterer 1999, S. 55).

Zu den Zeitpunkten und zur Häufigkeit des Schnittes widersprechen sich die Theorien im Detail. Elßholtz richtet sich nach der Beschaffenheit der Luft und empfiehlt das Stutzen nach Regen oder im Morgentau, da die Schneide der Schere dann viel leichter fassen könne (vgl. Elßholtz 1684, 34). Wie Carl Rimann bevorzugen viele Gartentheoretiker für alle Hecken und heckenartigen Formen einen zweimaligen Schnitt und orientieren sich bei der Wahl des Schnittzeitpunktes generell an den Safttrieben, nach "Vollendung des Frühlings- und des Johannistriebs" (Rimann 1927, S. 318) - wenn auch der einmalige Schnitt bereits in der Barockzeit öfter vorkam. Dezallier empfiehlt den zweimaligen Schnitt der Spaliere im Juni und zu Anfang des Monats September und sieht ihn als Merkmal "wohl unterhaltener und gewarteter" Gärten (Dezallier 1731, S. 247). Görner schließt sich mit Mitte bis Ende Juni für den ersten Schnitt und Mitte bis Ende September für den zweiten etwa der Regel Dezalliers an. Seine Überlegungen gründen in der Leichtigkeit der Arbeit: "Der erste Trieb ist um diese Zeit kaum ausgebildet und noch weich. Der zweite Schnitt ist noch geringer, denn es sind nur die zweiten Triebe, die viel schwächer als die ersten sind" (Görner 1879, S. 29). Beißner empfiehlt den Monat August für den Französischen Schnitt bei einmaligem Schnitt als Termin zwischen den beiden Säften. Bei zweimaligem Schnitte empfiehlt er das erstemal inmitten des Frühjahrsaftes und das zweite Mal inmitten des Augustsaftes zu schneiden, zieht aber den einmaligen aus ökonomischen und ästhetischen Gründen vor (Beißner 1887, 92). Camillo Schneider fordert dagegen bei winterkahlen Gehölzen den zweimaligen Formschnitt als Winterschnitt, mit darauf folgendem Sommerschnitt um "Johanni" (24. Juni). Ein Winterschnitt in den Monaten Oktober bis Februar ermögliche größere Unregelmäßigkeiten in der Heckenform auszugleichen. Falls der Sommer zu starkem Austrieben führe, könne der Schnitt im August wiederholt werden - und der darauf folgende Winterschnitt entfallen (vgl. Schneider 1950, S. 14)[13].

9.2.4 Gehölze bauen mit Bogen und Wand

9.2.4.1 Der Bogen

Der Schnitt auf Bogen findet dort Verwendung, wo ein gewölbeartiger Raumeffekt erreicht werden soll (insbesondere gedeckte Alleen und Laubengänge). Die gebogenen Flächen wurden ursprünglich mit Sichel und Messer geschoren. Leere Stellen wurden davor durch Hineinziehen von benachbarten Zweigen geschlossen (vgl. Wimmer 2001, 44, Doblhammer 2003). Gedeckte Gänge (Bogengänge, Berceaux) wurden entweder durch Formierung entlang einer Bogenschablone oder durch die Aneinanderreihung von breiten, beinahe waagrecht gezogenen Kesselkronen hergestellt.

Dazu entwickelte die französischen Gartentheoretiker ein Raumprogramm, das den Bogen als Dachform zweireihigen und bei Allée double den Seitenalleen (Contre-allées) zuwies. Der mittlere, doppelt so breite Hauptweg sollte nach

Dezallier immer offen (d.h. mit wandartigem Kronenabschluss) sein. Eine besondere Situation bieten gedeckte Alleen an Baumplätzen mit lotrechten Baumwänden als Abschluss, wie an den Schüsselwiesen oder dem Parterreplatz im Wiener Augarten vorgeführt wird. Diese Bäume werden nach innen zu einem Bogen und nach außen zu einer Wand formiert.

Die Problematik des Bogens besteht aus gartenbaulicher Sicht im Lichtmangel, der bei Kronenschluss an der "Decke" entsteht. Es hat sich deswegen bei Hochhecken eine Umtriebszeit von fünf bis sieben Jahren etabliert, in der die durch den alljährlichen Sommerschnitt zunehmenden Gehölzkronen wieder stark zurückgeschnitten werden. Dagegen werden bei Kopfbäumen keine geschlossenen Wände erzeugt, das notwendige Lichtprofil durch einen ein- bis zweijährigen Rückschnitt der Schösslinge hergestellt. Aber auch hier hat sich eine extensivere Praxis mit einem zweiphasigen siebenjährigen Schnittzyklus herausgebildet (vgl. Domallee St. Pölten). Zuerst werden alle Schösslinge auf den Kopf geschnitten. Nach etwa 5 bis 7 Jahren erfolgt eine Auslichtung (élaguer) der inzwischen gewachsenen Ständer auf ein bis zwei Triebe pro Kopf. Diese Triebe werden nach weiteren ca. 5 bis 7 Jahren wieder vollständig zurückgeschnitten.

Für den Bau eines Laubengangs gibt es zwei grundsätzlich verschiedene Techniken, die nach Dezallier "Berceaux de verdure" und "Berceaux treillage" genannt werden: Auf einem Lattengerüst (treillage) werden die Pflanzen entlang gezogen und die nach oben entstehenden Triebe regelmäßig zurückgeschnitten, die seitlich entstehenden Triebe werden geschnitten und eingeflochten. Viele der ursprünglich aus Holz bestehenden Treillagen wurden im 19. Jhdt. aus Eisen ersetzt. An den Treillagen wurden in Schönbrunn Obst, Rosen, Wisteria und Wilder Wein gezogen. Im Mirabellgarten wird der eiserne Laubengang von Echtem und falschem Jasmin begrünt.

Gärtner beim Schneiden einer Wisteria an einem künstlichen Laubengang (Berceaux treillage) in Schönbrunn (2002).

Die andere Technik kommt ohne Gerüst aus. Durch Kappung und Förderung der nach innen und zum Bogen wachsenden Triebe wird durch Schnitt der Bogengang formiert. Die Laubengänge werden in Schönbrunn mit Hainbuchen und Feldahorn formiert.

Nach Dezallier werden die "vergitterten oder grünenden Lust-Häuser und dergleichen alle mit der Scheer gechnitten werden, ausser die grossen Flächen, so man mit dem halben Mond hauet, vorher aber verbindet man die leeren Plätze mit Aestlein. Zu jedem Theil dieser grünenden Gebäude muß man gewisse ausgeschnittene Hölzer haben, welche nach der Zeichnung der ersten Einrichtung eingetheilet, damit man darnach stutzen kan. Wenn diese Stück einmal stark sind, so unterstützen sie sich von selbsten, ohne gebunden zu werden, welches nur im Anfang geschicht, um die jungen Pflanzen zu zieglen, und in die Höhe zu bringen" (Dezallier 1731, S. 233). Franz Boerner empfiehlt für Laubengänge den gleichen Schnitt wie Hecken, "jedoch mit dem Unterschied, daß man diesen einen größeren jährlichen Zuwachs gestattet. Sobald ein am Gerüst erzogener Laubengang sich oben zu schließen beginnt, müssen die Zweige an der Innenseite absterben, gerade wie an einer bis tief herab bezweigten Allee. Hat sich der Laubengang geschlossen, ist kein weiteres Längenwachstum mehr möglich; das stärkste Wachstum wird sich aber inner an den bogenförmig wachsenden oberen Teilen zeigen. Hier ist ständig ein schärferer Winterschnitt auszuführen, um das Wachstum an den äußeren und unteren Teilen zu fördern. Gerade diesen Teilen ist möglichst viel Laub zu erhalten (Boerner 1952, S. 73).

Der Große Buchengang in Schönbrunn

9.2.4.2 Die Wand

Der wandförmige Kronenabschluss (Kastenform) ist die zweite weit verbreitete Formierung von Gehölzen. Die Wand erscheint als mauerhafter Raumabschluss in zwei grundlegenden Gehölzformen. Als Hochhecke (allées decouvertes - offene Alleen) werden die Kronen an den Seiten lotrecht geschnitten und waagrecht in einer gewissen Höhe unten wie oben geschoren. Eine exaktere Schnittführung als beim Bogen ist für einen ästhetisch befriedigenden Eindruck gefordert. Die andere Form ist die geschlossene Hecken-Baumwand, wie sie etwa mit Höhen von ca. 6 m und 10-12 m am Großen Parterre in Schönbrunn hergestellt wird.

Ein Vergleich mit Ansichten aus den Wiener barocken Gärten zeigt, dass es üblich war, eine Allee als Kette von Einzelkronen erscheinen zu lassen - dies entspricht der Forderung Boyceau´s nach der Bewahrung der Form des einzelnen Baumes in der Allee (Boyceau 1638 nach Wimmer 1989, 108). Diese aufwendige Form dürfte jedoch bereits am Ende des 18. Jahrhunderts aus der Mode gekommen sein. Wandartige Baumkronenabschlüsse gibt es seither zu offenen Plätzen (Parterreplätze im Augarten, offene Baumsäle in Schönbrunn oder im Belvedere in Wien) oder an den Seiten der Alleen. Der Mittelgang der vierreihigen Alleen in Schönbrunn wird mit wenigen Ausnahmen mit zwei lotrechte Wänden nach Innen formiert.

Heckenwände mit Kugelbäumen im Belvedere Wien (1993)

Kastenförmig geschnittene Hochhecken im Belvedere Wien (1993)

9.2.5 Die Formgehölze und ihre Architekturmodelle: artspezifisches Wachstum als Voraussetzung der Formierung von Kronen

"Das Beschneiden und Erziehen eines schönen, gesunden, fruchtbaren Spalier-Pyramide und Kesselbaums lässt sich schwer beschreiben, weil man die physikalischen Grundsätze des Wachstums und der Natur der Bäume notwendig kennen muss" (Zikra 1803, 106).

Die unterschiedlichen Baumarten weisen artspezifische Wuchsform auf. Schon die alten Gärtner wussten, dass in der Beobachtung des speziellen Wuchsverhaltens die Grundlage guter Formierung lag Das Wuchsverhalten der unterschiedlichen Arten wird in der jüngeren Baumpflege-Literatur in nach Botanikern benannten Architekturmodellen beschrieben. Im folgenden werden kurz die Wuchsmodelle der in den formalen Gärten aufgenommenen Baumarten beschrieben (vgl. Pfisterer 1999, S. 142ff, Roloff 2001, S. 22f):

1) Modell Troll (Fagus-Typ)

Linde (Tilia cordata und T. platyphyllos) und Hainbuche (Carpinus betulus)

Die Zweige wachsen zunächst waagrecht und richten sich erst im Laufe der Vegetationsperiode auf. Der Leittrieb kann sich schon sehr früh in mehrere Achsen aufspalten. Die Zweigreinigung setzt nach fünf bis zehn Jahren ein und ist nach 15 Jahren abgeschlossen. Die Hainbuche ist ein sehr schattentoleranter, sympodial wachsender Baum mit zweizeiliger Blattstellung, es kann aber auch spiralige Blattstellung auftreten. Will man die Höhenausdehnung auf längere Zeit begrenzen, wird nach Pfisterer eine Kolonisierung der Krone empfohlen. Der Baum wird angeregt, mit mehreren Achsen in die Breite zu wachsen. Diese im Obstbaum praktizierte Methode findet sich auch in den formierten Kronen des formalen Gartens.

2) Modell Scarrone
Altersform der Kastanie (Aesculus hippocastanum)

Die Kastanie ist eine Halbschattenbaumart, die in der Jugendform dem Modell Rauh (Acer-Pinus Typ) entspricht. Die in den historischen Gärten prägnante Altersform (ca. ab dem 10. Jahr, wenn sie blüht) entspricht dagegen dem Modell Scarrone. In höherem Alter findet nur an stark beschatteten Trieben weiterhin monopodiales Wachstum statt. Die Verzweigung ist grob, auch jüngere Triebe sind sehr dick, ohne jede feinere Verzweigung. Bei Verlichtung der Oberkrone treiben im Kroneninneren schlafende Knospen aus. Für die Höhenbegrenzung bzw. Kroneneinkürzung gelten die gleichen Prinzipien wie beim Modell Troll.

3) Modell Rauh (Malus-Typ)
Rotdorn (Crataegus laevigata)

Monopodialer Stamm mit weniger regelmäßigen Astetagen und nur mäßig ausgeprägter Kronenhierarchie. Die Äste stehen spiralig um den Stamm. Die Internodien sind länger als beim Acer-Pinus-Typ, dadurch ergibt sich ein unregelmäßigerer Aufbau. Die Neigung der Nebenachsen zu Reiteraten ist höher als beim Acer-Pinus-Typ. Für die Höhenbegrenzung bzw. Kroneneinkürzung gelten die gleichen Prinzipien wie beim Modell Troll und beim Modell Scarrone.

4) Modell Rauh (Acer-Pinus-Typ)
Esche (Fraxinus excelsior)

Die Esche wächst im Schatten sehr schnell in die Höhe. Im Halbschatten versucht der Baum beinahe ohne seitliche Verzweigung mit einem schnell wachsenden Leittrieb das Kronendach zu erreichen. Auffällig ist eine starke, lichtabhängige Zweigreinigung, die bei zu wenig Licht sehr plötzlich einsetzen kann. Ohne Schnitt sterben die ersten Zweige häufig bereits nach drei bis fünf Jahren ab, die Zweigreinigung gilt nach 15 Jahren als abgeschlossen. Die Reiterationsfreudigkeit älterer Eschen im Wipfelbereich ist nach Roloff gering.

Ahorn (Acer pseudoplatanus und platanoides

Roloff ordnet Acer platanoides und pseudoplatanus aufgrund der endständigen Blütenstände auf Seitenästen jedoch dem Modell Scarrone zu. Im Halbschatten versucht der Baum fast ohne seitliche Verzweigung mit einem schnell wachsenden Leittrieb das Kronendach zu erreichen. Die Zweigreinigung setzt nach etwa fünf Jahren ein und ist nach 10 bis 15 Jahren abgeschlossen. Die Kurztriebe brechen leicht aufgrund von mechanischen Schwachstellen in der Triebbasis (Roloff) ab - es genügt der geringste mechanische Druck um seitliche Triebe zum Abfallen zu bringen.

Bei Höhenbegrenzung ist bei Bäumen, die nach Acer-Pinus-Typ wachsen, darauf zu achten, dass der Gipfelast (Leittrieb) genügend frei gestellt wird, damit sich keine darunter stehenden Äste zu Konkurrenzgipfeln ausrichten (gilt natürlich nicht für kandelaberartige Kronenformen).

5) Modell Massart (Abies-Typ)

Eibe (Taxus baccata):

Aufrechter und rhythmisch in Etagen wachsender Stamm. Die flach ausgebreiteten Seitenäste entwickeln sich nach einem strengen Rhythmus mit drei Knospen am Ende jedes Zweiges, welche den Zweig im darauf folgenden Jahr verlängern. Ausgeprägte Kronenhierarchie bis ins hohe Alter.

9.2.6 Beispiele für die Erziehung von Formkronen

> "Ein verständiger Gärtner muß alle Zweige dahin einrichten, nachdem er ihm fürgenommen, den Bäumen oder der Spalier eine Gestalt zu geben ; was sich nicht darzu schicken will, muß weggethan werden" (Vierdten Buchs anderer Theil, Obst=Garten (Hohberg 1716, 555).

Allgemeines zur Formenbildung

> "Es ist ganz und gar zu verwerfen, die Hauptschosse eines jungen Bäumchens durch Aufputzen der Seitenzweige schnell in die Höhe zu jagen, um so schnell einen glatten Stamm zu erziehen; man erzieht einen glatten Schwächling, der sich selbst nicht, geschweige denn eine Krone, ohne Pfahl halten kann, wenn er ins Freie kommt. Ein starker, fester, dauerhafter Stamm wird gewonnen, wenn man der Pflanze Zeit gönnt, und das, was die Natur nach Jahren und durch Nachbarpflanzen thun lässt, selbst in kürzerer Zeit, doch nicht zu schnell ausführt" (Fintelmann 1841, S. 165).

9.2.6.1 Die Erziehung einer Kesselkrone

Die folgenden Anleitung basiert auf den Hinweisen von Beißner (1887) und Zigra (1803). Ein in Kesselform geschnittener Baum zeigt nach Beißner (1887, S. 88) einen Stamm von 3 m Höhe, überragt von sechs oder acht in Trichterform angeordneten Hauptästen. Wie der Name ausdrückt, hat er eine halbrunde und innen hohle Krone. Nach Zigra (1803, S. 111) sollte er eigentlich mehr eine Vase darstellen, oder einen Becher, der oben etwas breit ausläuft. Während der ersten drei oder vier Jahre schneidet man jährlich die Hauptäste, damit sie Gabeln bilden und um sie schief zu richten. Hat man einmal die gewünschte Zahl der Hauptäste erzielt, so genügt ein zweijähriger Schnitt).

Erster Schnitt zur Erziehung einer Kesselkrone: Sobald der Baum gut angewachsen ist und die Spitze des Baumes die gewünschte Kronenansatzhöhe hat, schneidet man diese, um an dieser Stelle eine Verzweigung anzuregen. Im Frühjahr lässt man nur drei oder vier Schösslinge, die um den Stamm gestellt sind, so wachsen, dass sie einen auf die Spitze gestellten Kegel bilden.

Zweiter Schnitt: Ein Jahr nach dem ersten Schnitt wird die Krone weiter aufgebaut. Die Zweige werden nun auf ungefähr 30 cm Länge geschnitten, unter-

Linde mit Kesselkrone im Domgarten St. Pölten

halb des Schnittes erhält man sorgfältig zwei seitlich gelegene, nach der Becherform gerichtete Augen. An der Spitze jedes Zweiges lässt man nur zwei Knospen wachsen. Am besten erreicht man das durch Abzwicken der übrigen Augen bevor Zweige daraus werden. Ein späteres Schneiden der überzähligen Zweige würde zu Saftverlust und unnötigen Wunden führen. Dabei müssen die Hauptäste oder Mutteräste sich um den Stamm in gleicher Weite ausbreiten. Die aus diesen Ästen wachsenden Zweige dürfen nie gerade und senkrecht stehen. Sie sollten immer schräg gebunden oder durch Holzstäbchen eingespannt werden, und "in einer symmetrischen Ordnung liegen, dass die Krone vollständig mit Zweigen und Laub besetzt, und doch nicht verworren sei, ungezwungen und doch nicht wild, lüftig aber doch nicht leer, noch mit Lücken" (Zigra 1803).

Dritter Schnitt: Besitzt die Baumkrone eine genügende Anzahl Zweige, um die Hauptäste zu bilden - d.h. wenn sich nach dem zweiten Schnitt 6 oder 8 Zweige gebildet haben - wird nicht mehr geachtet, die Bäume gabelig zu teilen, sondern es genügt von nun an ihre Richtung und ihr Wachstum zu überwachen. Übertrifft die Verlängerung eines Astes die benachbarten Äste in der Höhe, so kürzt man sie so ein, dass sie das allgemeine Niveau nicht überschreitet. Nimmt ein Ast eine schlechte Richtung ein, so richtet man ihn mit einem Spreizholz oder mit einem Weidenband ein. Wenn die Baumkrone aber keine genügende Anzahl von Zweigen besitzt, muss man den zweiten Schnitt mit dem Ziel der Gabelung der Zweige wiederholen, um die doppelte Anzahl zu bekommen.

9.2.6.2 Die Erziehung einer Kandelaberform

Als Beispiel für die Erziehung von Kandelabern beziehen wir uns auf Anweisungen zur Entwicklung von künstlichen Pyramiden und Palmetten im Obstbau nach Christ-Lucas (1908, S. 391f): Das Ziel ist, die vom Stamm kandelaberartig abgehenden Äste bis in ihre Spitze hin in ansteigender Richtung geradlinig fortlaufend zu erziehen. Die unteren Seitenäste müssen stets stärker und länger sein, als die höheren und im Wuchs begünstigt werden. Die unteren Seitenäste werden deswegen länger, die oberen dagegen kürzer geschnitten und

Kastanie mit Kandelaberförmiger Krone in Gmunden

später die sich neu bildenden Triebe der oberen Seitenäste durch Pinzieren ihrer Spitzen zurückgehalten, während man die Triebe an den unteren Ästen kräftig wachsen lässt. Beim Leitzweig wird in ähnlicher Weise der Trieb der neuen, unteren seitlichen Zweige begünstigt. Der Trieb der weiter obenstehenden Zweige wird durch Pinzieren gehemmt. Eine weitere Möglichkeit ist, ihn im Sommer ein- bis zweimal anzuheften um ein langsameres Wachstum zu verursachen oder ihn teilweise zu entlauben. Wachsen die Zweige zu dicht an den Stamm heran, so werden sogenannte Sperrhölzer angebracht und dadurch den Ästen eine mehr abstehende Richtung gegeben. Andererseits werden die Äste, welche zu weit auswärts zu wachsen drohen, durch Bänder von Weiden oder durch Bast und Schnüre oder durch Drahthalter an den Stamm herangezogen und dadurch in der geeigneten Richtung erhalten.

1 Die barocken Schriftsteller schreiben von „Wartung" und meinen Pflege im heutigen Sinne („Durch gute Wartung der Bäume wachsen und blühen diese viel besser und haben viel bessere Zier und Art"). Als besten Zeitpunkt zur Beschneidung (Behauen) und zur Befreiung von Augsprossen schlägt Ängeln den Dezember vor, am besten bei abnehmenden Mond (Ängeln 1667, S. 204f).

2 Wörner berichtet: „Ein besonderes Problem der Erhaltung von Alleen stellt (...) ein zu enger Alleebaumabstand dar, ebenso die bei jüngeren Alleen teilweise vorgenommene Mischung verschiedener Arten (Rosskastanie, Linde, Platane, Ahorn). (...) Der Pflanzabstand der vorhandenen Alleebäume ist in den einzelnen Alleen sehr unterschiedlich, teilweise jedoch viel zu eng. Während heute bei den Hauptalleen im Westgarten der Reihenabstand ca. 13 bzw. 11,5 m und der Abstand in der Reihe ca. 6-8,5 m beträgt, wurde als Stammabstand in der Reihe bei den Bu-

chenalleen im Sternbusch und westlich der Fasanerie nur ca. 5 m gemessen! Bei der Sternbuschallee ist die Herausnahme jedes zweiten Baumes erforderlich" (Wörner, Gustav 1982, S. 268f).

3 Vgl. folgende Bibelstelle: Das Heiligtum und seine Geräte 25,1-27,21 (Die Anordnung für Heiligtum und Kult: 25,1-31,17). „(31) Verfertige auch einen Leuchter aus purem Gold! Der Leuchter, sein Gestell, sein Schaft, seine Kelche, Knospen und Blüten sollen aus einem Stück getrieben sein (32). Von seinen Seiten sollen sechs Arme ausgehen, drei Leuchterarme auf der einen Seite und drei auf der anderen Seite (33). Der erste Arm soll drei mandelblütenförmige Kelche mit je einer Knospe und einer Blüte aufweisen; und der zweite Arm soll drei mandelblütenförmige Kelche mit je einer Knospe und einer Blüte aufweisen; so alle sechs Arme, die von dem Leuchter ausgehen.(34) Auf dem Schaft des Leuchters sollen vier mandelblütenförmige Kelche, Knospen und Blüten sein, (35) je eine Knospe unten zwischen zwei Armen, die vom Leuchter ausgehen. (36) Seine Knospen und die Arme sollen ein Ganzes mit dem Schaft bilden; das Ganze soll ein Stück aus getriebenem purem Gold sein (37). Dann mach für den Leuchter sieben Lampen, und setze seine Lampen so auf, dass sie das Licht nach vorn fallen lassen (38) dazu Dochtscheren und Pfannen aus purem Gold. (39) Aus einem Talent puren Goldes soll man den Leuchter und alle diese Geräte machen. (40) Sieh zu, dass du ihn nach dem Muster ausführst, das du auf dem Berg gesehen hast. (EXODUS 25.31-25,40).

4 Die als Baumarbeit zusammengefasste Arbeit an den Alleen und Heckenwänden machten mit ca. 25% neben der Reinigung (ca. 24%) in den Jahren 1985 bis 1987 den Hauptanteil der Jahrespflege im Wiener Augarten aus (vgl. Palfinger 1992, S. 111).

5 Aus einem Gespräch mit Dr. Alfred Benesch, Melk 2002.

6 Univ. Prof. Karl Heinrich Hülbusch auf einem gemeinsamen Spaziergang im Wiener Augarten über Bäume in Barockgärten, Wien 1987. Vgl. dazu auch die Anmerkungen zur Sanierung der Berggartenallee in Hannover (Panning 1988, S. 272).

7 Dass viele barocke Gärten auch aus ökonomischen Gründen in Landschaftsgärten umgebaut wurden, wird vielerorts übersehen. Klaus Stritzke verwies auf die Bedeutung des Verfalls schwedischer Barockgärten aufgrund ökonomischer Zwänge: Viele unzerstörte Reste hätten sich dadurch bis heute bewahrt (Stritzke 1994, S. 77). Für den ehemaligen Barockgarten Droß in Niederösterreich konnte Thomas Mitterstöger diese Entwicklung in seiner Diplomarbeit nachzeichnen (vgl. Mitterstöger, Thomas: Landschaftsplanerischer Beitrag zum Umgang mit historischen Gärten am Beispiel Droß / Waldviertel. Diplomarbeit am AB Landschaftsplanung der Universität für Bodenkultur Wien, Wien 1998.

8 „... diese gabelförmigen Schößlinge oder Zweige heißen die Mutteräste, aus welchen alle übrigen Zweige des Baums, die Holz- und Fruchtzweige erzeugt werden" (Zigra 1803, 105). Klaus Stritzke schreibt vom „hamling", der Haltung als Kopfbäume von Bäumen und Haselsträucher in der bäuerlichen Landschaft Schwedens und vermutet Zusammenhänge zu Bast- und Laubgewinnung auch in historischen Anlagen (Stritzke 1984, S. 78).

9 Den Text mit der Auszug von Abbé Schabols Werk wurde uns freundlicherweise von Clemens-Alexander Wimmer zur Verfügung gestellt.

10 In seinem 1950 veröffentlichten Werk zum Heckenschnitt erwähnte Camillo Schneider die Mondgärtnerei mit keinem Wort mehr (vgl. Schneider 1950).

11 Der Sommerschnitt ist dort förderlich, wo es bei Gehölzen „auf schnelle Ausbildung der Holzverzweigungen ankommt, sei es wegen der Dichtigkeit ihrer Krone oder ihrer Form, oder um eine sparrig wachsende Pflanze buschig zu machen" (Fintelmann 1841, S. 167).

12 Für Fintelmann ist der beste Zeitpunkt (mit Ausnahme des Ahorns) für Stutzen, Niederschneiden, kurz das Verjüngen überhaupt, „beim Ausbruch der Blätter, zu welcher Zeit bereits die Wurzeln ihre ganze Thätigkeit anwenden gelernt haben, und der Saft nicht mehr so roh wie früher ist, schneller zur Knospenbildung übergeht" (Fintelmann 1841, S. 162f).

13 Diesem Prinzip schließen sich auch Brickell und Joyce an (1997, S. 46).

10 Aspekte einer gartendenkmalpflegerischen und bautechnischen Betrachtung von Wegen in historischen Gärten

10.1 Wegebau - Theorie und Praxis

In der Systematik der Wegebauwerke bildet sich neben den unterschiedlichen Bauweisen und Weganlagen das Alter der Gärten und der Beispiele ab. Die Typen unterscheiden sich wesentlich im Zustand der Wegebauten, in ihrer Nutzung bzw. Funktion und in ihrer Pflege. Die untersuchten Wege aus unterschiedlichen Epochen und verschiedenen Überformungen verdeutlichen die weitreichende Wechselwirkung zwischen Nutzung und Zustand. Die häufigen Überformungen zeigen, daß Wege immer schon und nach wie vor den sich ändernden Anforderungen gerecht werden müssen:

- Am Beginn der Systematik sind mit Typ 1 gering genutzte Wege in Anlagen des Barocks zusammengestellt. Ihre Aufbauten blieben zwar von Überformungen verschont, ihre Struktur, Festigkeit und ihre Oberflächen verloren jedoch durch die Entaktualisierung als Weg ihre Funktion und Form. Besonderes die Oberflächen veränderten sich stark, sind großteils überwachsen und sehr weich. Auch ein nunmehriges aufwendiges Freihalten von aufkommender Vegetation kann den Zerfall der Wegebauten nicht hintan halten.

- Für die Beispiele der Typen 2 und 3 - im Erschließungsnetz der Anlagen untergeordnete Gartenwege - werden schlechtere Oberflächenqualitäten in Kauf genommen. Sie werden weniger intensiv gepflegt und ihr Aufbau ist von vornherein auf geringere Belastungen ausgelegt.

- Den vergleichsweise besten Zustand weisen Wege auf, deren Aufbauten und Pflege der aktuellen Nutzung entsprechen: Besonders trifft das auf die Wege barocker Bosketten - Typ 6 - zu. Auch die leichten Wege in Gärten des 19. Jahrhunderts - Typ 5 - sind für die aktuelle Nutzung ausreichend, während die stärkeren Aufbauten des Typs 4 (Wege auf anstehendem Untergrund) auch höheren Lasten stand halten. Auf die hohen Belastungen wurde bei den Wegen des Typs 10 (Hauptwege) mit tiefgreifenden Erneuerungen reagiert: Neue Aufbauten, entsprechend den aktuellen Anforderungen des Straßen- und Wegebaus, ersetzten die alten unzureichenden Wegkonstruktionen.

- Zu hohe Belastungen schädigen die Wege und schränken ihre Gebrauchsqualität ein: Die stark überformten barocken Wege des Typs 7 werden zwar laufend repariert. Ihre Aufbauten entsprechen jedoch nicht mehr den hohen Beanspruchungen. Verschiedene Schadensbilder zeigen auch die befahrenen barocken Alleen des Typs 9: Die alten Aufbauten halten trotz laufender Pflege den hohen Belastungen nicht immer Stand. Hingegen hielt die Packlage der

Bernardisstraße aus dem Beginn des 20. Jh. - Typ 8 - den Belastungen stand und kann bei der geplanten Erneuerung der Deckschichten (Ersatz der in den 50er Jahren aufgebrachten Deckschichte) als Teil der Oberbaukonstruktion verwendet werden.

10.2 Historische Bauweisen und Materialverwendungen für Wege in formalen Gartenanlagen

Der Weg ist ein gartenkünstlerisches Element und ebenso ein funktionales Bauwerk. Diese beiden Betrachtungsebenen stehen in der Tradition der Gartenkünstler. Jäger, nach Meyer einer der ersten Verfasser eines auch die bautechnischen Fragen behandelnden Werkes, leitet seine Gartentheorie mit folgender Regel ein: "Die Gestaltung muß die notwendige Funktion gewährleisten, ... (und) so formen als hätten nur Schönheitsrücksichten gewaltet" (Jäger 1877, S. 237). Dézallier (1769) gibt wenig Angaben zu Materialqualitäten, er empfiehlt jedoch verschiedene Maßnahmen zur besseren und ökonomischeren Erhaltung von Wegen und zur Gewährleistung ihrer Nutzbarkeit.

In den überkommenen Wegebauwerken spiegeln sich sowohl gartenkünstlerische Veränderungen, als auch funktionale Anforderungen der Nutzung und der Parkerhaltung wider. Diese führten im einen Fall unter Umständen zu einer Entaktualisierung und in der Folge zum Verschwinden (Überwachsen) eines Weges. Im anderen Fall kam es zu Abnutzungen, Verdichtungen oder Schäden, die laufende Erhaltungsarbeiten (Ergänzungen der Deckschichten) oder, seltener, vollständige Neubauten nach sich zogen.

Der Großteil des untersuchten Wegbestandes zeichnet sich durch Fehlen großer Eingriffe, aber durch kontinuierliche bauliche Veränderungen in Form von jüngeren Überdeckungen aus. Die historische Substanz der unteren Wegschichten der untersuchten Beispiele ist daher noch verhältnismäßig hoch. In Wechselwirkung mit den jeweiligen funktionalen und finanziellen/personellen Rahmenbedingungen hat sich eine große Zahl der historischen Wegaufbauten lange bewährt bzw. konnte den veränderten Anforderungen angepaßt werden.

Die ausgewählten Wege in formalen Gartenanlagen umfassen eine Zeitspanne von Mitte des 18. Jahrhunderts bis in das erste Drittel des 20. Jahrhunderts. In einzelnen Aufnahmen drücken sich die charakteristischen Schritte der Entwicklung der Wegebautechniken dieser entscheidenden Zeitspanne aus (Beispiele, in eine historische Reihe gestellt, sind: Palais Schwarzenberg/SW 01, Schönbrunn/SÖ 05, Villa Lanna/LA 01, Kurpark Baden/BA 04, Bernardisstraße/BB 08+09). Die Wege in den Gartenanlagen können als Dokumente der allgemeinen Straßenbauentwicklung angesehen werden und zeigen deutlich die verzögerte Aufnahme dieser Kenntnisse der jungen Ingenieurswissenschaft des Straßenbaus durch die Gartenkünstler und Landschaftsgärtner.

10.2.1 Historische Substanz und Überformungen

Stellen die unteren Schichten der Wege in relativ hohem Maß historische Befunde dar, so sind die ursprünglichen Deckschichten fast immer verloren gegangen bzw. stark verändert. Einzig im Garten der Villa Lanna (LA 01) ist die ehemalige Deckschicht unter einer jüngeren Überstreuung noch vorhanden.

Nachfolgend werden Beispiele ergrabener und gesteinstechnisch untersuchter Wegaufbauten, die in die Renaissance, den Barock, ins 19. Jahrhundert und in den Beginn des 20. Jahrhunderts zurückreichen, auf ihre historische Substanz geprüft und mit den Wegebauvorstellungen der jeweiligen gartenkünstlerischen Literatur verglichen.

Betrachtet werden die Anzahl und Art der Schichtungen (Trag-, Ausgleichs-, Deckschichten), die Aufbaustärken, das verwendete Material und die Verdichtung. Im Kapitel 10.4 wird auf die Weganlage im Gelände (Art und Grad der Längs- und Quergefälle, Lage in der Ebene, im Hang, Entwässerungsmaßnahmen und -bauwerke) näher eingegangen, Kapitel 10.3 behandelt die Wegdecken.

10.2.1.1 Herstellung der Wege im Barock

Ehemals einschichtige Wege (Typ 1)

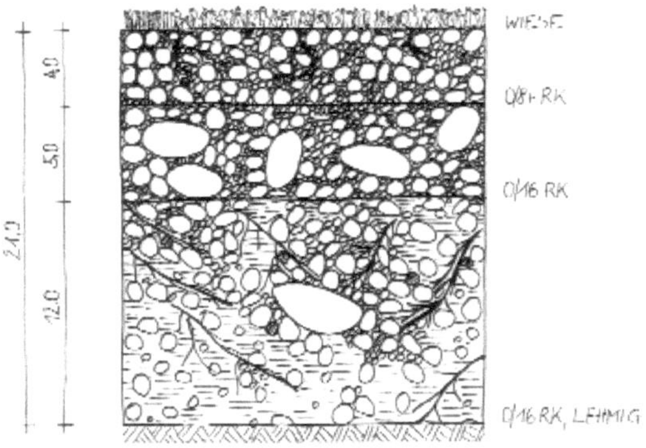

Abb. 10.1: Aufbau des überwachsenen Mittelweges des Palais Schwarzenberg (SW 01)

Die ältesten relativ ungestört erhalten gebliebenen Wege sind jene aus dem frühen 18. Jahrhundert der mittleren Terrasse des Palais Schwarzenberg und der Gartenweg in Neuwartenburg. Hier handelt es sich um überwachsene ehemals einschichtige Wege (SW 01, SW 02) oder um Wege, die gar keine Tragschicht (NW 02) hatten, deren heutige oberste oder einzige Schicht lediglich durch die mehrmalige Überstreuung mit Rundkies entstanden ist. Die Tragschichten bestehen ebenfalls aus Rundkorn kleiner und mittlerer Korngröße (0/16 - 0/32), in die auch Bauschutt vermengt sein kann (SW 02, SW 03). Sie sind in das darunterliegende Erdreich eingedrückt bzw. eingewandert und, durch die Durchwurzelung der aufgekommenen Vegetation, sehr locker und vererdet. Die Aufbaustärken sind mit 8 - 15 cm gering.

Ehemals zweischichtige Wege (Typ 6)

Die heute dreischichtigen schmalen Fußwege mit Aufbaustärken von 18 bis 26cm waren ursprünglich zweischichtige barocke Gartenwege. Von den ehemals zweischichtigen Aufbauten (vgl. Heckentheater/MI 01) mit einer etwas gröberen Tragschicht (0/32) und einer feineren Deckschicht sind die Deckschichten zumeist nicht erhalten geblieben. Heute lagern eine bis zwei Überformungen - teils noch aus dem 19. Jahrhundert sowie aus den letzten Jahrzehnten - auf den alten Tragschichten aus Kies und Bauschutt. Aufgrund ihrer Unzugänglichkeit (Heckentheater) oder der geringen Wegbreite, werden die Wege gar nicht oder nur wenig befahren, durch ihre Lage in prominenten Boskettbereichen jedoch regelmäßig von FußgeherInnen frequentiert. Die geringe Belastung der Wege mit schweren Fahrzeugen erklärt das Fehlen großer reparierender Eingriffe, die regelmäßige Nutzung erklärt die Kontinuität der Deckschichterneuerungen in größeren Abständen.

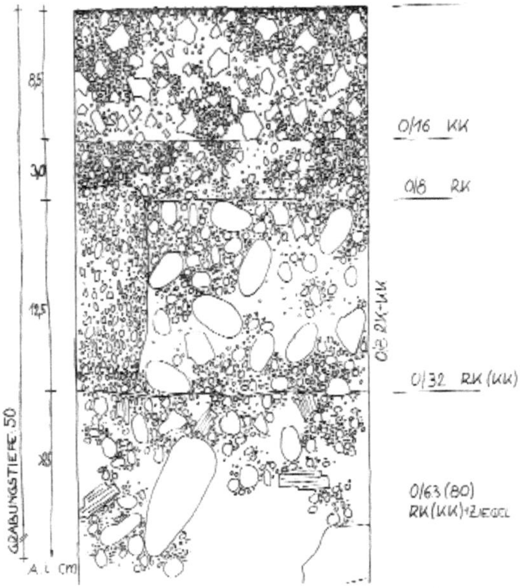

Abb. 10.2: Das Grabungsprofil zeigt den Wegaufbau im Bühnenraum des Heckentheaters im Mirabellgarten (MI 01)

Bauweisen der barocken Gartentheorie

Dézallier beschreibt zwei Bauweisen, eine zweischichtige und eine billigere Variante für die privaten Bauherren (vgl. 1769, S. 72) mit Sandbestreuung. Die untere Lage der zweischichtigen Variante soll aus den "größten Stücken von gehauenem Steinsand" oder Bauschutt sein. Sie soll 13 - 15 cm hoch in einer ausgehobenen Erdmulde eingebaut und unter Anfeuchten "dreimal überklopfet" werden. Über Bauschutt empfahl er noch eine Schicht Erde, erst dann soll eine Decke aus "gemeinem Sand" darübergegeben und nochmals überschlagen werden (vgl. S. 72). Die billigere Variante sah eine Überstreuung der verdichteten Erde mit einer etwa 5 cm starken Lage Sand vor, keinesfalls stärker, "... damit er im Gehen nicht Müdigkeit verursache, und sich desto eher setze." (Dézallier 1769, S. 72).

In den zweischichtigen Wegen aus der Gartenanlage von Schönbrunn in Wien und des Mirabellgartens in Salzburg finden sich den Empfehlungen Dézalliers vergleichbare Aufbauten. Die erhaltenen alten Wege im Palais Schwarzenberg, ebenso wie der Gartenweg von Neuwartenburg (NW 02) entsprechen der einfachen, billigeren Ausführung von Dézallier ohne Tragschicht.

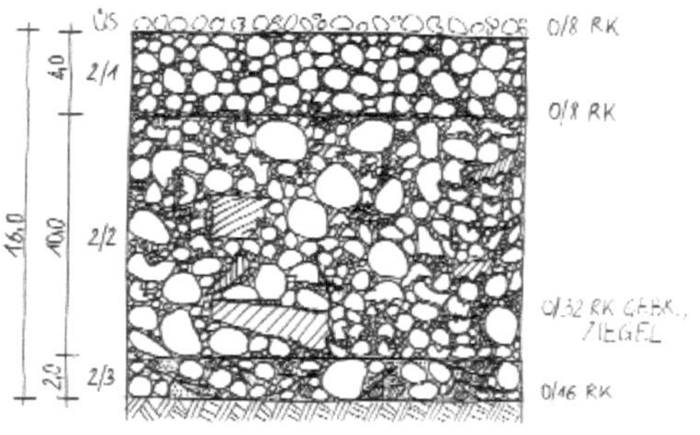

Abb. 10.3: Der barocke Gartenweg im Palais Schwarzenberg, heute Trampelpfad (SW 02)

Auch seine Materialempfehlungen, größere Stücke von gebrochenem Sand und Bauschutt für die Tragschicht (vgl. dazu die Aufbauten von MI 00 und MI 01, SÖ 01, BE 02, SW 02 + 03 etc.) und Rundkornmaterialien in Form von Flußsand, der "...grießlicht und steinigt..." sein soll (Dézallier 1769, S. 73) für die Deckschicht zu verwenden, lassen sich in den Beispielen wiederfinden. Dézallier läßt aber auch die Verwendung von ´Erdensand´ zu. Nach Hohberg (1716) eignet sich auch Sand von Bauschutt. Dieser, vermischt mit Kalk, helfe Unkraut zu vermeiden und mache mit seiner weißen Farbe sich schön zum Grün der Buchshecken. Bereits Elßholtz (1684, S. 46) empfiehlt die Verwendung von weißem, gelbem oder rötlichem Kies zum Ausstreuen der Wege.

Bei diesen Autoren erfolgt keine Unterscheidung zwischen Fuß- und Fahrwegen hinsichtlich Material und Aufbaustärken. Es überwiegen die Fragen zur Ästhetik und Sauberkeit. Erst Pückler-Muskau (1819) und Loudon (1822) gehen auf die Wegkonstruktion und Materialsortierung ein. So empfiehlt Loudon die Stufung der Tragschicht in unten liegendes grobes und oben liegendes feiner werdendes Material (vgl. Loudon 1822, S. 466).

Überformungen barocker Wege

Die Wege in den Gartenanlagen des Barock und der Renaissance mit heute großen Aufbaustärken von 35 bis über 50 cm gehen vermutlich ebenfalls auf zweischichtige Wege zurück (Typ 7: Belvedere und Typ 9: Schönbrunn/SÖ 08, Neuwartenburg/NW 01, Hellbrunn/HE 03, HE 01). Im großen Parterre in Schönbrunn (SÖ 08) oder in der Fichtenallee in Hellbrunn (HE 03) sind unter zahlreichen Überformungen mit jüngeren Trag- und Deckschichten alte Tragschichten mit einer geringen Stärke von 8 bis 16 cm und den in der barocken Gartenliteratur beschriebenen vergleichbaren Materialzusammensetzungen (Rundkorn und Bauschutt) noch zu finden. Im großen Parterre in Schönbrunn werden diese mit einer lehmige Zwischenschicht abgedeckt, darüber schließen eine ältere Abfolge aus einer Tragschicht mit Bauschutt und einem Deckschichtrest aus Rundkorn sowie eine jüngere Erneuerung, nun mit Kantkorn, an (s. Abb. 10.4).

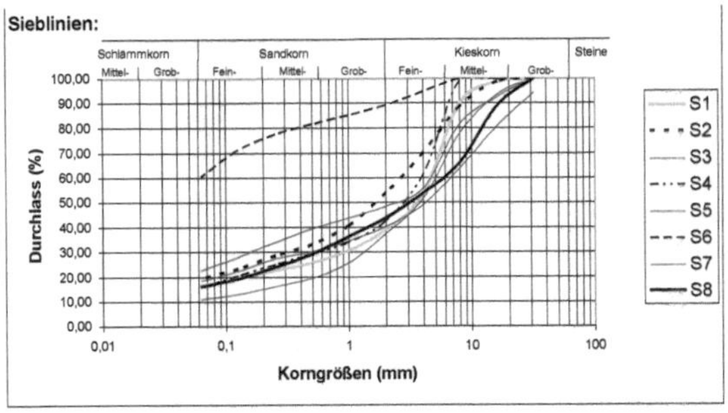

Dynamische Lastplatte:	randlich bei Hochhecke	mittig	randlich bei Parterrefeld	Ausschütt-versuch:
	Verformungs-modul [MN/m²]	Verformungs-modul [MN/m²]	Verformungs-modul [MN/m²]	Versickerung [s]
Evd 1:	63,9	59,7	77,6	360
Evd 2:	142,4	128,6	80,4	
Evd 2/Evd 1:	2,23	2,15	1,04	

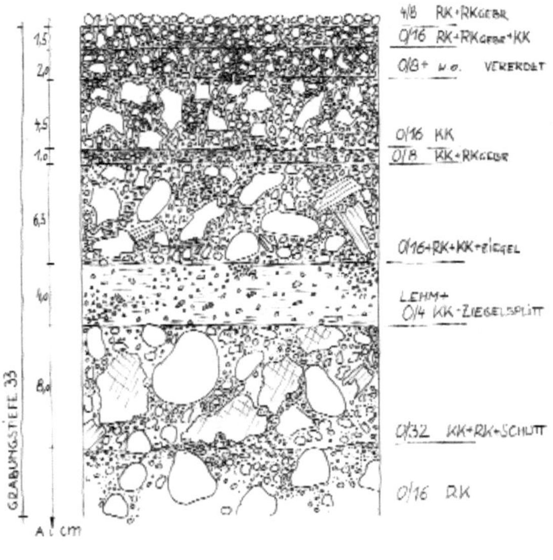

Abb. 10.4 und 10.5: Das Grabungsprofil und die Sieblinien des Großen Parterres bringen eine lehmige Zwischenschicht zu Tage (SÖ 08)

Da es sich um durchwegs intensiv genutzte und befahrene Wege der Parterres und der Alleen handelt, wurden sie mehrfach erneuert. Die erste Überformungswelle fand im 19. Jahrhundert statt. In der lehmigen Zwischenschicht - Großes Parterre/SÖ 08 - könnte entweder noch die bei Dézallier (1769, S. 73) Erdschicht (s.o.) oder eine alte Deckschicht, wie sie etwa Pückler-Muskau beschreibt, oder eine abschließende Abdeckung vor einem neuen Aufbau vorliegen: Pückler-Muskau empfahl eine 1 Zoll starke Deckschicht aus trockenem Lehm und Flußkies als Ersatz für den guten Windsor-Gravel (vgl. 1819, S. 114f.). Petzold empfiehlt eine lehmige Zwischenschicht über Bauschutt aufzubringen (vgl. 1862, S. 130).

Eine ähnliche lehmige Zwischenschicht über einer Lage großer festgefügter Klaubsteine weist auch der Fußweg der Hietzinger Vertiefung auf (SÖ 03). Größere Feldsteine sowie die stärkere Verdichtung gegenüber der Gruppe 1 kennzeichnen diesen vermutlich im 19. Jahrhundert überformten barocken Gartenweg. Pückler-Muskau empfahl bereits die Verwendung fester Feldsteine als Tragschicht, die mit schweren Walzen verdichtet und alle ein bis zwei Jahre nachgewalzt werden sollten (vgl. 1819, S. 113f.).

10.2.1.2 Herstellung der Wege in der 2. Hälfte des 19. Jahrhunderts

Charakteristisch für die ab Mitte des 19. Jahrhunderts angelegten Wege, die sich in der systematischen Auswertung der Gartenwege im Typ 5 abbilden (Villa Lanna/LA 01, Franz-Josefs-Platz/FJ 01, Kurpark Baden/BA 04), ist ein ur-

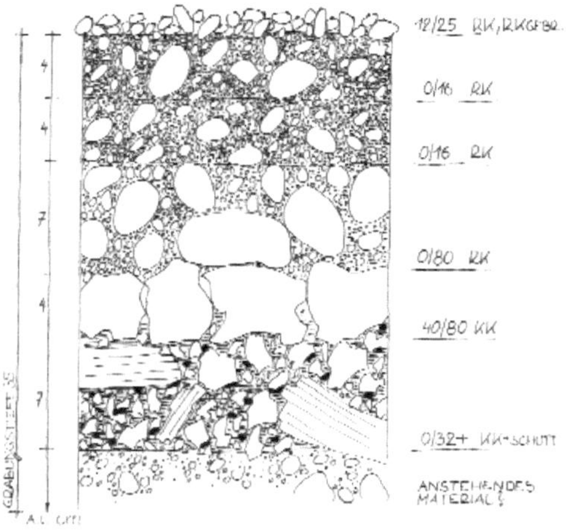

Abb. 10.6: Ursprünglich dreischichtiger Aufbau mit Steinpackung des Gartenweges der Villa Lanna (LA 01)

sprünglich dreischichtiger, heute meist vierschichtiger Aufbau mit einer Steinpackung als Tragschicht, einer Ausgleichsschicht mittlerer Körnung und einer feinanteilreichen Deckschicht. Die unterste Lage besteht aus großen Bruchsteinen (40/80; Packsteine, Packung). Die Körngrößen sind von unten nach oben gestuft (0/32 bis 0/16). Verwendet wurde gut sortiertes Gestein aus Rund- (LA 01, FJ 01) oder Kantkorn (BA 03) mit hoher Festigkeit. Das Gefüge dieser Wegaufbauten ist sehr fest. Die ursprüngliche Aufbaustärke betrug 15 cm auf einer 7 cm starken Schüttung, heute sind diese Wege 20 bis 25 cm stark.

Historische Materialverwendung und Einbauweise

Die gesteinstechnische Auswertung der in diese Zeit zurückreichenden Aufnahmen in österreichischen Gartenanlagen bringt im Vergleich zu den barocken Aufnahmen folgende Ergebnisse: Härteres Material, ausgewogenere Sieblinien, eine bessere Verdichtung auf gutem Untergrund bzw. Schüttungen zeigen, daß die Straßenbaukenntnisse des 19. Jahrhunderts in die Praxis der Gartenarchitektur Eingang gefunden haben. Ältere Wege aus der 1. Hälfte des 19. Jahrhunderts, wie etwa der Wirergarten in Bad Ischl oder die Wege der Lang´schen Anlage in Baden, sind noch wesentlich undifferenzierter.

In der Literatur zeichnet sich ab 1820 eine intensivere Befassung mit der Qualität der Baustoffe und der Verdichtung der Wege ab. Pückler-Muskau und Loudon sprechen von der Bedeutung guten Materials, lassen aber auch die Verwendung von Abfallmaterialien für weniger belastetet Wege zu (vgl. Pückler-Muskau 1819, S. 59f.; Loudon 1822, S. 467).

Ab 1860 vollzieht sich ein deutlicher Wandel (vgl. Grau, S. 66 und 76). Petzold (vgl. 1862, S. 128) sieht für Fußwege zwar noch die Verwendung von Ziegeln oder geschlagenen Feldsteinen als Tragschicht mit etwa 10 cm Stärke vor. G. Meyer (vgl. 1860, S. 210) lehnt Bauschutt jedoch ab und empfiehlt eine Verdichtung mit 5 - 6 Centner schweren Eisenwalzen. Jäger (vgl. 1877, S. 547) propagiert unten grobe Steine (Packung), und nach oben hin, bis zu einem Aufbau von 7,5 bis 15 cm, feiner werdende Steine. Er erachtet für einfache Wege allerdings auch Kies mit 4 - 6 cm als ausreichend.

Deutlich wird von den Autoren (Meyer, Petzold, Jäger) unterschieden zwischen Fuß- und Fahrwegebau. Eine solide Konstruktion (Packlage) soll Unterhaltungskosten sparen (vgl. Petzold 1862, S. 127). Nur scharfkantiges, nach Korngrößen getrenntes Material soll verwendet werden und die Verdichtung der Schichten in mehreren Walzgängen, beginnend mit 20 - 40 und endend mit 60 - 80 Centnern, erfolgen (vgl. Meyer 1860, S. 212). Auch Jäger (vgl. 1877, S. 545f.) beschreibt den Aufbau von Fahrstraßen in Gartenanlagen mit einer 15 - 30 cm packlagenartiger Schicht, über der eine 10 cm starke Schicht aus feinem Kies als Deckschicht liegt.

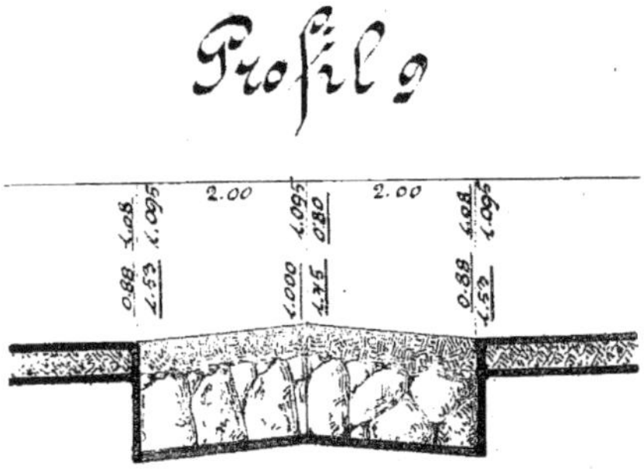

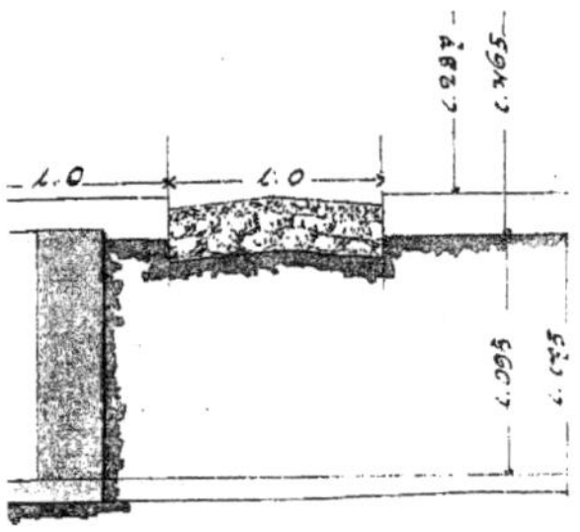

Abb. 10.7 (li.) und 10.8 (re.): Projektierter Aufbau einer neuen Straße im botanischen Garten und eines Fußweges beim Palmenhaus von Schönbrunn von 1880 (Fa. Redlich und Berger)

Daß Gartenverwalter Kenntnis über die zeitgenössischen Literatur und den Stand der Technik hatte zeigt folgendes. Aus der Quellenrecherche von Beatrix Hajos (vgl. 2002/03, S. 13) ist zu entnehmen, daß sich Vetter, Hofgarteninspektor von Schönbrunn, im Jahre 1884 anstelle des bis dahin verwendeten Wienflußschotters besseren, härteren Schotter aus Leobersdorf und Felixdorf im südlichen Wiener Becken bestellte (B. Hajos mdl. 2003).

In den Aufnahmen des Typs 5 - Gehwege aus der 2. Hälfte des 19. Jahrhunderts - können deutlich die in der Literatur ab 1860 beschriebenen Wegebauprinzipien erkannt werden.

Deckschichten

Für die Deckschichten werden in den gartenkünstlerischen Werken überwiegend kiesig-lehmige Schichten beschrieben: auf klarem Lehm festgewalzter Kies von 2 Zoll Stärke (vgl. Petzold 1862, S. 128), Kies mit 1/6 Lehm vermischt (C. Meyer 1860, S. 83) oder Überzug aus Lehm, vermischt mit Sand (vgl. Jäger 1877, S. 547). Ein Rest vergleichbarer Deckschichten ist vermutlich noch im Gartenweg der Villa Lanna/LA 01 zu finden. Vetter spricht differenzierend von einer ‚Beschotterung' für Fuhrwege (Vetter 1886 in: B. Hajos 2002/03, S. 15 und 14) zum Unterschied von einer ‚Besandung' der Wege (Fußwege, Anm. d. A.).

Überformungen: Bismarkeichenweg/Kurpark Baden und Franz-Josefs-Platz/Gmunden

Die überwiegend in der zweiten Hälfte des 19. Jahrhunderts angelegten Wege im Kurpark in Baden, der Villa Lanna und auf dem Franz-Josefs-Platz in Gmunden kennzeichnet eine bis heute sehr geringe bzw. in den historischen Bestand kaum eingreifende laufende Bestandserhaltung. Dies zeigt sich in jüngeren Deckschichterneuerungen von ein bis zwei Schichten mit einem dem ursprünglich eingebauten sehr ähnlichen Material (z.B. Bismarkeichenweg/BA 03 und 04 und Franz-Josefs-Platz/F J01).

Überformung älterer Wege: Wasserparterre Eingang, Hietzinger Vertiefung

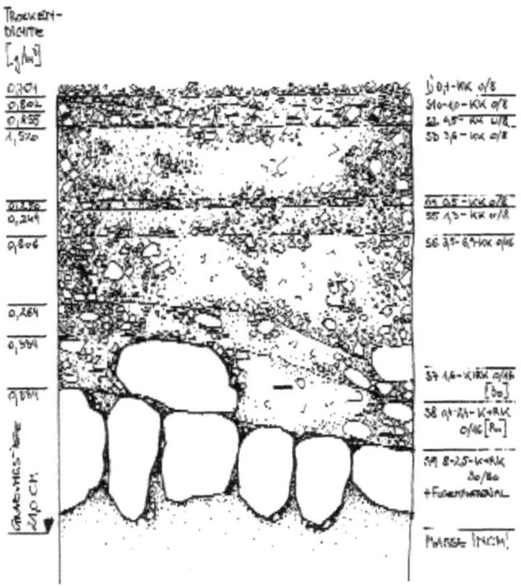

Abb. 10.9: Der Wegaufbau des Eingangsbereiches zum Wasserparterre von Hellbrunn mit einer dicht gesetzten Steinpackung (HE 01)

Die ab Mitte des 19. Jahrhunderts in die Gartenliteratur aufgenommenen neuen Straßenbaukenntnisse haben sich auch in Wegaufbauten, die in die Renaissance oder den Barock zurückreichen niedergeschlagen. Bauliche Verbesserungen von zunehmend stärker belasteten und befahrenen Gartenwegen erfolgten nun nach den neuen Grundsätzen. Im Rahmen der vorliegenden Forschungen wurde im Eingangsbereich zum Wasserparterre in Hellbrunn (HE 01) eine dicht gesetzte Steinpackung aus 8 cm großen Kalkbruchsteinen in 13 bis 18 cm Tiefe ergraben. Darüber schließen gröbere Ausgleichsschichten und eine große Zahl an Deckschichterneuerungen der kontinuierlichen jüngerer Erhaltungstätigkeit an.

10.2.1.3 Herstellung der Wege zu Beginn des 20. Jahrhunderts

Aus dem Beginn des 20. Jahrhunderts liegen ungestörte bzw. wenig überformte Fußwege in den Bauernberganlagen und im Kurpark Baden vor. Die wenig frequentierten Gehsteige der Bernardisstraße (BB 03) und ein Nebenweg (BB 01) in den Bauernberganlagen haben einen nahezu unveränderten Schichtaufbau sehr geringer Stärke. Diese zweischichtigen Fußwege kennzeichnet ein Material mit parabelähnlichen Sieblinien und relativ hohem Feinanteil.

Deutlich davon zu unterscheiden ist der befahrene, die Hangpartien erschließende Obere Bismarkeichenweg (BA 04). Mit einer ehemaligen Aufbaustärke von

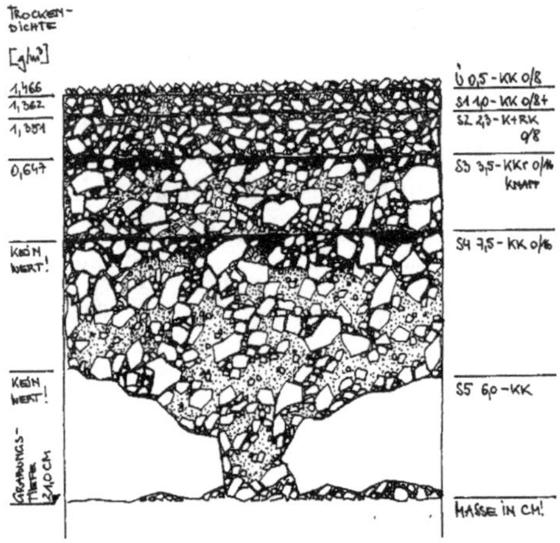

Abb. 10.10: Mehrschichtiger Aufbau mit Packsteinen des Bismarkeichenweges im Kurpark Baden (BA 04)

20 cm, einer Lage großer Packsteine (60 - 120 m) unten, einer daran anschließenden stärkere Ausgleichsschicht und Deckschicht liegt ein sorgfältiger Wegebau nach den Grundsätzen der damaligen Literatur vor.

Die Bauweisen charakterisiert somit eine Differenzierung nach Funktion in eine einfachere und eine aufwendigere Herstellung. Ihre Grundprinzipien sind in den verschiedenen Regionen gleich, die Materialien je nach regionaler Verfügbarkeit unterschiedlich (Rund- oder Kantkorn)

Grundsätze der Wegebautechnik im Garten zu Beginn des 20. Jh.

Prinzipiell sind die Wege aus dem ersten Drittel des 20. Jahrhunderts dreischichtig, einfachere, weniger genutzte auch zweischichtig. Hinsichtlich der Wegebaugrundsätze hat sich gegenüber dem letzten Drittel des 19. Jahrhunderts nichts Wesentliches verändert, aber die Verwendung von gebrochenem Material zunehmender durchgesetzt. Der Feinanteil der Ausgleichs- und Deckschichten ist sehr hoch, was möglicherweise ein Indiz für ein nunmehr verstärktes Einkehren von feinem Bruchsand und Einschlämmen ist. Hampel legt in seinem 1902 erschienen Werk großen Wert darauf, daß sorgfältig gesiebter "Splint" (vgl. S.195) in das Steinlager eingefegt und der feinste zuletzt auf die Steinbahn geworfen werde sollen. Hampel (1902) und ebenso Meyer, Ries (1904) sehen für Fahrwege einen sorgfältigen, festgefügten Oberbau aus ‚Packsteinen' (9 - 12 cm) vor. Diese werden beidseitig mit etwas größeren ‚Strecksteinen' (10 - 12 cm) eingespannt und mit einer 5 - 6 cm starke Lage Schüttsteine überdeckt (vgl. Hampel 1902, S. 199 und Meyer, Ries 1904, S.132).

Hergestellt wurden auch Deckschichten aus Gestein gleicher Größe, welches dann unter Beimengung von Lehm oder Chausseeabzug und unter Einkehren von Splint in das Steinlager mit schweren Walzen verfestigt wurde. Diese Bauweise findet sich im Straßenbau - als sandgeschlämmte Deckschicht bezeichnet - bis in die Nachkriegszeit (vgl. Hafner 1971, S. 303). Fußwege werden jedoch sehr einfach mit einer etwa 8 cm starken Tragschicht und einer 1 - 1,5 cm starken Deckschicht ausgeführt (Beispiele dafür sind wie erwähnt BB 01 und BB 03).

Als Deckschicht dienten Hampel (1902, s. 199) wie Meyer, Ries (1804, S. 132) eine sehr dünne Schicht einer Mischung aus Lehm oder Straßenabzug vermengt mit feinem gleichkörnigem Kies. Darüber kam als eigentlicher Zierüberzug eine ebenfalls dünne Lage von feinem Grus aus Porphyr oder grobkörnigem Sand.

Die Werke der Gartentheorie dieser Zeit verdeutlichen weiters, daß neben einer Differenzierung der Bauweisen nach Funktion (ob Fußweg oder Fahrstraße) auch eine Differenzierung nach vorhandenem Untergrund erfolgte. Die Auswertung der Aufnahmen zeigt dies an Beispielen aus dem Kurpark Baden: der Beethovenweg auf anstehendem Kalkstein (BA 06) wurde erheblich geringer dimensioniert als der Bismarkeichenweg (BA 04).

Charakteristisch für die im Rahmen des Projektes in österreichischen Gartenanlagen aufgenommenen Wege aus dieser Zeit sind weniger die Unterschiede in den Schichten und verwendeten Steingrößen, als die festere Packung *(Verdichtung)*, die Kantigkeit und der höhere Feinanteil des *Materials* gegenüber Wegen aus barocken Gartenanlagen. Völlig neu ist jedoch nun die bauliche Einfassung der Wege durch kleine Natursteinmäuerchen und gepflasterte Entwässerungsrinnen (s. Pkt. 10.4 Weganlage). Auch hier zeigt sich, daß die in der Gartenliteratur propagierten Baulichkeiten zur Entwässerung wie Rinnen, Einlaufschächte und Querschläge nun fixer Bestandteil des Wegebaus werden (vgl. Meyer, Ries 1904 S. 134f.; vgl. Grau 2002, S. 72).

Ein nach den damaligen Grundsätzen des Straßenbaus errichteter und im Oberbau bis heute unveränderter Aufbau mit Packlage ist die ebenfalls im Rahmen des Projektes ergrabene Bernardisstraße in den Bauernberganlagen. Die Straße wurde etwa 1915 angelegt. Ihr Gesamtaufbau beträgt 35 - 40 cm, ihre Verdichtungswerte sind mit einem Evd2 von 107 MN/m2 stärker verdichteter Straßen vergleichbar. Eine etwa 30 cm starke, mit kleineren Keilstücken ausgezwickte Schicht aus hartem Granitbruch (200/400) lagert auf dem sandig-lehmigen Untergrund. Weiters interessant ist die Art der ursprünglichen Decke: eine dichte Lage von 4 bis 8 cm großer Basaltschroppen auf einer Sandbettung. Im Jahre 1954 (vgl. Lehner 2002, S. 61) wurde diese mit einer Bitumenschicht überdeckt. Diese

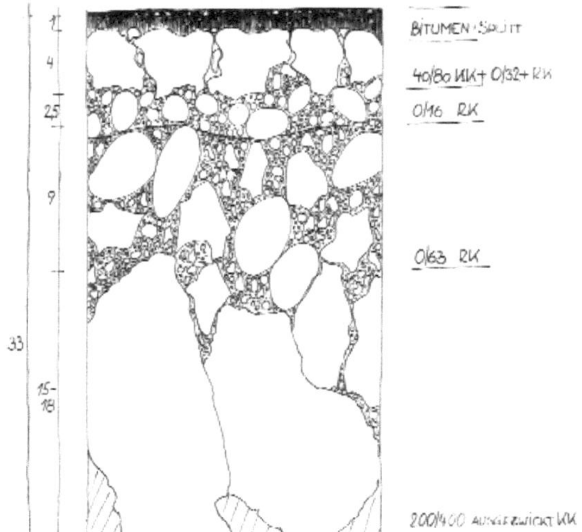

Abb. 10.12: Der Wegaufbau einer Verkehrsstraße am Beispiel der Bernardisstraße in den Bauernberganlagen in Linz (BB 09)

Bitumendecke ist heute stark korrodiert, die darunter liegenden Basaltschroppen freigelegt und teilweise ausgebrochen.

Bei der Anlage der Bernardisstraße 1915 wurde nicht mehr nur auf lokales Material zurückgegriffen, sondern mit Hilfe der zunehmenden Erschließung mit Eisenbahnenlinien auch hartes Gestein (Basalt) von überregionalen Brüchen herantransportiert. Sie spiegeln die im Zuge der Industrialisierung veränderten Bedingungen des Transportes und damit der Bauwirtschaft wider.

10.3 Wegoberflächen, ihre Gebrauchsfähigkeit und optische Qualität

In der Gartendenkmalpflege wird immer wieder die Frage nach historisch korrekten Körnungen oder Farben von Wegen gestellt. Als ‚Verschleißschicht' sind die Oberflächen der Wege laufend stärksten Veränderungen unterworfen:

- In der Pflege wird neues Streu- oder Deckschichtmaterial aufgebracht oder abgezogen, Unebenheiten werden ausgebessert, Vegetation wird entfernt.
- Mit der Nutzung verdichten sich die Aufbauten. Wegebaumaterial wird zerkleinert und abgetragen, Schadensbilder, wie Wellen oder Schlaglöcher, können entstehen.
- Mit der Alterung der Wegebauten sammelt sich organisches Material an, Wegebaumaterial erodiert, Vegetation entwickelt sich. Sind die Wege kaum oder nicht genutzt, werden die Schotterkörper weicher und erdiger.

Ein historischer Befund der Oberflächen ist daher kaum möglich, Deckschichten, die älter als einige Jahrzehnte sind, sind nur selten zu finden.Wir nähern uns der Frage nach adäquaten Wegoberflächen für historische Gärten mit einem Vergleich verschiedener aktueller Beispiele. Ihre Beschaffenheit und Qualität ist dem Blickwinkel einiger Gartenautoren des 17. bis frühen 19.Jahrhunderts gegenübergestellt.*

Die Wegoberflächen sind hier mit folgenden Merkmalen beschrieben: Kornform, Korngröße, Farbe, Dichte und Verzahnung der Deckschicht; Verteilung und Menge des Streumaterials (darunter versteht man den lose auf der abgebundenen Deckschicht aufgebrachten Kies); Vegetationsaufkommen; Kleinrelief (z.B. Unebenheiten, Schlaglöcher).

*Der Text basiert auf einer Auswertung folgender Literatur: Elßholtz 1987(1684), Hohberg (1716), Dézallier 1769, Hirschfeld 1990 (1779), Pückler-Muskau 1996 (1819), Meyer 1985 (1860), Petzold 1992 (1862), Jäger 1877, Hampel 1902, Meyer/Ries 1904.

Die Schotterdecken und ihre Gebrauchsqualität

In öffentlichen Gartenanlagen ist heute der Großteil der Wege mit Decken aus gebrochenem Kalkschotter befestigt (Typ 4, 6, 7, 9 und 10), nur wenige Decken bestehen aus Rundkornmaterial (LA 01, FJ 01/Typ 5).

Die Kalkschotterdecken sind großteils Erneuerungen der letzten Jahrzehnte. Gemeinsam ist ihnen eine wassergebundene Oberfläche aus gebrochenem, kantigem Material in der Körnung 0/4 bis 0/16+. Viele der so befestigten Fußwege fühlen sich beim Begehen weich oder mittelhart an, sind griffig und gut mit Kinderwägen und Rollstuhl zu befahren. Der Großteil dieser Wege trocknet aufgrund des guten Profils rasch ab (die Wege in den Schönbrunner Bosketten, dem Heckentheater im Mirabellgarten, einige Beispiele im Kurpark Baden, also Typ 4 und Typ 6) (Abb. 10.13). Intensiv befahrene Oberflächen sind deutlich weniger ebenmäßig (v.a. Typ 7, 9 und 10): Schadhafte Decken mit Lacken, Schlaglöchern, Wellen und Rinnen schränken die Gebrauchsqualität besonders bei nassem Wetter ein, die Benutzung mit Kinderwagen und Rollstuhl ist meist mühsamer.

Die Kornform der Deckschichten

Während heute großteils Kalkschotter verwendet wird, erwähnen die Gartenautoren des Barock und bis Ende des 19. Jahrhunderts je nach Verfügbarkeit gebrochenes und rundes Material gleichermaßen. Dézallier meint etwa der ‚Fluß-Sand' sei der ‚beste und schönste', aber wo dieser nicht in der nötigen Qualität verfügbar ist, nehme man den ‚Erden-Sand' (vgl. Dézallier 1769, S. 73). Besonders die Beispiele des Typ 5 zeigen die Relevanz der Verfügbarkeit geeigneten Materials: während die Gmundner Wege mit Rundschotter befestigt sind, sind die Badener Beispiele aus Kalkbruchschotter aufgebaut. Die Deckschichten aus Rundkorn-Material sind, wie auch die Kalkschotterdecken in Baden, besonders feinanteilreich. Das Beispiel des Franz-Josef-Platzes in

Abb.10.13: In der Hietzinger Vertiefung (SÖ03) erwartet die BesucherInnen eine hervorragende Oberflächenqualität

Abb.10.14: Bei Regen zeichnen die Lacken die Wellenbildung nach: der stark begangene Weg im kleinen Parterre in Hellbrunn (HE02)

Gmunden zeigt, daß auch aus Rundkorn-Material eine gut verzahnte, griffige Oberfläche gebaut werden kann, die hohen Belastungen standhält.

Die Korngröße der Deckschichten

Der Großteil der heutigen Oberflächen ist aufgrund des 0/16er Deckschichtmaterials oder des durchkommenden Tragschichtmaterials eher grobkörnig (Abb. 10.15). Nur bei beschädigten Deckschichten werden die groben Steine an der Oberfläche zu Stolperfallen. Die feinsten Decken mit der Körnung 0/4 oder 0/8 stammen aus dem Wirergarten, dem Kurpark Baden und den Bauernberganlagen - sie sind gut zu begehen und griffig. Auch die feinanteilreichen 0/8er Decken der steilen Badener Wege bilden gut abgebundene Oberflächen. Wo größere Steine anstehen, sind die steilen Wegabschnitte beim Begehen aber deutlich griffiger.

Von den Gartenautoren werden für Fußwege häufig feinkörnige Deckschichtmaterialien gefordert. Dézallier erwähnt, daß die Alleen mit ganz klein zerriebenem Sand bestreut seien (vgl. Dézallier 1769, S. 67). Er weist aber auch darauf hin, daß jährlich eine neue Sandschicht aufzubringen sei, also eine aufwendige Pflege nötig war. Die jüngeren Autoren differenzieren dazu häufig zwischen Fahr- und Fußwegen: Pückler-Muskau etwa empfiehlt feinen Kies zur Bedeckung der Fußwege und groben Kies für die Fahrwege (vgl. Pückler-Muskau 1996 (1918), S. 113f). Mehrfach wird darauf hingewiesen, daß grobe, an die Oberfläche durchkommende Steine nicht schön seien (Jäger 1877, S. 547) - ein Hinweis auch darauf, daß dieses ‚Manko' in der Praxis immer wieder auftrat.

Die Streuauflagen

Unterschiedliche Traditionen sind in der Verwendung von losen Streuauflagen abzulesen: Im Mirabellgarten ist in keinem der Beispiele eine Streuschicht vorhanden. Rundkorn in der Körnung 4/8, teils in gebrochener Form, ist in Schönbrunn aufgebracht. 4/8er Streu aus Kantkornmaterial stammt meist aus

Abb. 10.15: Tragschichtmaterial tritt durch Deckschichterosion an die Oberfläche

Abb. 10.16: Die 0/16er Deckschicht des Zick-Zack-Weges auf den Schönbrunner Berg (SÖ09) ist fest abgebunden

der Winterstreuung und ist im Kurpark Baden, in den Bauernberganlagen, am Franz-Josef-Platz in Gmunden und im Wirergarten in Bad/Ischl zu finden. In Hellbrunn findet man eine lose Auflage aus kantigem Deckschichtmaterial, das regelmäßig im Frühjahr aufgebracht und nur stellenweise eingewalzt wird. In Hellbrunn und den Bauernberganlagen sind in der Deckschicht auch Rundkorn-Anteile vorhanden, ein Hinweis darauf, daß hier auch runder Streukies verwendet worden ist. Das Streumaterial drückt sich meist etwas in die Deckschicht ein und trägt so auch in geneigten Wegabschnitten zur besseren Griffigkeit bei. Ansammlungen durch eine ungleiche Verteilung der Streuauflage oder durch zu mächtige Streuschichten erschweren aber das Gehen und machen die Benutzung mit dem Rollstuhl unmöglich.

In den Beschreibungen der Gartenautoren sind die Oberflächen immer abgebunden, sie wurden begossen und gewalzt oder gestampft. Dézallier (1769, S. 73) empfiehlt, für die Decke nicht zu lehmigen Sand zu verwenden, Meyer {1985 (1860), S. 212} empfiehlt Kies mit geringem Lehmanteil, Petzold (1992 (1862), S. 128) spricht von Kies mit bindenden Anteilen, Meyer/Ries hingegen von Grus oder grobkörnigem Sand (S. 132ff.), die auf eine lehmig gebundene Deckschicht aufgebracht ist (die Autoren beziehen sich dabei sowohl auf Fahr- als auch auf Fußwege).

Vegetation

Die Vegetationsentwicklung wird auf einem Großteil der Schotterdecken durch Pflegemaßnahmen bzw. durch die Benutzung hintangehalten. Krautige Vegetation kann meist nur seitlich, etwa in die Rinnen, einwandern. Stark beschattete Stellen sind mit Moos bewachsen. Eine starke Vegetations-entwicklung, die nur Spurrinnen frei lässt, ist nur bei der Zufahrt zur Neuwartenburg festzustellen, also bei einem Beispiel, das aus dem privaten Bereich stammt (Abb. 10.17).

Die in der Literatur immer wiederkehrende Forderung, Vegetation zu entfernen und Rasenkanten möglichst exakt zu schneiden, hat sich für die historischen Gartenanlagen bis heute erhalten. Nur in privaten und kaum genutzten Anlagen wird die Entfernung der Vegetation oft zu aufwendig und unterbleibt deshalb. Anderer Meinung ist etwa Hirschfeld {Hirschfeld 1990 (1779), S. 142}, ein früher Vertreter des landschaftlichen Gartenstils. Er meint, die Wege sollen nicht ‚den saubern Böden in unsern Prunkzimmern' gleichen. Als schönes Beispiel für diesen Zugang kann der Weg am Franz-Josef-Platz in Gmunden dienen: Die Kanten werden nicht abgestochen. An den weniger begangenen Stellen und in

Mulden haben sich niedrigwüchsige Trittrasengesellschaften entwickelt, die fließend in die angrenzende Rasenfläche übergehen (Abb. 10.18).

Abb. 10.17: Durch die Nutzung stabilisierte Vegetation an den Rändern der privaten Zufahrt zum Schloss Neuwartenburg (NW01)

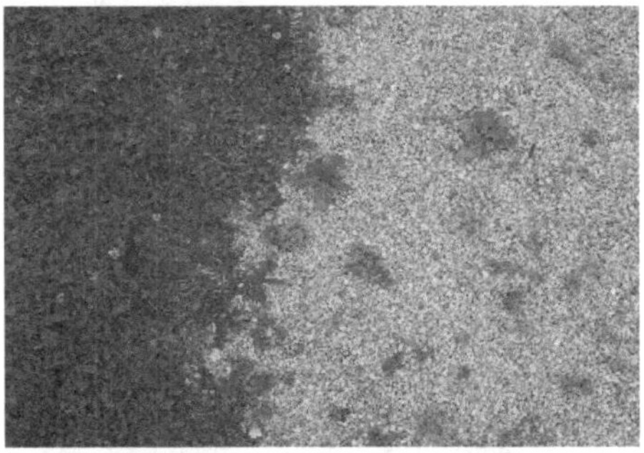

Abb. 10.18: Am Franz-Josef-Platz (FJ01) bilden sich in Mulden Trittrasengesellschaften, die fließend in den angrenzenden Rasen übergehen

Farbe

Farben werden von Gartenautoren des 17. und frühen 18. Jahrhunderts nur im Zusammenhang mit der Bekiesung und Besandung der Gänge in der Parterregestaltung angesprochen. Für Wege und Alleen wird die Farbgebung erst im 19. Jahrhundert thematisiert.

Der farbliche Eindruck der Wegoberflächen ergibt sich aus den Merkmalen Deckschichtmaterial, Vererdung und Streumaterial. Für die Deckschicht sind hellgraue bis ockerfarbene Materialien in Verwendung. Sie prägen den Eindruck, wenn keine anderen Streumaterialien und geringe Vererdung vorhanden sind (Mirabellgarten, Wege am Wasserparterre in Hellbrunn). Die Schönbrunner Wege sind optisch geprägt vom hellen, leicht bunten, warmen, gebrochenen Flusskies, der meist als dünne vollständige Streuschicht aufgebracht ist (Abb. 10.19). Sie wird auch über stark vererdete oder nicht befestigte Stellen, wie Baumstreifen oder Erdmulden, verteilt. Hier ist eine gegenüber dem befestigten Wegaufbau größere Wegbreite oder, in den gedoppelten Alleen, eine über die Pflanzstreifen hinweg durchgängige Wegdecke vorgetäuscht. Starke Vererdungen prägen die Farbe der Oberflächen besonders in beschatteten Abschnitten: Die Wege erscheinen braun, die Farbe des Deckschichtmaterials tritt in den Hintergrund, heller Kies bildet einen starken Kontrast (Abb. 10.20). Ausbesserungen mit gegenüber der Deckschicht neuen Materialien oder die abwechselnde Verwendung unterschiedlichen Streukieses erzeugen ein inhomogenes ‚buntes' Bild (Beispiele dazu finden sich in den Bauernberganlagen und im Belvedere).

Trampelpfade, Wiesenwege und erdig-kiesige Oberflächen

Mit dem Rückgang oder der Beendigung der Nutzung und der Pflege hat sich bei manchen Wegen über der ehemaligen Deckschicht aus Rundkorn und sukzessiver Vererdung ein flächiger Vegetationsbestand etabliert (Schwarzenberggarten, Typ 1). Die Wege empfindet man beim Begehen vergleichsweise weich, allerdings werden sie bei feuchter Witterung nass oder matschig und uneben. Beim Gartenweg in Neuwartenburg (NW02) und dem Lehmweg in Hellbrunn (HE05) wird die Vegetationsentwicklung durch Pflegemaßnahmen unterbunden und eine mächtige Kiesauflage drückt sich in die erdige Decke ein (Abb. 10.21). Die Schuhe bleiben bei nassem Wetter trocken, die Wege sind aber beschwerlich zu begehen. Ähnliche Oberflächen entstehen bei der Überkiesung von Baumstreifen und Erdmulden.

Abb. 10.19: dünne, aber vollständige Streuauflage aus gebrochenem Flußkies im ‚Boskette beim Fischbassin' in Schönbrunn

Abb. 10.20: Helle Streu auf vererdeter Decke im 'kleinen Buchengang' in Schönbrunn (SÖ02)

Vergleichbar einfache Wege wurden von den Gartenautoren immer wieder als kostengünstige Alternativen vorgeschlagen: Dézallier rät in privaten Gärten Sand auf gestampftem Lehmboden aufzubringen (vgl. Dézallier 1769, S. 72). Er weist in diesem Zusammenhang auch darauf hin, daß der Sand, der sich durch den Regen mit der Erde verbinden soll, nicht zu hoch aufzubringen sei, ‚damit er im gehen nicht Müdigkeit verursache'. Bei Pückler-Muskau (1996 (1819), S. 116) wird für die ‚landrätlichen Chauséen' Kies auf Lehmboden eingewalzt ähnlich den ‚Kies- oder Lehm-Chauséen' von Petzold (1992 (1862), S. 130). Einig sind sich die Autoren, daß diese Wege bei anhaltend nassem Wetter und im Winter immer schlecht und daher ‚zu schonen' seien. ‚Gleichwie in diesen Alléen kein abgehauerner Stein-Sand und die Erde wenig bedecket ist; also wächset auch drinnen das Unkraut viel eher, als in den andern, und das Erdreich vermischet sich durch das öftere Putzen dergestalt mit dem Sand, dass es endlich durch solche Vermischung zu lauter Erde wird' (Dézallier 1769, S. 73).

In der Gartenliteratur gibt es auch Hinweise auf grüne Wegoberflächen. Dézallier erwähnt ‚grüne Alleen', in denen man fast lauter ‚Gras-Boden' fände, außer zwei Fußsteigen ‚längs dem Spalier' (Dézallier 1769, S. 67).

Innerhalb der Gärten sind heute vor allem in der Oberflächenqualität Differenzierungen zu erkennen: Schlechtere Oberflächen werden vor allem in Randlagen und auf Wegen mit geringerer Belastung in Kauf genommen (zum

Abb.10.21: Das runde Streumaterial hat sich in die erdige Oberfläche eingedrückt und bildet damit eine einfache Wegedecke (Neuwartenburg Gartenweg, NW02)

Abb.10.22: Extensivste Pflege und schlechtes Deckschichtmaterial sind für die Ausschwemmungen in der Lang'schen Anlage des Badener Kurparks verantwortlich (BA05)

Beispiel die Wege der Lang'schen Anlage im Kurpark Baden/BA05,07,08 und im Englischen Garten in Hellbrunn/HE05). Die Deckschichten dieser Wege bestehen aus feinkörnigen (0/8er) Kalkschottern mit hohen Feinanteilen, sind sehr weich und teils stark ausgeschwemmt. Der hohe Humuseintrag begünstigt die Vegetationsentwicklung. Bei trockenem Wetter sind die Wege angenehm zu begehen, bei Nässe hingegen rutschig. Mit Kinderwagen, Rollstuhl und anderen Geh-Hilfen auf Rädern sind sie aufgrund der Unebenheiten oder der extremen Nachgiebigkeit des Aufbaues äußerst schlecht zu benutzen (Abb. 10.22).

In den verschiedenen Wegoberflächen spiegeln sich neben der Entwicklung der Wegebautechnik unterschiedliche handwerkliche Traditionen und Erfahrungen mit regional vorhandenen Materialien wider. Auch der Blick in die Gartenliteratur zeigt, daß vor allem bei den älteren Autoren die Verfügbarkeit und die Qualität der Materialien im Vordergrund stand. Als Qualitätskriterien sind immer wieder Trockenheit und Bequemlichkeit beim Begehen genannt. Erst von den Autoren der Landschaftsgärten und besonders gegen Ende des 19. Jahrhunderts sind dezidiert optische Anforderungen an Wegoberflächen formuliert worden.

Die Gebrauchsweise sowie die Nutzungsintensität und damit auch die Anforderungen an die Oberflächen ändern sich für einzelne Wege laufend. Und auch die Verfügbarkeit der Materialien war und ist ein veränderliches Kriterium. Dies ist bei der Lektüre der Gartenbücher zu bedenken: Sie gibt Blitzlichter der Gartengeschichte wider, Forderungen an Gebrauchsqualitäten, die von einzelnen Gartenkünstler aufgestellt wurden. Demgegenüber stehen die tatsächlich ausgeführten und in den Objekten nachvollziehbaren Herstellungsweisen. Im Gebauten und dessen Veränderung ist das handwerkliche Wissen archiviert - das gibt den Wegen und ihren Oberflächen historischen Wert.

10.4 Weganlage - Historische Substanz und aktuelle Bedeutung

Profilierung von Wegen und ihre Bedeutung

Die Lage von Gartenwegen im Gelände, ihre Position zu angrenzenden Rasenflächen, zu den Bosketten oder Alleen, ihre Linienführung im Hang, aber auch ihr Quer- und Längsgefälle sind einerseits von ästhetischer und gartenkünstlerischer Bedeutung, andererseits wesentlich für die Nutzungsqualität und die Haltbarkeit wassergebundener Decken. Hergestellt wurden beidseitig und einseitig geneigte Wege mit oder ohne Längsgefälle.

Gartentheorie und Praxis

Geht man von der Häufigkeit und vom baulichen Zustand der Profilgestaltung in den aufgenommenen Fuß- und Fahrwegen aus, haben sich die Weganlagen mit leichtem Längsgefälle und beidseitigem Quergefälle bewährt. Dies setzt natürlich ihre kontinuierliche Erhaltung durch die Gartenverwaltungen oder GartenbesitzerInnen voraus.

Die Fahrwege in teils sehr steilen Hanglagen (Tirolerweg/SÖ 07, Bismarkeichenweg/BA 04) liegen in den Hang eingesenkt unter der Geländeoberkante. Sonst überwiegt eine niveaugleiche Lage oder die Wege sind etwas herausgehoben. Deutlich in ihrem Querprofil überhöht sind die großen Alleen (etwa in Schönbrunn die Tiergartenallee/SÖ 04).

Barocke Weganlagen

Die besten Lagen, schrieb Dézallier, seien "... halb hängende und völlig platte ...", weil sie die Spaziergänger weniger ermüden und auch, im Gegensatz zu den in steileren Hängen erforderlichen Mauer- und Treppenbauten, weniger Kosten verursachen (vgl. Dézallier 1708, S. 12). Er beschreibt relativ ausführlich sinnvolle Mindest- und Maximalneigungen. Selten seien die Alleen "vollkommen gleich, (gemeint ist eben, Anm. d. V.), indem man wegen der Ablaufung des Wassers immer daher eine kleine Abhangung, so aber nicht verspüret wird, anlegt." (Dézallier 1708, S. 67) Das Längsgefälle soll aber nicht zu stark sein - maximal 3 Zoll auf 1 Klafter, was 5 % entspricht - da sonst Starkregengüsse die Wege verderben. Den barocken Gartenkünstlern war die Bedeutung der Wölbung der Wege für die Erhaltung ihres guten Zustandes bekannt, und man schätzte es, daß mit der seitlichen Regenwasserableitung gleichzeitig die Spaliere und Rabatte bewässert wurden (vgl. Dézallier 1708, S. 68).

Die Beispiele, die in die Renaissance und das Barock zurückreichen, liegen - ganz der Gartentheorie folgend - überwiegend in Ebenen und weisen nur in wenigen Fällen ein leichtes Längsgefälle auf. Die Fußwege, wie etwa der Kleine Buchengang/SÖ 02, die Hietzinger Vertiefung/SÖ 03, die Wege des Wasserparterres in Hellbrunn, aber auch diejenigen des Heckentheaters/MI 01,

Abb. 10.23: Der kleine Buchengang in Schönbrunn (SÖ 02): seine leichte Bombierung ist angenehm zu begehen und führt das Regenwasser den Gehölzen zu.

Abb. 10.24: Die Mittelachse im kleinen Parterre des Mirabellgartens bei einem Starkregen (MI 02)

haben ein beidseitiges Quergefälle von 2 bis 4 %. Die Entwässerung erfolgt in seitliche, zum Teil mit Heckenwänden bestockte Erdmulden.

Die viel begangenen, teils sehr breiten Parterrewege (Aufnahmen der Typs 9B und 9D), wie etwa im Mirabellgarten (MI 02) oder im Großen Parterre von Schönbrunn (SÖ 08), haben kein Längsgefälle und ihre Bombierung ist durch die intensive Nutzung nur schwer aufrechtzuerhalten. In der Folge entstehen auf den stark verdichteten Wegen der Parterre rasch Wellen, Mulden und Lacken mit verstärktem Feinstoffeintrag sowie Verschlämmung und dadurch weiter verringerter Wasseraufnahme.

Auf den befahrenen ebenen Alleen (Typs 9B und 9C), wie etwa die Zufahrt in Neuwartenburg (NW 01) oder die Kastanienallee in Hellbrunn (HE 04), entstehen schnell Fahrspuren und Schlaglöcher. Bereits geringe Längsneigungen von 1 - 2 % wirken sich positiv aus (Typ 2): eine Wölbung (Bombierung) von 2 - 4 % ist gut. Eine stärkere Überhöhung des Profils verschmälert den Gehbereich, erzeugt aber keine Schäden, eine Verflachung hingegen sehr schnell. In allen Aufnahmen ohne ein gewölbtes Querprofil wurde ein schlechterer Deckenzustand festgestellt.

Anlagen und Umformungen in 19. Jahrhundert

Nach den gestalterischen Grundsätzen des 19. Jahrhunderts sollten die Wege möglichst weiche, natürliche Ränder aufweisen, die Entwässerung bevorzugt in seitliche Mulden oder den Rasen erfolgen und breite Gräben wie im Straßenbau absolut vermieden werden (vgl. Meyer 1860, S. 206). Pückler-Muskau sah jedoch unter Umständen beidseitige steinerne Rinnen vor (vgl. 1819, S. 113), Meyer unterirdische Durchlässe (vgl. 1860, S. 210) und Jäger bei Bergwegen gepflasterte Abzugsrinnen aus runden Kieselsteinen, gepflasterte oder aus Holz gefertigte Querschläge sowie bedeckte Kanäle zum Ableiten des Wassers (vgl. 1877, S. 544).

Ein bombiertes Querprofil ist in der Literatur des 19. Jahrhunderts der Normalfall (Meyer C., Petzold, Jäger). Das Quergefälle soll 2,5 Zoll auf 12 Fuß (3,5 auf 18 Fuß) (Meyer 1860, S. 211; ähnliches findet sich auch bei Petzold 1862) und 1,5 bis 2 Zoll auf 6 Fuß Wegbreite betragen. Das Längsgefälle sollte 1:15 bei Fußwegen und 1:20 bei Fahrwegen für Pferdefuhrwerke nicht übersteigen (vgl. Jäger 1877, S. 541f.).

Abb. 10.25: Im 19. Jahrhundert eingebaute Entwässerungsrinnen aus Rundschotter im Belvedere (BE 01)

Die im Rahmen des Projektes aufgenommenen Wege, die ab Mitte des 19. Jahrhundets entstanden sind, kennzeichnet eine gute Entwässerungsplanung. Sie haben eine deutliche Bombierung (mindestens 2,5 %), die Wege in steilen Lagen beidseitig Rinnen und Einlaufbauwerke (Typ 4, 5 und 8).

Die älteren barocken Gartenwege mit größerem Längsgefälle (SÖ 07, BE 01) erhielten im 19. Jahrhundert Einbauten zur schadensfreien Ableitung des Wassers. So wurden die Wege im Belvedere und der Weg zum Tirolerhof am Schönbrunner Berg Mitte des 19. Jahrhunderts mit beidseitig verlaufenden, aus Feld- und Flußschottersteinen gepflasterten Rinnen versehen.

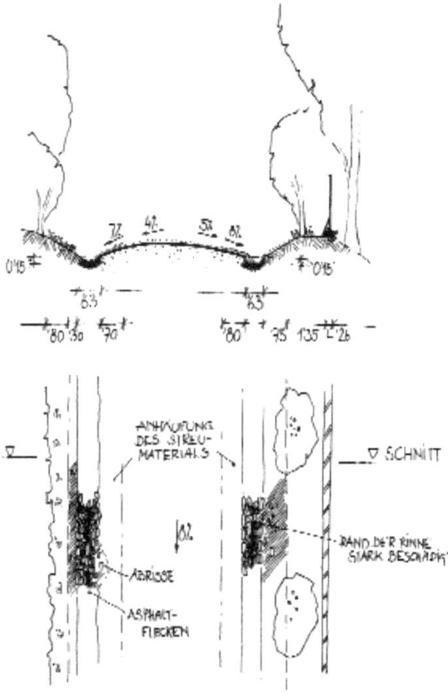

Abb. 10.26: Der Weg zum Tirolerhof in Schönbrunn ist relativ steil und weist eine deutliche Überhöhung im Querprofil auf (SÖ 07)

Beispiele aus dem Beginn des 20. Jahrhunderts

Die Wege der Hanglagen in den jüngeren Gärten wie die der Erweiterung des Kurparkes in Baden um den Beethoventempel 1925 (vgl. Pfeiffer-Vogl/Pitha 2002, S. 36) und die der Bauernberganlage in Linz (1915 fertiggestellt) sind entgegen den älteren einseitig gegen den Hang geneigt. Mit einem Quergefälle von 2 - 4 % werden sie über eine bergseitig angeordnete gepflasterte Rinne mit Einlaufbauwerken entwässert.

Diese Bauausführung entspricht den Vorstellungen der damaligen Gartenliteratur. Bauliche Entwässerungsrinnen und Einfassungen werden nun selbstverständlich und Wege im Hang einseitig zum Hang geneigt (vgl. Meyer, Ries 1904, Hampel 1902). Das empfohlene Quergefälle ist für Fußwege mit 2,5 - 3 % etwas geringer als für Fahrwege, das Längsgefälle sollte für Fahrwege maximal 6,5 % betragen (Hampel 1902, S. 189). Ganz im Gegensatz dazu können Fußwege bei Meyer, Ries (1904, S. 134f.) sogar bis 20 % (!) Längsneigung aufweisen.

Abb. 10.27: Beethovenweg im Kurpark Baden (BA 06)

Der Weg zum Tirolerhof (SÖ 07) mit 8 % und der Bismarkeichenweg (BA 04) mit 15 % liegen somit weit über den für Fahrwege empfohlenen Werten. Sie sind trotzdem in einem teils sehr guten Zustand (feste Decken, keine Ausspülungen und Rinnen). Die Entwässerung über beidseitige Rinnen und Einlaufschächte funktioniert sehr gut, das Querprofil beider Wege hat mit 4 - 8 % (SÖ 07) und 2,5 - 9 % (BA 04) eine starke Bombierung. Auch bei den einseitig geneigten Wegen sind diejenigen mit einer leichten Bombierung (SÖ 04, BA 06) in einem besseren Zustand (keine Mulden und Ausschwemmungen) als die Wege mit einseitiger Neigung (BA 01).

Bedenkt man welche Wassermengen es bei einem Starkregenereignis abzuführen gilt, wird die Bedeutung einer sorgfältigen Weganlage und Ausführung bzw. Erhaltung eines Wegprofils deutlich: Ein heftiger Regenguß in Wien bemißt 230/s/ha; d.h. in 10 min kommen am Hangfuß eines 2 m breiten und 50 m langen Weges mit 6 % Längsneigung etwa 1.000 Liter Regenwasser an einem Einlaufschacht an.

Gartenkünstlerische Bedeutung

Die Neigung von Wegen wirkt sich stark auf den Raumeindruck und die Qualitäten fürs Begehen aus. Wichtige Faktoren sind

- ein nicht zu steiles Längsgefälle gewährleistet ein angenehmes Begehen,
- eine flache Wölbung erzeugt eine angenehme Optik,
- Mittelüberhöhungen gliedern Wege in Hauptgehbereiche und Randbereiche,

- das Quergefälle sollte jedoch 5% nicht übersteigen, höhere Werte bewirken eine Wegverschmälerung

Bautechnische Bedeutung

Die vergleichende Prüfung der 52 in österreichischen Gartenanlagen untersuchten Wege und ihre Weganlage (44 davon wurden in der Dokumentation wiedergegeben) erbrachte eindeutig das Ergebnis, daß bombierte, d.h. beidseitig geneigte Profile einen besseren Erhaltungszustand und damit Gebrauchsfähigkeit aufweisen. Daraus kann abgeleitet werden

- eine Bombierung von Wegen ist eine bestandssichernde Gefällsausbildung,
- besonders große Flächen ohne oder mit geringem Quergefälle zeigen verstärkt Probleme mit Rinnen- und Lackenbildungen,
- Wege mit einseitigem Gefälle ohne Wölbung weisen, wenn sie sehr stark begangen oder befahren werden, schnell Rinnenbildungen und Auswaschungen auf.
- Seitliche Ermulden oder Rinnen, die nicht eingewachsen oder durch Laub etc. verlegt sind sowie - bei großen Steigungen - Querschläge wirken sich positiv auf den Wegzustand aus.

Dokumente der Wegebauentwicklung

In den Beispielen der Wege aus österreichischen Gartenanlagen der Renaissance und des Barock sowie aus formalen Anlagen der Wende zum 20. Jahrhundert können die Entwicklungen einer Wegebautechnik nachvollzogen werden.

Die Aufnahme der im Straßenbau entwickelten Erkenntnisse in die Gartenkunst und die Praxis der Gartenerhaltung erfolgte sehr viel später und modifiziert. So hat der österreichische Straßenbauer Wiebeking schon 1808 einen Wegaufbau mit Packlage beschrieben. Entwickelt wurde diese jedoch 50 Jahre früher von Trésaguet (1716 - 1796), womit der "Kunststraßenbau" geboren war (vgl. Drexel 2000, S. 107ff.). In die Gartenkunst wurden diese bautechnischen Erkenntnisse erst hundert Jahre später aufgenommen.

An den Grundsätzen der Weganlage änderte sich lange wenig, im Barock und bis zum Ende des 18. Jahrhundert war ein leichtes Längsgefälle und eine Bombierung üblich. Im 19. Jahrhundert legt die Fachliteratur jedoch besonderen Wert auf deren sorgfältige Planung und Ausführung, was wohl darauf hindeutet, daß die Realität oft nicht so war. Entwässert wurde über seitliche Mulden oder direkt in die angrenzenden Rasenflächen. Entwässerungsbauwerke für Fahrwege entstehen ab Mitte des 18. Jahrhunderts (in Schönbrunn werden 1886 Wasserableitungskanäle gebaut; vgl. B. Hajós

Beispiel	*Aufn.Nr.*	*Zeit*	*Beschreibung*
Gartenweg im Palais Schwarzenberg	SW01	Beginn 18. Jh.	Wasserableitung über Wegoberfläche und seitlich, kein Quergefälle, kaum Längsgefälle
Fußwege in Schönbrunn, Hellbrunn und Mirabellgarten	SÖ03, SÖ04, HE02, MI01	17. und 18. Jh.	Wasserableitung über seitliche Erd- und Pflanzmulden, sanfte Bombierung, leichtes Längsgefälle
Gartenweg Villa Lanna	LA01	2. Hälfte 19. Jh.	Wasserableitung über deutliche Bombierung und Rinnen, Einlaufschächte in größeren Abständen
Hauptweg im Kurpark Baden	BA04	2. Hälfte 19. Jh.	Wasserableitung über deutliche Bombierung und gepflasterte Rinnen, Einlaufschächte in regelmäßigen Abständen, starkes Längsgefälle
Fußwege im Kurpark Baden und in den Bauernberganlagen	BA06, BB04	30er, 50er Jahre	Wasserableitung über einseitige Rinne, Einlaufschächte in größeren Abständen, mittleres Längsgefälle

Tabelle: Historische Reihe der Profilgestaltungen

2002/03, S. 15). Weiters wird nun differenziert bei den Maximalwerten des Längs- und Quergefälles zwischen Fuß- und Fahrwegen. Eine größere Änderung setzte im 20. Jahrundert ein mit der Neigung der Wege in Hanglage zum Hang hin, der selbstverständlicher werdenden Ausstattung von Wegen mit weiteren Bauwerken (wie Rinnen, Kanälen und Einlaufschächten) sowie sichtbaren Wegeinfassungen.

11.1 Über den Umgang mit historischen Gehölzen in formalen Gärten

Die Dokumentation von Gehölzbeständen in Österreichs historischen Gärten zeigt, dass in vielen Fällen das traditionell personal übergebene Wissen um die Baumgärtnerei verloren zu gehen droht. Vor allem in privaten Gärten wurde spätestens nach dem 2. Weltkrieg wenig in die Fortsetzung einer Gärtnertradition investiert. Hinzu kommt ein sinkender Anteil an Personen, die im bäuerlichen Betrieb arbeiten und als ein Standbein ihrer Erwerbstätigkeit traditionell saisonal vor allem beim Gehölzschnitt aushelfen .

Viele Alleen sind durchgewachsen und zeigen lange Aufsitzer (Ständer), zum Teil beginnen die Kronen bereits auseinander zu brechen. Die Reaktion sind schnelle, aber schwere Eingriffe in das alte Holz - mehrarmige Kronen werden etwa "zur Entlastung des Baumes" zu Zwieseln geschnitten ("Kronen-Entlastungsschnitt").

Radikale Kronenschnitte (Kappungen) sind Notlösungen -- sie scheinen effizient im Sinne geringerer Personalkosten aufgrund einer Aufgabe von regelmäßiger Pflege. Sie lösen die Not aber nicht, sondern führen zu weiteren Problemfällen, an deren Ende Ratlosigkeit über den weiteren Umgang mit den Bäumen steht. In letzter Konsequenz kommt es dann zur Fällung gerade derjenigen Bäume, die man eigentlich erhalten wollte.

Sind die Bäume einmal gefällt, ist die nachträgliche Rekonstruktion der ehemaligen Situation fast aussichtslos aufgrund fehlender Dokumentation des Bestandes - wenn nicht Erfahrung in Form langjähriger Arbeit mit den betroffenen Gehölzen besteht. Auch Fotografien sind höchstens Spuren (John Burke 2003), die selten den Kronenaufbau realistisch wiedergeben und über die realen Abstände zwischen den Bäumen täuschen - vor allem die Dreidimensionalität von Baumkronen stellt hier ein Problem dar.

Als mögliche Lösung für einen gegenwärtigen Umgang mit formierten Gehölzen durch Fachleute und "Dilettanten " wird deswegen ein Pflegekonzept für formale Gehölze als vorsorgendes Instrument vorgeschlagen. Wie dieses "punktuelle Parkpflegewerk" ausschauen könnte, soll im folgenden kurz skizziert werden (vgl. Vereinigung 2000).

Das Gehölzpflegekonzept (GPK)

Wie jedes historisch orientierte Konzept beinhaltet ein GPK die Beschäftigung mit der Gegenwart, der Vergangenheit und der Zukunft. Die Erfassung des gegenwärtigen Zustandes der Gehölze wird bewusst an den Anfang gestellt, da sie die Gehölzentwicklung von Gestern und die mögliche Entwicklung von Morgen beinhaltet.

Die Prinzipien des Pflegekonzeptes

1) Vom Bestand ausgehen

Pläne und Ansichten beinhalten auch Idealdarstellungen- so wird die Gleichförmigkeit barocker Alleen inzwischen in Fachkreisen angezweifelt (vgl. Palme 1998, Schmidt 1992). Daher stellt der Bestand der verlässlichste Erstinformant über das Gehölzdenkmal dar (vgl. Stritzke 1998). Als lebendes Archiv gärtnerischen Wissens können wir an den alten Bäumen die alte Schnitttechnik entschlüsseln - sofern sie nicht durch jüngere Eingriffe "verschnitten" wurde. Was wir auf Anhieb nicht verstehen können, führt uns möglicherweise weiter zu vergangenen Umgangsweisen mit Erhaltung und Stabilisierung von Baumkronenformen. Die wichtigen Grundlagen der zeitgenössischen Gartentheorie weichen oft weit ab von lokalen Interpretationen zeitgenössischer Kunst und Kultur - oft als Ausdruck spezifischer landschaftsökologischer wie landschaftlicher Voraussetzungen.

Als Ergebnis dieser Vorgangsweise können Thesen zur Herstellung und Pflege des Gehölzbestandes aufgestellt werden.

2) Den Bestand dokumentieren

In den meisten Fällen wird es reichen, typische Abschnitte des Gehölzbestandes in Grund- und Aufriss festzuhalten. Für den Grundriss werden die Arten angesprochen sowie die Pflanzweiten und die Stammumfänge eingemessen. Für die Aufrisse werden die Kronenformen bestimmt (nach der vorliegenden Systematik) und verbal beschrieben. Es gilt die General-Regel: Die Dokumentation ist fertig, wenn wir den Bestand aus unserer Niederschrift (prinzipiell) rekonstruieren können. Bei alten Alleen und Gehölzen haben sich in der Regel "Unregelmäßigkeiten" eingeschlichen, in diesen Fällen ist es hilfreich, sich an den alten Bäumen zu orientieren bzw. diese als "Prüfsteine" zu verwenden. Für die Bestimmung der Kronenform wie der Vitalität des Bestandes ist es hilfreich sowohl den Zustand der Vegetationsperiode wie der Vegetationsruhe zu dokumentieren. Manchmal kann eine gartenarchäologische Untersuchung hilfreiche Informationen liefern, etwa wenn die ehemalige Heckenwandbreite nicht mehr im Bestand ablesbar ist oder zu widersprüchlichen Aussagen führt.

Zusätzlich zur gartendenkmalpflegerischen Analyse ist eine baumbiologische Untersuchung bezüglich Gefahrenbäume (Pilze, Faulungen etc.) durchzuführen.

Abb.: Gartenarchäologischer Suchschnitt an den Heckenwänden durch Mag. Sauer (Bundesdenkmalamt Wien) im Großen Parterre zur Bestimmung der ursprünglichen Pflanzlinie (April 2003).

Ergebnisse sind: Darstellungen in Grundriss und Aufriss sowie fotografische Dokumentation (idealerweise Sommer- und Winteraspekt). Die grafische Darstellung wird durch eine verbale Dokumentation konkretisiert.

3) Geschichte des Bestandes (Genese) rekonstruieren

Im günstigsten Fall existiert bereits ein Parkpflegewerk, das die Geschichte der Gartenanlage und des Gehölzbestandes dokumentiert und entschlüsselt. Im schlechtesten Fall bleibt das Gehölz einziger Informant über seine und des Standorts Geschichte. Sind verschiedene historische Zustände ermittelbar, bleibt in einem denkmalpflegerischen Fachgutachten zu entscheiden, welcher Zustand (oder welche Zustände) anzustreben ist (sind). Es ist zu begründen, wenn es nicht die Erhaltung des gegenwärtigen Zustandes ist.

Ergebnisse sind: analytische Aufbereitung historischer Spuren (Fotos, Pläne, Beschreibungen, Aussagen alter Gärtner) und die Formulieren von Thesen zur Entwicklung des Bestandes.

4) Situation analysieren (Liquidität, Personal, Geräte)

Jeder Eingriff in das Gehölze bringt Handlungsnotwendigkeiten, die vorab zu klären sind. Ist die gegenwärtige Pflegesituation unzufriedenstellend oder mangelhaft, sind deren Ursachen zu klären und über Möglichkeiten der Behebung nachzudenken, bevor es zu einer Entscheidung oder Änderung kommt. Erst die Sicherung einer nachhaltigen Pflege kann aus gartendenkmalpflegerischer Sicht größere Eingriffe begründen, die Pflegebedarf nach sich ziehen. Die Entscheidung, deren Begründungen und Voraussetzungen (was wird benötigt) müssen für eine spätere Nachvollziehbarkeit schriftlich festgehalten werden.

Ergebnisse sind: Analyse der gegenwärtigen und vergangenen Pflege (Personal, Gerätschaften etc.), Niederschrift und Begründung von pflegeorientierten Entscheidungen.

5) Absicht und Plan zusammenbringen

Fallen Bestand und der angestrebte historischer Zustand nicht zusammen, ist aufgrund einer nochmaligen Denkmalbewertung die Vorgangsweise abzuklären - Differenzen liegen oft im Detail! Dabei ist der Stellenwert des Gehölzes für die Gesamtanlage sowohl als raumbildendes wie strukturkonstituierendes Element zu bewerten (vgl. Vereinigung Landesdenkmalpfleger 2000, 16). Erst aufgrund dieser Entscheidung kann die denkmalpflegerische Aufgabenstellung formuliert werden, sofern sie nicht in der fortwährenden, nachhaltigen Pflege des gegenwärtigen Zustandes besteht.

Ergebnis ist: Gartendenkmalpflegerischer Auftrag.

6) Dringlichkeit von Maßnahmen

Abschließend wird aufgrund des gegenwärtigen Zustandes die Dringlichkeit der einzelnen Maßnahmen festgestellt. Sowohl baumbiologische Fragen wie pflegetechnische Fragen (Entwicklung innerhalb des Bestandes, Umgang mit unterschiedlichen Kronenformen, Haftungsfragen etc.) sind in Betracht zu ziehen.

7) Bericht zur Sicherung der Pflege

Als nachtteilig für die gegenwärtige Pflegepraxis erweist sich das Fehlen schriftlicher Aufzeichnungen über Hintergründe, Ziele und Erfolge von Maßnahmen, besonders im Falle mangelnder Kontinuität der pflegenden Personen und der BesitzerInnen -- vor allem bei wechselnder “Pflege durch Fremdvergabe”. Neben der Analyse sollte der Bericht nach Ersterstellung weitergeführt werden und auch die vorgeschlagenen Maßnahmen und ihre Erfolge dokumentieren.

12 Über den Umgang mit historischen Wegen in formalen Gärten

Phänomene und Empfehlungen

Die Dokumentation der historischen Wegelemente in Österreich veranschaulicht die starken Veränderungen, der die Wege unterworfen sind. Trotzdem ist ein erstaunlich hoher Anteil an historischer Substanz zumeist in den unteren Schichten noch vorhanden. Sie enthalten zum Teil übereinanderliegend verschiedene Zeitschichten, die die Entwicklung der Wegebautechnik und ihren Eingang in die Gartentheorie dokumentieren. Tradition und Handwerk des Wegebaues und der Wegepflege sind stark regional und lokal geprägt und veränderten sich mit der Verfügbarkeit von Materialien (Schließung von Steinbrüchen, neue Materialien werden erschwinglich). So haben manche Gartenverwaltungen umfassende Erfahrungen mit verschiedensten Kalkschottern; gewisse Regionen verstanden es feste Wege aus Rundschottern herzustellen, andere Regionen sind vollständig auf ihre lokalen kantigen Bruchschotter spezialisiert. In anderen Regionen sind die Klaubsteine für Rinnenpflasterungen oder die passenden Größen für Packsteine nicht mehr verfügbar. Im allgemeinen zeigen die Beispiele jedoch, daß sich Kantkorn für die Trag- und die Deckschichten bewährt hat. Weiters zeigen die Beispiele, daß die alten, aufwendig mit Packsteinen gesetzten Tragschichten für stärker befahrene Wege langfristig die dauerhaftesten sind.

Die Dokumentation verdeutlicht weiters die zwei Funktionen des Wegelementes im Garten, funktionales Bauwerk und gartenkünstlerisches Element zu sein. Der Zusammenhang von gartenkünstlerischer Struktur, Bauweise und Funktion wird sowohl in der historischen wie der aktuellen Differenzierung der Dimensionierung und Ausstattung, sowie in der Bauweise und Pflege von Fahrstraßen/Alleen/Zufahrten und Fußwegen deutlich. Die Mächtigkeit der Aufbauten und die Sorgfalt der Herstellung korreliert mit der Lage der Wege im Garten. Wege in den Bosquettbereichen erhielten weniger mächtige Aufbauten und unterscheiden sich auch heute von den Alleen und Parterrewegen. Die Dokumentation zeigt weiters Unterschiede hinsichtlich Aufbaustärken (Schichtanzahl, Verdichtung) und Überformungshäufigkeit zwischen privaten (geringer) und öffentlichen Gärten (stärker).

Deutlich werden die sehr unterschiedlichen Belastungsituationen der Wege. Fußwege mit einem Drittel der Verdichtungswerte (etwa 50 MN/m^2, Hietzinger Vertiefung / Schönbrunn) wie die großen Alleen oder Parterres sind bei kontinuierlich guter Erhaltung, d.h. mit neuen Deckschichten auf darunterliegender historischer Substanz noch voll funktionsfähig. Hingegen die immer stärker werdenden Belastungen der befahrenen Wege bringen große Probleme mit sich.

Stark befahrene Alleen können extreme Verdichtungswerte von bis 200 MN/m^2 aufweisen. Vor allem die Überollungshäufigkeit steigt stark an und die Fahrzeuggewichte nehmen stetig zu. Weiters dienen heute Alleen als Fahrstraßen, die nicht dafür ausgelegt waren. Die sinkende Ausstattung der Gartenverwaltungen mit Personal führte zu verstärktem Maschieneneinsatz mit Folgen für die Wege. Als Beispiele dafür seien hier genannt: Eingriffe für Ersatzpflanzungen am Wegrand und dgl. sind nunmehr mit höherem Eintrag an Erdmaterial in die Wegedecken, Aufreißen und Lockern der Decken und dadurch mit nachfolgendem höherem Pflegeaufwand (Herstellung des Wegeprofiles, vermehrte Unkrautentwicklung) verbunden.

Die untersuchten Wege offenbaren einen sehr unterschiedlichen Umgang der Gartenverwaltungen und privaten Gartenbesitzern mit den historischen Wegelementen, der teils Anregung und Vorbild, teils Warnung für die Denkmalpflege sein kann:

- Selektive große Eingriffe in historische Wegsubstanz, wo die alten Aufbauten nicht mehr mit den schweren Lasten heutiger Nutzungen übereinstimmen (Beispiel: Kurpark Baden / Neuer Eingangsbereich und Marktbereich; Hellbrunn - Verstärkung eines Weges zur Fahrstraße).

- Kontinuierliche Pflege und Erhaltung entsprechend den sich langsam und weniger intensiv verändernden Anforderungen. Damit verbunden ist einerseits die Erhaltung der historischen Substanz, andererseits ihre Überdeckung mit neuen Materialien, ihr Einbau und ihre Pflege mit neuen Maschinen. Solche ehemals barocken Wege haben sich im Laufe der Jahrzehnte stark verändert, können jedoch den aktuellen Anforderungen noch sehr gut genügen (Beispiel: Fußwege der Bosquettes in Schönbrunn).

- Waren die ursprünglichen Aufbauten und Materialien nicht fach- und funktionsgerecht, zieht dies eine arbeitsaufwendige laufende Erhaltung nach sich (Beispiele: einige Alleen in Schönbrunn, die heute relativ stark befahren werden).

- Nachlassende Pflege gering genutzter Wege, wodurch sich die Wege zurückentwickeln und sukzessive überwachsen werden. Ihre Substanz bleibt relativ erhalten, wird jedoch durch Bodenbildungsprozesse, Frosthebung und Wurzeldruck so verändert, dass sie nicht mehr funktionsfähig sind (Beispiele: Wege im Garten des Palais Schwarzenberg).

- Aufwendige Unkrautpflege von Wegen ohne bzw. mit zu geringer Nutzung. Es entstanden mit der Zeit gelockerte, nicht mehr verdichtete Wege mit hohem Humuseintrag, die eine starke Vegetationsentwicklung begünstigen (zumeist in privaten Gartenanlagen; Beispiel: Neuwartenburg und Villa Lanna).

Konzept für den Umgang mit historischen Wegen

1) Vom Bestand ausgehen

Pläne und Stiche können Auskunft über die Lage und Form der Wege geben, sind jedoch vielfach Idealvorstellungen. Selten sind Informationen zu Wegprofilen oder Aufbauten verfügbar. Hierzu ist der Bestand die verläßlichste Quelle. Die Literatur zur jeweiligen zeitgenössischen Gartentechnik kann von den regional ausgeführten Objekten erheblich abweichen. Mit Hilfe von Profilgrabungen oder den etwas weniger aufwendigen Punktgrabungen können die Wege erschlossen werden. Eine wohlüberlegte und durch Studium der Veränderungsgeschichte des Gartens unterstützte Auswahl der Aufnahmepunkte und ihre genaue Verortung ist wesentlich für repräsentative Aussagen. Mit den Grabungen werden die historischen Schichten und die daran anschließenden jüngeren Überprägungen sichtbar und das ehemals verwendete Material für eine weitere Untersuchung und Beurteilung gewonnen.

Ergebnis ist ein Thesenkatalog zur Herstellung, Überformungsgeschichte und Unterhaltung des Wegbestandes.

2) Den Bestand dokumentieren

Die Weganlage wird in ihrer Gesamtheit nach Lage im Gelände, Gefällsverhältnissen und Entwässerungen erfaßt. Die repräsentativen Wegabschnitte und solche mit Besonderheiten, wie etwa starke Steigungen, werden in Grundriß und Aufriß dargestellt. Dazu werden sie eingemessen, ihre Gefällsprozente ermittelt und ihre Wegebauweise sowie Wegform (nach den vorliegenden Systematiken bestimmt) beschrieben. Oberflächenstruktur, Verlegeweise von Pflasterrinnen und Randeinfassungen werden grafisch exakt dargestellt und gegebenenfalls Schäden oder Beeinträchtigungen der Wegedecken festgehalten. Das sukzessiv ergrabene Profil des Wegaufbaues wird in seiner Schichtabfolge, Materialformen und Gefüge festgehalten. Zusätzlich ist es sinnvoll Belastungsuntersuchungen zu machen und Wasserdurchlässigkeitsprüfungen zu erstellen.

Ergebnisse sind Fotodokumentationen und grafische Darstellungen in Lageskizze, Grund- und Aufriß sowie Grabungsprofile in einer Vollständigkeit, die eine Rekonstruktion ermöglichen könnten. Der Bestand wird weiters textlich erläutert und durch die ermittelten Meßwerte ergänzt.

3) Die Geschichte / Genese rekonstruieren

Sind Parkpflegewerke vorhanden, wurde die Geschichte der Gartenanlage und der Wegelemente bereits aufgearbeitet. Ansonsten müssen aus den Grabungsprofilen und Materialanalysen sowie den Wegprofiluntersuchungen der historische Gehalt und die jeweiligen Zeitschichten entschlüsselt werden. Ein denkmalpflegerisches Fachgutachten hat in Abstimmung mit der aktuellen und der geplanten Funktion des Weges darüber zu entscheiden, welche Zeitschicht anzustreben bzw. welche zu erhalten ist.

Ergebnisse sind eine Aufbereitung der historischen Spuren und Quellen (Pläne, Abbildungen, alte Beschreibungen und Informationen von Gärtnern) und mögliche Entwicklungen des Wegbestandes.

4) Rahmenbedingungen analysieren (Nutzung, Personal, Geräte, Planungszeitraum)

Ist der Wegzustand nicht zufriedenstellend bzw. sind Schäden vorhanden, die unbedingt behoben werden müssen, ist zu klären, welche Ursachen und Möglichkeiten zu ihrer Behebung bestehen. Vor einem Eingriff sind die Auswirkungen und die Gewährleistung der nachfolgenden Unterhaltung zu klären. Die Nutzungsgeschichte und der aktuelle Bedarf bzw. die zukünftig zu erwartenden Belastungen der Wege sind abzuklären.

Ergebnisse sind eine Analyse der vergangenen, gegenwärtigen und zukünftigen Funktion und Nutzung (Belastung) der Wege sowie ihrer Pflege und Unterhaltung (Personal, Geräte etc.). Festgehalten werden Ursachen und Begründungen für pflegeorientierte Entscheidungen.

5) Absicht und Plan zusammenbringen

Entspricht der Bestand nicht dem historischen Zustand, muß eine nochmalige denkmalpflegerische Bewertung die Vorgangsweise abklären. Dabei ist die Bedeutung der Weganlage für die Gliederung und Raumbildung im Garten sowie der Wegaufbau als Zeitzeuge und funktionales Element zu bewerten. Auf Basis dieser Entscheidung können die weiteren Maßnahmen formuliert werden

Ergebnis ist ein gartendenkmalpflegerischer Auftrag.

6) Dringlichkeit von Maßnahmen festlegen

In Anbetracht von Dringlichkeit und Haftungsfragen werden ausgehend vom gegenwärtigen Zustand die jeweiligen Maßnahmen festgelegt (Reparatur, Erhaltung durch die kontinuierliche Pflege, Ergänzung ohne Originalmaterial etc.).

7) Bericht zur Sicherung der Information anfertigen

Schriftliche Aufzeichnungen über Pflege und größere einschneidende Maßnahmen sind sehr wesentlich, ihr Fehlen durch mangelnde Kontinuität bei Gartenbesitzern und Personal macht sich sehr negativ bemerkbar. Nach Berichtslegung der Analyse und der vorgeschlagenen Maßnahmen sollten deren Umsetzung und ihre Erfolgskontrolle weiter dokumentiert werden.

Verwendete Literatur:

ABT LAUGIER: Neue Anmerkungen über die Baukunst, Leipzig 1768.

ÄNGELN, P.V.: Der verständige Gärtner - über die 12 Monaten des Jahres - ist eine Unterweisung, Bäume- Kräuter und Blumen-gärten auf das beste zu bepflanzen und zu besamen, dann auch alles Obst, alle Früchte, Blumen und Kräuter wohl und lange zu bewahren. In holländischer Sprache beschrieben von P.V. Ängeln. Und nun zum fünfftenmahl vermehrt und Teutsch ausgefertiget von Georg Gräflinger, C.N.P. gedruckt im Jahr Christi 1667.

BEISSNER L.: Der Straßen-Gärtner, Gründliche Unterweisung zu erfolgreicher Auswahl, Zucht, Pflanzung u. Unterhaltung der für die öffentlichen Straßen und Schmuckplätze in Deutschland geeigneten Nutz- und Zierbäume, Berlin 1887.

BERGER, Eva: Historische Gärten Österreichs, Bd.1 NÖ u. Burgenland, Wien-Köln-Weimar 2002.

BERGER, Eva: Gestaltete Natur und belassene Natur in Parks und Gärten Österreichs von der Renaissance bis gegen 1900. Die Gartenkunst 1997/2, S.306-314.

BERGER, Eva: Historische Gärten Österreichs, Bd.3 Wien, Wien-Köln-Weimar 2004.

BERNER, U., Floss, R.: Anforderungen an die Durchlässigkeit von ungebundenen Tragschichten. In: Straße und Autobahn, S.254 - 255, Jg. 43/92 Heft 4.

BIEGLER, Robert: Schloss Hellbrunn: Wunderkammer der Gartenarchitektur. Böhler Wien, Köln, Weimar 1996.

BIRK, Alfred: Der Wegebau, Bände I und IV., 3. und 4. Auflage, Leipzig 1923 (1. Aufl. 1904).

BOERNER, Franz: Der Schnitt der Ziergehölze, Stuttgart 1952.

BORGWARDT, Sönke: Geeigneter Oberbau für wasserdurchlässiges Pflaster. Bauverlag, Sonderdruck aus Betonwerk + Fertigteil - Technik BFT Heft 3/95.

BORGWARDT, Sönke: Landwirtschaftlicher Wegebau. Vergleich und Bewertung verschiedener Bauweisen hinsichtich ihrer ökologischen Wirkungsweise; In: Stadt und Grün 1/98, S. 39 -45.

BORGWARDT, Sönke: Untersuchung der Durchlässigkeit von Bodenbelägen in wassergebundener Bauweise; In: Wasser & Boden Heft 2/95, S. 11 - 16.

BRETSCHNEIDER, H. D., Leohards, H. Ch.: Der Wege- und Platzbau, ein Tätigkeitsfeld des Landschaftsgärtners. In: Neue Landschaft 1983, S. 382 - 390.

BREYMANN, H., KALTENBÖCK, H. (Hsg.): Durchlässigkeitsprüfung ungebundener Tragschichten. Endbericht; Straßenforschungsauftrag Nr.3.190 des Bundesministeriums für Wirtschaftliche Angelegenheiten Wien, 1999.

BROCKMANN-JEROSCH, Heinrich: Das Lauben u. sein Einfluss auf die Vegetation der Schweiz. In: Mitteilungen der Geographisch-Ethnographischen Gesellschaft Zürich, Bd. 18, Zürich 1918.

BÜHRLE, Sabine: Die Alleen im Barock. In: Das Gartenamt (37), S.75-80, 1988.

BUNDESDENKMALAMT (Hg.): Dehio Wien: X. bis XIX. und XXI. bis XXXIII. Bezirk, Wien 1996.

BUNDESMINISTERIUM FÜR HANDEL UND VERKEHR (Hg.): Neuzeitliche Straßenbauweisen. Zusammengestellt von der Straßenbauabteilung des Bundesministeriums für Handel und Verkehr. Selbstverlag Wien 1927, 32 S.

BURKE, Peter: Augenzeugenschaft. Bilder aus histor. Quellen, Berlin 2003.

DEHIO Salzburg, Wien 1986.

DEZALLIER D´ ARGENVILLE, Antoine Joseph (Danreiter, Franz Anton): Die Gärtnerei sowohl in ihrer Theorie oder Betrachtung als Praxis oder Übung, Augsburg 1731, Reprint Leipzig 1986.

DÉZALLIER D´ARGENVILLE, Antoine Joseph, (anonym): La Théorie et la Pratique du Jardinage. Deutsche Ausgabe 1769.

DOBLHAMMER, Rupert: Masterplan Heckenwände Schönbrunn. Im Auftrag des Bundesdenkmalamtes Wien, Wien 2003.

DOBLHAMMER, Rupert: Wie die Hecke in die Stadt kommt. Ein freiraum- u. landschaftsplanerischer Beitrag zur Geschischte des städtischen Gartenwesens am Beispiel der Hecken von Wien, Diss., Univ. f. Bodenkultur Wien, Wien 1999; veröff. Wien-Frankfurt-Zürich 2003.

DOBLHAMMER, Rupert: Form und Inhalt. Über den Zusammenhang zwischen (Über-)Lebensmitteln und Gehölzform in unseren Gärten, Parks, Plätzen und Straßenfreiräumen. In: zolltexte, 11. Jg, heft 41, Wien 2001.

DOBLHAMMER, Rupert; MITTERSTÖGER, Thomas: "Gartendenkmalpflegerisches Fachgespräch über d. Erneuerung d. Hecken am Großen Parterre in Schönbrunn", in Öster. Zs. f. Kunst u. Gartendenkmalpflege, H. 1-2, Wien, 2001.

DOBLHAMMER, Rupert; MITTERSTÖGER, Thomas: Bestandsaufnahme und Zustandseinschätzung der Heckenwände am Großen Parterre im Schlossgarten Schönbrunn. Ein Gutachten zur Gartendenkmalpflege im Auftr. des Bundesdenkmalamtes Wien, Abt. für historische Gartenanlagen, Wien 2000.

DRESCHKE, Dirk: Zurück zu den Ursprüngen: Wassergebundene Decken. In: LA Landschaftsarchitektur, 2001/5, S.32-33.

DREXEL, Anita, FUCHS, Britta: Studie zu den Wassergebundenen Decken im Setagayapark. Prüfung der Schadensursachen und bautechnisch-planerische Empfehlungen zu ihrer Behebung, Ab Ingenieurbiologie und Landschaftsbau, Univ. f. Bodenkultur Wien; i. Auftr. des Magistrates Wien / MA 42, Wien 2000.

DREXEL, Anita: Pflaster auf städtischen Fußböden. Bauhandwerkliche und freiraumplanerische Qualitäten von Gehwegen in Wien. Diss., Univ. f. Bodenkultur Wien, Wien 1998, veröff. Österreichischer Kunst- und Kulturverlag, Wien 2000.

Einheitsübersetzung der Heiligen Schrift DIE BIBEL. Jubiläumsausgabe. Psalmen und Neues Testament. Ökumenischer Text. Hrsg. Im Auftrag der Bischöfe Deutschlands, Österreichs, der Schweiz, des Bischofs von Luxemburg, des Bischofs von Lüttich, des Bischofs von Bozen-Brixen. Stuttgart 1980.

ELSSHOLTZ Johann Sigismund: Vom Garten-Baw, hrsg. v. Günther Harri, Hildesheim/ Zürich/ New York, Neudruck der 3. Ausgabe Berlin/ Leipzig / Cölln 1684, 1987 - 1. Auflage 1666.

ERLBECK, HASEDER, STINGLWAGNER: Das Kosmos Wald und Forst Lexikon, Stuttgart 2002.

FINTELMANN, G. A.: Die Wildbaumzucht. Die Zucht und Pflege der in Deutschland im freien Lande zu erziehenden und zu überwinternden Holzpflanzen, sowohl der harten als auch der zarten; Fünfte Abtheilung der Handbibliothek für Gärtner und Liebhaber der Gärtnerei, Berlin 1841.

FUCHS, Katharina: Die Wege der Bauernberganlage in Linz. Bautechnische, freiraumplanerische und gartendenkmalpflegerische Untersuchung an wassergebundenen Decken. Diplomarbeit an der Universität für Bodenkultur Wien 2002.

GAMANN, H.: Die Unterhaltung der Wege und Fahrstraßen. Parey Berlin 1926.

GAMER, Jörg: Allee und Boskett als Gartenelemente. Unveröff. Vortrag Ludwigsburg 1986, Dt. Ges. f. Gartenkunst und Landschaftspflege.

GASNER: Zum deutschen Sraßenwesen. Leipzig 1889.

GAUTIER, Hubert: Tractat von der Anlegung und dem Bau von Wegen und Stadtstraßen. Leipzig 1773, 153 S.

GERBL, Heinz: Der Draßburger Schloßpark, Diplomarbeit, Universität für Bodenkultur Wien, Wien 1998.

GRANDA ALONSO, Elena: Was Bäumchen nicht lernt, lernt Baum nimmermehr, Dipl.arb. am FB Stadt- u. Landschaftsplanung GhK. Manuskr., Kassel 1993.

GRAU Barbara Anna: Thon, Steine, Scherben ... Historische Wasser- und Wegebauweisen im Garten- und Landschaftsbau und ihre Relevanz für die Gartendenkmalpflege. Diss., TU Berlin 2002.

GRIMSCHITZ, Bruno: Das Belvedere in Wien. Kunstverlag Wolfrum Wien 1946.

HAFNER, Franz: Straßen- und Wegebau. Wien 1971.

HAJÓS, Beatrix: Forschung zur Geschichte u. gärtnersichen Behandlung d. Heckenwände des Großen Parterres in Schönbrunn, Wien 2002/2003.

HAJÓS, Beatrix: Die Schönbrunner Schlossgärten. Eine topografische Kulturgeschichte, Wien-Köln-Weimar 1995.

HAJÓS, Géza: Barockgärten in Österreich. Neue denkmalpflegerische Aktivitäten. In: Die Gartenkunst des Barock. Tagung Schloß Seehof bei Bamberg, 1997. München 1999, S.115-120.

HAJÓS, Géza: Gartenarchitektur. In: Österr. Zeitschrift für Kunst und Denkmalpflege, 1998/1, S.328-332.HAJÓS, Géza: Gartenarchäologie und Gartendenkmalpflege. In: Die Gartenkunst, 1995/1, S.95-97.

HAJÓS, Géza: Gartenarchitektur des Jugendstils und der Zwischenkriegszeit. Eine internationale Tagung in Wien von 29. September bis 2. Oktober 1994. Die Gartenkunst 1995/2, S.177-181.

HAJÒS, Géza: Theorie und Praxis der Gartendenkmalpflege in Schönbrunn. In: Historische Gärten heute, hrsg. von Rohde, Michael und Schomann, Rainer. Edition Leipzig 2003.

HALLMANN, H. W.: Historische Bauforschung und Materialverwendung im Garten- und Landschaftsbau. Wegebau und Wasseranlagen. Forschungsbericht, Berlin 2004.

HAMPEL, Carl: Die Deutsche Gartenkunst. Leipzig 1902.

HASLER, Elfi: Von Wegen (in) Gärten. Bautechnische, gartendenkmalpflegerische und feiraumplanerische Untersuchung wassergebundener Decken in den

Wiener Barockgärten Belvedere und Palais Schwarzenberg. Diplomarbeit an der Universität für Bodenkultur Wien 2002.

HAUS-HALTER (ganz neu vermehrter sorgfältiger): Begreiffend einen Nutz- und Lust-bringenden Baum=Küchen= und Blumen=Garten. Welcher gestalt solcher nach bester form gegründet / getheilet / gedünget / gesäet / bepflanzet etc., Osnabrück 1696.

HENNEBO, Dieter: Gartendenkmalpflege, Stuttgart 1985.

HIRSCHFELD, Christian Cay Laurenz: Theorie der Gartenkunst. Union Verlag Berlin 1990 (Reprint der Originalausgabe 1779-1785).

HOHBERG, Wolf Helmhard von: Georgica curiosa, das ist ‚Adeliges Land- und Feldleben', Bericht und Unterricht auf alle in Deutschland üblichen Land- und Hauswirtschaften, 5. Auflage, Nürnberg 1717.

HUBER, L., Baumann, W., ERDIN, B.: Trag- und Strapazierfähigkeit von Straßen und Plätzen mit bewachsenen Oberbauten. In: Straße und Verkehr 2000/1, 23 - 28.

IVS-Bulletin: Historische Verkehrswege der Schweiz. Hg.: Bundesamt für Forstwesen u. Landschaftsschutz u. Geografisches Institut Bern, Heft Nr. 2, 1994.

JÄGER, Hermann: Lehrbuch der Gartenkunst. Berlin 1877.

JÄGER, Hermann: Katechismus der Ziergärtnerei oder Belehrung über Anlage, Ausschmückung und Unterhaltung d. Gärten, sowie über Blumenzucht, 6. Aufl., Leipzig 1901.

JOYCE, David: Das große Buch vom Pflanzenschneiden, Ravensburg 1993.

KAHL, Franz: Hinweise auf die Wurzelschädigung der Bäume im Schlosspark Schönbrunn bei vermehrter Befahrung durch LKW´s und PKW´s, unveröffentlichtes Manuskript, Wien 1998.

KAVEN von: Der Wegebau. Hannover 1870.

KIND, Fritz: Neuzeitlicher Straßen- und Wegebau. Handbücher der Industrie. Stein-Verlag Offenbach / Main 1967 .

KLOSE, Georg: Der Stadtstraßenbau. Göschen Berlin 1914.

KNOLL, Alexander: Zur Geschichte der Straße und ihrer Arbeiter, Bd. 2., 1913. und Bd. 3., 1925.

KOCH, Hugo: Gartenkunst im Städtebau, 2. Auflage, Berlin 1923.

KRÜGER, Richard: Straßenbau. Handbuch des gesamten Strassenbaues in Städten. Zum praktischen Gebrauch für Ingenieure und städtische Behörden sowie zum Selbststudium für Studierende des Wegebaues. Mit besonderer Berücksichtigung der in neuerer Zeit ausgeführten Pflasterungsversuche in den Hauptstädten des Deutschen Reiches und Auslandes. Costenoble Jena 1881.

KUBITZ, Ernst-Hermann: Beiträge zum funktionsgerechten Wegebau in Erholungslandschaften. Dargestellt am Beispiel der Bundesgartenschau Berlin, techn. Diss. 1985; Selbstverlag 1987.

LANGE, Willy: Gartengestaltung der Neuzeit., 2. Aufl. 1909 Berlin 1907.

LEHNER, Elisabeth: Bauernberganlagen Linz. Gartenhistorisches Gutachten. Amstetten 2002.

LOEWE, Ferdinand: Straßenbaukunde. Land- und Stadtstraßenbau. C. D. Kreidel´s Verlag Wiesbaden 1906.

LUCAS Fr.: Christ-Lucas Gartenbuch. Eine gemeinfaßliche Anleitung zur Anlage und Behandlung des Hausgartens und zur Kultur der Blumen, Gemüse, Obstbäume und Reben,. 15te sorgfältigst bearbeitete Auflage, Stuttgart 1908.

LÜDER, Christian Friedrich von: Vollständiger Innbegriff aller bey den Straßenbau vorkommenden Fällen. Frankfurt a. M. 1779.

MAASZ, Harry: Das Grün in Stadt und Land, Dresden 1927.

MACHATSCHEK, Michael: Laubgeschichten, Wien-Köln-Weimar 2002.

MÄRTER, Franz Joseph: Verzeichnis der österreichischen Bäume und Sträucher. Mit kurzgefassten Anmerkungen aus der Natur- und ökonomischen Geschichte derselben, 3. Aufl., Wien 1796.

MELLAUNER, Thomas: Kandelaber, Kopf oder Kugel: der Umgang m. Bäumen am Beisp. Baden b. Wien; Freiraumplan. und gärtn. Betrachtungen zu Pflanzung und Schnitt v. Straßenbäumen seit d. Biedermeier. Dipl. arb., AB Landschaftsplanung, Univ. f. Bodenkultur Wien, Wien 1995

MERK, Felix: Historische Straßenbeläge: Eine denkmalpflegerische Aufgabe. In: Brandenburgische Denkmalpflege 8(1999)/2, S.64-76.

MEYER, Franz Sales, RIES, Friedrich: Die Gartenkunst in Wort und Bild. Reprint-Verlag Leipzig (Reprint von 1904).

MEYER, Franz SALES, Ries, Ludwig: Gartentechnik und Gartenkunst, 3. Aufl., völlig neu bearb. von Harry Maasz (Hg.), Nordhausen/Harz o.J. (1935).

MEYER, Gustav: Lehrbuch der Schönen Gartenkunst, Berlin 1999 (Neudruck der Erstausgabe Berlin 1860).

MÖSER, Heinz: Wirtschaftswegebau. Ausführungstechnik und Kostenrahmen. Kerschbaum Verlag Bad Godesberg 1961.

MRAZ, Gottfried et al: Belvedere. Schloß und Garten des Prinz Eugen. Herder Wien 1988.

NEUBAUER, Erika: Lustgärten des Barock. Residenzverlag Salzburg 1966.

NEUBAUER, Erika: Wiener Barockgärten in zeitgenössischen Veduten. Harenberg Dortmund 1980.

Neuzeitliche Straßenbauweisen. Straßenbauabteilung des Bundesministeriums für Handel und Verkehr. Wien, Selbstverlag 1927.

Österreichische Forschungsgemeinschaft Straße und Verkehr: RVS 3.63 Straßenplanung , bautechnische Details, Oberbaubemessung. Wien 1989.

Österreichische Forschungsgemeinschaft Straße und Verkehr: RVS 8.01.11 Technische Vertragsbedingungen, Baustoffe, Steinmaterial, Gesteinskörnungen für den Straßenbau Wien 1993.

Österreichische Forschungsgemeinschaft Straße und Verkehr: RVS 8S.05.11 Vertragsbedingungen für Oberbauarbeiten (ohne Deckarbeiten), Tragschichten, ungebundene Tragschichten Wien 1997.

ÖSTERREICHISCHE GESELLSCHAFT FÜR HISTORISCHE GÄRTEN (Hg.): Historische Gärten in Österreich - Vergessene Gesamtkunstwerke, Wien-Köln-Weimar 1993.

OSTHOFF, Georg: Straßen- und Wegebau. Scholtze Leipzig 1882.

PALFINGER, Thomas: Bestandesbewertung und Pflegeanalyse eines ehemaligen Barockgartens am Beispiel des Augartens in Wien, Diplomarbeit an der Universität für Bodenkultur Wien, Wien 1992.

PALFINGER, Thomas: Bestandsbewertung und Pflegeanalyse eines ehemaligen Barockgartens am Beispiel des Augartens in Wien, Dipl.arb, Univ. für Bodenkultur Wien, Wien 1992.

PALME, Heike: Die Alleen des Grossen Gartens in Hannover-Herrenhausen. Ein Versuch der Annäherung an das historische Bild. In: Kowarik, Ingo; Schmidt, Erika; Sigel, Brigitte (Hg.): Naturschutz und Denkmalpflege, Wege zu einem Dialog im Garten, Zürich 1998.

PANNING, Cord: Pflanzen-Schneiden-Kappen-Fällen-Pflanzen. Zum pflegerischen Umgang mit den Alleen in den Herrenhäuser Gärten. In: Kowarik, Ingo; Schmidt, Erika; Sigel Brigitt (Hg.): Naturschutz und Denkmalpflege. Wege zu einem Dialog im Garten, Zürich 1998.

PAULUCCI, Hamilcar Freiherr von: Der Chausseebau in England. Unter besonderer Rücksicht auf die dortigen Schlegelstein- und macadamisierten Straßen. Heubner Wien 1838.

PESCHKEN, Gerd: Zum Problem der Erneuerung der Alleen in Herrenhäuser Gärten. In: Gartenkunst, Heft 2, Worms 1989.

PETZOLD, Eduard: Die Landschaftsgärtnerei [...]. Leipzig 1862.

PFEIFFER-VOGL, Petra und PITHA, Ulrike: Wege in der Gartenanlage Hellbrunn und im Kurpark Baden. Eine Untersuchung von Wassergebundenen Decken an historischen Weganlagen im Hinblick auf Bau- und Gesteinstechnik, Pflege u. freiraumplanerische Qualitäten. Dipl., Univ.f. Bodenkultur Wien 2002.

PFISTERER, Jochen A.: Gehölzschnitt nach den Gesetzen der Natur, Stuttgart 1999.

PICTORIO, Joh. Baptista: Der im Blumen= Kuchen= Artzney= und Baum= Garten gründlich informirte Gärtner, Nürnberg 1728.

PÜCKLER-MUSKAU, Hermann von: Andeutungen über Landschaftsgärtnerei (1854). Stuttgart 1977.

PUSSWALD, Karl-Heinz, STER, Thomas: Auf den Spuren von MacAdam. Wegebau in Grünanlagen. In: Zolltexte, Heft 23, März 1997, S. 59-60.

RICHBERG, Inge-Maria: Altes Gärtnerwissen wieder entdeckt. Naturgemäß und erfolgreich gärtnern mit dem Erfahrungsschatz vergangener Zeiten, 2. Auflage, München-Wien-Zürich 1997.

RICHTER, Werner: Der barocke Kreuzweg in Heiligenkreuz. Manuskript o.J.

RIMANN, Carl: Die Praxis der Gartentechnik. Lehr- und Handbuch für Berufsgärtner, insbesondere Landschaftsgärtner, Gartenarchitekten und Gartentechniker, Berlin 1927.

ROHDE, Michael, SCHWARZ, Henrike, LUDWIG, Holger: Wegebaukunst und Gartendenkmalpflege. In: Stadt + Grün 2001/6, S.391-398.

ROHDE, Michael: Kurzbericht der Untersuchungen zum Forschungsthema Wegebau als technisches Problem in der Gartenkunst des 19. Jahrhunderts.

Mitteilungsblatt der Österreichische Gesellschaft für Historische Gärten 2000/2, 11 - 12, Wien.

ROHDE, Michael: Zur Geschichte der Gartentechnik. Tradition und ständige Suche nach dem Fortschritt. In: Festschrift anläßlich des 70. Geburtstages von Prof.Dr.Hans-Joachim Lieseke", Beiträge zur räumlichen Planung Nr. 57; inkl. Bibliographie, S.28-64.

ROLOFF, Andreas: Baumkronen, Stuttgart 2001.

SAUER, Franz: Gartenarchäologie in Schloßhof. In: Die Gartenkunst, 1995/1, S.134-142.

SAUER, Franz: Schloß Schlosshof: Gartenarchäologische Untersuchungen. In: Österr. Zs. F. Kunst und Denkmalpflege 49 (1995)

SCHABOL, Abbé Jean Roger: Theoretische und praktische Abhandlung vom Gartenbau, Bd. 1, Frankfurt a. M. 1778, Auszug veröffentlicht in: Zandera, Mitt. Aus d. Bücherei d. Deutschen Gartenbaus, Bd. 12, Berlin 1997.

SCHEMERL, Joseph von: Ausführliche Anweisungen zur Entwerfung, Erbauung und Erhaltung dauerhafter Straßen. Wimmer Wien 1807.

SCHEYER, Johann Georg: Praktisch-ökonomische Straßenbaukunst. Leipzig 1796.

SCHMIDT, Erika: Kontrovers: Die Erneuerung von Alleen. In: Die Gartenkunst, Heft 2, Worms 1989.

SCHNEIDER, Camillo: Hecken im Garten - Ihre Herstellung und Bedeutung, Stuttgart 1950.

SCHNEIDER, Camillo: Jedermanns Gartenlexikon, München 1933.

SCHWARZ, Andreas: Wasserdurchlässige Befestigung von Verkehrsflächen. Abflußmindernde und versickerungsfördernde Entwässerung von Flächen für Fußgänger, Radfahrer und Kfz-Verkehr. Diplomarbeit am Institut für Verkehrswesen der Universität für Bodenkultur Wien, Wien 1996.

SEILER, Michael: Die Bedeutung der Wege und ihre Beziehung zu den Raumstrukturen im Landschaftspark Pfaueninsel. In: Das Gartenamt, 1985/2, S.95-103.

SEILER, Michael: Wege, Bewegung und Sehen im Landschaftsgarten. In: 150 Jahre Braunitzer Park, Cottbus, S. 110-120.

SHIGO, Alex L.: Die neue Baumbiologie, Braunschweig 1990.

SILLE, Norbert: Leitfaden für Straßenbau und Straßenerhaltung. Ein Hilfsbuch für Gemeinde- und Bezirksorgane, für Landesbeamte, Straßenmeister und Straßenwärter. Waldheim-Eberle A.G. Wien 1917.

SPIELER, Gabrielle: Gartenkultur im 19. Jh.. Mit bes. Berücksichtigung d. Wiener Bürgertums, Dipl.arb., Geisteswiss. Fakultät, Univ. Wien, Wien 1991.

SPITZBART, Ingrid: Die Kurstadt Gmunden am Traunsee (Kureinrichtungen-Feste-Ausflugsorte), 2. Teil. Kammerhofmuseum der Stadt Gmunden. Eigenverf. 1996.

STEIGNER, Beate: Paradiesbaum und Kreuz. Der Baum in der christlichen Bildtradition. In: Gercke, Hans (Hg.): Der Baum in Mythologie, Kunstgeschichte und Gegenwartskunst, Heidelberg 1985.

STRITZKE, Klaus: Bäume als archäologische oder geschichtliche Dokumente. In: Kowarik, Ingo; Schmidt, Erika; Sigel Brigitt (Hg.): Naturschutz und Denkmalpflege. Wege zu einem Dialog im Garten, Zürich 1998.

STRITZKE, Klaus: Über die Schnitthöhen an Bäumen in schwedischen Gärten aus dem 18. Jahrhundert. In: Garten Kunst Geschichte, Worms 1994.

THOMAS, Eric: Die Hecke (Hedgerow), Hildesheim-Gerstenberg 1982.

TRIER, Jost: Holz: Etymologien aus dem Niederwald, Münster-Köln 1952.

TRIER, Jost: Venus. Etymologien um das Futterlaub, Köln-Graz 1963.

TSCHERTOU, Franz: Der Straßenbau. Leitfaden für den Unterricht an der k. u. k. Militärbildungsanstalt Wien. Seidel Wien 1905.

UERSCHELN, Gabriele; KALUSOK, Michaela: Kleines Wörterbuch der europäischen Gartenkunst, Stuttgart 2001.

VEREINIGUNG D. LANDESDENKMALPFLEGER I. D. BRD U. LDA BERLIN: Alleen - Gegenstand der Denkmalpflege. Möglichkeiten ihres Schutzes, ihrer Erhaltung und Erneuerung, Berichte zur Forschung und Praxis der Denkmalpflege in Deutschl. 8, Berlin 2000.

VOIT, Pál: Franz Anton Pilgram (1699-1761). Akadémiai Kiadó Budapest 1982.

WALLNER, Viktor; WEBER, Gerhard: Der Kurpark in Baden. Stadtgemeinde Baden 1994.

WALZL, Hermann: Notizen zur Baugeschichte dese Kreuzweges in Heiligenkreuz 1731-1748. In: Sancta Crux 39.Jg. 1. und 2. Folge 1977, S. 24-37.

WIEBEKING, Carl Friedrich: Theoretischpraktische Straßenbaukunde. Sulzbach 1808.

WIMMER, Clemens Alexander: Pflastermosaike in Berlin / West. Entwicklung eines für das Stadtbild bedeutsamen Handwerks von 1825 bis 1982. In: Das Gartenamt, Jg. 32, Nr. 7, 1983, S. 451-453.

WIMMER, Clemens-Alexander: Bäume und Sträucher in historischen Gärten. Gehölzverwendung in Geschichte und Denkmalpflege, Dresden 2001.

WIMMER, Clemens-Alexander: Geschichte der Gartentheorie, Darmstadt 1989.

WÖRNER, Gustav: Kartierung und Bewertung von Gehölzbeständen für Parkpflegewerke dargestellt am Beispiel Schlosspark Nordkirchen. In: DGGL (Hg.): Pflanzenverwendung in historischen Anlagen, Baden-Würtenberg 1982.

ZBIRAL, Andreas: Neuwaldegger Allee. Voruntersuchung für die Unterschutzstellung im Sinne des Denkmalschutzgesetzes, Kritzendorf 2003.

ZIGRA, Johann Hermann: Der Baum=Gärtner oder ausführliche Anweisung zur Obstbaumzucht geschrieben für unser nördliches Klima, Riga 1803.

Mündliche Auskünfte von den Gärtnern und GartenverwalterInnen: BARTOSCH, KRUMPHOLZ, LEITZINGER, SAIKO, SIEBENHOFER, WAGNER, WEBER 2002.

AutorInnen

Rupert Doblhammer
Währingerstraße 139, 1180 Wien

Rupert Doblhammer, geboren 1963 in Wels / Oberösterreich, Landschafts- und Freiraumplaner, Oberösterreich, unterrichtet seit 1991 an der Universität für Bodenkultur zu den Themen Freiraumplanung, Gartendenkmalpflege, Gartentourismus und Geschichte der Landschaftsplanung. Für seine Dissertation „Wie die Hecke in die Stadt kommt" erhielt er den Umweltpreis 2000 der Stadt Wien. Er arbeitet als freischaffender Landschaftsplaner und ist seit 2000 Inhaber des Landschaftsplanungsbüros „gARTen+freiRAUM". Gründungsmitglied der Landschaftsplanergruppe a.bdz (seit 2001) und Redakteur der Zeitschrift „zoll+" (Schwerpunkt Gartendenkmalpflege).

Anita Drexel
Reithofferplatz 7/19, 1150 Wien

Anita Drexel, geboren 1960 in Dornbirn / Vorarlberg, Österreich. Landschafts- und Freiraumplanerin; lehrt und forscht seit 1990 an der Universität für Bodenkultur zu Pflasterungen und Wassergebundenen Decken, historischem Naturstein- und Holzhandwerk; Bauqualität und Freiraumqualität in der Landschaftsarchitektur und Freiraumplanung; Bauhandwerk und seine Bedeutung für unsere Kulturlandschaften; Geschichte der Gartentechnik; Ressourcenorientiertes Bauen und Planen. Ihre Dissertation erschien in einer Veröffentlichung mit dem Titel „Pflaster auf städtischen Fußböden". Sie ist als Universitätsassistentin am Institut für Ingenieurbiologie und Landschaftsbau für das Fachgebiet Landschaftsbau zuständig und arbeitet als freischaffende Landschaftsplanerin. Sie ist Gründungsmitglied des Internationalen Netzwerkes „landscape construction" und Redaktionsmitglied der Zeitschrift „zoll+" für den Themenbereich „Materialien und Bauhandwerk".

Rupert Doblhammer

Wie die Hecke in die Stadt kommt

Ein freiraum- und landschaftsplanerischer Beitrag zur Geschichte des städtischen Gartenwesens am Beispiel der Stadt Wien

Frankfurt am Main, Berlin, Bern, Bruxelles, New York, Oxford, Wien, 2003.
250 S., zahlr. Abb.
Europäische Hochschulschriften: Reihe 42, Ökologie, Umwelt und Landespflege.
Bd. 27
ISBN 3-631-39700-3 · br. € 45.50*

Warum gibt es Hecken in den Straßen und Plätzen der Stadt Wien? In welcher Zeit kamen die ersten Hecken in den städtischen Freiraum? Wofür werden Hecken im öffentlichen Freiraum verwendet? Was bewirken Hecken in den städtischen Freiräumen, die unser alltägliches Leben in der Stadt maßgeblich prägen? Wie haben städtische Freiräume früher ausgesehen und sind die traditionellen gärtnerischen Mittel für den privaten Freiraum Garten übertragbar auf den öffentlichen Raum? Vom Wirtschaften zum Pflegen – oder wie hängt unsere städtische Grünflächen-Pflege mit dem bäuerlichen Wirtschaften zusammen?

Die Arbeit wurde ausgezeichnet mit dem Umweltpreis der Stadt Wien 2000.

Aus dem Inhalt: Merkmale von Hecken · Eine Systematik der Hecken in der Stadt Wien · Wie die Hecke in die Stadt kommt · Vom Wirtschaften zum Pflegen

FSC
www.fsc.org
MIX
Papier | Fördert
gute Waldnutzung
FSC® C083411

Kolibri 360 GmbH
Ferdinand-Jühlke-Straße 7
99095 Erfurt, Deutschland
produktsicherheit@kolibri360.de

Druck:
CPI Druckdienstleistungen GmbH
im Auftrag der
Kolibri 360 GmbH
Ferdinand-Jühlke-Str. 7
99095 Erfurt